生态环境应急监测技术工作手册

中国环境监测总站　编著

中国环境出版集团·北京

图书在版编目（CIP）数据

生态环境应急监测技术工作手册/中国环境监测总站编著．—北京：中国环境出版集团，2023.6（2025.12 重印）

ISBN 978-7-5111-5538-2

Ⅰ．①生…　Ⅱ．①中…　Ⅲ．①生态环境—环境监测—中国—技术手册　Ⅳ．①X835-62

中国版本图书馆 CIP 数据核字（2023）第 107246 号

责任编辑　曲　婷
封面设计　彭　杉

出版发行　中国环境出版集团
（100062　北京市东城区广渠门内大街 16 号）
网　　址：http：//www.cesp.com.cn
电子邮箱：bjgl@cesp.com.cn
联系电话：010-67112765（编辑管理部）
发行热线：010-67125803，010-67113405（传真）

印　　刷　北京中科印刷有限公司
经　　销　各地新华书店
版　　次　2023 年 6 月第 1 版
印　　次　2025 年 12 月第 3 次印刷
开　　本　787×1092　1/16
印　　张　28.25
字　　数　540 千字
定　　价　130.00 元

前言

生态环境应急监测是生态安全体系的重要组成部分，是打好污染防治攻坚战的重要支撑，是应急决策和处置的前提与基础。突发环境事件应急监测时间紧、任务重，需要快速确定污染范围、污染程度，预判污染团的浓度变化和移动情况，同时也是生态环境损害鉴定评估的重要基础。按照生态环境部的要求，中国环境监测总站以保障应急监测数据“真、准、全、快、新”为目标，总结分析应急监测的全过程，从能力建设、应急监测预案、监测方法、评价标准、报告编制、质量保证和质量控制等方面，逐步完善了应急监测技术体系。

生态环境部和中国环境监测总站围绕强化应急组织管理、提升应急监测能力、健全应急技术体系等方面，印发了《关于加强生态环境应急监测工作的意见》。建立了“12838”应急监测技术体系，包括1个技术规范——《突发环境事件应急监测技术规范》；2个工作规程——《重特大突发环境事件空气应急监测工作规程》和《重特大突发水环境事件应急监测工作规程》；8个技术指南——《生态环境应急监测能力建设指南》《省级生态环境应急监测预案编制指南》等；38个应急监测方法标准——《环境空气　挥发性有机物的应急测定　便携式气相色谱-质谱法》《水质　氨氮的测定　现场快速监测分光光度法（试行）》《环境空气　气态汞的测定　便携式冷原子吸收分光光度法（试行）》等。为便于广大环境应急监测人员查询使用，中国环境监测总站组织对相关文件进行汇编整理，编制了《生态环境应急监测技术工作手册》。本手册将根据相关文件、标准发布情况等，及时修订和补充完善。由于编写人员水平有限，难免存在疏漏和错误之处，欢迎广大读者批评指正。

编　者

2023 年 2 月

目　录

第一篇　应急监测指导文件

第二篇　应急监测方法标准

第一篇

应急监测指导文件

DI-YI PIAN

YINGJI JIANCE ZHIDAO WENJIAN

第一章　应急监测管理文件

关于加强生态环境应急监测工作的意见

（环办监测〔2018〕40号）

各省、自治区、直辖市生态环境厅（局），新疆生产建设兵团环境保护局：

生态环境应急监测是生态安全体系的重要组成，是打好污染防治攻坚战的重要支撑，是生态环境损害鉴定评估的重要基础。2005年以来，全国环境监测系统成功应对了一系列重特大和敏感环境事件，生态环境应急监测工作取得重大进展和积极成效。但总体上看，全国生态环境应急监测水平仍存在管理体系不够健全、技术体系不够完善、队伍建设有待加强等不足，难以支撑生态环境应急管理需要。为巩固完善全国生态环境应急监测体系，进一步提升全国生态环境应急监测能力，现提出如下意见。

一、总体要求

（一）指导思想

以习近平生态文明思想为指导，深入贯彻落实党的十九大和十九届二中、三中全会精神，紧紧围绕新时期生态环境保护工作的新任务、新要求，牢牢把握妥善应对突发环境事件总体目标，健全生态环境应急监测管理体系和技术体系，有效监控、预测突发环境事件的污染程度和影响范围，调动社会资源共同参与，有力支撑生态环境应急管理需要，最大限度保障人民群众生命财产安全和生态环境安全。

（二）基本原则

——问题导向，有的放矢。坚持问题导向，梳理查找应急监测管理与技术中存在的短板和不足，制定切实有效的解决措施，先急后缓、由易到难地推进落实。

——因地制宜，合理配置。根据地方实际，健全完善应急监测组织体系和工作机制，结合行政区域装备水平现状和实际工作需求，合理配置应急监测装备。

——长效巩固，持续加强。建立加强生态环境应急监测能力长效机制，不断强化应急监测队伍建设，鼓励生态环境应急监测制度创新、方法创新、技术创新。

（三）工作目标

出台《生态环境应急监测预案编制指南》等3项生态环境应急监测管理文件，完成《突发环境事件应急监测技术规范》等10项应急监测技术标准的制修订。应急监测人员能力切实加强，培养千名技术骨干，建立应急监测专家库，新技术、新装备广泛应用于应急监测领域。地市及区、县环境监测机构能快速有效地应对突发环境事件，各地应急监测装备水平明显提升，满足环境应急管理需要。到2020年底，应急监测制度的顶层设计进一步完善。

二、健全生态环境应急监测管理体系

（四）明确应急监测分级响应机制

按照属地管理、统一指挥、分级负责、快速反应、协调联动的原则开展突发环境事件应急监测。初步判断为一般、较大的突发环境事件，原则上由事件涉及地市行政区域内的环境监测机构负责监测，省级监测机构根据生态环境厅（局）的指示或地方请求给予相关技术支持，必要时组织相邻地区环境监测力量和物资予以援助。初步判断为重大、特大的突发环境事件，原则上由事件涉及地市行政区域内的环境监测机构主要负责监测，省级监测机构负责指导协调，组织行政区域内各方力量提供支援，国家环境监测机构根据生态环境部的指示或地方请求给予相关技术支持。近岸以外管辖海域突发环境事件，原则上由生态环境部组织实施监测，初步判断为重大、特大的突发环境事件，调配各方力量开展监测。

（五）完善应急监测协同联动机制

在突发环境事件应急处置过程中，应急监测组按照应急指挥部的要求开展应急监测工作，畅通应急监测信息报送渠道，充分发挥应急监测对应急决策处置的支撑作用。加强现场快速应急监测与实验室分析的协同配合，发挥各自优势，实现突发环境事件的快速精准监测。强化污染源在线监测及水、气自动监测站的监测预警作用，及时发现异常情况并提供实时监测数据支撑。应对跨行政区域的突发环境事件，不同行政区域的环境监测机构之间要协商监测方案、监测方法，数据互认、信息共享。强化应急监测队伍的分工协作与会商研判，提高应急监测资源的调配效率。

（六）加强应急监测组织管理

全面强化应急监测预案的指导作用，印发《生态环境应急监测预案编制指南》，指导各地根据地方产业结构特点、环境风险特征和应急监测能力现状，制修订应急监测预案，提高应急监测预案的实用性和可操作性。2020年底前，各地按照《生态环境应急监测预案编制指南》完成应急监测预案修订。各地要设置专门的部门或明确专门的人员，牵头统筹行政区域内的生态环境应急监测工作，结合省以下环境监测机构垂直管理改革和新一轮政府机构改革及职能调整，建立适合地方实际的生态环境应急监测管理体系和工作机制，明确各部门、各单位的应急监测工作职责和响应程序，确保快速、有效响应突发环境事件应急监测。

三、加强生态环境应急监测队伍建设

（七）开展应急监测能力自查评估

印发《生态环境应急监测能力评估要点》和《生态环境应急监测能力建设指南》，各省根据评估要点，结合地方实际制定应急监测能力评估细则，组织全省对应急监测的组织管理和装备配置等进行综合全面的自查评估。各地根据自查评估的问题，明确工作任务和时间节点，制定加强生态环境应急监测能力建设的实施方案。

（八）全面提升应急监测装备水平

根据行政区域环境风险特征，结合《生态环境应急监测能力建设指南》，以有效监测和监控突发环境事件为原则，合理配置现场应急监测及实验室分析仪器设备。各地要建立动态管理台账，掌握行政区域内环境监测机构、社会检测机构、重点企业的应急监测装备、耗材储备情况和地理分布，确保精准调度相关力量参与突发环境事件应急监测。加强天空地一体化应急监测能力建设，保障应急监测车（船、无人机）的配备，着重提升环境风险较大区域的装备水平，确保突发环境事件所涉最小环境监测网格能够有效组织应急监测。鼓励各地通过购买服务等方式，引入社会资源参与应急监测耗材储备、设备维护及突发环境事件应急监测。

（九）定期组织交流培训

定期组织全国应急监测培训，通过案例教学、经验分享、技术探讨等方式，交流应急监测技术和经验，探讨应急监测的难点和解决思路，培养千名应急监测技术骨干，建立百余名应急监测专家团队。各省要制订和落实年度培训计划，加强生态环境应急监测业务和技能培训，提升地市级监测站及相关社会检测机构的应急监测水平。

（十）强化应急监测演练

各地要根据行政区域环境风险特征，定期开展应急监测演练，省级至少每3年组织

1 次综合性应急监测实战演练，地市级每年至少开展 1 次单项或综合性应急监测实战演练，检验应急监测预案的可操作性，加强与其他应急队伍的协同联动，提高应急监测队伍的实战能力。鼓励地区之间互相邀请应急演练观摩，促进应急监测工作经验和监测技术的交流提升。鼓励社会检测机构参与环境应急监测演练。

四、完善生态环境应急监测技术体系

（十一）推进应急监测方法标准化

修订完善《突发环境事件应急监测技术规范》，进一步规范突发环境事件应急监测启动终止、方案制定、信息发布、质量控制等，支撑突发环境事件预警和处置全过程。加快推进《水质　挥发性有机物的测定　便携式气相色谱法》等 8 项应急监测方法标准的制定，到 2020 年底基本建成应急监测方法标准体系，快速、准确测定突发环境事件中的常见特征污染物。印发《生态环境应急监测方法指南》，规范各类特征污染物在应急监测不同阶段的监测方法选用。

（十二）加强应急监测质量管理

根据应急监测特点，研究制定兼顾科学性和可操作性的应急监测质量管理措施和质量控制指标，规范应急监测技术人员的能力确认方式和考核评价标准。印发《应急监测仪器核查校准规程编制指南》，指导各地制定便携式、搭载式应急监测装备的日常维护和核查校准规程。

（十三）推动应急监测新技术研发和应用

积极推广无人机（船）等新型载体以及高光谱、激光雷达等先进技术在应急监测领域的应用。鼓励环境监测机构、科研院所及其他企事业单位研发现场应急监测新技术、新方法、新装备，不断提高应对各类突发环境事件的现场应急监测技术水平。

五、切实加强组织领导

（十四）强化统筹协调

各地要切实加强组织领导，将生态环境应急监测能力建设工作纳入地方考核指标，明确时间节点，狠抓工作推进，确保到 2020 年底建成覆盖本行政区域的生态环境应急监测网络。

（十五）落实保障措施

各地要完善生态环境应急监测经费保障机制，确保生态环境应急监测工作有序开展。根据生态环境应急监测工作急难险重的工作性质，在物质奖励、职称评定、职务晋升等方面建立激励机制，充分发挥应急监测人员的积极性，促进应急监测队伍稳定、可持续发展。

（十六）定期检查评估

建立应急监测能力定期评估机制，坚持问题导向，持续巩固加强行政区域生态环境应急监测能力。生态环境部将评估各地突发环境事件的应急处置及应急监测水平，抽查应急监测人员能力和装备配置水平。各省要制定应急监测能力评估办法，定期检查评估所属地市及区、县的应急监测水平。

生态环境部办公厅

2018 年 11 月 30 日

生态环境监测机构应急监测预案编制指南

（总站应急字〔2020〕585号）

为进一步规范生态环境应急监测预案编制，提高生态环境监测机构应急监测预案的实用性和操作性，切实发挥预案对生态环境应急监测组织管理的指导作用，依据《关于加强生态环境应急监测工作的意见》（环办监测〔2018〕40号），制定本指南。

一、编制修订主体

生态环境监测机构应急监测预案（以下简称“预案”）隶属单位和基层组织应急预案类别，由生态环境监测机构组织编制修订和颁布印发。

二、编制修订程序

预案编制修订原则上遵循以下程序，各生态环境监测机构可以根据本单位实际适当调整。

（一）成立编制修订工作组

单位分管应急监测工作的同志为组长，承担应急监测职能的部门主要负责，具备环境应急监测相关专业知识和突发环境事件应急监测经验的人员参与。

（二）收集相关资料

全面收集和分析研究与预案编制工作相关的法律法规、技术标准、环境应急预案、规范性文件、突发环境事件案例等工作依据或参考资料。梳理本单位应急监测组织管理体系现状，签订服务协议的社会机构应急监测能力，以及应对各类突发环境事件的成功经验和有效做法。

（三）开展能力分析

全面客观地分析本单位及签订服务协议的社会机构的应急监测能力，包括监测队伍、仪器装备、物资储备等，编制应急监测能力报告，作为预案编制的基础材料之一。

（四）初稿起草及初审

由承担应急监测职能的部门牵头，采用分工起草、集中研讨等方式编制形成预案初稿。涉及应急监测组织体系、职责分工和响应分级的事宜，应与相关内设部门充分沟通。对现有预案进行修改时，应采用修订对照的形式，列明原文内容、修订内容及修订依据等。

（五）征求意见及印发

初稿及编制说明书面征求相关内设部门的意见并修改完善，意见采纳情况纳入修订说明。按照本单位的会审及发文程序正式印发，并根据生态环境厅（局）应急管理工作规定，抄送厅（局）相关内设机构和直属单位。

三、编制修订总体要求

（一）具有契合性

预案隶属全省（区、市）环境应急组织体系，其编制修订应与省级环境应急（监测）预案相契合，始终把握本级生态环境监测网络在全省（区、市）环境应急组织体系中的职责分工和定位。

（二）体现指导性

预案为本单位应急监测管理的指导性预案，从总体和原则上规定单位内部的应急监测职能职责，明确应对不同初判等级突发环境事件的应急监测组织体系、响应机制、指挥权限等，指导各内设部门按照职责分工有序分级响应各类突发环境事件。

（三）注重实用性

预案编制修订应遵循实事求是的原则，与本级生态环境监测网络的应急监测组织管理体制及应急监测能力现状相协调，充分梳理总结应对突发环境事件的经验和教训，注重操作性、实用性和针对性。

（四）规范体例格式

预案编制修订应确保结构清晰、层次分明，格式规范、语言精练。字体和排版遵循《党政机关公文格式》（GB/T 9704）要求。

语言运用应平实得体、简洁明了，使用专有名词或简称时应符合相关规范，使用自定义词语时应确保定义准确、前后一致。

四、结构和内容

预案总体上由总则、组织体系、应急程序、保障措施、附则、附件等 6 个部分组成，本指南对各部分内容的编制作原则性规定，具体内容由各级环境监测机构根据自身组织管理方式细化，预案范本见附件 1。

1　总则

主要包括“1.1 编制目的”“1.2 编制依据”“1.3 适用范围”“1.4 工作原则”等 4 个部分，简述预案的编制目的，所依据的法律法规、制度规范，预案的适用范围和应急监测工作开展的基本原则。

2　组织体系

预案应建立结构清晰、职责分明的日常管理和应急管理组织体系，应急监测组织结构图、响应流程图、响应分级示例见附件 2～5。

2.1　日常管理体系

各生态环境监测机构应形成“应急监测领导小组统筹，领导小组办公室牵头，各内设部门分工负责”的应急监测组织管理体系，应急监测领导小组办公室的职能职责由应急监测室或指定内设部门承担，牵头统筹应急值班、人员培训、能力建设、后勤保障、仪器维护、应急演练等应急监测日常管理工作。

2.2　应急组织体系

应急监测组系隶属环境应急指挥部的工作组之一，各生态环境监测机构组建应急监测队伍时，原则上应建立至少由监测指挥组、综合应急组、现场监测组、实验分析组、后勤保障组等 5 个工作小组构成的应急监测组织体系。

2.3　应急响应分级

与省级突发环境事件应急预案中的响应分级相一致，仅需明确启动不同等级响应时，本单位应急监测队伍的组织构成。

3　应急程序

主要包括应急响应程序、应急监测开展、监测报告编制、应急监测终止、后续相关监测、相关工作规定等 6 个部分的内容。

3.1　应急响应程序

主要包括应急接报、事态研判、启动响应 3 个部分，省生态环境监测机构和地市生态环境监测机构略有区别，详见“附件 1　生态环境监测机构应急监测预案范本”。

3.2　应急监测开展

包括监测方案制定、监测方案调整、监测行动实施等 3 个部分，明确监测方案制定流程、监测方案调整规定、监测行动应遵循的工作规范。

3.3　监测报告编制

明确编制应急监测报告时，监测数据汇总方式、报告主要内容、报送对象和程序等。

3.4　应急监测终止

明确应急监测终止的条件和程序。

3.5 后续相关监测

根据地方实际，规定生态环境损害鉴定评估等监测工作要求。

3.6 相关工作规定

主要包括安全事项、质量控制、保密规定、案卷归档、事件总结等 5 个部分。

4 保障措施

主要对能力建设制度、人员培训制度、仪器设备管理、应急经费保障、应急值班制度等 5 个部分作原则性要求和规定，保障应急监测日常管理工作的有序开展。

5 附则

5.1 预案管理

（1）预案修订

按照《突发事件应急预案管理办法》要求，结合地方实际，规定本单位预案的修订条件。

（2）应急演练

按照省级生态环境应急监测预案的规定，规定本单位的应急演练要求。

5.2 预案解释

原则上由起草单位或印发单位负责解释。

5.3 实施时间

原则上自印发之日起实施。

6 附件

预案主要包含以下附件，各生态环境监测机构可根据本单位实际增删和细化。

（1）本单位应急监测组织体系图；

（2）本单位应急监测响应流程图；

（3）本单位应急监测响应分级；

（4）本单位应急监测相关管理制度；

（5）突发环境事件应急监测方案模板；

（6）突发环境事件应急监测接报记录；

（7）突发环境事件应急监测报告模板。

除附件外，预案可根据需要配套以下资料，建议通过电子档案或信息系统动态管理：应急监测人员通讯录、应急监测专家库、应急监测服务协议、应急监测仪器装备清单、应急监测物资储备清单、行政区域主要水系图（含饮用水水源地分布）、行政区域重点环境风险源清单及分布图、行政区域重点环境敏感区域分布图等。其中环境风险源清单及重点环境敏感区域由省生态环境厅（局）确定。

附件：1. 生态环境监测机构应急监测预案范本
2. 突发环境事件应急监测组织结构图
3. 省生态环境监测机构应急监测响应流程图
4. 地市以下生态环境监测机构应急监测响应流程图
5. 生态环境监测机构应急监测响应分级参考示例

附件 1

生态环境监测机构应急监测预案范本

范本仅在结构和内容上作参考示例，各环境监测机构应根据自身实际调整、细化和完善。

1 总则

1.1 编制目的

健全××站应急监测组织体系，强化应急监测日常管理和工作保障，明确分级响应机制和职责分工，规范突发环境事件应急监测工作程序，确保有序有效组织应急监测行动，快速、准确、全面地获取监测数据，及时掌握污染状况、研判污染趋势，为环境应急决策提供技术支撑。

1.2 编制依据

《突发事件应急预案管理办法》《国家突发环境事件应急预案》《突发环境事件应急管理办法》《突发环境事件应急监测技术规范》《生态环境监测机构应急监测预案编制指南》《××省突发环境事件应急预案》《××省突发环境事件应急监测预案》。

1.3 适用范围

用于规定××站应急监测工作的基本原则、组织体系、工作程序和保障要求。

1.4 工作原则

统一指挥，责任明确。建立结构清晰、运转高效的应急监测组织体系。根据应急响应等级，明确应急监测队伍各内设小组的工作职责和任务分工。

协调联动，科学监测。健全应急监测协调联动机制，加强与环境应急处置的协同配合。科学合理地设置应急监测点位、频次并及时调整和终止监测。

加强管理，保障有力。强化应急监测工作保障，加强人员培训、装备配置和应急演练等日常管理，不断提升全站应急监测能力。

2 组织体系

2.1 日常管理体系

××站应急监测工作日常管理由应急监测领导小组统筹负责，领导小组办公室设在应急监测室，成员有××室、××室、××室，职责分工如下。

（一）领导小组

组长：站长

副组长：副站长、总工、副总工。

职责：负责应急监测能力建设、预案修编、应急演练、重要培训和接待等应急监测管理重大事项的决策。

（二）领导小组办公室

主任：分管应急监测副站长

副主任：应急监测室主任

成员：应急监测室成员

职责：牵头统筹应急监测能力建设、应急值班、应急预案管理、环境应急相关培训等应急监测日常管理工作。指导全省应急监测能力建设和预案修编，组织本单位及全省应急监测演练、应急监测培训。对各地市（区、县）提供应急监测技术指导。

2.2 应急组织体系

组建应急监测队伍时，原则上应建立至少由监测指挥组、综合应急组、现场监测组、实验分析组、后勤保障组等 5 个工作小组构成的应急监测组织体系。

（1）监测指挥组

与应急监测领导小组对应，系应急监测组的最高领导机构，组长为突发环境事件应急指挥部成员。代表应急监测组与环境应急指挥部及其他环境应急工作组沟通协调，负责应急监测行动的组织、决策、调度，监测方案审定和报告核发。

（2）综合应急组

与应急监测领导小组办公室对应，系突发环境事件应急监测的信息中枢，连接监测指挥组与其他监测工作组的纽带。在监测指挥组的领导下，具体实施应急监测行动的现场组织和协调，调度各方监测力量有序开展应急监测，实时向监测指挥组反馈情况。经监测指挥组授权，代表应急监测组与其他环境应急工作组沟通协调，牵头应急监测质量控制，负责相关信息汇总和综合分析、监测方案制定和报告编制。

（3）现场监测组

牵头突发环境事件的应急监测踏勘调查。启动应急监测响应后，第一时间赶赴现场开展调查工作。应急监测方案审定后，根据综合应急组的调度开展现场监测和样品采集并做好质量控制措施，实时反馈现场监测数据和情况，按规范程序将样品送达实验分析组。

（4）实验分析组

负责本单位实验室仪器设备的日常维护，接到监测指挥组的通知后，第一时间做好实验分析准备，如有必要，按要求赶赴现场搭建临时实验室。应急监测方案审定后，按照质量控制要求做好样品分析并及时报送实验数据。

（5）后勤保障组

经监测指挥组授权，代表应急监测组与环境应急总后勤沟通协调。负责应急监测组的车辆调度、相关物资的购买调配、应急监测人员的生活保障以及相关费用的报销和结算等。

2.3 应急响应分级

根据《××省突发环境事件应急预案》，全省应对突发环境事件分 3 个响应等级，发生初判特别重大突发环境事件启动Ⅰ级响应，发生初判重大突发环境事件启动Ⅱ级响应，发生初判较大及以下突发环境事件启动Ⅲ级响应，各响应级别的判别条件及××站应急监测组织构成见附件×。

3 应急程序

3.1 应急响应程序

此处列出以下 2 种范本，省生态环境监测机构和地市生态环境监测机构可分别对照参考。

（一）省生态环境监测机构应急监测响应程序

按照以下程序启动应急监测响应，流程图见附件×。

1. 应急接报。接到突发环境事件通知后做好接报记录，与事发或受事件直接影响的地市（区、县）生态环境监测机构沟通核实，了解事态大小、紧急程度和是否需要省级支援等。

2. 事态研判。进一步整理调查掌握的相关信息，根据“附件×.应急监测响应分级”中的事件类型，结合事件实际情况，研判事件初判属于什么等级，需要启动几级响应。

3. 启动响应。根据“附件×.应急监测响应分级”中的应急监测组织构成，通知相关人员到岗集合，迅速做好仪器装备和后勤保障准备，按照规范程序组织开展应急监测。

（二）地市以下生态环境监测机构应急监测响应程序

按照以下程序启动应急监测响应，流程图见附件×。

1. 应急接报。接到突发环境事件通知后，应做好接报记录，相关人员第一时间赶赴现场，初步调查了解事态大小、紧急程度等，完善应急接报和调查记录并报告应急值班负责人。

2. 事态研判。进一步整理调查掌握的相关信息，根据“附件×.应急监测响应分级”中的事件类型，结合事件实际情况，研判事件初判属于什么等级，需要启动几级响应，是否需要上级支援，并将相关情况报告上级生态环境监测机构。

3. 启动响应。根据“附件×.应急监测响应分级”中的应急监测组织构成，通知相关人员到岗集合，迅速做好仪器装备和后勤保障准备，按照规范程序组织开展应急监测工作。

3.2 应急监测开展

应急监测工作开展总体上应遵循《突发环境事件应急监测技术规范》。

（1）监测方案制定

应急监测队伍到达事件现场后，监测指挥组指导综合应急组会同相关部门迅速了解事件最新情况，根据《突发环境事件应急监测技术规范》，结合现场实际组织编制应急监测方案，报环境应急指挥部备案并抄送相关环境应急工作组。

（2）监测方案调整

根据事态变化和处置工作开展情况，按照《突发环境事件应急监测技术规范》要求及时调整监测方案，报环境应急指挥部备案并抄送相关环境应急工作组。

（3）监测行动实施

按照《突发环境事件应急监测技术规范》《生态环境应急监测方法选用指南》《生态环境应急监测报告编制指南》等规范和文件要求，开展采样监测、实验分析和报告编制工作。

3.3　监测报告编制

（1）综合应急组承担应急监测数据汇总和报告编制职责，应急监测报告的结构、内容和格式应遵循《生态环境应急监测报告编制指南》规定。

（2）应急监测报告应经过编制、审核、签发三级审核，当监测数据异常时，监测指挥组、综合应急组应与应急处置组及环境应急专家等会商研判，共同确定报告结论。

（3）应急监测报告主送环境应急指挥部，并抄送其他相关环境应急工作组及与事件相关的生态环境主管部门等。经审定的应急监测报告可通过电子渠道第一时间报送相关人员，纸质监测报告随后报送。

3.4　应急监测终止

依据《突发环境事件应急监测技术规范》，由应急监测组根据突发环境事件现场实际，向环境应急指挥部提出应急监测终止建议。

3.5　后续相关监测

如需评估事件对生态环境的中长期影响，在应急监测终止后，按照生态环境损害赔偿相关法律法规和规范制度要求开展生态环境损害鉴定评估监测。

3.6　相关工作规定

（1）安全事项

应急监测人员应时刻保持高度的安全意识，在进入可能存在安全隐患的区域开展监测时，要提高警惕和加强安全防护；未经现场负责人同意，严禁私自进入危险区域开展监测作业；进入危险区域时须两人以上同行且配备相应防护措施，迅速完成监测任务并立即撤离，不得私自逗留。

（2）质量控制

现场监测仪器应定期维护和校准，样品采集应符合相关监测技术规范，实验室分析应严格遵守相关质量保证及质量控制规定。

（3）保密规定

突发环境事件解除保密限制之前，除根据工作职责、按照工作程序逐级上报监测数据，不得私自对外透露和发布突发环境事件现场的相关信息。

（4）案卷归档

应急监测工作结束后，应急监测室要落实“一案一册”工作要求，专档建立突发环境事件应急监测档案，每年按照××站档案管理规定将档案卷宗移交档案管理部门。

（5）事件总结

应急监测工作结束后，应急监测室应按照《生态环境应急监测报告编制指南》要求，组织撰写应急监测总结报告，报送相关领导。必要时应组织总结会议，表彰先进、总结经验、剖析教训，不断提高应急监测能力。

4 保障措施

4.1 能力建设制度

应急监测室应根据《生态环境应急监测能力建设指南》和《生态环境应急监测能力评估要点》，结合本单位应急监测队伍组织、装备配置现状，以及相关案例和行政区域主要环境风险，每×年组织全站应急监测能力评估，不断优化应急监测日常组织管理体系，加强应急监测队伍建设、装备配置和应急演练，提高应急监测实战能力。

4.2 人员培训制度

应急监测人员应熟悉环境应急相关法律法规、标准规范和技术要求，了解不同类型突发环境事件的应急监测方法，熟练使用相关仪器设备。应急监测新装备验收和培训原则上同步进行，并形成规范的验收培训档案资料和学习教程。突发环境事件应急监测工作结束后，应组织经验教训的总结学习。外出参与应急监测培训的人员，应梳理归纳培训内容，形成培训学习资料并集中学习宣贯。

4.3 仪器设备管理

应急监测仪器设备管理，遵循“谁使用谁负责”的原则，采用“一总多专”的管理方式，由仪器设备管理员总体牵头，其他专门人员分工负责相关仪器的管理。实行 AB 角补位机制，每个应急监测仪器设备至少 2 人共同负责，具体使用维护遵循以下规定：

（1）便携式监测仪器应每月进行 1 次跨度校准，使用前应进行零点校准，传感器寿命期满及时更换，使用后充电，长时间不使用应至少每 3 个月通电维护 1 次；

（2）便携式 GC-MS 等大型或专业性较强的仪器设备，应每月开机运行 1 次，每年重做 1 次标准曲线，保证处于良好的工作状态；

（3）应急采样装置和采样容器使用后应及时清洁，有耗材需求的仪器设备应每月进行耗材检查，及时更换过期耗材和补充库存；

（4）防护面罩使用后应及时更换滤芯，自给式呼吸器气瓶每半年进行 1 次压力检查，压力不足要及时补充；

（5）应急监测车、发电机、车载 UPS 等日常维护由专职司机负责，确保车况良好、油料充足、供电稳定。

4.4 应急经费保障

应急监测能力建设、后勤保障、购买服务、应急演练等经费优先列入年度预算。鼓励和支持应急监测方法、技术等科研项目的研究。

4.5 应急值班制度

承担应急监测工作的人员应严格遵守《×××应急监测值班制度》规定，详见附件×。

5 附则

5.1 预案管理

（1）预案修订

有下列情形之一时，应对现有预案组织审查，及时修订与实际工作不相符的内容，确保预案的指导性和实用性：

①有关法律、行政法规、规章、标准、上位预案中的有关规定发生变化；

②应急监测组织体系及其职责发生重大调整；

③面临的环境风险发生重大变化；

④重要环境应急监测资源发生重大变化；

⑤预案中的其他重要信息发生变化；

⑥在突发环境事件实际应对和应急监测演练中发现问题需要作出重大调整；

⑦现行预案发布实施 5 年以上；

⑧预案制定单位认为应当修订的其他情况。

（2）应急演练

根据《××省突发环境事件应急监测预案》对本级生态环境监测网络的演练规定，每××年组织 1 次应急监测演练，演练内容主要为行政区域易发生或已发生的突发环境事件。

5.2 预案解释

本预案由××站负责解释。

5.3 实施时间

本预案自印发之日起实施。

附件：1. 应急监测组织体系图

2. 应急监测响应流程图
3. 应急监测响应分级
4. 应急监测值班制度
5. 突发环境事件应急监测方案模板
6. 突发环境事件应急监测接报记录
7. 突发环境事件应急监测报告模板

附件 2

突发环境事件应急监测组织结构图

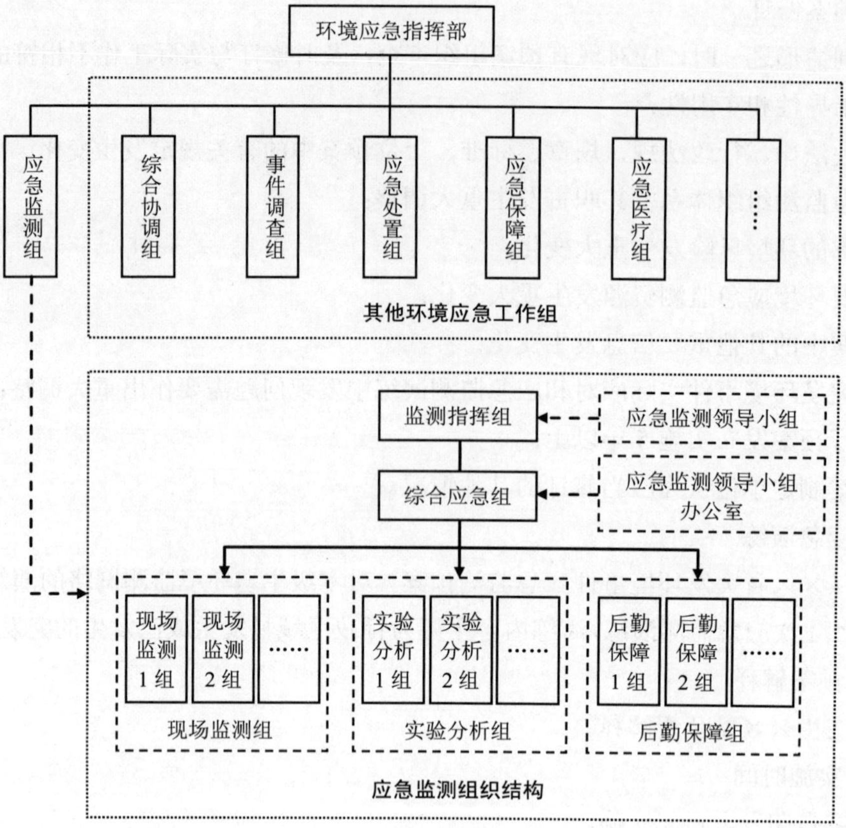

附件 3

省生态环境监测机构应急监测响应流程图

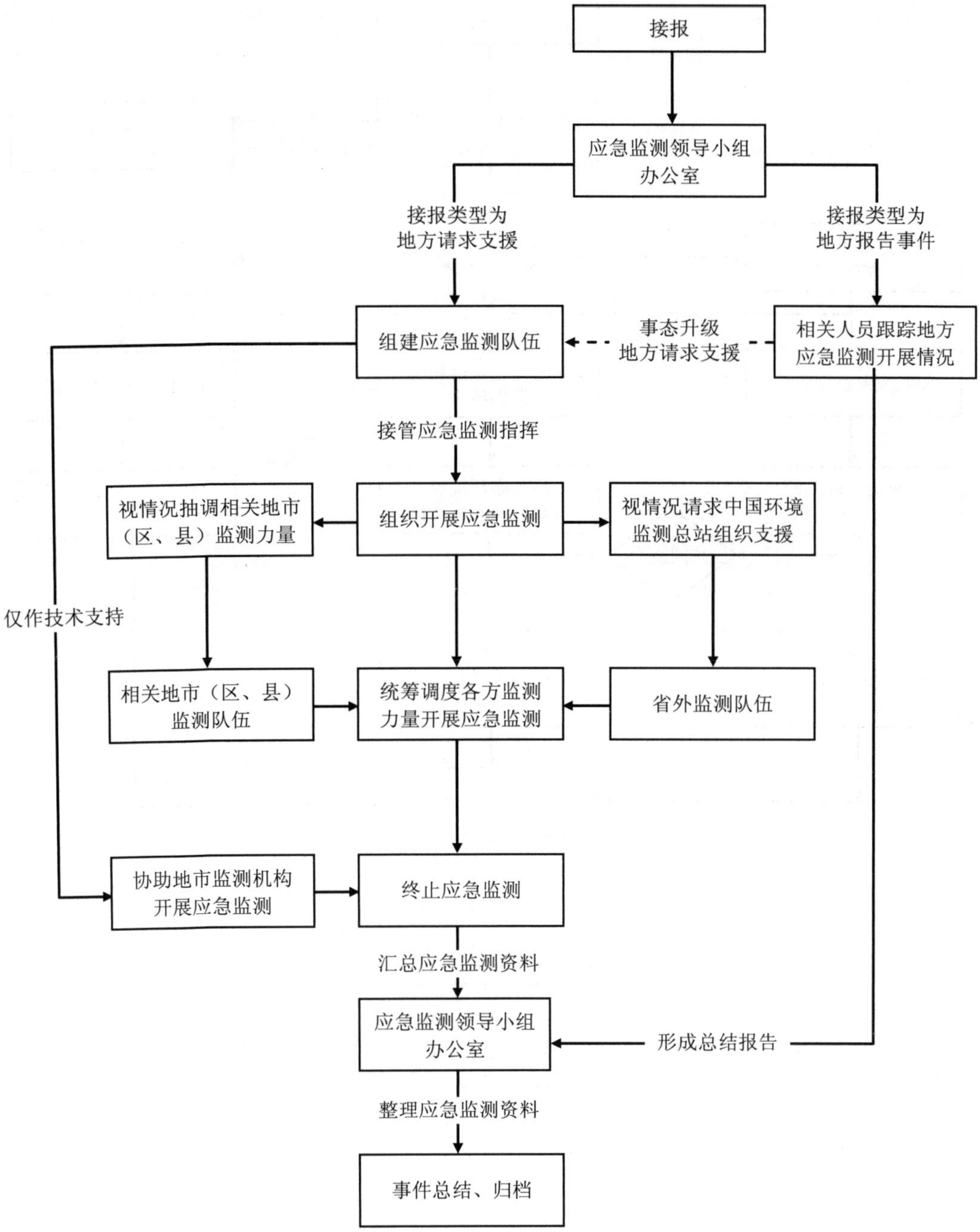

附件 4

地市以下生态环境监测机构应急监测响应流程图

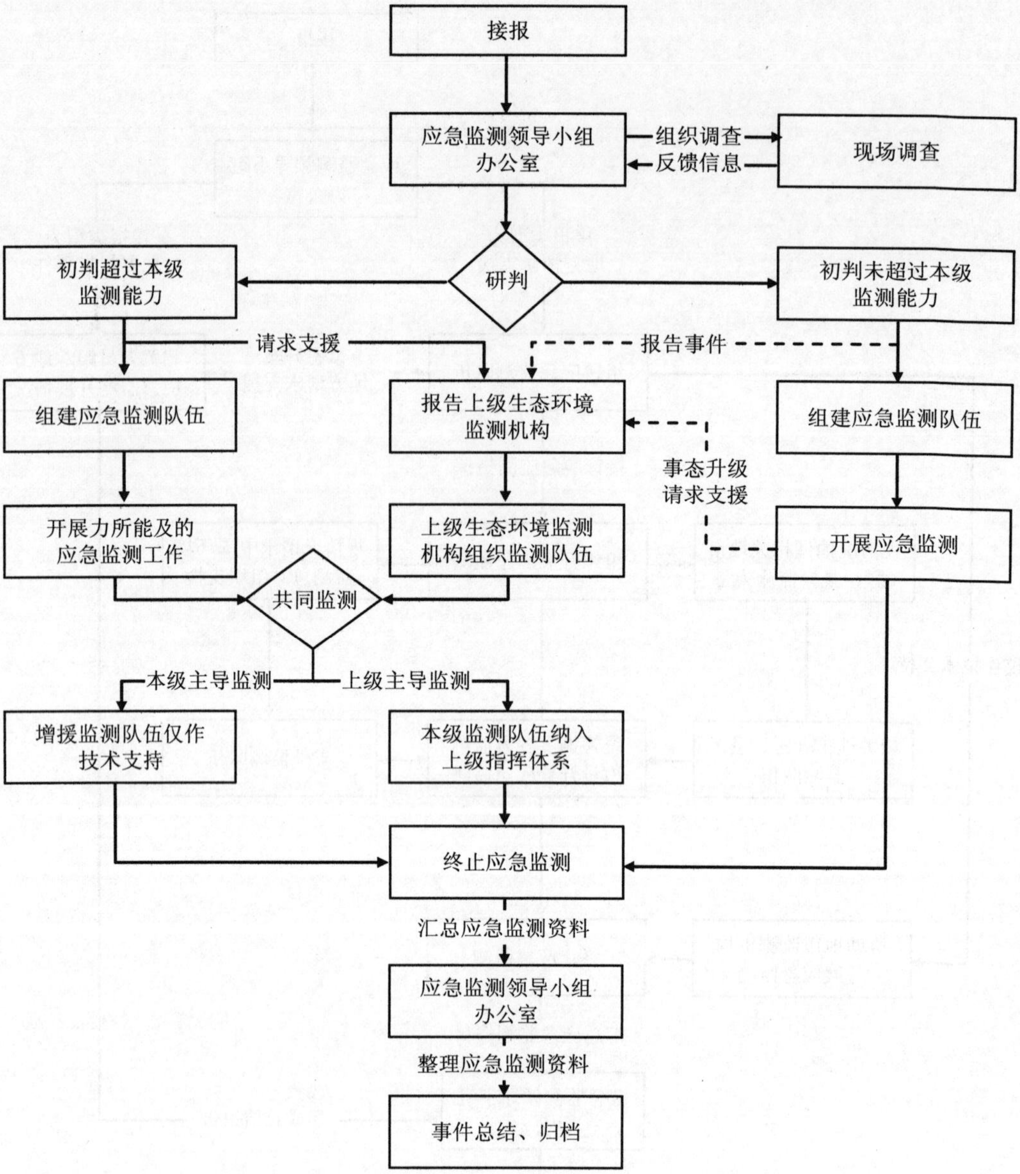

附件 5

生态环境监测机构应急监测响应分级参考示例

根据突发环境事件类型和初判等级，明确不同应急响应等级的人员构成，此处仅以初判特别重大突发环境事件作结构上的示例，具体的响应分级和组织构成由各生态环境监测机构根据本单位实际调整和细化。

突发环境事件类型		××站应急监测组织构成	
初判事件等级	特别重大	启动响应等级	Ⅰ级
引用省级突发环境事件应急预案中的相关内容		1. 监测指挥组 组长：××，××为 B 角 副组长：××，××为 B 角 成员：××、××、×× 2. 综合应急组 组长：××，××为 B 角 副组长：××，××，×× 成员：××，××，×× 3. 现场监测组 组长：××，××为 B 角 副组长：××、××、×× 成员：××、××、×× 4. 实验分析组 组长：××，××为 B 角 副组长：××、××、×× 成员：××、××、×× 5. 后勤保障组 组长：××，××为 B 角 副组长：××、××、×× 成员：××、××、××	

省级生态环境应急监测预案编制指南

（总站应急字〔2020〕585号）

为进一步规范生态环境应急监测预案编制，提高各地环境应急监测预案的实用性和操作性，切实发挥预案对生态环境应急监测组织管理的指导作用，依据《关于加强生态环境应急监测工作的意见》（环办监测〔2018〕40号），制定本指南。

一、编制修订主体

省级生态环境应急监测预案（以下简称“预案”）系省级突发环境事件应急预案的子预案，隶属部门预案类别，由省（区、市）生态环境厅（局）牵头组织编制修订和颁布印发。

二、编制修订程序

预案编制修订原则上遵循以下程序，各地可以根据实际适当调整。

（一）成立编制修订工作组

省（区、市）生态环境厅（局）成立以单位分管负责同志为组长，具备环境应急监测相关专业知识和突发环境事件应急监测经验人员参与的预案编制修订工作组。

（二）收集相关资料

全面收集和分析研究与预案编制工作相关的法律法规、技术标准、环境应急预案、规范性文件、突发环境事件案例分析等工作依据或参考资料。梳理本行政区域生态环境监测机构及相关单位的环境应急监测能力，以及近年来应对各类突发环境事件的成功经验和有效做法。

（三）开展能力分析

全面客观地分析本行政区域应急监测队伍、仪器装备、物资储备等应急监测资源状况与地理分布（包括生态环境监测机构及可调用的社会机构），编制应急监测能力报告，作为预案编制的基础材料之一。

（四）初稿起草

采用分工起草、集中研讨等方式编制形成预案初稿，针对重点、难点问题召开专题研讨会或座谈会修改完善。对现有预案进行修改时，应采用修订对照的形式，列明原文内容、修订内容及修订依据等。

（五）征求意见

预案初稿经编制修订工作组初审通过后，省（区、市）生态环境厅（局）就初稿及编制说明书面征求相关内设机构、直属单位、各地市（区、县）生态环境部门及其他有关单位的意见，意见采纳情况纳入编制修订说明。

（六）审查与发布

编制修订工作组将预案提交省（区、市）生态环境厅（局）法制部门进行合法性审查，组织召开专家评审会。按照发文程序报请批准预案，以厅（局）名义印发至本行政区域的生态环境部门及相关单位。

三、编制修订总体要求

（一）体现指导性

预案为省（区、市）生态环境应急监测管理的指导性预案，从总体和原则上规定行政区域各级生态环境部门、生态环境监测机构及相关单位的应急监测职能职责，明确突发环境事件的应急监测组织体系、响应机制、指挥权限等，指导各级生态环境机构和单位按照职责分工有序分级响应各类突发环境事件。

（二）注重实用性

应急监测预案编制修订应遵循因地制宜、实事求是的原则，与行政区域应急监测组织管理体制及应急监测能力现状相协调，充分梳理总结应对突发环境事件的经验和教训，注重操作性、实用性和针对性。

（三）规范体例格式

预案编制修订应确保结构清晰、层次分明，格式规范、语言精练。字体和排版遵循《党政机关公文格式》（GB/T 9704）要求。

语言运用应平实得体、简洁明了，使用专有名词或简称时应符合相关规范，使用自定义词语时应确保定义准确、前后一致。

四、结构和内容

预案总体上由总则、组织体系、应急程序、保障措施、附则、附件等 6 个部分组成，本指南对各部分内容的编制作原则性规定，具体内容由各省（区、市）根据地方实际细化。

1 总则

主要包括“1.1 编制目的”“1.2 编制依据”“1.3 适用范围”“1.4 工作原则”“1.5 环境风险”等 5 个部分，简述预案的编制目的，所依据的法律法规、规范制度，适用范围和应急监测工作开展的基本原则，以及全省（区、市）主要的环境风险。其中，“1.5 环境风险”可参考省级环境应急预案和相关环境风险评估报告，简述行政区域所面临的主要环境风险和重点防护的环境敏感目标，详细的环境风险清单、地理位置、风险隐患及特征污染物等通过电子档案或信息系统动态管理。

2 组织体系

2.1 应急监测管理职责

根据行政区划和生态环境监测机构垂直管理改革后的环境管理方式，结合本行政区域突发环境事件分级响应机制，建立责任明确的应急监测组织体系，规定各级生态环境部门、生态环境监测机构和相关单位的应急监测管理职责，明确不同等级突发环境事件的指挥调度权限。

2.2 突发环境事件应急监测组织体系

明确组建应急监测队伍时，应设置的工作小组及各工作小组的职责分工。

2.3 应急监测响应分级

预案的响应分级主要包括初判事件等级、事件类型、响应等级和组织构成。依据《突发事件应急预案管理办法》第十二条，“对预案应急响应是否分级、如何分级、如何界定分级响应措施等，由预案制定单位根据本地区、本部门和本单位的实际情况确定”。各地在制修订应急监测响应分级时，应注意以下 5 点，分级参考示例见附件 4。

（1）与省级突发环境事件应急预案中的响应分级相一致，若省级突发环境事件应急预案未划分响应分级或现行响应分级与环境管理现状不相适应，可根据地方实际制修订。

（2）响应分级可参照突发环境事件分级标准，也可独立于事件分级标准，但应有明确响应等级的定量或定性指标，包括主观影响（如敏感程度、社会影响、舆论关注等）或客观损失（如人员伤亡、经济损失、环境影响等）。

（3）响应分级应明确不同等级的响应规模，包括应急监测组下设各工作组的构成，以及需调动的应急监测车辆、设备、物资的数量等，并明确关键岗位的 AB 角补位和轮换机制。

（4）突发环境事件等级从高到低分为特别重大、重大、较大、一般 4 个级别，后面不加Ⅰ、Ⅱ、Ⅲ、Ⅳ等罗马数字。应急响应分级使用罗马数字，可以不与突发环境事件等级对应，例如根据某地实际划分 3 个响应等级，初判特别重大突发环境事件启动Ⅰ级响应，初判重大突发环境事件启动Ⅱ级响应，初判较大以下突发环境事件启动Ⅲ级响应。

（5）原则上地市级以下生态环境监测机构能独立应对行政区域绝大多数较大以下突发

环境事件，省级生态环境监测机构负责应对重大以上突发环境事件。

3 应急程序

本指南主要对突发环境事件的应急监测响应、应急监测开展、应急监测报告、应急监测终止及后续相关监测等不同环节作总体性的规定，各级生态环境监测机构根据自身的组织管理方式细化。

3.1 应急响应程序

原则上规定突发环境事件应急监测的根本程序，主要包括属地第一时间响应原则，请求应急监测支援与组织对外支援的条件和程序。

3.2 应急监测开展

对监测方案制定、监测报告编制、监测行动实施、应急监测终止等作总体性规定和要求。

3.3 后续相关监测

规定应急监测终止后的相关监测事宜。

3.4 相关工作规定

主要包括突发环境事件应急监测的安全事项、质量控制、保密规定、案卷归档、事件总结等内容。

4 日常管理和保障

4.1 能力建设

依据《生态环境应急监测能力建设指南》及《生态环境应急监测能力评估要点》，结合地方实际明确各级生态环境监测机构应急监测能力建设的总体要求，包括队伍组织、人员培训、装备配置等。

4.2 经费保障

明确各级生态环境监测机构应急监测经费保障要求。

4.3 技术支撑

鼓励和支持全省（区、市）应急监测技术研究、装备研发和信息化建设等。

4.4 购买服务

结合地方实际对购买应急监测服务作总体性规定。

5 附则

5.1 预案管理

（1）预案修订

规定行政区域各级各类应急监测预案的修订条件和周期，包括省级应急监测预案自身以及各级生态环境监测机构和相关单位应急监测预案。

（2）应急演练

根据地方实际，明确各级生态环境监测机构定期开展应急监测演练的总体要求（每3年至少演练一次）。

5.2 预案解释

原则上由起草单位或印发单位负责解释。

5.3 实施时间

原则上自印发之日起实施。

6 附件

主要包含以下附件。

（1）全省（区、市）应急监测组织体系图；

（2）全省（区、市）应急监测响应流程图；

（3）全省（区、市）应急监测响应分级。

除附件外，预案可根据需要配套以下资料，建议通过电子档案或信息系统动态管理：应急监测人员信息、应急监测专家库、应急监测服务协议、应急监测仪器装备清单、应急监测物资储备清单、行政区域主要水系图（含饮用水水源地分布）、行政区域重点环境风险源清单及分布图、行政区域重点环境敏感区域分布图等。其中环境风险源清单及重点环境敏感区域由省生态环境厅（局）确定。

附件：1. 省级生态环境应急监测预案范本

2. 突发环境事件应急监测组织结构图

3. 突发环境事件应急监测响应流程图

4. 省级应急监测预案响应分级参考示例

附件 1

省级生态环境应急监测预案范本

1 总则

1.1 编制目的

规定××省各级生态环境部门、生态环境监测机构和相关单位的应急监测职能职责，明确应对不同类型、不同等级突发环境事件的应急监测组织体系和工作程序，强化应急监测日常管理和工作保障，确保有序有效组织突发环境事件应急监测工作，为环境应急决策提供技术支撑。

1.2 编制依据

《突发事件应急预案管理办法》《国家突发环境事件应急预案》《突发环境事件应急管理办法》《突发环境事件应急监测技术规范》《省级生态环境应急监测预案编制指南》《××省突发环境事件应急预案》。

1.3 适用范围

适用于××省行政区域，规定全省应急监测工作的基本原则、组织体系、工作程序和保障要求。

1.4 工作原则

分级负责，协调联动。完善应急监测组织管理体系，明确各级生态环境监测网络职能职责。应对不同类型、不同等级的突发环境事件，各级环境监测网络逐级响应、分工协作，加强应急监测组内部组织协调以及与其他应急工作组的协同联动。

统一指挥，科学监测。应对突发环境事件，建立结构清晰、层次分明、统一指挥、协调有序的应急监测组织体系。科学制定和调整应急监测方案，合理分配监测力量，有效反映和监控事态，及时终止应急监测。

属地为主，快速响应。地市（区、县）生态环境监测网络承担突发环境事件第一时间应急监测响应职责，负责行政区域绝大部分较大以下突发环境事件的应急监测，承担重大以上突发环境事件中力所能及的监测任务。

平战结合，保障有力。鼓励应急监测先进技术、先进装备的研究研发，不断完善应急监测信息化管理。加强应急监测队伍建设、装备配置和应急演练，强化技术储备和后勤保障，确保迅速响应突发环境事件，有效组织应急监测工作。

1.5 环境风险

全省主要环境风险是因企业安全生产事故、水陆交通事故等导致的次生环境污染事件，重点保护环境敏感目标为各城市集中式饮用水水源地。各地市（区、县）的主要环境风险、特征污染物及环境敏感目标见××系统。

2 组织体系

2.1 应急监测管理职责

（1）省生态环境主管部门

牵头统筹全省应急监测工作，做好省级应急监测经费保障，部署每年应急监测工作要点和重点任务，鼓励支持购买应急监测服务。当省级直接调度处置突发环境事件时，参与组建省级环境应急指挥部，授权省生态环境监测机构负责应急监测组的统一指挥。受到或可能受到邻省突发环境事件影响时，视情况启动相应的环境应急响应或指示相关地市（区、县）做好应急监测准备。接到生态环境部关于对外开展环境应急支援的通知时，授权省生态环境监测机构统筹组织和指挥调度对外支援应急监测队伍。

（2）省生态环境监测机构

指导地市（区、县）生态环境监测机构应急监测工作，负责本单位应急监测工作日常管理，确保应急值班、人员培训、能力建设、后勤保障、购买服务等工作制度落实到位。当省级直接调度处置突发环境事件时，参与组建省级环境应急指挥部，负责应急监测组的统一指挥，组织协调各方监测力量（包括省外前来支援的应急监测队伍）开展应急监测工作，视情况向中国环境监测总站请求支援。地方生态环境监测机构请求支援时，视情况给予相关支持。接到省级生态环境主管部门或中国环境监测总站对外应急监测支援通知时，负责本省对外应急监测支援队伍的统筹组织和指挥调度。

（3）地市（区、县）生态环境主管部门

牵头统筹行政区域应急监测工作，贯彻落实省生态环境主管部门部署的应急监测工作要点和重点任务，做好本级应急监测经费保障，确保应急监测工作有序开展。行政区域发生突发环境事件时，第一时间组织本级生态环境监测机构开展应急监测工作，接到可能受到突发环境事件影响的通知时，做好本行政区域应急监测工作准备。本级人民政府直接调度指挥突发环境事件应急处置时，参与组建本级环境应急指挥部，授权本级生态环境监测机构负责应急监测组的统一指挥。省级直接调度处置本行政区域突发环境事件或接到省级调动支援的通知时，授权本级生态环境监测机构服从省生态环境监测机构调度。

（4）地市（区、县）生态环境监测机构

负责本单位应急监测工作日常管理，确保应急值班、人员培训、能力建设、后勤保障、购买服务等工作制度落实到位。行政区域发生突发环境事件或受到相邻地区突发环境事件影响时，按照本级生态环境主管部门要求第一时间启动相应等级的应急监测响应。本级人民政府直接调度指挥突发环境事件处置时，参与组建本级环境应急指挥部，负责应急监测组的统一指挥。根据现场情况向省生态环境监测机构请求支援，省级直接调度处置本行政区域突发环境事件或接到省级调动支援的通知时，服从省生态环境监测机构的调度。

2.2 突发环境事件应急监测组织体系

各生态环境监测机构组建应急监测队伍时，原则上应建立至少由监测指挥组、综合应急组、现场监测组、实验分析组、后勤保障组等 5 个工作小组构成的应急监测组织体系。其中监测指挥组负责应急监测行动的组织、决策、调度，监测方案审定和报告核发；综合应急组具体实施应急监测工作的组织和协调，牵头应急监测质量控制，负责相关信息汇总和综合分析、监测方案制定和报告编制；现场监测组负责踏勘调查及现场监测；实验分析组负责配合开展相关实验分析；后勤保障组负责交通保障、物资保障、生活保障等后勤保障工作。

2.3 应急监测响应分级

根据《××省突发环境事件应急预案》，全省应对突发环境事件分 3 个响应等级，发生初判特别重大突发环境事件启动Ⅰ级响应，发生初判重大突发环境事件启动Ⅱ级响应，发生初判较大及以下突发环境事件启动Ⅲ级响应，各响应级别的判别条件及组织构成见附件×。

3 应急程序

3.1 应急响应程序

（1）第一时间应急响应。按照属地为主的原则，发生突发环境事件或受事件直接影响的地市（区、县）生态环境监测机构在接到事件通知后，第一时间组织人员赶赴现场，会同相关部门迅速了解事件情况，启动相应等级的应急监测响应，组织开展应急监测。

（2）请求应急监测支援。事件初判或者事态升级超过地方应急监测能力，有下列情形之一时，逐级向上级生态环境监测机构请求支援。针对同一类型特征污染物，在应急监测工作量未超过本级生态环境监测网络能力的情况下，原则上不得第二次请求支援。

①本级生态环境监测网络不具备特征污染物分析能力，需调动监测力量给予支援；

②应急监测工作量超过本级生态环境监测网络负荷能力，需调动监测力量给予支援；

③缺乏此类突发环境事件应急监测经验，需相关专家给予技术指导。

（3）对外应急监测支援。接到上级生态环境监测机构对外支援应急监测的通知时，第一时间组织应急监测队伍赶赴目标地点，按照应急监测指挥组的分工安排开展监测工作。

3.2　应急监测开展

应急监测方案制定、采样监测、报告编制等，总体上应遵循《突发环境事件应急监测技术规范》《生态环境应急监测方法选用指南》《生态环境应急监测报告编制指南》等规范和文件的规定。多个监测队伍共同参与应急监测时，原则上由承担应急监测指挥权的监测队伍负责应急监测数据的汇总和报告编制。满足应急监测终止条件时，应及时提出应急监测终止建议。

3.3　后续相关监测

如需评估事件对生态环境的中长期影响，在应急监测终止后，按照生态环境损害赔偿相关法律法规和规范制度要求开展生态环境损害鉴定评估监测。

3.4　相关工作规定

突发环境事件应急监测应注意人身财产安全并遵守相关保密规定，加强监测过程的质量保证和质量控制，规范建立应急监测档案并做好应急监测工作总结。

4　日常管理和保障

4.1　能力建设

各级生态环境监测机构要根据《生态环境应急监测能力建设指南》及《生态环境应急监测能力评估要点》，定期评估行政区域应急监测队伍组织形式、能力水平以及装备配置。各生态环境监测机构及相关单位应建立应急监测人员定期培训制度，原则上每年至少组织一次省级环境应急相关培训，确保应急监测人员熟悉环境应急相关法律法规、制度预案、技术规范等，了解不同类型突发环境事件的应急监测方法，熟练使用相关仪器设备。各级生态环境监测网络的装备配置和监测能力覆盖行政区域主要环境风险源，能按照本预案的响应分级应对各类突发环境事件。

4.2　经费保障

应急监测能力建设、后勤保障、购买服务、应急演练等经费优先列入各生态环境监测机构年度预算。鼓励和支持应急监测方法、技术等科研项目的研究。

4.3 技术保障

鼓励和支持各生态环境监测机构和相关单位开展应急监测先进技术、先进装备的研究研发。加强全省应急监测信息系统建设，不断提升环境应急监测信息集成、综合分析、调度指挥等信息化和智能化水平。

4.4 购买服务

有条件的地区可与社会机构签订应急监测服务协议，由社会机构提供应急监测装备维护、耗材供应、物资储备及参与突发环境事件应急监测等服务。

5 附则

5.1 预案管理

（1）预案修订

省级生态环境应急监测预案以及各级生态环境监测机构和相关单位应急监测预案，有下列情形之一时，应对现有预案组织审查，及时修订与实际工作不相符的内容，确保预案的指导性和实用性：

①有关法律、行政法规、规章、标准、上位预案中的有关规定发生变化；

②应急监测组织体系及其职责发生重大调整；

③面临的环境风险发生重大变化；

④重要环境应急监测资源发生重大变化；

⑤预案中的其他重要信息发生变化；

⑥在突发环境事件实际应对和应急监测演练中发现问题需要作出重大调整；

⑦现行预案发布实施 5 年以上；

⑧预案制定单位认为应当修订的其他情况。

（2）应急演练

省生态环境监测机构每 2 年至少组织 1 次综合应急监测演练，地市（区、县）级生态环境监测机构每年组织 1 次单项应急监测演练。

5.2 预案解释

预案由省生态环境厅负责解释。

5.3 实施时间

预案自印发之日起实施。

附件：1. ××省应急监测组织体系图

2. ××省应急监测响应流程图

3. ××省应急监测响应分级

附件 2

突发环境事件应急监测组织结构图

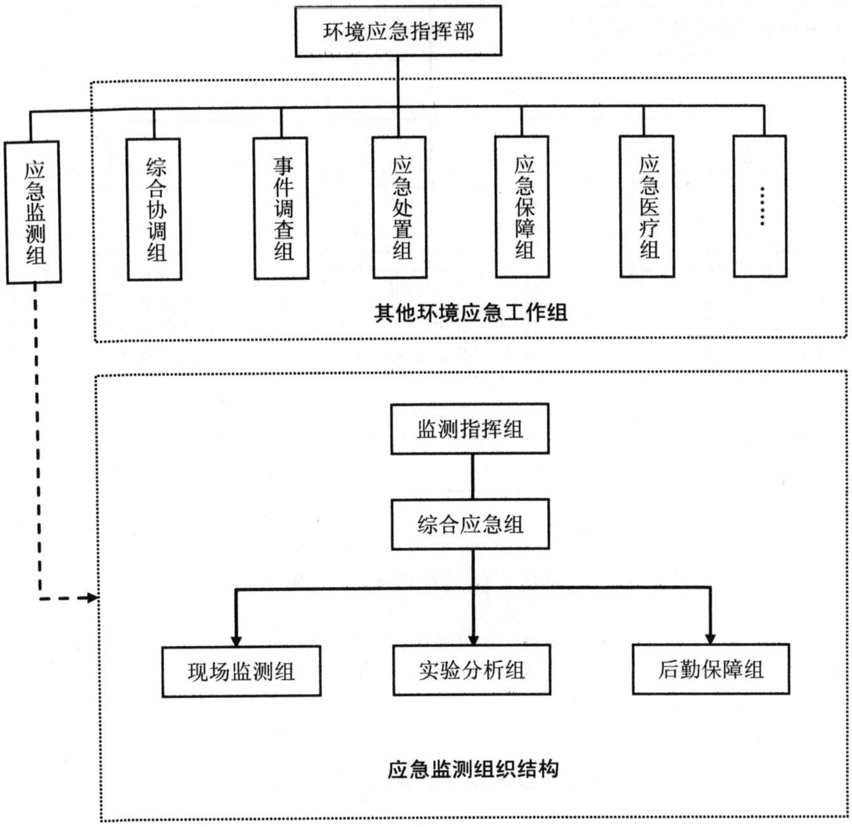

图 1　应急监测组织结构总览

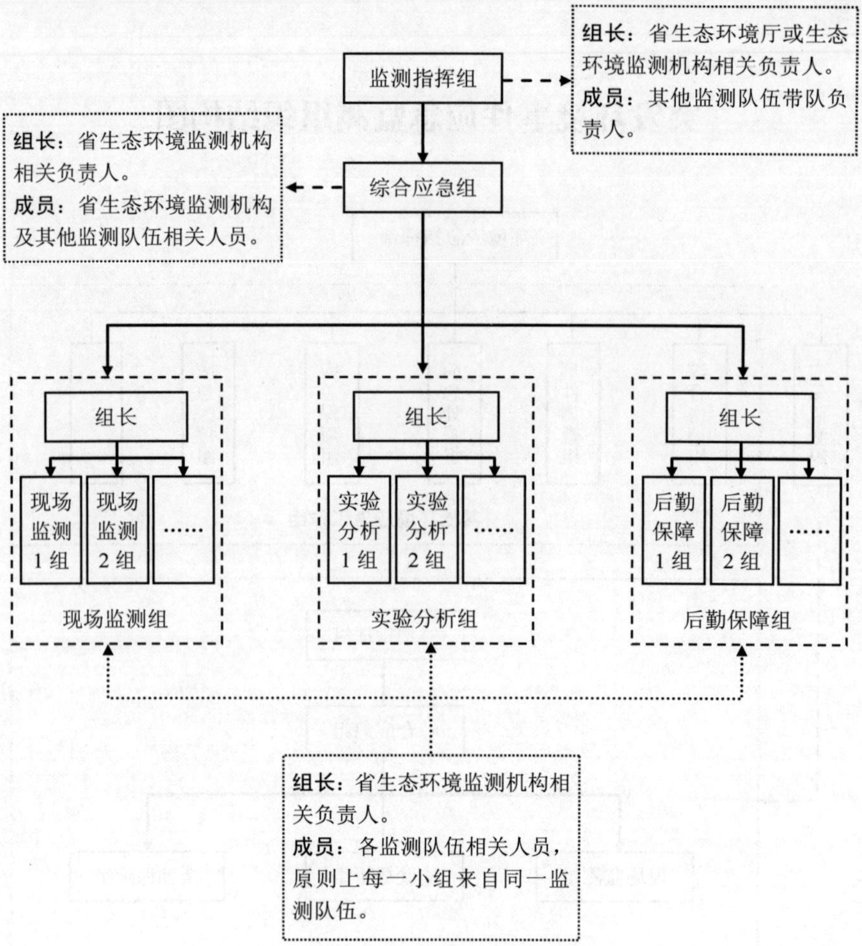

图 2 省级应急监测响应组织结构

附件 3

突发环境事件应急监测响应流程图

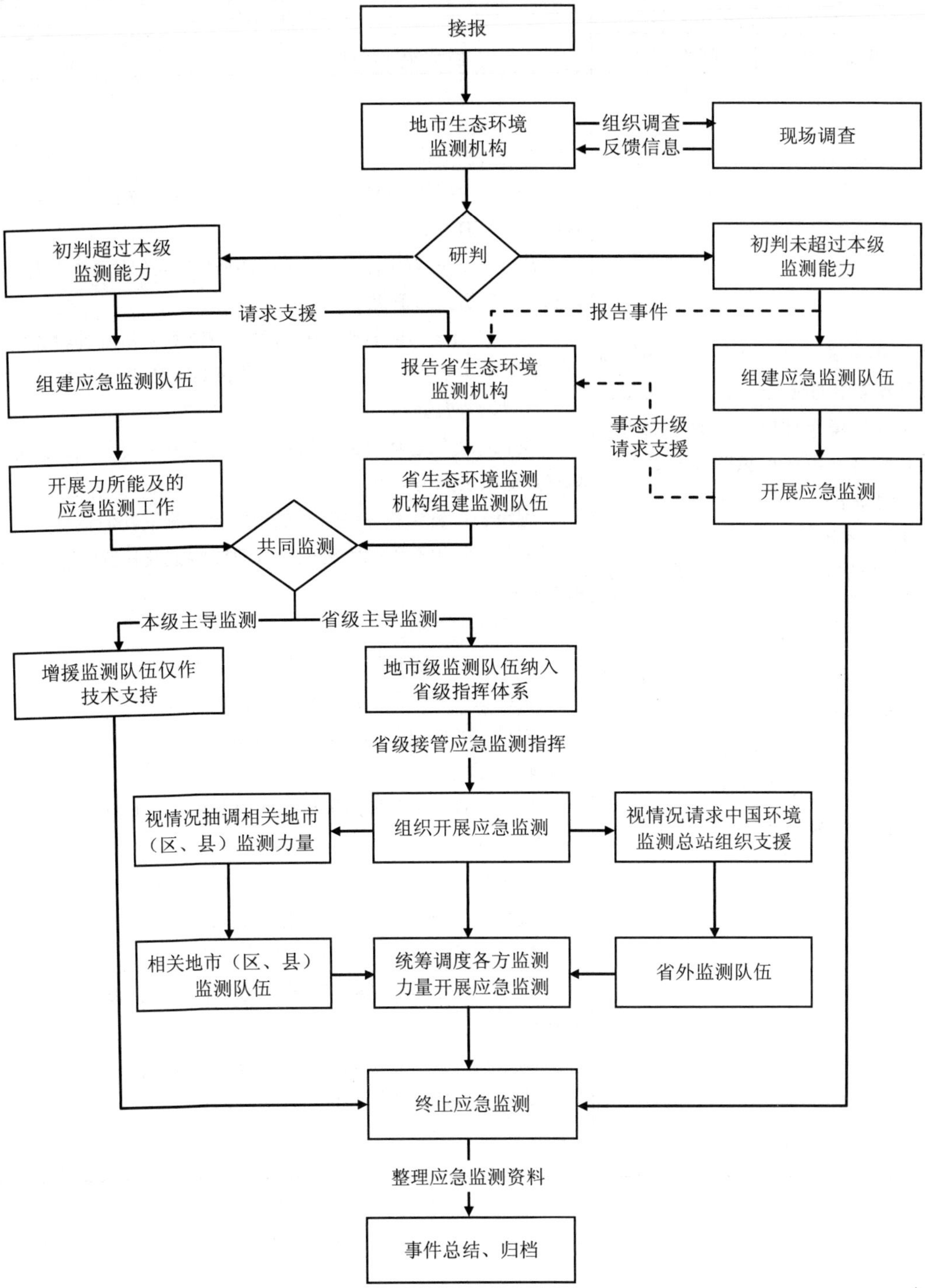

附件 4

省级应急监测预案响应分级参考示例

<table>
<tr><td colspan="2">突发环境事件类型</td><td colspan="2">应急监测组织构成</td></tr>
<tr><td>初判事件等级</td><td>特别重大</td><td>启动响应等级</td><td>Ⅰ级</td></tr>
<tr><td colspan="2">引用各省（区、市）突发环境事件应急预案中的响应分级内容，可根据国家突发环境事件应急预案中的事件分级，结合地方环境风险实际进行细化，示例如下：
1. ×××园区发生爆炸或泄漏事故，可能导致×××片区疏散转移 5 万人以上；
2. 因交通事故或×××园区污染物泄漏，可能导致地市级以上集中式饮用水水源地中断取水；
3. 因交通事故或×××园区污染物泄漏，可能导致×××河×××出境断面污染物浓度超标，造成跨国境影响；
……</td><td colspan="2">1. 监测指挥组
组长：由省生态环境监测机构主要负责人担任，分管应急监测负责人为 B 角。
副组长：由省生态环境监测机构分管应急监测负责人担任，其他分管负责人为 B 角。
成员：由参与应急监测的相关地市监测队伍及外省前来支援的监测队伍主要负责人构成，监测队伍其他负责人为 B 角。
2. 综合应急组
组长：省生态环境监测机构应急监测室主要负责人，应急监测室其他负责人为 B 角。
副组长：省生态环境监测机构应急监测室其他负责人。
成员：省生态环境监测机构应急监测室及其他应急监测队伍相关人员。
3. 现场监测组
组长：省生态环境监测机构应急监测室其他负责人。
副组长：各应急监测队伍现场监测负责人。
成员：各应急监测队伍现场监测人员。
4. 实验分析组
组长：省生态环境监测机构实验分析室主要负责人，其他负责人为 B 角。
副组长：各应急监测队伍实验分析负责人。
成员：各应急监测队伍实验分析人员。
5. 后勤保障组
组长：省生态环境监测机构后勤部门主要负责人，其他负责人为 B 角。
副组长：各应急监测队伍后勤保障负责人。
成员：各应急监测队伍后勤保障人员</td></tr>
</table>

<table>
<tr><td>初判事件等级</td><td>重大</td><td>启动响应等级</td><td>Ⅱ级</td></tr>
<tr><td colspan="2">1. ×××园区发生爆炸或泄漏事故，可能导致×××片区疏散转移1万人以上5万人以下；
2. 因交通事故或×××园区污染物泄漏，可能导致县级集中式饮用水水源地中断取水；
3. 因交通事故或×××园区污染物泄漏，可能导致×××河×××出境断面污染物浓度超标，造成跨省界影响；
……</td><td colspan="2">1. 监测指挥组
组长：由省生态环境监测机构分管应急监测负责人担任，应急监测室主要负责人为B角。
成员：参与应急监测的相关地市监测队伍主要负责人，监测队伍其他负责人为B角。
2. 综合应急组
组长：省生态环境监测机构应急监测室其他负责人。
成员：省生态环境监测机构应急监测室相关人员。
3. 现场监测组
组长：省生态环境监测机构应急监测室其他负责人。
成员：各应急监测队伍现场监测人员。
4. 实验分析组
组长：省生态环境监测机构实验分析室主要负责人，其他负责人为B角。
成员：各应急监测队伍实验分析人员。
5. 后勤保障组
组长：省生态环境监测机构后勤部门主要负责人，其他负责人为B角。
副组长：各应急监测队伍后勤保障负责人。
成员：各应急监测队伍后勤保障人员</td></tr>
<tr><td>初判事件等级</td><td>较大及以下</td><td>启动响应等级</td><td>Ⅲ级</td></tr>
<tr><td colspan="2">1. ×××园区发生爆炸或泄漏事故，可能导致×××片区疏散转移5 000人以上1万人以下；
2. 因交通事故或×××园区污染物泄漏，可能导致乡镇集中式饮用水水源地中断取水；
3. 因交通事故或×××园区污染物泄漏，可能导致×××河×××出境断面污染物浓度超标，造成跨地市影响；
……</td><td colspan="2">1. 监测指挥组
组长：由地市生态环境监测机构主要负责人担任，分管应急监测负责人为B角。
成员：地市生态环境监测机构应急监测室主要负责人，其他负责人为B角。
2. 综合应急组
组长：地市生态环境监测机构应急监测室其他负责人。
成员：地市生态环境监测机构应急监测室相关人员。
3. 现场监测组
组长：地市生态环境监测机构应急监测室其他负责人。
成员：地市生态环境监测机构相关现场监测人员。
4. 实验分析组
组长：地市生态环境监测机构分管实验分析负责人，其他负责人为B角。
成员：地市生态环境监测机构相关实验分析人员。
5. 后勤保障组
组长：地市生态环境监测机构后勤部门主要负责人，其他负责人为B角。
成员：地市生态环境监测机构后勤部门相关人员</td></tr>
</table>

关于印发《生态环境应急监测能力建设指南》的通知

（环办监测函〔2020〕597号）

各省、自治区、直辖市生态环境厅（局），新疆生产建设兵团生态环境局：

为加强人员队伍、装备配置等生态环境应急监测能力建设，具备可同时应对两起突发生态环境事件应急监测能力，依据《生态环境监测网络建设方案》（国办发〔2015〕56号）、《生态环境领域中央与地方财政事权和支出责任划分改革方案》（国办发〔2020〕13号）、《国家突发环境事件应急预案》（国办函〔2014〕119号）和《关于加强生态环境应急监测工作的意见》（环办监测〔2018〕40号），制定本指南，现印发给你们。各级生态环境部门可参考本指南，根据实际情况，因地制宜开展应急监测能力建设。

生态环境部办公厅

2020年11月9日

一、适用范围

省级及以下生态环境部门，可参考本指南开展突发生态环境事件应急监测能力建设及应急监测演练。

中央本级、核与辐射应急监测能力建设另行规定。

二、基本原则

国家指导，省级统筹。生态环境部负责区域、流域生态环境应急监测能力建设，根据地方需求，提供相关应急监测支援和技术支持保障；省、自治区、直辖市生态环境部门统筹协调，市、县生态环境部门分级负责，形成属地为主、资源共享、快速反应、保障有力的应急监测能力。

积极兼容，平战结合。各级生态环境监测机构应建立健全常态与非常态相结合的管理体系，将应急监测融入日常监测工作中，构建专兼配合、资源整合的应急监测工作机制，定期开展应急监测业务培训和演练，做到平时能服务，战时能应战，随时做好应对突发生态环境事件准备。

分级响应，配置保障。国家建立生态环境应急监测支援体系。地方生态环境监测机构应按照突发生态环境事件应急预案要求，建立分级负责、协调联动的应急监测响应机制。

针对突发生态环境事件不同级别和生态环境风险特征，科学配置应急监测仪器设备，突出向市、县级基层倾斜，确保应急监测快速有效。

三、应急监测队伍

（一）组织机构

生态环境部在重点流域、区域建立应急监测平台，加强跨省界、国境河流、大气环境以及近岸以外海域应急监测能力建设，建立应急监测技术实验应用与成果转化基地。地方生态环境监测机构应明确承担应急监测的部门和人员，负责应急监测日常管理，牵头统筹应急监测工作。

（二）管理方式

各地应制定切实可行、运转高效的应急监测工作机制，加强应急监测日常管理，切实提高突发生态环境事件应急监测实战能力。鼓励建立社会机构维护保养应急监测仪器，参加应急监测演练及突发生态环境事件应对等工作制度。

（三）人员配备

1. 加强人员队伍建设，重点培养具备突发生态环境事件分析研判和指挥决策能力的综合性人才，建立应急监测专家库。

2. 建立应急监测人员 A、B 岗工作制度，确保同时应对两起突发生态环境事件应急监测能力，保证应急监测工作顺利开展。

3. 制订落实年度培训计划，加强应急监测新技术、新方法的培训，确保监测人员熟悉生态环境应急预案要求及应急监测业务。

四、应急监测装备

（一）配置要求

按照平战结合要求配置应急监测设备，综合应急监测、执法监测和常规监测业务工作，提高设备使用效率。结合产业特点和生态环境风险特征，建设应急监测物资储备库，建立社会应急监测能力清单，优先考虑现场快速监测设备，鼓励将无人机（船）、激光雷达等新技术应用于应急监测领域，保证满足快速、有效、准确的监测要求。应急监测装备配置示例表见附件 1、附件 2。

（二）配置方式

应急监测装备的配置有购买设备、租用设备、购买服务或社会合作等方式，各地可根据实际灵活选择一种或者多种方式的组合。

1 购买设备

该方式为目前大部分仪器设备的配置方式，采购验收合格后，监测机构负责仪器设备的日常运维保养、定期校准、核查，供货商按服务协议提供售后服务。

2 租用设备

针对某些单价较高且使用频率低的仪器设备，购买设备使用效益低，可采用租赁方式。供应商提供耗材更新、上门维修、定期校准、核查及其他技术服务。

3 购买服务

生态环境风险高、应急监测任务重、应急监测能力不足的地区，可通过签订服务协议，由专业的社会机构提供应急监测服务，补充应急监测能力。

4 部门合作

应急监测过程中，生态环境部门应主动与消防、水利、气象等相关政府部门合作开展监测，充分发挥各部门的业务专长，明确责任分工，实现数据共享。

5 政企合作

充分发挥事发企业的主体责任，引导企业完善应急监测预案，按照主要特征污染物配置相应的应急监测装备并开展演练，参与应急监测任务。

（三）维护管理

应急监测装备的维护管理可采取自行维护、原厂维保、社会服务等方式，各地可根据实际灵活选用一种或者多种方式的组合。

1 自行维护

适用于常规小型仪器设备的维护。监测机构需明确专人对仪器设备进行维护保养、定期校准、核查。仪器设备使用和管理人员应具有较高的专业技术能力。

2 原厂维保

适用于自动监测车、自动监测站等运维复杂的大型设备。监测机构仅需对仪器设备进行简单的日常管理，由厂家定期进行校准、核查、调试。厂家应具有足够的售后服务能力。

3 社会服务

适用于生态环境监测市场发展较为成熟的地区，监测机构仅需对仪器设备进行简单的日常管理，委托社会机构定期校准、核查、调试、更换配件、补充耗材等。社会机构应具有较高的专业水平。

五、应急监测演练

各地应定期针对固定源、流动源、非点源等不同类型的突发生态环境事件开展应急监测演练，重点演练本地易发或已发突发生态环境事件类型。省级演练应以综合性演练为主，重点检验和提升省级生态环境监测机构对各方监测力量的统筹调度能力；省级以下演练应以单项演练为主，重点检验和提升应急监测队伍“召之即来、来之能战、战之能胜”的实战能力；鼓励各地引入社会机构参与应急监测演练及突发生态环境事件监测。

六、经费保障

各地应落实应急监测工作经费，保障应急监测人员学习培训、仪器设备购置保养、定期开展应急演练等。

附件：1. 应急监测装备配置示例表

2. 海洋应急监测装备配置示例表

附件 1

应急监测装备配置示例表

序号	装备类别	设备名称	装备用途
1	水质采样装备	水质采样器	用于地表水采样
2		深井采样器	用于地下水或深井采样
3		便携式抽滤仪	用于现场快速过滤水样
4		水样保存箱	用于水样的保存运输
5		便携式流速测量仪	用于小型溪流、沟渠的流速流量监测
6		手持 GPS	用于记录位置信息
7		摄像机	用于记录音视频信息
8	水质常规项目	便携式水质多参数测定仪	用于现场测定水温、pH、溶解氧、电导率等常规参数
9		水质试纸	主要用于水质参数的现场定性
10		水质试剂盒	主要用于水质参数的现场定性和半定量检测
11		水质多参数分光光度仪	用于现场检测 COD、高锰酸盐指数、氨氮、氰化物、总磷、六价铬、余氯等
12		便携式测油仪	用于现场快速检测水质中的油类含量
13		便携式气相分子吸收光谱仪	用于快速测定水中硫化物、氨氮、硝酸盐氮等
14		便携水质自动分析仪	用于现场检测 COD、氨氮、氰化物、总磷、六价铬、余氯等常规监测项目检测
15	水质重金属	便携式测汞仪	用于现场快速测定水体中的汞含量
16		便携式重金属测定仪	用于现场快速测定水体中的重金属含量
17		车载 ICP-MS	用于水中重金属的快速筛查和现场测定
18	水质有机项目	便携式 GC-MS（含便携式顶空进样器、固相微萃取装置、吹扫捕集装置）	主要用于现场定性、定量检测水中挥发性和半挥发性有机组分（VOCs、SVOCs）
19	水质生物指标	生物毒性检测仪	用于快速检测水质的生物急性毒性
20		手持式叶绿素（蓝绿藻）测定仪	用于快速检测水中的叶绿素浓度等
21		细菌快速检测仪	用于快速检测水中的大肠杆菌浓度

序号	装备类别	设备名称	装备用途
22	空气采样装备	便携式大气采样器	用于现场采集颗粒物及气态样品
23		苏玛罐	用于气体样品的采集
24		气象参数测定仪	用于测量风速、风向、气温、气压等
25	空气常规项目	便携式多种气体检测仪（电化学传感器法）	满足《环境空气 氯气等有毒有害气体的应急监测 电化学传感器法》（HJ 872—2017）要求，可现场对 Cl_2、H_2S、HCl、CO、HCN、$COCl_2$、HF、NH_3 等有毒有害气体进行定性和半定量监测
26		便携式傅里叶红外分析仪（无机气体监测）	满足《环境空气 无机有害气体的应急监测 便携式傅里叶红外仪法》（HJ 920—2017）要求，可现场对 CO、CO_2、SO_2、NO、NO_2、HCl、HCN、HF、N_2O、NH_3 等无机气体进行定性和半定量监测
27	空气常规项目	气体检测管	满足《环境空气 氯气等有毒有害气体的应急监测 比长式检测管法》（HJ 871—2017）要求，用于有毒有害气体的现场定性和半定量检测
28		便携式颗粒物检测仪	主要用于现场颗粒物的快速监测
29		红外遥测遥感系统	远距离对环境空气监测，爆炸、火灾现场燃烧产物危险性评估，船只烟囱或通风管道的排放监测
30	空气有机项目	便携式 GC-MS	主要用于现场定性、定量检测 VOCs
31		便携式 VOC 检测仪（PID）	主要用于现场检测 TVOCs
32		便携式非甲烷总烃检测仪	用于应急监测及环境空气中非甲烷总烃浓度测定
33		走航式 VOC 质谱监测仪	用于快速获取污染区域 VOCs 排放特征，建立区域污染时空分布图，掌控区域 VOCs 及各组分污染状况
34	土壤采样装备	土壤采样相关装备	用于土壤样品采集
35	土壤监测设备	便携式 X 荧光重金属检测仪	用于土壤中重金属的现场监测
36	移动应急监测平台	水质应急监测车	搭载多种功能和模块，用于水质现场快速检测
37		大气应急监测车	搭载多种功能和模块，用于空气现场快速检测
38		应急监测指挥车	用于应急监测现场的分析、研判、会商、决策
39	新型技术	无人机	用于空气样品采集、监测，突发环境事件航拍勘察，以及污染带追踪
40		无人船	用于水质采样和监测
41		机器人	用于搭载应急监测设备
42	防护装备	防化服、防化靴、防化手套、棉纱手套、防毒面罩、安全帽、安全绳等安全防护装备	用于应对各种环境的现场作业

序号	装备类别	设备名称	装备用途
43	后勤保障	便携式移动通信基站、应急监测服装、急救箱、橡皮舟、帐篷、雨棚、应急供电设备、强光手电、激光测距仪、头灯、户外饮食等辅助设备	用于应急监测工作的后勤保障
44	软件系统	应急监测信息系统	配备、建设集成全省应急监测资源的信息化平台，用于应急监测人员、装备及突发环境事件应急监测相关信息的管理
45		应急监测指挥系统 （1）应急监测环境分析系统 （2）应急监测预警调度辅助决策系统	用于应急监测现场环境分析研判、应急监测预警、调度及演练指挥

注：以上应急监测装备为不同应急监测场景的应用示例，各级生态环境部门可根据实际情况选择是否配置和配置数量。

附件 2

海洋应急监测装备配置示例表

序号	装备类别	设备名称	装备用途
1	水质 采样设备	CTD 采样器	用于海水温度、盐度、深度测定及分层样品采集
2		海水分层采样器	用于分层海水样品采集
3		石油类采样器	用于采集石油类样品
4		便携式抽滤仪	用于现场快速过滤水样
5		水样保存箱	用于水样的保存运输
6		手持 GPS	用于记录位置信息
7		摄像机	用于记录音频信息
8	水质 监测设备	流量流速仪	用于现场测定海水流速与流向
9		便携式水质检测仪	用于现场测定水温、pH、溶解氧、电导率等常规参数
10		超净工作台	用于水样的前处理
11		水质多参数分光光度仪	用于现场检测 COD、高锰酸盐指数、氨氮、氰化物、总磷、六价铬、余氯等
12		便携式测油仪	用于现场快速检测水质中的油类含量
13		便携式 GC-MS（含便携式顶空进样器、固相微萃取装置、吹扫捕集装置）	主要用于现场定性、定量检测水中 VOCs
14		气相/液相色谱飞行时间质谱联用仪	主要用于化工园区泄漏入海未知物、痕量有机物定性定量分析
15	空气 监测设备	气象参数测定仪	用于测量风速、风向、气温、气压等
16		VOCs 检测仪	用于油品和挥发性化学品的扩散情况监测

序号	装备类别	设备名称	装备用途
17	沉积物采样设备	抓斗式沉积物采样器或相当装备	用于沉积物样品采集
18	沉积物监测设备	便携式X荧光重金属检测仪	用于沉积物中重金属的现场监测
19	生物采样设备	浮游生物网	用于赤潮生物样品的采集
20		无菌采水器	用于水质样品的采集
21		显微镜	用于快速分析赤潮种类和密度
22	生物监测设备	生物毒性检测仪	用于快速检测生物急性毒性
23		手持式叶绿素（蓝绿藻）测定仪	用于快速检测叶绿素浓度等
24		细菌快速检测仪	用于快速检测大肠杆菌浓度
25		藻毒素检测试剂盒	用于赤潮藻毒素快速检测
26	移动应急监测平台	应急监测船舶	用于海上应急响应力量投送及作为海上应急监测平台
27		无人船	用于海水采样和监测
28		无人机	用于溢油、赤潮等灾害事件的持续跟踪拍摄
29		水质在线监测浮标	由监测船舶载运并投放于事发海域，以实现对水质变化情况的连续跟踪，也可兼顾对重点海域的水质监视监控
30		漂浮定位浮球	用于跟踪赤潮、溢油等的扩散和迁移路径
31	指挥决策系统	海上应急响应决策系统	用于海上风险研判、应急资源查询及调度等
32		通信指挥平台	应急监测船舶指挥、视频会商等
33		油指纹数据库	用于海上溢油种类、溯源等信息的分析

注：以上应急监测装备为不同应急监测场景的应用示例，各级生态环境部门可根据实际情况选择是否配置和配置数量。

关于印发《生态环境应急监测能力评估要点》和《生态环境应急监测报告编制指南》的通知

（环办监测函〔2020〕110 号）

各省、自治区、直辖市生态环境厅（局），新疆生产建设兵团生态环境局：

为指导各地科学合理地评估生态环境应急监测能力，规范突发环境事件和自然灾害应急监测报告编制，依据《关于加强生态环境应急监测工作的意见》（环办监测〔2018〕40号），制定了《生态环境应急监测能力评估要点》《生态环境应急监测报告编制指南》，现印发给你们，请遵照执行。

生态环境部办公厅

2020 年 3 月 16 日

生态环境应急监测能力评估要点

一、总体能力要求

按照同时应对两起突发环境事件的要求，各级生态环境监测机构的应急监测能力总体上应达到以下标准。

省级：应急监测能力覆盖行政区域内环境风险目标污染物，能有效应对重大以上突发环境事件，能按照应急监测预案有序统筹组织多方监测力量，具备指导市、县级开展应急监测的能力，组织对外支援的能力。

地市级：应急监测能力覆盖行政区域内环境风险目标污染物，能独立应对行政区域内绝大多数较大以下突发环境事件，能初步应对行政区域内重大以上突发环境事件，能响应省级调度支援邻近地市。

县级：应急监测能力覆盖行政区域内环境风险主要污染物，能独立应对行政区域内一般突发环境事件，能初步应对行政区域内较大突发环境事件。

近岸以外管辖海域应急监测能力按照省级相关要求执行。

二、应急监测组织管理

（一）应急监测预案

应急监测预案中，应急响应的组织结构和工作程序具有针对性、指导性和操作性。省级生态环境监测机构应急监测预案中，应包含对地市（区、县）及外省支援队伍的统筹、组织、调度内容。

（二）组织管理模式

各地应结合地方实际，制定切实可行、运转高效的应急监测工作机制，各级生态环境监测机构可参考以下要点进行评估。

1 应急监测工作由独立内设部门负责的，主要评估内容如下：

（1）应急监测专业人员数量满足应急监测日常管理的需要，应急监测人员队伍的稳定性较强，关键岗位有替补机制。

（2）办公和业务用房面积满足工作需要，业务用房位置和布局合理，方便应急监测仪器设备的进出库。

（3）承担应急监测的部门无过多与应急监测无关的职能。应急监测预案中明确其他相关业务室的应急监测工作职责。

2 应急监测工作由非独立内设部门负责的，主要评估内容如下：

（1）有合理数量人员牵头统筹应急监测的日常管理，具体牵头负责人的职务为该业务室副职以上，应急监测专业人员不低于全室专业技术人员的30%，队伍稳定性较强，关键岗位有替补机制。

（2）建立完善并切实落实适合该管理模式的应急监测制度体系，确保日常管理和应急响应机制有效运转。应急监测预案中明确其他相关业务室的应急监测工作职责。

（3）办公和业务用房面积满足工作需要，业务用房位置和布局合理，方便应急监测仪器设备的进出库。

（三）人员培训及应急演练

各级生态环境监测机构应建立并落实应急监测岗位的培训制度，定期组织应急监测技术和案例的宣贯、学习、培训。省级生态环境监测机构应每年至少对行政区域内组织1次应急监测集中培训。各地应落实《关于加强生态环境应急监测工作的意见》（环办监测〔2018〕40号）要求，省级每3年至少组织1次综合性应急监测演练，地市级每年至少开展1次单项或者综合性应急监测演练。

三、应急监测装备配置

现场快速应急监测能力覆盖行政区域内特征污染物，相关应急监测仪器的数量和质量满足工作需求，老旧落后的应急监测仪器设备及时淘汰更新。有清晰的仪器设备管理台账，仪器设备的自行维护、原厂维保或第三方维护等落实到位。配备了足够的安全防护、交通载具、户外设备等应急监测后勤保障装备。具备应急监测资源的数据库和信息化平台，科学智能地开展应急监测日常管理工作。

四、突发环境事件管理

建立清晰的突发环境事件“一案一册”应急监测档案。典型及重大以上突发环境事件应纳入省级“案例教学”库，形成质量较高的教学材料，用于省级定期组织应急监测技术培训，以及全国生态环境应急监测经验交流。

五、应急监测经费保障

评估本单位经费保障机制是否满足应急监测工作需要，除保障日常办公、人员培训、应急监测演练、应急监测装备购买和维护等基本工作经费，应评估和拓展经费渠道，积极参与生态环境科技成果转化项目，增加应急监测横向经费。

生态环境应急监测报告编制指南

一、编制目的

报告应急监测工作的开展情况和计划，分析监测数据和相关信息，判断特征污染物种类、污染团分布情况和迁移扩散趋势等，为环境应急事态研判和应对提出科学合理的参考建议。

二、编制原则

——内容准确，重点突出。准确筛选和提炼关键信息，真实反映应急监测工作情况，报告编制详略得当，突出重大事项、异常情况等重要内容。

——结论严谨，建议合理。谨慎对待应急监测数据，注重综合研判分析，报告结论客观严谨，意见建议科学合理。

——要素全面，格式规范。报告编制要素全面、层次分明、条理清晰、语言精练，排版布局工整、字体使用规范。

三、应急监测报告分类

按应急监测开展时间，可分为应急监测报告和应急监测总结报告。其中，应急监测报告适用于应急监测期间，应急监测组向环境应急指挥部报送监测工作情况；应急监测总结报告系应急监测结束后，相关应急监测队伍对所参与应急监测工作的总结。

四、应急监测报告结构和内容

应急监测报告总体上分为事件基本情况、监测工作开展情况、监测结论和建议以及监测报告附件等4个部分。应急监测的前期、中期、后期，应注意把握各部分的重点。

（一）事件基本概况

概述事发时间、地点、起因、事件性质、截至报告时的事态、已采取的处置措施以及可能受影响的敏感目标等，在编制时应注意以下几点：

1．行文应清晰明了，重点说明事件起因、经过和环境影响，避免大而全、虚而空地赘述领导高度重视、调度处置有力等。

2．在应急监测前期，应急处置措施未完全落实，事态未完全控制时，该部分内容宜详述，有新的情况变化时，应在当期报告中补充完善。

3．应急监测中后期，应急处置措施陆续落实到位，事态得到控制，该部分内容宜概述或省略，报告内容重点为污染变化情况和相关意见建议。

（二）监测工作情况

主要包括应急监测的行动过程和监测工作内容。

1．监测行动过程。概述上期监测报告至当期监测报告期间的监测工作情况。首期监测报告应包括接到应急响应通知、到达现场开展踏勘、制定监测方案、启动首次监测等重要时间节点。

2．监测工作内容。主要概述监测方案制定（调整）的监测点位、项目和频次，以及现场监测、采样和实验分析情况。详细的监测项目表和监测点位图等一般作为附件参阅。

（三）监测结论和建议

1．监测结论。截至当期报告编制时，特征污染物在各点位的浓度分布，并结合其他环境应急工作组提供的调查信息及水文气象参数等，分析污染团可能的位置和范围，预测污染扩散趋势和对敏感目标的影响等。若污染源未知，应推测导致事件的原因、可能的污染源。重点论述超标点位和超标项目，正常点位和项目可简单概述，如“××等点位正常”。详细的监测数据表、污染物浓度的点位变化趋势图、关键点位污染物浓度的时间变化趋势图等，一般作为附件参阅。

2．工作建议。根据监测数据和有关信息的综合研判，向环境应急指挥部提出的参考建议。若无相关建议，该部分可以省略。

（四）监测报告附件

监测报告附件主要包括以下内容。

1．污染趋势图。包括污染物浓度的点位变化趋势图和关键点位污染物浓度的时间变化趋势图等，趋势图中应有显示污染物是否达标或达到背景值的参考线。

2．监测方法表。列出监测项目所用的现场及实验室监测方法。

3．监测数据表。按时间顺序罗列截至当期监测报告，各点位的监测数据。表中应有特征污染物的标准限值和评价标准，若无国内外相关标准，可用背景值作参比。

4．监测点位图（表）。包含当期应急监测报告所对应的监测点位、项目、频次等。根据事件的具体情况，监测点位图可采用普通地图、卫星地图或示意图、框图等一种或多种形式。

5．监测现场照片。直观展示现场监测的工作情况，同时作为突发环境事件“一案一册”归档的影像资料。

6．特征污染物相关信息。污染物理化性质、对人体和环境的危害、常见的化学反应方程式和应急处置方式等，通常只作为首期报告的附件。

发生地震、火山喷发等自然灾害，为评价环境质量和监控环境风险开展，可参考上述内容编写应急监测报告。应急监测工作重点是饮用水水源地和环境风险排查。

五、总结报告结构和内容

应急监测工作结束后，应编写应急监测总结报告，总结应急监测工作情况，主要包含4个部分的内容。

（一）事件基本情况。主要阐述与环境影响有关的内容。对于自然灾害引发的应急监测，重点陈述应急监测期间发现异常情况和处置处理措施。

（二）应急监测工作开展情况。以监测方案的变更为节点，总结应急监测启动到结束总体情况，重点突出监测工作发挥的作用、得出的监测结论以及提出的工作建议。注意运用累积性术语，如“截至××月××日，××站对××个地表水点位监测××次，累计出具监测数据××个，编制应急监测报告××期”。

（三）经验和不足。总结分析该次应急监测行动在组织管理、监测方法等方面的经验和教训，以及在监测技术和能力建设方面暴露出的短板和不足，提出工作改进思路和建议。

（四）报告附件。主要包括综合性的图表、关键的数据汇总表、重要的现场照片等。

六、常用术语

应急监测报告应注意行文的术语和措辞，尤其是对监测结果的分析和对事态的研判。

（一）监测结果评价。应灵活运用表征术语和趋势术语进行监测结果评价和污染趋势预判。1. 表征术语：均、未、低于、高于、正常、超标、未检出、未见异常等。2. 趋势术语：首次、持续、逐步、波动、上升、下降等。表征术语和趋势术语可单独使用，也可以组合使用，如超标、均未检出、持续下降等。

（二）事件研判分析。当事态情况不明、尚未调查清楚时，对事件的研判应尽量使用推测、可能、预计、初步判断等非确定性的术语。如“初步判断上游××片区可能有电镀废水排入××河流”“预计污染带前锋将于北京时间××抵达××断面”“预计××日，××断面××浓度可恢复至背景水平”等。对于显而易见的结论和判断，可以使用表明、显示等确定性术语。如“监测数据显示××”“监测结果表明××”等。

七、报告格式

应急监测报告应规范字体和排版，总体上应遵循《党政机关公文格式》（GB/T 9704—2012）的相关要求。可参考应急监测报告格式（详见附件 1），一般情况下，应实行三级审核。应急监测总结报告应遵循各生态环境监测机构的发文格式和程序规定。

八、电子资料管理

突发环境事件应急监测中，报告编制人员注意应急监测数据和相关资料的汇总整理以及应急监测方案和监测报告的编制归档，按照“层次分明、分类明确、便于检索”的工作原则，做好相关电子资料的规范管理，确保报告编制和资料整理工作有条不紊，可参考以下管理方式。

（一）存档目录管理。突发环境事件应急监测应单独建立文件夹，可参考“事件日期—事件名称”的命名规则，如“20180817××事件”。该目录应下设监测方案、监测报告及其他相关资料的子目录。

（二）监测报告命名。应急监测报告应规范电子文档命名，以便于后期查询和整理归档。每期报告可参考“编制日期—事件名称—报告期数”的命名规则，如“20180819××事件—第 3 期”。监测方案调整后的首期报告应在该文件名末括号标注，如“20180903××事件—第 17 期（监测方案第 3 次调整）”。

（三）附图附件命名。监测点位图、现场监测照片及相关附件可参照监测报告的命名方式归档整理。

附件：1．应急监测报告格式

2．应急监测报告范本

3．应急监测总结报告范本

附件 1

应急监测报告格式

一、页边距

总体上为上 3.7 cm，下 3.5 cm，左 2.8 cm，右 2.6 cm，可微调±0.1 cm，该页边距框定的范围即为报告的版心。

二、字号与行间距

除报告标识、报告标题和页码外，报告全文均使用三号字体。除报告标识外，报告全文的行间距均设为 28～30 磅，特殊情况可根据排版的需要微调。若无特殊说明，本格式参考中的“空×行”均指：仿宋三号字体，正文行间距。

三、报告标识

应急监测报告标识距离版心 35 mm（约 100 磅），可设版头行间距为 25 磅，空 4 行。标识名称为“环境应急监测报告”，使用小标宋（简）50 磅红色字体，标识行间距为固定值 50 磅。

四、报告期号

报告期号与报告标识之间空一行，报告期号不使用虚位（即 1 不编为 01），每一个突发环境事件从 1 开始独立编号。

五、编制单位和时间

在报告期号下方空一行，左右顶格对齐分别为报告编制单位和报告编制时间。报告编制时间使用 24 小时制时间格式，精确到经审批后正式报出的分钟，如 2018 年 11 月 23 日 19:30。编制单位下方有一粗细为 2.25 磅，与版心等宽的红色分隔线。

六、报告标题

报告标题与红色分隔线之间空两行，使用小标宋（简）二号字体（不加粗）。标题分一行或多行居中对齐，若标题过长需要换行，应注意断句完整、排列对称、长短适宜、间距恰当。有 2 行以上的标题排列一般情况下应为梯形或菱形，即“首行短，次行长”或“首尾短，中间长”。

七、报告正文

报告正文与标题之间空一行，每个自然段首行缩进 2 字符。正文的层次和字体规定如下：

一级标题：“一、二、三……”黑体，三号字体，两端对齐。

二级标题：“（一）、（二）、（三）……”楷体，三号字体，两端对齐。

三级标题：“1. …2. …3. …”，仿宋，三号字体，加粗，两端对齐。

四级标题：“（1）、（2）、（3）、（4）”，仿宋，三号字体，加粗，两端对齐。

段中分层：“一是、二是、三是、四是”，仿宋，三号字体，加粗，两端对齐。

正文字体：仿宋，三号，两端对齐。

一般情况下，除总结性报告，应急监测报告通常只用到两个层次。

八、报告附件

（一）附件清单。正文下方空一行，编排“附件”二字，后标全角冒号和附件名称。如有多个附件，使用阿拉伯数字标注附件顺序号（如“附件：1.××××××”）。附件名称后不加标点符号，附件名称较长需换行时，应当与上一行附件名称的首字对齐。

（二）附件排版。“附件”二字及附件序号用 3 号黑体字顶格编排在版心左上角第一行。附件标题与“附件×”之间空一行，字体格式与正文标题一致。附件序号和标题应当与附件清单一致。附件格式要求同正文。

九、版记及页码

（一）版记。使用仿宋字体四号字体，包括从上至下依次为主送、抄送和编制人员，单行左右各空一字。版记格式为上下两条粗细为 0.35 mm（1.0 磅）的分隔线，“主送”和“抄送”之间无分隔线，抄送和编制人员之间使用粗细为 0.25 mm（0.75 磅）的分隔线。主送和抄送对象换行时与冒号后首字对齐。

（二）页码。使用四号半角宋体。

十、表格格式

表格头标题使用小标宋小二号字体，居中对齐，行间距与正文相同。为确保美观规范，表格行高可设为最小值 0.8 cm，字体大小根据排版需要设为小四或五号。表格的标题行和列使用黑体字，主体内容使用仿宋字体。

环境应急监测报告

××××年第×期

××××（编制单位）　　　　　　　　　　　　　　　　××××（编制时间）

××××××××××事件

××。现将有关情况报告如下：

一、事件基本情况

××。

二、监测工作情况

×××。

三、监测结论和建议

××。

附件：1. ×××××××

2. ×××××××

3. ×××××××

4. ×××××××

附件 2

应急监测报告范本

一、事件基本情况

××河下游××至××段的全部水电站和水坝均已关闭，××电站至××沟坝之间构筑完成××道临时拦截坝。应急处置组按照工作方案于××日××时开始稀释放流作业，通过事发地下游××km 电站内的清水和临时坝拦截的受污染水体按一定比例放流，逐级稀释降低污染团的浓度，截至目前稀释放流作业已持续××小时。

二、监测工作情况

2018 年××月××日××时，应急监测组按照第××期监测方案完成了××期应急监测，继续监控稀释放流作业期间，××至××段的水质变化情况。本期应急监测在××至××约××km 河段布设了××个断面，重点监控断面为××、××、××，主要监测项目为总磷，监测频次为××，监测点位表、监测点位图、监测数据表、监测趋势图等见附件。截至目前，应急监测组累计出动监测人员××人次，采集样品××个，报出应急监测数据××个。

三、监测结论与建议

本次应急监测按照《地表水环境质量标准》(GB 3838—2002) III类标准评价。××月××日××时，监测数据表明，高浓度污染团正在通过××电站，该电站出水总磷浓度持续超标，最大浓度××mg/L，最大××倍。通过对××时至××时共××期的监测数据分析，推测高浓度污染团大致位于××至××，长度约××km，污染带前锋已抵达××附近，正以约××的速度向下迁移。从目前的污染团迁移降解趋势看，预计污染团抵达××水库时，总磷浓度将超过标准限值。

建议××时停止××电站放流作业，同时关闭××、××电站，在××电站坝下修筑临时坝，准备下一梯度的稀释放流。

下一步，应急监测组将对××至××段加密监测，密切监控污染团浓度和位置，同时加强与应急处置作业的协同配合，第一时间调整下一应急处置作业期间的应急监测方案。

附件 3

应急监测总结报告范本

一、事件基本情况

××年××月××日××时××分左右，××接到群众反映，××。根据×××的调查结果，事件起因系××，所倾倒危险废物呈××状，是××，主要成分有××等（概述事情起因和主要污染物的成分、性状）。

（一）初步应急处置

××月××日××时，按照应急处置方案要求，×××关闭了××河××至××段全部电站及水坝……（概述各阶段的主要处置工作，下同）。

（二）污染团转移泄流

××月××日，根据监测结果，应急指挥部决定对事发地下游××km 的××电站实施放流作业，××。

（三）××电站稀释放流

××月××日××时，应急指挥部组织挖掘机在××电站坝后××km 修建临时坝，××。

（四）××电站稀释放流

××月××日××时至××月××日××时，××电站及其坝后临时拦截坝按照应急处置方案实施稀释放流作业，××。

（五）××电站开闸泄流

××月××日××时，××电站下游××km 的××电站开始放水泄流，××。

二、监测工作情况

××月××日至××月××日，应急监测组主要开展了 5 个阶段的应急监测，第一时间掌握污染事态，密切跟踪污染团的变化情况，为应急决策和处置提供了有力的技术支撑，各阶段主要监测数据及图表见附件。应急监测期间，应急监测组共制定监测方案××期，出动监测人员××人次，布设监测断面××个，采集样品××个，出具监测数据××个（首段概述监测工作总体情况）。

（一）初期污染事态应急监测

2018 年 1 月 17 日××时××分，×××启动××级应急响应，组建应急监测组于××月××日××时到达事件现场，制定应急监测方案并开展第 1 次应急监测，××（与前文的应急处置阶段一一对应，概述监测工作主要内容、得出的监测结论、提出的工作建议，下同）。

（二）污染团泄流应急监测

××月××日，××电站开始放流作业，为密切跟踪污染团的迁移速度和降解趋势，××。

（三）××电站稀释放流应急监测

××月××日，为准确掌握××电站稀释放流作业的处置效果，进一步跟踪污染团在××至××河段的迁移变化情况，××。

（四）××电站稀释放流应急监测

××月××日，为准确掌握××电站稀释放流作业的处置效果，进一步跟踪污染团在××至××河段的迁移变化情况，××。

（五）全线放流应急监测

××月××日，为持续跟踪全线放流后××河水质变化，确保下游××水库入库水质达标，××。

三、经验和不足

本次××河水污染事件应急响应，应急监测组积极动员、服从指挥，全力配合应急处置工作，密切跟踪污染事态变化，为应急决策和处置提供了有力的技术支撑，但在监测工作中仍遇到一些困难，暴露出××等方面存在的不足。

（一）经验做法

总结该次应急监测过程中值得肯定、推广和发扬，对今后应急监测工作开展有启发作用和借鉴意义的亮点和经验。

（二）困难和不足

总结该次应急监测过程中在组织管理、监测能力、应急装备、后勤保障等方面暴露出的问题，找准导致问题的关键所在。

（三）有关工作建议

与困难和不足一一对应，提出能够推动落实、行之有效的工作改进建议和措施。

第二章　应急监测技术文件

突发环境事件应急监测技术规范

（HJ 589—2021）

1　适用范围

本标准规定了突发环境事件应急监测启动及工作原则、污染态势初步判别、应急监测方案、跟踪监测、应急监测报告、质量保证和质量控制、应急监测终止等技术要求。

本标准适用于因生产、经营、贮存、运输、使用和处置危险化学品或危险废物以及意外因素或不可抗拒的自然灾害等原因而引发的突发环境事件的应急监测，包括大气、地表水、地下水和土壤环境等的应急监测。

注：本标准不适用于辐射事故、海洋污染事件、涉及军事设施污染事件、生物及微生物污染事件、重污染天气等应对工作的应急监测，相关应急监测工作可参照相关技术规范和标准执行。核技术利用、放射性物品运输以及放射性废物处理、贮存和处置设施或活动等原因引发的辐射事故的应急监测执行 HJ 1155 相关要求。核设施及有关核活动发生的核事故所造成的辐射污染事件、海上溢油事件、船舶污染事件的应对工作按照相关应急预案规定执行。重污染天气应对工作按照国务院《大气污染防治行动计划》等有关规定执行。

应急监测包括污染态势初步判别和跟踪监测两个阶段。应急监测终止后进行的后续监测不适用本标准，可参照相关技术规范和标准进行。

2　规范性引用文件

本标准引用了下列文件或其中的条款。凡是注明日期的引用文件，仅注日期的版本适用于本标准。凡是未注日期的引用文件，其最新版本（包括所有的修改单）适用于本标准。

GB/T 8170　数值修约规则与极限数值的表示和判定

HJ/T 20　工业固体废物采样制样技术规范

HJ/T 55 大气污染物无组织排放监测技术导则

HJ/T 91 地表水和污水监测技术规范

HJ 91.1 污水监测技术规范

HJ 164 地下水环境监测技术规范

HJ/T 166 土壤环境监测技术规范

HJ 193 环境空气质量自动监测技术规范

HJ 194 环境空气质量手工监测技术规范

HJ 493 水质 样品的保存和管理技术规定

HJ 494 水质 采样技术指导

HJ 630 环境监测质量管理技术导则

HJ 1155 辐射事故应急监测技术规范

《国家突发环境事件应急预案》（国办函〔2014〕119 号）

3 术语和定义

下列术语和定义适用于本标准。

3.1 突发环境事件 environmental accidents

由于污染物排放或自然灾害、生产安全事故等因素，导致污染物或放射性物质等有毒有害物质进入大气、水体、土壤等环境介质，突然造成或可能造成环境质量下降，危及公众身体健康和财产安全，或者造成生态环境破坏，或者造成重大社会影响，需要采取紧急措施予以应对的事件。

3.2 应急监测 emergency monitoring

突发环境事件发生后至应急响应终止前，对污染物、污染物浓度、污染范围及其动态变化进行的监测。应急监测包括污染态势初步判别和跟踪监测两个阶段。

3.3 应急监测启动 emergency monitoring start

突发环境事件发生后，根据应急组织指挥机构应急响应指令，启动应急监测预案，开展应急监测工作。

3.4 污染态势初步判别 preliminary discrimination of pollution situation

突发环境事件应急监测的第一阶段，指突发环境事件发生后，确定污染物种类、监测项目及大致污染范围和污染程度的过程。

3.5 跟踪监测 track monitoring

突发环境事件应急监测的第二阶段，指污染态势初步判别阶段后至应急响应终止前，开展的确定污染物浓度、污染范围及其动态变化的环境监测活动。

3.6 突发环境事件固定污染源 stationary pollution source in environmental accidents

固定场所如工业企业或其他单位由于突发事件，在瞬时或短时间内排放有毒有害污染物，造成环境污染的源。

3.7　突发环境事件移动污染源　mobile pollution source in environmental accidents

在运输过程中由于突发事件，在瞬时或短时间内排放有毒有害污染物，造成环境污染的源。

3.8　采样断面（点）　sampling section（point）

突发环境事件发生后，对地表水、大气、土壤和地下水等样品进行采集的整个剖面（点）。

3.9　瞬时样品　grab sample

从大气、地表水、地下水和土壤中不连续地随机采集的单一样品，一般在一定的时间和地点随机采取。

3.10　应急监测终止　emergency monitoring termination

当突发环境事件条件已经排除、污染物质已降至规定限值以内、所造成的危害基本消除时，由启动响应的应急组织指挥机构终止应急响应，同时终止应急监测。

4　应急监测启动及工作原则

4.1　及时性

接到应急响应指令时，应做好相应记录并立即启动应急监测预案，开展应急监测工作。

4.2　可行性

突发环境事件发生后，应急监测队伍应立即按照相关预案，在确保安全的前提下，开展应急监测工作。突发环境事件应急监测预案内容包括但不限于总则、组织体系、应急程序、保障措施、附则、附件等部分，具体内容由生态环境监测机构根据自身组织管理方式细化。

4.3　代表性

开展应急监测工作，应尽可能以足够的具有时空代表性的监测结果，尽快为突发环境事件应急决策提供可靠依据。在污染态势初步判别阶段，应以第一时间确定污染物种类、监测项目、大致污染范围及程度为工作原则；在跟踪监测阶段，应以快速获取污染物浓度及其动态变化信息为工作原则。

5　污染态势初步判别

5.1　现场调查

5.1.1　现场调查原则

迅速通过各种渠道搜集突发环境事件相关信息，初步了解污染物种类、污染状况及可能的污染范围及程度。

5.1.2 现场调查内容

现场调查可包括如下内容：

事件发生的时间和地点，必要的水文气象及地质等参数，可能存在的污染物名称及排放量，污染物影响范围，周围是否有敏感点，可能受影响的环境要素及其功能区划等；污染物特性的简要说明；其他相关信息（如盛放有毒有害污染物的容器、标签等信息）。

《突发环境事件应急监测现场调查信息表》参见附录 A。

5.2 污染物和监测项目的确定

5.2.1 污染物和监测项目的确定原则

优先选择特征污染物和主要污染因子作为监测项目，根据污染事件的性质和环境污染状况确认在环境中积累较多、对环境危害较大、影响范围广、毒性较强的污染物，或者为污染事件对环境造成严重不良影响的特定项目，并根据污染物性质（自然性、扩散性或活性、毒性、可持续性、生物可降解性或积累性、潜在毒性）及污染趋势，按可行性原则（尽量有监测方法、评价标准或要求）进行确定。

5.2.2 已知污染物监测项目的确定

5.2.2.1 根据已知污染物及其可能存在的伴生物质，以及可能在环境中反应生成的衍生污染物或次生污染物等确定主要监测项目。

5.2.2.2 对固定污染源引发的突发环境事件，了解引发突发环境事件的位置、设备、材料、产品等信息，采集有代表性的污染源样品，确定特征污染物和监测项目。

5.2.2.3 对移动污染源引发的突发环境事件，了解运输危险化学品或危险废物的名称、数量、来源、生产或使用单位，同时采集有代表性的污染源样品，确定特征污染物和监测项目。

5.2.3 未知污染物监测项目的确定

5.2.3.1 可根据现场调查结果，结合突发环境事件现场的一些特征及感官判断，如气味、颜色、挥发性、遇水的反应特性、人员或动植物的中毒反应症状及对周围生态环境的影响，初步判定特征污染物和监测项目。

5.2.3.2 可通过事件现场周围可能产生污染的排放源的生产、运输、安全及环保记录，初步判定特征污染物和监测项目。

5.2.3.3 可利用相关区域或流域的环境自动监测站和污染源在线监测系统等现有仪器设备的监测结果，初步判定特征污染物和监测项目。

5.2.3.4 可通过现场采样分析，包括采集有代表性的污染源样品，利用检测试纸、快速检测管、便携式监测仪器、流动式监测平台等现场快速监测手段，初步判定特征污染物和监测项目。若现场快速监测方法的定性结果为检出，需进一步采用不同原理的其他方法进行确认。

5.2.3.5 可现场采集样品（包括有代表性的污染源样品）送实验室分析，确定特征污染物和监测项目。

5.2.4 初步判别方法的选用

为迅速查明突发环境事件污染物的种类（或名称）、污染程度和范围以及污染发展趋势，在已有调查资料的基础上，充分利用现场快速监测方法和实验室现有的分析方法进行鉴别、确认。

可采用检测试纸、快速检测管、便携式监测设备、移动监测设备（车载式、无人机、无人船）及遥感等多手段监测技术方法；现有的空气自动监测站、水质自动监测站和污染源在线监测系统等在用的监测方法；现行实验室分析方法。

当上述分析方法不能满足要求时，可根据各地具体情况和仪器设备条件，选用其他适宜的方法。

5.3 污染范围及程度初步判别

根据现场调查收集的基础数据、文献资料以及分析结果，借助遥感、地理信息系统、动力学模型等技术方法，必要时可依靠专家支持系统，初步判别突发环境事件可能影响的时空范围、污染程度。

6 应急监测方案

6.1 应急监测方案内容

本标准中的应急监测方案指跟踪监测阶段的应急监测方案。

根据污染态势初步判别结果，编制应急监测方案。应急监测方案应包括但不限于突发环境事件概况、监测布点及距事发地距离、监测断面（点位）经纬度及示意图、监测频次、监测项目、监测方法、评价标准或要求、质量保证和质量控制、数据报送要求、人员分工及联系方式、安全防护等方面内容。

应急监测方案应根据相关法律、法规、规章、标准及规范性文件等要求进行编写，并在突发环境事件应急监测过程中及时更新调整。

6.2 点位布设

6.2.1 布点原则

采样断面（点）的设置一般以突发环境事件发生地及可能受影响的环境区域为主，同时应注重人群和生活环境、事件发生地周围重要生态环境保护目标及环境敏感点，重点关注对饮用水水源地、人群活动区域的空气、农田土壤、自然保护区、风景名胜区及其他需要特殊保护的区域的影响，合理设置监测断面（点），判断污染团（带）位置、反映污染变化趋势、了解应急处置效果。应根据突发环境事件应急处置情况动态及时更新调整布设点位。

对被突发环境事件污染的地表水、大气、土壤和地下水应设置对照断面（点）、控制断面（点），对地表水和地下水还应设置削减断面（点），布点要确保能够获取足够的有代表性的信息，同时应考虑采样的安全性和可行性。

对突发环境事件固定污染源和移动污染源的应急监测，应根据现场的具体情况布设采样断面（点）。

6.2.2　采样断面（点）的布设

水和废水、空气和废气、土壤和固体废物等采样断面（点）的布设可参照 HJ/T 91、HJ 91.1、HJ 164、HJ 493、HJ 494、HJ 193、HJ 194、HJ/T 55、HJ/T 166 和 HJ/T 20 等标准执行。

6.2.3　采样断面（点）的编号

采样断面（点）应当设置编号。因应急监测方案调整变更采样断面（点）的，在原断面（点）之间的新设断面（点）应依序以下级编号形式插号。

6.3　监测频次

监测频次主要根据现场染状况确定。事件刚发生时，监测频次可适当增加，待摸清污染变化规律后，可适当减少监测频次。依据不同的环境区域功能和现场具体污染状况，力求以最合理的监测频次，取得具有足够时空代表性的监测结果，做到既有代表性能满足应急工作要求，又切实可行。

6.4　监测项目

监测项目设置参照“5.2　污染物和监测项目的确定”。

6.5　应急监测方法

6.5.1　应急监测方法的选择以支撑环境应急处置需求为目标，根据监测能力、现场条件、方法优缺点等选择适宜的监测方法，保障监测效率和数据质量。

6.5.2　在满足环境应急处置需要的前提下，优先选择国家或行业标准规定的监测方法，同一应急阶段尽量统一监测方法。

6.5.3　样品不易保存或处于污染追踪阶段时，优先选用现场快速测定方法。采用现场快速测定方法测定的结果应在监测报告中注明。对于现场快速测定方法，除自校准或标准样品测定外，也可采用与不同原理的其他方法进行对比确认等方式进行质量控制。

6.5.4　可利用相关环境质量自动监测系统和污染源在线监测系统等作为补充监测手段。

6.6　评价标准或要求

突发环境事件应急监测按照相关生态环境质量标准、生态环境风险管控标准、污染物排放标准或其他相关标准进行评价。若所监测项目尚无评价标准，可参考国内外及国际组织的相关评价标准或要求，并在方案和报告中注明。

7　跟踪监测

7.1　样品采集

7.1.1　采样准备及记录

7.1.1.1　根据突发环境事件应急监测方案制订有关采样计划，包括采样人员及分工、采样器材、安全防护设备设施、必要的简易快速检测器材等。必要时，根据事件现场具体情况制订更详细的采样计划。

7.1.1.2　采样器材主要包括采样器和样品容器，常见的采样器材材质及洗涤要求可参照相应的大气、水、土壤等监测技术规范，有条件的应专门配备一套用于应急监测的采样设备。此外，还可以利用当地的大气或水质自动在线监测设备、无人机（船）等新型采样设备进行采样。

7.1.1.3　现场采样记录应如实记录并在现场完成，内容全面，可充分利用常规例行监测表格进行规范记录，至少应包括如下信息：

a）采样断面（点）地理信息及点位布设图，如有必要对采样断面（点）及周围情况进行现场录像和拍照，特别注明采样断面（点）所在位置的标识性构筑物（如建筑物、桥梁等）名称；

b）必要的水文气象及地质等参数、周围环境敏感点信息及样品感官特征；

c）监测项目、采样时间、样品数量、空白及平行样等信息；

d）采样人员及校核人员的签名。

7.1.2　采样方法及采样量的确定

7.1.2.1　应急监测通常采集瞬时样品，对多个监测断面（点）应在同一时间采样。采样量根据分析项目及分析方法确定，采样量还应满足留样要求。

7.1.2.2　具体采样方法及采样量可参照 HJ/T 91、HJ 91.1、HJ 164、HJ 493、HJ 494、HJ 193、HJ 194、HJ/T 55、HJ/T 166 和 HJ/T 20 等标准执行。

7.1.3　样品管理

7.1.3.1　样品管理目的

样品管理的目的是保证样品的采集、保存、运输、接收、分析、处置工作有序进行，确保样品在传递过程中始终处于受控状态。

7.1.3.2　样品标识

样品应以一定的方法进行分类，如可按环境要素或其他方法进行分类，并在样品标签和现场采样记录单上记录相应的唯一性标识。样品标识至少应包含样品编号、采样点位、监测项目、采样时间、采样人等信息。有毒有害、易燃易爆样品特别是污染源样品应用特别标识（如图案、文字）加以注明。

7.1.3.3　样品保存

除现场测定项目外，对需送实验室进行分析的样品，根据不同样品的性状和监测项目，应选择合适的存放容器和样品保存方法。尽量避免样品在保存和运输过程中发生变化。对易燃易爆及有毒有害的应急样品，应分类存放，保证安全。

7.1.3.4　样品运送和交接

对需送实验室进行分析的样品，应及时送实验室进行分析，避免样品在保存和运输过程中发生变化。

对含有易挥发性的物质或高温不稳定物质的样品，应低温保存运输。

样品运输前应将样品容器内、外盖（塞）盖（塞）紧。装箱时应安全分隔以防样品破损和倒翻。每个样品箱内应有相应的样品采样记录单或送样清单，应有专门人员运送样品并填写样品交接记录单。

对有毒有害、易燃易爆或性状不明的应急监测样品，特别是污染源样品，送样人员在送实验室时应告知接样人员样品的危险性，接样人员同时向实验室人员说明样品的危险性，实验室分析人员在分析时应注意安全。

7.1.3.5 样品处置

样品应在保存期内留存。

对含有剧毒或大量有毒有害化合物的样品，特别是污染源样品，应按相关要求妥善处置。

7.2 现场监测

7.2.1 现场监测仪器装备

7.2.1.1 现场监测仪器设备的确定原则

现场监测仪器设备的选用宜以便携式、直读式、多参数的现场监测仪器为主，要求能够通过定性半定量的监测结果，对污染物进行快速鉴别、筛查及监测。

7.2.1.2 现场监测仪器设备的准备

可根据本地实际和全国环境监测站建设标准要求，配置常用的现场监测仪器设备，如检测试纸、快速检测管和便携式监测仪器等快速检测仪器设备。需要时，配置便携式气相色谱仪、便携式红外光谱仪、便携式气相色谱/质谱分析仪等应急监测仪器。有条件的可使用整合便携式/车载式监测仪器设备的水质和大气应急监测车等装备。

使用后的检测试纸、快速检测管、试剂及废弃物等应按相关要求妥善处置。

7.2.2 现场监测记录

应及时进行现场监测记录，并确保信息完整。可利用日常监测记录表格进行记录，主要包括监测时间、监测断面（点位）、监测断面（点位）示意图、必要的环境条件、样品类型、监测项目、监测分析方法、仪器名称、仪器型号、仪器编号、仪器校准或核查、监测结果、监测人员及校核人员的签名等，同时记录必要的水文气象及地质等参数。

7.3 实验室分析

7.3.1 样品到达实验室后应及时按照应急监测方案开展实验室分析。在实验室分析过程中应保持样品标识的唯一性。

7.3.2 在实验室分析过程中做好相应原始记录，遇特殊情况和有必要说明的问题，应进行备注。

7.4 监测结果及数据处理

突发环境事件应急监测结果可用定性、半定量或定量的监测结果来表示。定性监测结果可用“检出”或“未检出”来表示；半定量监测结果可给出测定结果或测定结果范围；定量监测结果应给出测定结果并注明其检出限，超出相应评价标准或要求的，还应明确超标倍数。

突发环境事件应急监测的数据处理参照相应的分析方法及监测技术规范执行。数据修约规则按照 GB/T 8170 的相关规定执行。

8 应急监测报告

8.1 报告原则

应急监测报告的结论信息应真实、准确、及时，快速报送。

8.2 报告形式及内容

8.2.1 报告形式

突发环境事件应急监测报告按当地突发环境事件应急监测预案或应急监测方案要求的形式进行报送。

8.2.2 报告内容

突发环境事件应急监测报告内容为应急监测工作的开展情况和计划，分析监测数据和相关信息，判断特征污染物种类、污染团分布情况和迁移扩散趋势等，为环境应急事态研判和应对提出科学合理的参考建议。

突发环境事件应急监测报告编制原则：内容准确，重点突出；结论严谨，建议合理；要素全面，格式规范。

按应急监测开展时间，可分为应急监测报告和应急监测总结报告。其中，应急监测报告适用于应急监测期间，应急监测组向环境应急组织指挥机构报送监测工作情况；应急监测总结报告是应急监测结束后，相关应急监测队伍对所参与应急监测工作的总结。

应急监测报告结构和内容总体上分为事件基本情况、监测工作开展情况、监测结论和建议以及监测报告附件等 4 个部分。事件基本情况概述事发时间、地点、起因、事件性质、截至报告时的事态、已采取的处置措施以及可能受影响的敏感目标等。监测工作开展情况主要包括应急监测的行动过程和监测工作内容。监测结论和建议主要包括截至当期报告编制时特征污染物和主要污染因子在各点位的分布特征，并结合其他信息分析污染团可能的位置和范围，预测污染扩散趋势和对敏感目标的影响等，以及根据监测数据和有关信息的综合研判，向环境应急组织指挥机构提出参考建议，作为编制下一步应急监测方案的依据，符合应急监测终止条件的，可在报告中提出终止建议。监测报告附件主要包括污染趋势图、监测方法表、监测数据表、监测点位图（表）、监测现场照片、特征污染物相关信息（通常只作为首期报告的附件）。

应急监测工作结束后，应编写应急监测总结报告，主要包含事件基本情况、应急监测工作开展情况、经验和不足、报告附件 4 个部分的内容。

8.3 报送范围

按当地突发环境事件应急监测预案或应急监测方案要求进行报送。

8.4 保密及材料归档

应急监测报告及相关材料应按照相关规定进行保密和归档。

9 质量保证和质量控制

9.1 基本原则

应急监测的质量保证和质量控制，可参照 HJ 630 的相关规定执行，应覆盖突发环境事件应急监测全过程，重点关注方案中点位、项目、频次的设定，采样及现场监测，样品管理，实验室分析，数据处理和报告编制等关键环节，突发环境事件应急监测流程示意图参见附录 B。针对不同的突发环境事件类型和应急监测的不同阶段，应有不同的质量管理要求及质量控制措施。污染态势初步判别阶段质量控制重点在于真实与及时，跟踪监测阶段质量控制重点在于准确与全面。力求在短时间内，用有效的方法获取最有用的监测数据和信息，既能满足应急工作的需要，又切实可行。

9.2 采样与现场监测的质量保证及质量控制

9.2.1 采样与现场监测人员应具备相关经验，掌握突发环境事件布点采样技术，熟知采样器具的使用和样品采集、保存、运输条件。若进入危险区域开展采样及现场监测，应经相关部门同意，在保证安全的前提下方可开展工作。

9.2.2 采样和现场监测仪器应进行日常的维护、保养，确保仪器设备保持正常状态，仪器离开实验室前应进行必要的检查。

9.2.3 应急监测时，允许使用便携式仪器和非标准监测分析方法，但应对其得出的结果或结论予以明确表达。可采用自校准或标准样品测定等方式进行质量控制，用试纸、快速检测管和便携式监测仪器进行定性时，若结果为未检出，则可基本排除该污染物；若结果为检出，则只能暂时判定为“疑是”，需再用不同原理的其他方法进行确认，若两种方法得出的结果较为一致，则结果可信，否则需继续核实或采样后送实验室分析确定。

9.2.4 其他质量保证和质量控制措施可参照相应的监测技术规范执行。

9.3 样品管理的质量保证和质量控制

9.3.1 应保证样品从采集、保存、运输、分析、处置的全过程均有记录，确保样品处在受控状态。

9.3.2 样品在采集和运输过程中应防止样品被污染及样品对环境的污染。运输工具应合适，运输中应采取必要的防震、防雨、防尘、防爆等措施，以保证人员和样品的安全。

9.4 实验室分析的质量保证和质量控制

9.4.1 实验室分析人员应熟练掌握实验室相关分析仪器的操作使用和质量控制措施。

9.4.2 实验室分析仪器应在检定周期或校准有效期内使用，进行日常的维护、保养，确保仪器设备始终保持良好的技术状态。

9.4.3 实验室分析的质量保证措施可参照相关监测技术规范执行。

9.5 应急监测报告的质量保证和质量控制

应急监测报告信息要完整，原则上应审核后报送。

9.6 联合应急监测的质量保证和质量控制

多家单位开展联合应急监测时，应注意监测数据的可比性。

10 应急监测终止

当应急组织指挥机构终止应急响应或批准应急监测终止建议时，方可终止应急监测。

凡符合下列情形之一的，可向应急组织指挥机构提出应急监测终止建议：

a）对于突发水环境事件，最近一次应急监测方案中，全部监测点位特征污染物的 48 h 连续监测结果均达到评价标准或要求；对于其他突发环境事件，最近一次应急监测方案中全部监测断面（点位）特征污染物的连续 3 次以上监测结果均达到评价标准或要求。

b）对于突发水环境事件，最近一次应急监测方案中，全部监测点位特征污染物的 48 h 连续监测结果均恢复到本底值或背景点位水平；对于其他突发环境事件，最近一次应急监测方案中全部监测断面（点位）特征污染物的连续 3 次以上监测结果均恢复到本底值或背景点位水平。

c）应急专家组认为可以终止的情形。

附 录 A

（资料性附录）

突发环境事件应急监测现场调查信息表

表 A.1 突发环境事件应急监测现场调查信息表

单位名称			
突发环境事件地点（如涉水需明确水体名称）		地理坐标	东经： 北纬：
到达现场时间		气象参数	风向： 风速： 温度： 大气压： 降水：

纳污水体水文情况	流向：	流速（量）：	防护措施	
调查人员			记录人：	
突发环境事件发生时间、起因、受影响环境要素及大致范围				
主要污染物、特性及流失量				
环境敏感点情况				
可能的伴生物质、衍生污染物或次生污染物				
现场初步判别结果（特征污染物和监测项目）				
现场环境及敏感点示意图				
其他相关信息				

附　录　B
（资料性附录）
突发环境事件应急监测流程示意图

突发环境事件应急监测流程示意图见图 B.1。

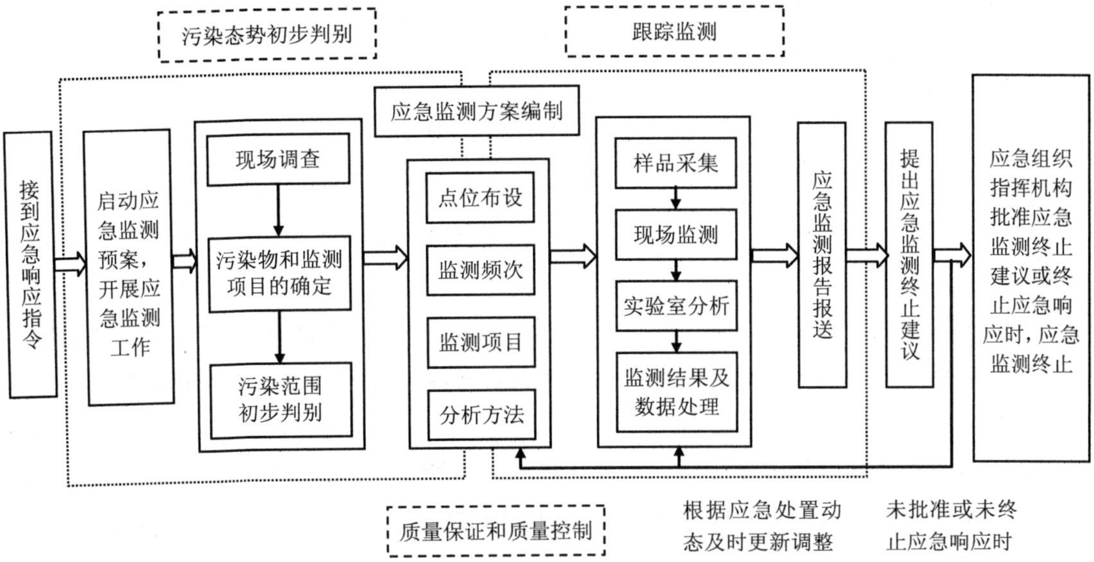

图 B.1　突发环境事件应急监测流程示意图

关于印发《重特大突发环境事件空气应急监测工作规程》的通知

（环办监测函〔2022〕231号）

各省、自治区、直辖市生态环境厅（局），新疆生产建设兵团生态环境局：

为有效应对火灾、爆炸、泄漏等引发的特别重大、重大（以下简称重特大）突发环境事件空气污染，准确掌握事发地周边及附近敏感点空气污染状况，确保应急监测工作科学、有序开展，我部组织制定了《重特大突发环境事件空气应急监测工作规程》。现印发给你们，请遵照执行。

生态环境部办公厅

2022年6月9日

为有效应对火灾、爆炸、泄漏等引发的重特大突发环境事件空气污染，坚持“人民至上、生命至上”的理念，以准确掌握事发地周边及附近敏感点空气污染状况为目标，按照快速及时、准确可靠、数据说话、支撑决策的原则，制定本规程。

本规程适用于因生产、经营、贮存、运输、使用和处置危险化学品、危险废物等，以及意外因素或不可抗拒的自然灾害等原因引发的重特大火灾、爆炸、泄漏等突发环境事件的空气应急监测。

不适用于涉及军事设施、核设施等火灾、爆炸、泄漏等事故。

一、应急监测工作组织

突发环境事件空气应急监测坚持国家指导、省级统筹、属地管理的原则。

事发地生态环境监测部门接到事件通知后，应第一时间启动应急监测预案，组织人员、调集应急监测设备赶赴现场开展应急监测，并将监测结果上报本级生态环境部门和上级生态环境监测部门。

根据突发环境事件等级、影响程度和生态环境应急监测预案要求，由本级（或上级）人民政府或生态环境部门成立应急组织指挥机构，并以本级或上级生态环境监测部门为主要力量组建应急监测组。

省级生态环境部门统筹本行政区域内环境应急监测工作。事发地预判应急监测任务难以独立承担时，应及时报告省级生态环境部门，由省级生态环境部门组织本行政区域内监测力量支援。

生态环境部指导督促省级生态环境部门开展应急监测，根据需要安排中国环境监测总站参与应急监测工作，必要时调集相关生态环境监测部门或社会环境检测机构的人员、物资、设备进行支援。

二、应急监测方案制定

（一）点位布设原则

点位布设参照《突发环境事件应急监测技术规范》《环境空气质量手工监测技术规范》执行，以掌握污染物对环境空气质量的影响及扩散趋势为重点，研判污染物对人体健康的影响。在厂界或事故点周边及扩散影响区域合理布设监测或采样点位，判断污染团位置，掌握污染物浓度及扩散趋势，研判应急处置效果，为人员疏散等应急决策提供支撑。

事故初期，为摸清污染物最大落地浓度和削减规律，以事故点为中心，在厂界或事故点周边主导风向的下风向布设点位，原则上按照 500 米、1 000 米、2 000 米、3 000 米、5 000 米间隔的扇形布设点位；无明显主导风向，以敏感点所在方向为重点按圆形布设点位。有敏感点时，在敏感点内部按 500～1 000 米间隔增设监测点位。可在事故点上风向布设对照点位。点位布设示意图如附图 1 所示。

确定特征污染物扩散趋势后，重点围绕敏感点布设点位，并根据风向变化及时调整。点位布设应充分考虑交通状况、气象条件和人员安全。

（二）监测频次的确定

监测频次以掌握特征污染物扩散特点、浓度水平和变化趋势为目的。原则上，事故初期每 1～2 小时监测 1 次；确定特征污染物扩散趋势后，重点围绕敏感点每 1～2 小时监测 1 次；事故现场无明火、浓烟、异味，受影响人员无明显不良反应等情况时，每天监测 1～3 次，或根据应急组织指挥机构部署确定监测频次；各点位应同步开展监测。

（三）人员配置要求

1．现场监测：原则上，每个监测点位配备 2～3 组现场监测人员，每组 2～3 人，24 小时轮流值班。

2．样品运输：根据现场需要，每个监测点位配备 2～3 组送样人员，每组 2～3 人，24 小时轮流值班。

3．实验室分析：根据监测项目配备分析人员，原则上，每个项目配备 2～3 组人员，根据前处理复杂程度每组配备 2～3 人，24 小时轮流值班。多项目同时测定的可酌情减少分析人员。

4．报告编制：原则上，报告编制配备 2～3 组人员，每组 2～3 人，分别负责方案编制、数据收集、数据分析、报告编制等。若事故除涉及空气外，还涉及水质等其他环境要素，报告编制人员可综合考虑，合理配备。

注意事项：人员不足时可以协调社会环境检测机构进行补充；对于交通不便的采样点位，可根据实际情况适当增加采样人员及样品运输车辆，确保采样人员及车辆安全；各点位的采样工作应同步开展；采样人员应拍照记录采样点位经纬度位置、采样时间和周边情况等，并在现场如实规范完成采样记录。

（四）防护及保障

应急监测人员及监测设备需做好安全防护，确保监测人员安全和设备安全；监测人员应做好防毒、防爆等安全防护措施。应做好后勤保障工作，确保应急监测试剂、车辆以及应急监测人员的基本生活得到有效保障。

三、应急监测技术要求

（一）应急监测方法的选用

突发环境事件空气应急监测应以现场监测为主。特别是应急监测初始阶段为确保快速、及时、准确掌握污染情况和污染团移动情况，应优先选择便携式、直读式等现场快速监测方法，以及空气走航监测和无人机巡航监测。当现场监测方法不能准确测定污染物浓度或无法准确定性或定量分析时，为精准掌握污染物浓度，研判污染物扩散态势，应选择实验室手工监测或其他高精度监测方法，样品采集要求及采样量根据分析项目及分析方法确定。

建议参照《生态环境应急监测方法选用指南》选用合适的监测方法。

注意事项：采用便携式仪器现场快速监测、空气走航监测、无人机巡航监测、实验室手工监测等多种监测方法时，需开展方法比对，确保监测数据的可比性，测定结果变化趋势应保持一致。当测定结果偏差过大或变化趋势不一致时，确因便携式、直读式等现场快速监测方法导致数据偏差过大的，以标准方法或实验室手工监测方法为准。

（二）应急监测仪器的选用

现场监测仪器装备的选用应以便携式、直读式、多参数的现场监测仪器为主，要求能够通过定性半定量的监测结果对污染物进行快速鉴别、筛查及监测。有条件的可使用空气应急监测车、空气走航监测车和无人机等设备。便携式仪器适用于厂界或事故周边及敏感点现场快速监测；空气走航监测车适用于具备交通条件的厂界或事故周边及敏感点的走航监测；无人机适用于事故现场大范围的立体监测。

可参照《生态环境应急监测能力建设指南》选择合适的应急监测设备。

注意事项：各类应急监测仪器要加强检定和校准工作，做好日常维护。可参考《生态环境应急监测仪器核查检查规程编制指南（试行）》进行检定、校准、核查、检查，保证应急监测仪器性能正常。各类应急监测仪器需提前做好适用性评估，做好防爆处理，避免出现因监测仪器导致的二次危险危害发生。

（三）污染物筛查的要求

发生火灾、爆炸、未知气体泄漏时，可对气态污染物中无机污染物和有机污染物分别进行筛查以确定特征污染物。无机污染物筛查，可结合现场刺激性气味、颜色等特点综合研判，利用电化学传感器、检测管等筛查；有机污染物筛查，可监测非甲烷总烃或总挥发性有机物，再利用便携式气质联用仪等筛查挥发性有机物成分。其中，化工企业等火灾、爆炸时，可结合行业、工艺特点和主要产品、中间产品、原辅材料、环评报告等研判可能出现的特征污染物。

发生已知气体泄漏时，按照具体泄漏物质及可能的次生产物确定特征污染物。

特征污染物，一般是指事件中排放量较大或超标倍数较高、对人体健康及周边生态环境影响较大，可表征事态发展的污染物。特征污染物的筛查，建议相关领域专家及时给予支持和指导。

（四）应急监测报告的编制要点

应急监测报告主要内容应包括主要污染物、厂界或事故周边及敏感点污染物浓度、污染程度、污染范围、污染扩散情况等，分析研判污染扩散趋势和对敏感点的影响。

报告中的数据表征应包括污染物浓度的空间变化趋势图（同一时间不同点位污染物浓度的空间变化趋势）和时间变化趋势图（同一点位污染物浓度的时间变化趋势），趋势图中应显示污染物的标准限值。趋势图一般以折线图表示，每个趋势图中可包括一条或多条折线。

监测结果的评价，敏感点优先执行地方环境质量标准，无地方环境质量标准的，可执行《环境空气质量标准》（GB 3095）或《环境影响评价技术导则 大气环境》（HJ 2.2）附录 D。前述标准未涵盖的项目，可参考前苏联《居民区大气中有害物质的最大允许浓度》等。其他项目评价可参考上风向或背景点浓度。厂界或事故点周边优先执行污染物排放的地方标准和行业标准，无相关前述标准的，可执行《大气污染物综合排放标准》（GB 16297）及《恶臭污染物排放标准》（GB 14554）。前述标准未涵盖的污染物，评价可参考上风向或背景点。涉及人员疏散等应急决策时，可参考《化工企业定量风险评价导则》（AQ/T 3046）附录 H。

四、应急监测终止

当事件条件已经排除、最近一次应急监测方案中全部监测点位特征污染物的连续 3 次以上监测结果已降至规定限值以内、所造成的危害基本消除时，由应急监测组向应急组织指挥机构提出应急监测终止建议，应急组织指挥机构确定是否终止应急监测。

应急监测终止后，可参照相关技术规范或标准开展后续监测。

附图 1：监测点位布设示意图

附图 2：重特大突发环境事件空气应急监测工作流程图

附图 1

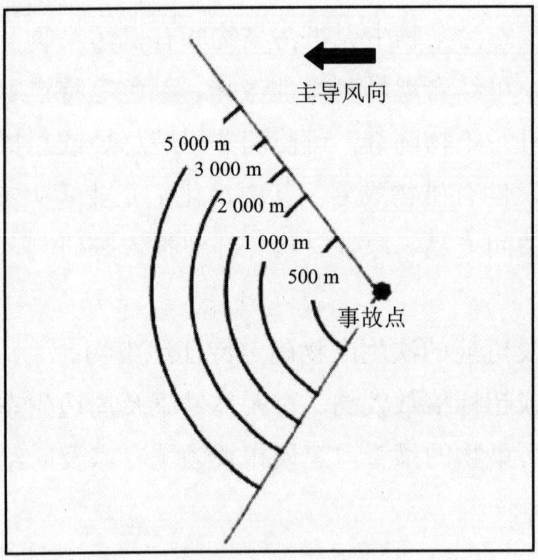

a. 主导风向下风向，扇形布设点位

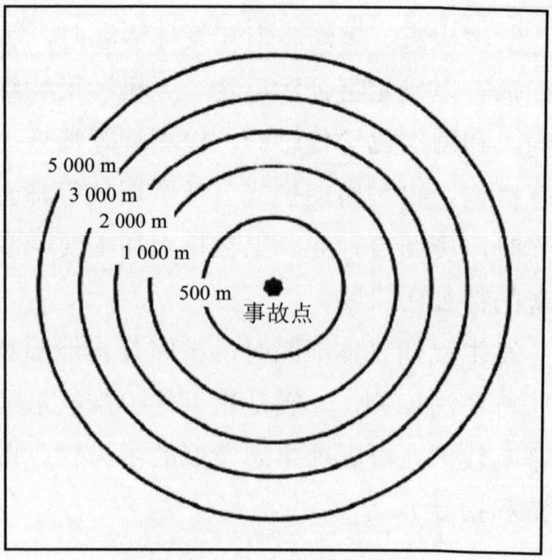

b. 无明显主导风向，圆形布设点位

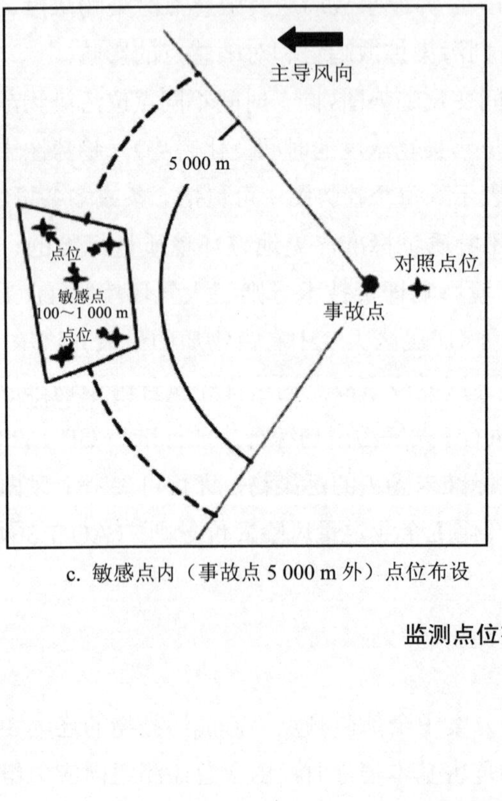

c. 敏感点内（事故点 5 000 m 外）点位布设

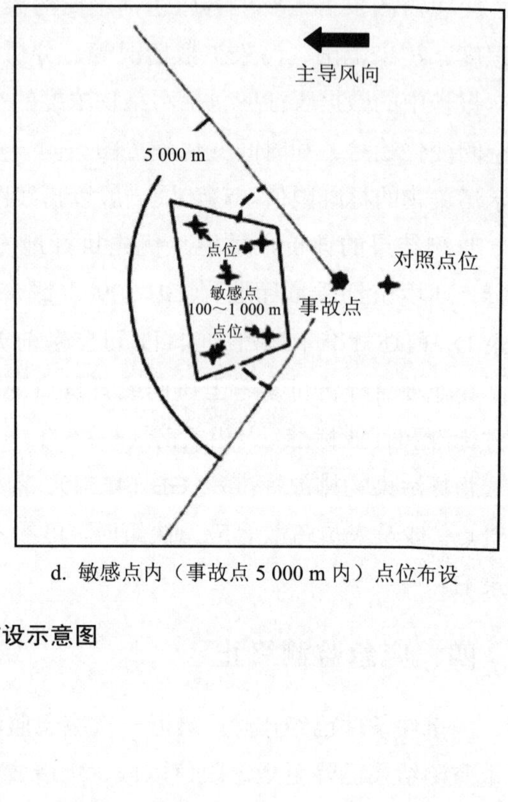

d. 敏感点内（事故点 5 000 m 内）点位布设

监测点位布设示意图

附图 2

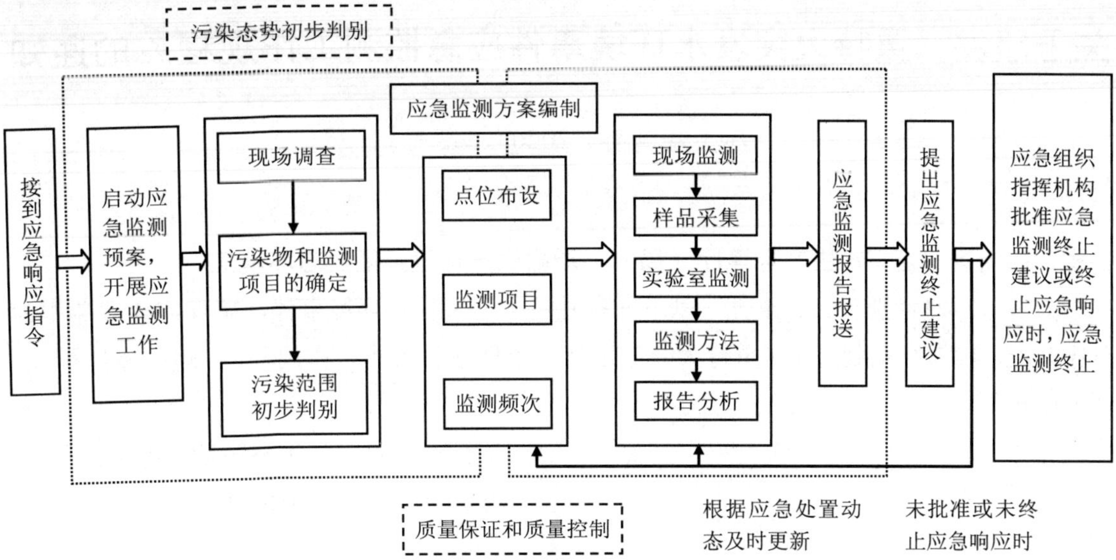

重特大突发环境事件空气应急监测工作流程图

关于印发《重特大突发水环境事件应急监测工作规程》的通知

（环办监测函〔2020〕543 号）

各省、自治区、直辖市生态环境厅（局），新疆生产建设兵团生态环境局：

为有效应对特别重大、重大（以下简称重特大）突发水环境事件，确保应急监测工作有序开展，我部组织制定了《重特大突发水环境事件应急监测工作规程》。现印发给你们，请遵照执行。

生态环境部办公厅

2020 年 10 月 21 日

为有效应对重特大突发水环境事件，确保应急监测工作有序开展，按照快速及时、准确可靠、数据说话、支撑决策的原则，制定本规程。

一、编制依据

（一）《国家突发环境事件应急预案》（国办函〔2014〕119 号）；

（二）《突发环境事件应急监测技术规范》（HJ 589）。

二、适用范围

适用于因污染物排放或自然灾害、生产安全事故等引起，初判为重特大突发水环境事件的应急监测。

不适用于海洋突发环境事件应急监测。

三、工作原则

重特大突发水环境事件应急监测坚持国家指导、区域协同、省级统筹、属地管理的原则。

事件发生地的生态环境部门在接到事件通知后，应第一时间启动应急监测预案，组织人员、调集应急监测设备赶赴现场开展应急监测，并将监测结果上报本级人民政府和上级生态环境主管部门。

省级生态环境部门统筹本行政区域内环境应急监测工作。当事件发生地不具备应急监测能力时，应及时报告省级生态环境部门，由省级生态环境部门组织本行政区域内力量支援。

流域生态环境监督管理局在生态环境部的统一部署下，根据需要委派技术专家和业务骨干赶赴现场，指导、参与应急监测工作。必要时调集监测设备、物资，及时进行支援。

生态环境部指导督促地方开展应急监测，根据需要安排中国环境监测总站参与应急监测工作，必要时调集相关生态环境监测部门或社会环境监测机构的人员、物资或设备进行支援。

四、应急监测

（一）监测方案

点位布设：监测断面的布设参照《突发环境事件应急监测技术规范》执行。以准确掌握污染团移动情况为核心，以实时监控污染物浓度变化为目标，根据事件特点和应急处置措施实施情况，建立监测断面动态调整机制。对于污染带较长的河流型突发水环境事件，结合应急处置工程措施、饮用水水源地等敏感点分布情况，一般每 10～20 km 布设一个控制断面。若污染带超过 100 km，可适当增加断面间距。必要时，根据信息发布要求固定若干个控制断面，作为对外发布信息的依据。

断面的布设应考虑交通状况、人员安全等，确保采样的可行性和方便性。

特征污染物：特征污染物一般是事件中排放量较大或超标倍数较高，对水生态环境有较大影响，可以表征事态发展的污染物。根据事件类型、污染源特征、生产工艺等，并结合事件发生地沿线河流的水质本底值情况和应急监测初筛结果确定特征污染物。必要时需增加监测指标或开展水质全分析监测。

监测频次：应急初期，控制断面原则上每 1～2 小时开展一次监测，其中，各控制断面采样时间应相同。用于发布信息的断面原则上每天监测次数不少于 1 次。根据处置情况和污染物浓度变化态势进行动态调整。

（二）样品采集

人员配备：初判为重特大突发水环境事件发生后，应第一时间调集本行政区域生态环境监测部门的监测人员开展监测，人员不足时可以协调社会环境监测机构进行补充。每个监测断面配备 2～4 组采样人员，每组至少 2 人，每组至少配备一辆样品运输车。对于交通不便的采样断面，可根据实际情况适当增加采样人员及样品运输车辆。

注意事项：水质采样过程中应注意兼顾安全和代表性，尽量选择混合均匀、便于采样的河段采集样品，可根据现场实际情况适当调整距离并做好记录。石油类应使用专用采样器在水面至 300 毫米采集柱状水样，重金属应分析溶解态含量，样品浑浊时应离心或过滤。每次采样过程应留有一定量的备用样品，用于质控和复测。

应急监测采样时，采样人员应拍照记录采样断面经纬度位置、采样时间和周边情况等。

（三）分析测试

实验室布设：污染带长度超过 30 km 的河流型突发水环境事件，以事件发生地为起点，每隔 30～50 km 布设一个现场实验室或应急监测车，负责附近监测断面的样品分析。

人员配备：每个实验室按照监测项目配备分析人员，每个监测项目配备 2～3 组人员，24 小时轮流值班。对于前处理复杂的样品，每组配备 4 人；对于前处理简单的样品，每组配备 2 人。由省级生态环境监测部门委派质量监督员，在每个实验室定点监督，对数据质量进行审核。

监测设备：结合现场条件，优先选用便携式或车载监测设备。常规项目优先采用现场便携或车载设备监测；重金属项目优先采用车载式电感耦合等离子体光谱仪（ICP）监测；挥发性有机物项目优先采用便携式气相色谱-质谱联用仪监测污染物种类和浓度；生物毒性项目优先采用便携式生物毒性分析仪等。

试剂准备：应按照 10 个监测断面，每 2 小时监测一次，准备 2 天的试剂包，同时做好后续的试剂保障工作。

（四）监测方法

为确保快速、及时、准确，可采用现场快速监测、在线监测、实验室手工监测方法相结合的方式开展应急监测。应急监测初始阶段需快速掌握污染物浓度和污染团移动情况，应选择便携式、直读式、多参数的现场监测或车载快速监测方法，部分常规项目可采用无人船连续自动监测。

便携式监测仪器不能准确测定污染物浓度时，为精准掌握污染物浓度，精确定位污染团位置，支撑应急决策，应选择实验室手工监测或车载高精度监测方法。

注意事项：突发水环境事件现场应急监测要加强质量控制工作。现场应急监测仪器设备要做好日常维护。开展突发水环境事件现场应急监测工作时，应按照标准规范或仪器作业指导书等要求进行仪器校准。应急监测方法之间应开展比对测试，便携式监测仪器、在线监测设备和实验室手工监测在对同一系列水样进行测试时，其测定结果变化趋势应保持一致。当测定结果偏差过大或变化趋势不一致时，应对应急监测仪器设备进行检查，确因应急监测仪器问题导致数据偏差过大时，应以实验室手工监测方法测定为准。

对于跨省突发水环境事件，受事件影响的上下游地区应共同商定应急监测方法，确保地区之间监测数据互通互认。对多个环境监测队伍协同参与的突发水环境事件，各监测方应选用应急指挥部确定的统一的应急监测方法。

（五）报告分析

人员配备：配备 2 组人员，每组 4～5 人，分别负责方案编制、数据收集、数据分析、报告编制等。

报告内容：监测结论应包括污染带前锋、污染团长度和范围、污染团浓度峰值等。根据实际情况评估应急处置工程效果，预测污染扩散趋势和对敏感目标的影响。

数据表征：包括污染物浓度的空间变化趋势图（同一时间不同点位污染物浓度的空间变化趋势）和时间变化趋势图（同一点位污染物浓度的时间变化趋势），趋势图中应有显示污染物是否达标或达到背景值的参考线。趋势图一般以折线图表示，每个趋势图中可包括一条或多条折线。

数据分析：特征污染物浓度明显超出本底值的河段定义为污染带，污染带中特征污染物浓度超标的河段定义为污染团，污染物浓度首次明显超过本底值的断面定义为污染带前锋，污染物浓度首次恢复至本底值的断面定义为污染带尾部。污染带前锋和尾部是动态变化的。污染带、污染团长度一般采用实测值计算。

预测模型：河流特征污染物可利用时空变化趋势法、水文流速预测模型、条件格式表格法或时间滚动-数据耦合模型等，分析污染团可能的位置和范围。

注意事项：报告应经过三级审核。

五、应急监测终止

最近一次监测方案中全部监测点位的连续 3 次监测结果达到评价标准或要求，或者应急专家组认为可以终止应急监测时，由应急监测组提出应急终止建议，根据应急指挥部的决定终止应急监测。

应急监测终止后，应按照应急指挥部要求组织开展跟踪监测。

附件：重特大突发水环境事件应急监测工作流程示意图

附件

重特大突发水环境事件应急监测工作流程示意图

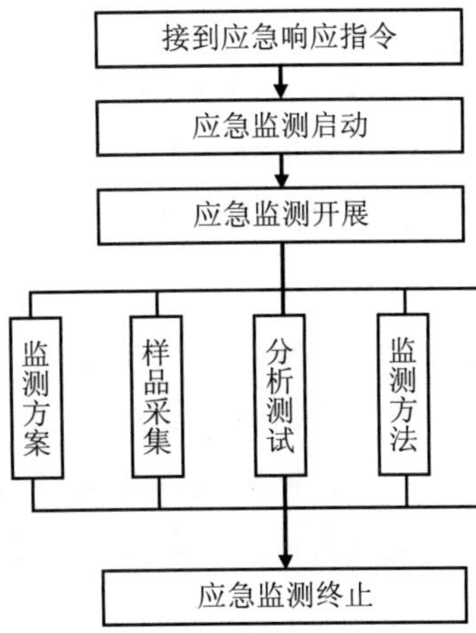

生态环境应急监测方法选用指南

（总站应急字〔2020〕585号）

为规范应急监测方法选用，提高监测效率、保障数据质量，有力支撑环境应急处置及环境损害评估，依据《关于加强生态环境应急监测工作的意见》（环办监测〔2018〕40号），制定本指南。

一、基本原则

——目标导向，因地制宜。以支撑环境应急处置需求为目标，根据监测能力、现场条件、方法优缺点等选择适宜的监测方法，保障监测效率和数据质量。

——快速便捷，智能高效。现场应急监测仪器智能化、集成度较高，轻便易携、操作简便，有较强的抗干扰能力，能适应不同情况的监测需要。

——标准优先，方法统一。在满足环境应急处置需要的前提下，优先选择国家或行业标准规定的监测方法，同一应急阶段尽量统一监测方法。

二、常用应急监测方法

常用应急监测方法有电化学法、光谱分析法、色谱分析法、仪器联用法、微生物法、试纸法、检测管法、试剂盒法等8类，各方法的适用范围和优缺点见附件1。

三、应急监测方法选用要点

（一）方法基本要求

突发环境事件现场应急监测方法应满足以下基本要求。

1．快速。所使用仪器设备集成度、智能化较高，操作简便、易于携带，有较强的抗干扰能力，耗材试剂用量小，对样品的前处理要求低或自带样品快速前处理装置，能直接读取数据。

2．准确。能对目标污染物定量或半定量，监测精度满足工作需求，具备一定的质量保证和质量控制措施。所用仪器设备应定期核查，确保主要技术指标和功能满足工作要求。

3．规范。尽可能选择国家标准、行业标准及行业认可的应急监测方法，若应急监测仪器设备采用国外标准、等效方法、文献方法、自研方法等其他方法，应制定作业指导书。

（二）方法选择规则

应急监测方法选择总体上遵循以下规定。

1．应急监测应首先判断突发环境事件类型、污染物种类、自然灾害受灾情况，综合考虑应急监测能力、现场监测条件以及监测方法优缺点，根据不同应急阶段的监测需求，选择合适的监测方法。

2．在满足环境应急处置需要的前提下，有多种应急监测方法可选时，应优先选择国家标准、行业标准及行业认可的监测方法，为突发环境事件的事后定性定级、司法鉴定以及环境损害评估等提供数据支撑，如有必要可留样送实验室分析。

3．对于跨区域的突发环境事件，受事件影响地区应共同商定应急监测方法，确保地区之间监测数据互通互认。对多个环境监测队伍协同参与的突发环境事件，各监测方应选用经应急监测指挥机构批准的应急监测方法，并尽量使用同一或等效监测方法。

常见污染物的推荐应急监测方法见附件 2，本指南为首次发布，所推荐应急监测方法将定期更新。

附件：1．常用应急监测方法适用范围和优缺点

2．常见污染物应急监测方法推荐表

附件 1

常用应急监测方法适用范围和优缺点

方法类型		适用范围	方法特点
电化学法	电化学传感器法	气：H_2S、Cl_2、HCl、HCN、光气等	优点：快速、操作简单、携带方便 缺点：检出限较高，部分物质存在干扰，定期需要更换
	阳极溶出伏安法	水：铜、铅、锌、镉等重金属	优点：检出限相对比色法较低、携带方便 缺点：检测元素种类有限，操作复杂
	电极法	水：pH、电导率、溶解氧、氯离子、氟化物、余氯等	优点：快速、操作简单、携带方便 缺点：部分不能准确定量，部分物质存在干扰，电极需定期更换
光谱分析法	便携式分光光度法（紫外-可见）	水：COD、氨氮、总磷、部分金属离子等	优点：便于携带，可测定多种元素 缺点：部分物质检出限较高
	连续流动分光光度法	水：COD、氨氮、总磷、硫化物、挥发酚、LAS 等	优点：准确度较高，可测定多种元素 缺点：操作专业性较强
	便携红外分光光度法	水：石油类等 气：CO、CO_2 等	优点：准确度较高，分析速度相对较快 缺点：操作专业性较强

方法类型		适用范围	方法特点
光谱分析法	便携式傅里叶红外仪法	水：有机污染物 气：HCN、HCl、CO、苯、甲苯、苯乙烯等	优点：适用范围广，携带方便 缺点：检出限高，操作专业性较强
	便携式测汞仪分析法	水、气、土：Hg	优点：检出限低，携带方便 缺点：目标物单一
	便携式原子荧光法	水：砷、汞、硒、锑、铋	优点：检出限低，确度较高，分析速度相对较快 缺点：检测元素种类有限
	便携X-荧光光谱法	土壤和固体样品：金属元素	优点：制样简单，测定快速，携带方便，可同时测定多种元素，非破坏分析 缺点：部分元素检出限较高，易受相互元素干扰影响
	车载电感耦合等离子体发射光谱法（ICP）	水、气、土：绝大多数金属和部分非金属元素	优点：可多元素同时分析，干扰少，稳定度好，灵敏度高，准确度高，易维护 缺点：操作专业性较强，体积大，不易携带，使用条件要求较高
色谱分析法	便携式气相色谱法	水、气：VOC_S和 SVOCs 的监测	优点：分离效果好，灵敏度高，应用范围广 缺点：对于未知物质难以定性
仪器联用技术	便携式气相色谱-质谱联用分析法	水、气、土：VOCs 和 SVOCs 的监测	优点：灵敏度高、选择性好、准确度高 缺点：操作相对复杂
	车载电感耦合等离子体原子质谱法（ICP-MS）	水、气、土：绝大多数金属和部分非金属元素	优点：可多元素同时分析，定性准确，干扰少，稳定度好，检出限低，准确度高 缺点：操作相对复杂，体积大，不易携带，使用条件要求较高
微生物法	发光细菌法	水：生物综合毒性的检测	优点：能快速检测水质生物急性毒性 缺点：不能对目标污染物定性，灵敏度较低，维护成本较高
	酶底物法	水：粪大肠菌群的检测	优点：方便、准确，手工操作步骤简单 缺点：检测周期较长
试纸法		水：pH	优点：成本低廉、检测速度快、操作简单、携带方便，具有一定的灵敏性和专一性 缺点：检出限较高，不能准确定量，部分物质存在干扰
检测管法		气：CO、Cl_2、H_2S、氨气、光气等	优点：快速、操作简单、携带方便 缺点：不能准确定量，部分物质存在干扰

附件 2

常见污染物应急监测方法推荐表

环境空气应急监测方法		
无机污染物	无机气体	电化学传感器法、便携式傅里叶红外仪法、检测管法
	汞蒸气	便携式测汞仪分析法
有机污染物	甲醛	电化学传感器法、检测管法
	挥发性有机物	便携式气相色谱-质谱联用分析法、便携式气相色谱法
水环境应急监测方法		
常规项目	pH	电极法、试纸法
	浊度	浊度计法
	电导率、溶解氧、氟化物、余氯	电极法
	COD、氨氮、总磷、总氮、氰化物	便携式分光光度法、连续流动分光光度法
	硫化物、挥发酚、LAS	连续流动分光光度法、气相分子吸收光谱法（硫化物）
金属	铜、锌、硒、砷、汞、镉、铬、铅、铁、锰、钼、钴、铍、硼、锑、镍、钡、钒、钛、铊	车载电感耦合等离子体原子质谱法（ICP-MS）、车载电感耦合等离子体发射光谱法（ICP）、阳极溶出伏安法（铜、铅、锌、镉）、便携式分光光度法（六价铬、钼、砷、锰、镍、铁）、便携式原子荧光法（砷、汞、硒、锑）、便携式测汞仪分析法（汞）
有机污染物	石油类	便携红外/紫外分光光度法
	挥发性有机物	便携式气相色谱-质谱联用分析法（顶空）、便携式气相色谱法
	半挥发性有机物	便携式气相色谱-质谱联用分析法（固相微萃取）、便携式气相色谱法
生物指标	生物综合毒性	发光细菌法
	粪大肠菌群	酶底物法
土壤、沉积物及固体废物应急监测方法		
金属及其化合物		便携 X-荧光光谱法、车载电感耦合等离子体原子质谱法（ICP-MS）、车载电感耦合等离子体发射光谱法（ICP）、便携式测汞仪分析法（汞）
挥发性有机污染物		便携式气相色谱-质谱联用分析法（顶空）

生态环境应急监测评价标准选用指南

（总站应急字〔2021〕403号）

为规范生态环境应急监测评价标准选用，客观评价突发环境事件对生态环境的影响，为环境应急处置及信息公开提供科学合理的参考标尺，依据《关于加强生态环境应急监测工作的意见》（环办监测〔2018〕40号），制定本指南。

一、评价标准选用原则

——支撑环境应急处置。客观评价突发环境事件对生态环境的影响，提供科学合理的应急处置与信息公开参考标尺。

——保障人民群众健康。按照相关标准评价突发环境事件的健康影响，最大限度保障人民群众健康。

——服务环境损害鉴定。评价标准符合有关法律、法规和司法解释规定，满足生态环境损害鉴定要求。

二、评价标准分类

按应急监测评价对象，可分为环境质量标准和污染物排放标准。其中，环境质量标准适用于学校、医院、居民区等环境敏感点以及自然生态环境，污染物排放标准适用于企业排污口、厂界等。国家标准、行业标准或地方标准未涵盖的项目，可视情况参考其他部门的相关标准和国外、国际标准。

三、评价标准选用

（一）环境质量标准

1　空气质量评价

评价目标：评价空气是否满足当地功能区的要求。

评价对象：空气质量监测结果。

评价重点：超标倍数。

标准选用：优先执行地方环境质量标准，无地方环境质量标准的，选用《环境空气质量标准》（GB 3095）。前述标准未涵盖的项目，可参考《室内空气质量标准》（GB/T 18883）、《环境影响评价技术导则　大气环境》（HJ 2.2）附录D、前苏联《居民区大气中有害物质的最大允许浓度》等。其他项目参考上风向或背景点进行评价。

2　地表水质量评价

评价目标：评价地表水是否满足当地功能区的要求。

评价对象：地表水环境质量监测结果。

评价重点：超标倍数。

标准选用：优先执行地方环境质量标准，无地方环境质量标准的，选用《地表水环境质量标准》（GB 3838）。其他项目参考对照点或背景点进行评价。跨境河流（湖泊）应同时参考上下游国家（地区）的相关地表水环境质量标准进行评价。

3　土壤环境质量评价

评价目标：评估对土壤环境质量是否满足土地利用功能需求。

评价对象：土壤环境质量监测结果。

评价重点：土壤环境风险筛选值和管制值。

评价标准：优先执行地方环境质量标准，无地方环境质量标准的，根据土地利用类型，选择相关评价标准中的标准限值，相关标准有《食用农产品产地环境质量评价标准》（HJ/T 332）、《温室蔬菜产地环境质量评价标准》（HJ/T 333）、《土壤环境质量　建设用地土壤污染风险管控标准（试行）》（GB 36600）、《土壤环境质量　农用地土壤污染风险管控标准（试行）》（GB 15618）。前述标准未涵盖的项目，可参考对照点或背景点进行评价。

4　地下水质量评价

评价目标：评价地下水是否满足当地功能区的要求。

评价对象：地下水环境质量监测结果。

评价重点：超标倍数。

评价标准：优先执行地方环境质量标准，无地方环境质量标准的，选用《地下水质量标准》（GB/T 14848），前述标准未涵盖的项目，可参考对照点或背景点进行评价。

（二）污染物排放标准

1　大气污染物无组织排放评价

评价目标：评估气态污染物的环境影响。

评价对象：无组织排放监测结果。

评价重点：超标倍数。

评价标准：优先执行污染物排放的地方标准和行业标准，无相关前述标准的，执行《大气污染综合排放标准》（GB 16297）及《恶臭污染物排放标准》（GB 14554）。前述标准未涵盖污染物，参考上风向或背景点进行评价。

2　水污染物排放评价

评价目标：评估水污染物的环境影响，计算排放总量，提供处置依据。

评价对象：事件外排污水、现场积存污水、暂存池污水的监测结果。

评价重点：超标倍数。

评价标准：优先执行污染物排放的地方标准和行业标准，无相关前述标准的，执行《污水综合排放标准》（GB 8978）。

（三）其他情形

1 关于是否需要疏散人员

评价目标：评估有毒有害气体对人体的影响。

评价对象：空气监测结果。

评价重点：是否需要疏散人员。

评价标准：《化工企业定量风险评价导则》（AQ/T 3046）附录 H。低于 ERPG-1 限值属于安全状态，大于 ERPG-1 限值小于 ERPG-2 限值应采取必要防护措施，大于 ERPG-2 限值小于 ERPG-3 限值视现场情况建议疏散，大于 ERPG-3 限值应强制疏散。

2 关于环境质量异常调查

如有不明原因的环境质量异常，应开展环境监测和调查，参考“（一）环境质量标准”进行评价，及时公开调查结果，回应公众关切。

附件：1.《环境影响评价技术导则　大气环境》附录 D

2．前苏联《居民区大气中有害物质的最大允许浓度》

3．《化工企业定量风险评价导则》附录 H

附件 1

《环境影响评价技术导则　大气环境》附录 D

序号	污染物名称	标准值/（μg/m³）		
		1 h 平均	8 h 平均	日平均
1	氨	200	—	—
2	苯	110	—	—
3	苯胺	100	—	30
4	苯乙烯	10	—	—
5	吡啶	80	—	—
6	丙酮	800	—	—
7	丙烯腈	50	—	—
8	丙烯醛	100	—	—
9	二甲苯	200	—	—

序号	污染物名称	标准值/（μg/m³）		
		1 h 平均	8 h 平均	日平均
10	二硫化碳	40	—	—
11	环氧氯丙烷	200	—	—
12	甲苯	200	—	—
13	甲醇	3 000	—	1 000
14	甲醛	50	—	—
15	硫化氢	10	—	—
16	硫酸	300	—	100
17	氯	100	—	30
18	氯丁二烯	100	—	—
19	氯化氢	50	—	15
20	锰及其化合物（以 MnO_2 计）	—	—	10
21	五氧化二磷	150	—	50
22	硝基苯	10	—	—
23	乙醛	10	—	—
24	总挥发性有机物	—	600	—

附件 2

前苏联《居民区大气中有害物质的最大允许浓度》

序号	物质	最大允许浓度/（mg/m³）	
		最大一次	昼夜平均
1	二氧化氮	0.085	0.085
2	硝酸：HNO_3 分子计	0.4	0.4
	以氢离子计	0.006	0.006
3	丙烯醛	0.03	0.03
4	α-甲基苯乙烯	0.04	0.04
5	α-萘醌	0.005	0.005
6	醋酸戊酮	0.1	0.1
7	戊酮	1.5	1.5
8	氨	0.2	0.2
9	苯胺	0.05	0.05
10	乙醛	0.01	0.01
11	丙酮	0.35	0.35
12	苯乙酮	0.003	0.003
13	苯	1.5	1.5
14	汽油（低硫石油气，以 C 计）	5	1.5
15	页岩汽油（以 C 计）	0.05	0.05
16	丁烷	200	—
17	醋酸丁酯	0.1	0.1
18	丁烯	3	3

序号	物质	最大允许浓度/（mg/m^3）	
		最大一次	昼夜平均
19	丁醇	0.1	—
20	三硫代磷酸三丁酯	0.01	0.01
21	戊酸	0.03	0.03
22	五氧化二钒	—	0.002
23	醋酸乙烯酯	0.15	0.15
24	己二胺	0.001	0.001
25	六氯苯	0.03	0.03
26	丁二烯	3	1
27	二聚乙烯酮	0.007	—
28	二甲基苯胺	0.005 5	0.005 5
29	二甲硫醚	0.08	—
30	二甲胺	0.005	0.005
31	二甲二硫醚	0.07	—
32	二甲基甲酰胺	0.03	0.03
33	二尼尔	0.01	0.01
34	二氯乙烷	3	1
35	2,3 二氯-1,4 萘醌	0.05	0.05
36	二乙胺	0.05	0.05
37	异丙苯	0.014	0.014
38	异辛醇	0.15	—
39	异丙苯过酸	0.007	0.007
40	异丙醇	0.6	0.6
41	己内酰胺（蒸汽，气溶胶）	0.06	0.06
42	己酸	0.1	0.005
43	四〇四九（炭福斯）	0.015	—
44	二甲苯	0.2	0.2
45	二甲硫吸磷（M-18）	0.001	0.001
46	马来酐（蒸汽，气溶胶）	0.2	0.05
47	锰及其化合物（以 MnO_2 计）	—	0.01
48	丁酸	0.015	0.01
49	2,4,6-三甲基苯胺	0.003	0.003
50	甲醇	1	0.5
51	甲基一六〇五	0.008	—
52	异氰酸间氯苯酯	0.005	0.005
53	丙烯酸甲酯	0.01	0.01
54	醋酸甲酯	0.07	0.07
55	甲基硫醇	9×10^{-6}	—
56	甲基丙烯酸甲酯	0.1	0.1
57	甲基苯胺	0.04	0.04
58	乙胺	0.01	0.01
59	砷（除砷化氢外的无机化合物，以 As 计）	—	0.003
60	萘	0.003	0.003
61	硝基苯	0.008	0.008

序号	物质	最大允许浓度/（mg/m^3）	
		最大一次	昼夜平均
62	硝基氯苯（对位和邻位）	—	0.004
63	对氯苯胺	0.04	0.01
64	异氰酸对氯苯酯	0.001 5	0.001 5
65	戊烷	100	25
66	吡啶	0.08	0.08
67	丙烯	3	3
68	丙烯醇	0.3	0.3
69	无毒粉尘	0.15	0.15
70	金属汞	—	0.000 3
71	烟黑	0.15	0.05
72	铅及其化合物（除四乙基铅外，其他以 Pb 计）	—	0.000 7
73	硫化铅	—	0.001 7
74	硫酸：以 H_2SO_4 分子计以氢离子计	0.3	0.1
		0.006	0.002
75	二氧化硫	0.5	0.05
76	硫化氢	0.008	0.008
77	二硫化碳	0.03	0.005
78	氢氰酸	—	0.01
79	盐酸：以 HCl 分子计	0.2	0.2
	以氢离子计	0.006	0.006
80	苯乙烯	0.003	0.003
81	四氢呋喃	0.2	0.2
82	噻吩	0.6	—
83	二异氰酸甲苯酯	0.05	0.02
84	甲苯	0.6	0.6
85	三乙胺	0.14	0.14
86	三氯乙烯	4	1
87	一氧化碳	3	1
88	四氯化碳	4	2
89	醋酸	0.2	0.06
90	醋酸酐	0.1	0.03
91	酚	0.01	0.01
92	甲醛	0.035	0.012
93	磷酸酐	0.15	0.05
94	邻苯二甲酸酐（蒸汽，气溶胶）	0.1	0.1
95	氟化物（以 F 计）气态氟化物（HF，SiF_4）	0.02	0.005
	易溶无机氟化物（NaF，Na_2SiF_6）	0.03	0.01
	难溶无机氟化物（AlF_3，Na_3AlF_6，CaF_2）	0.2	0.03
	当气态氟和氟盐共存时	0.03	0.01
96	糠醛	0.05	0.05
97	氯	0.1	0.03
98	氯苯	0.1	0.1
99	氯丁二烯	0.1	0.1

序号	物质	最大允许浓度/（mg/m^3）	
		最大一次	昼夜平均
100	间氯苯胺	—	0.01
101	敌百虫	0.04	0.02
102	金霉素（畜用）	0.05	0.05
103	六价铬（以 CrO_3 计）	0.0015	0.0015
104	环己烷	1.4	1.4
105	环己酮	0.06	0.06
106	环己醇	0.04	—
107	环己酮肟	0.1	—
108	环氧氯丙烷	0.2	0.2
109	乙醇	5	5
110	醋酸乙酯	0.1	0.1
111	己基苯	0.02	0.02
112	乙烯	3	3
113	环氧乙烯	0.3	0.03
114	乙撑亚胺	0.001	0.001

苏联建工部决定自 1974 年 1 月 16 日起，对“居民区大气中有害物质的最大允许浓度”作如下补充：

序号	物质	最大允许浓度/（mg/m^3）	
		最大一次	昼夜平均
1	氟利昂-11	100	10
2	氟利昂-12	100	10
3	氟利昂-21	100	10
4	氟利昂-22	100	10
5	高级脂族胺（$C_{16\sim20}$）	0.003	0.003
6	敌螨丹	0.2	0.1
7	三甲基苯酚	0.005	0.005
8	苯甲酸安替比林	—	0.001
9	异辛醇	0.15	0.15
10	青霉素	0.05	0.002 5
11	氧四环素	0.01	—
12	四环素	0.01	0.006
13	四环素盐酸盐	0.01	—
14	杰扑来姆	0.002	—
15	硫代乙二醇	0.07	0.07
16	硫化乙烯	0.5	—
17	β-二乙胺基乙硫醇	0.6	0.6

附件 3

《化工企业定量风险评价导则》附录 H

ERPG-1：空气中的最高浓度低于该值就可以认为，几乎所有人都能暴露于其中 1 h，除了轻微的短暂的有害于健康的影响，或明显感觉到令人讨厌的气味，而没有其他影响。

ERPG-2：空气中的最高浓度低于该值就可以认为，几乎所有人都能暴露于其中 1 h，不会逐步显示出不可逆转或其他严重的健康影响，或者削弱他们采取防护行动的能力。

ERPG-3：空气中的最高浓度低于该值就可以认为，几乎所有人都能暴露于其中 1 h，不会逐步显示出危及生命健康的影响。

表 H.1 应急响应计划指南

除单独注明，ERPG 值的单位均为 10^{-6}

序号	污染物	化学式	分子量	单位：ppm			ppm 转化为 mg/m^3 系数
				ERPG-1	ERPG-2	ERPG-3	
1	1,1-二氯乙烯	$C_2H_2Cl_2$	96.94	ID	500	1 000	3.96
2	1,2-二氯乙烯	$C_2H_2Cl_2$	96.95	140	500	850	3.96
3	1,3-丁二烯	C_4H_6	54.09	10	50	5 000	2.21
4	1,1,1,2-四氟-2-氯乙烷	C_2HClF_4	136.48	1 000	5 000	10 000	5.58
5	1,1-二氟乙烷	$C_2H_4F_2$	66.06	10 000	15 000	25 000	2.7
6	1,2-二氯乙烷	$C_2H_4Cl_2$	98.96	50	200	300	4.04
7	1-己烯	C_6H_{12}	84.158	NA	500	5 000	3.44
8	1-辛烯	C_8H_{16}	112.22	40[a]	800[b]	2 000	4.59
9	2,4-二氯酚	$C_6H_4Cl_2O$	163	0.2	2	20	6.66
10	2,2-二氯-1,1,1-三氟乙烷	$C_2HCl_2F_3$	152.93	ID	1 000	10 000	6.25
11	2-丁烯醛	C_4H_6O	70.09	2	10	50	2.86
12	2-丁烯醛	C_4H_6O	70.1	2	10	50	2.87
13	2-异丙基丙烯酸氰乙酯	$C_6H_7NO_2$	167.13	NA	0.1	1	6.83
14	*N,N*-二甲基甲酰胺	C_3H_7NO	73.09	2	100	200	2.99
15	氨	NH_3	17.031	26	200	1 000	0.7
16	八氧化三铀	U_3O_8	842.08	ID	10 mg/m^3	50 mg/m^3	34.42
17	苯	C_6H_6	78.112	50	150	1 000	3.19
18	苯酚	C_6H_6O	94.11	10	50	200	3.85
19	苯甲酰氯	C_7H_5ClO	140.57	0.3	5	20	5.75
20	苯乙酮	C_8H_8O	120.149	30	330	2 000	4.91

序号	污染物	化学式	分子量	单位：ppm			ppm 转化为 mg/m^3 系数
				ERPG-1	ERPG-2	ERPG-3	
21	苯乙烯	C_8H_8	104.15	50	250	1 000	4.26
22	表氯醇/3-氯-1,2-环氧丙烷	C_3H_5ClO	92.53	5	20	100	3.78
23	丙酮	C_3H_6O	58.08	200	3 200	5 700	2.37
24	丙烯基氯	C_3H_5Cl	76.53	3	40	300	3.13
25	丙烯腈	C_3H_3N	53.063	NA	35	75	2.17
26	丙烯醛	C_3H_4O	56.063	0.1	0.5	3	2.29
27	丙烯酸	$C_3H_4O_2$	72.06	2	50	750	2.95
28	丙烯酸丁酯	$C_7H_{12}O_2$	128.17	0.05	25	250	5.24
29	丙烯酸乙酯	$C_5H_8O_2$	100.12	0.01	30	300	4.09
30	丙烯酰胺	C_3H_5NO	71.078	0.09	44	100	2.91
31	丙烯酰氯	C_3H_3ClO	90.51	0.022	0.24	0.87	3.70
32	碘	I_2	253.81	0.1	0.5	5	10.37
33	碘酸	HIO_3	175.91	0.15	1.7	10	7.19
34	丁烯二酸酐	$C_4H_2O_3$	98.06	0.2	2	20	4.01
35	苊	$C_{12}H_{10}$	154.22	3.6	40	240	6.30
36	苊烯	$C_{12}H_8$	152.19	10	110	660	6.22
37	二苯胺氯胂	$C_{12}H_9AsClN$	277.59	0.016	2.6	6.4	11.35
38	二苯甲撑二异氰酸酯	$C_{15}H_{10}N_2O_2$	250.25	0.2 mg/m^3	2 mg/m^3	25 mg/m^3	10.23
39	二甲胺	C_2H_7N	45.08	1	100	500	1.84
40	二甲基二硫醚	$C_2H_6S_2$	94.2	0.01	50	250	3.85
41	二甲基氯硅烷	C_2H_7ClSi	94.62	0.8	5	25	3.87
42	二甲硫醚	C_2H_6S	62.13	0.5	1 000	5 000	2.54
43	二聚环戊二烯	$C_{10}H_{12}$	132.22	0.01	5	75	5.4
44	二硫化碳	CS_2	76.14	1	50	500	3.11
45	二氯甲醚	$C_2H_4Cl_2O$	114.96	ID	0.1	0.5	4.7
46	二氯甲烷	CH_2Cl_2	84.93	200	750	4 000	3.47
47	二氧化氮	NO_2	46.01	1	15	30	1.88
48	二氧化硫	SO_2	64.06	0.3	3	15	2.62
49	二氧化氯	ClO_2	67.45	NA	0.5	3	2.76
50	二氧化铀	UO_2	270.03	ID	10 mg/m^3	30 mg/m^3	11.04
51	二乙基苯	$C_{10}H_{14}$	134.24	10	100	500	5.49
52	呋喃甲醛	$C_5H_4O_2$	96.09	2	10	100	3.93
53	氟化氢	HF	20.01	2	20	20	0.82
54	氟气	F_2	38	0.5	5	20	1.55

序号	污染物	化学式	分子量	单位：ppm			ppm 转化为 mg/m^3 系数
				ERPG-1	ERPG-2	ERPG-3	
55	汞	Hg	200.59	NA	0.25	0.5	8.2
56	光气	CCl_2O	98.92	NA	0.2	1	4.04
57	过氧化氢	H_2O_2	34.02	10	50	100	1.39
58	环氧丙烷	C_3H_6O	58.08	50 mg/m^3	250 mg/m^3	750 mg/m^3	2.37
59	环氧乙烷	C_2H_4O	44.05	NA	50	500	1.8
60	磺酸	H_2SO_3	82.08	2	10	30	3.35
61	己二腈	$C_6H_8N_2$	108.16	0.35	3.8	8.1	4.42
62	甲苯	C_7H_8	92.14	50	300	1 000	3.77
63	甲苯-2,4-二异氰酸酯	$C_9H_6N_2O_2$	174.16	0.01	0.15	0.6	7.12
64	甲苯-2,6-二异氰酸酯	$C_9H_6N_2O_2$	174.17	0.020	0.083	0.51	7.12
65	甲醇	CH_4O	32.04	200	1 000	5 000	1.31
66	甲基丙烯酸异氰基乙酯	$C_7H_9NO_3$	155.15	ID	0.1	1	6.34
67	甲基三氯硅烷	CH_3Cl_3Si	149.48	0.5	3	15	6.11
68	甲基异氰酸酯	C_2H_3NO	57.05	0.025	0.35	1.5	2.33
69	甲硫醇	CH_4S	48.11	0.005	25	100	1.97
70	甲醛	CH_2O	30.03	1	10	25	1.23
71	邻氯苄叉缩丙二腈	$C_{10}H_5ClN_2$	188.62	0.005 mg/m^3	0.1 mg/m^3	25 mg/m^3	7.71
72	磷化氢	PH_3	34	NA	0.5	5	1.39
73	硫化氢	H_2S	34.08	0.1	30	100	1.39
74	六氟-1,3-丁二烯	C_4F_6	162.033 2	1	3	10	6.62
75	六氟化溴	BrF_6^+	193.896	5 mg/m^3	15 mg/m^3	30 mg/m^3	7.92
76	六氟化铀	UF_6	352.02	5 mg/m^3	15 mg/m^3	30 mg/m^3	14.39
77	六氟环丙烷/六氟丙烯	C_3F_6	150.02	10	50	500	6.13
78	六氯丙酮	C_3Cl_6O	264.73	NA	1	50	10.82
79	六氯丁二烯	C_4Cl_6	260.76	3	10	30	10.66
80	氯苯	C_6H_5Cl	112.56	1	10	25	4.6
81	氯化铍	$BeCl_2$	79.91	0.02	0.22	0.89	3.27
82	氯化氢	HCl	36.46	3	20	100	1.49
83	氯化氰	CClN	61.47	NA	0.4	4	2.51
84	氯化亚砜	Cl_2SO	118.96	0.2	2	10	4.86
85	氯磺酸	$HClSO_3$	116.52	2 mg/m^3	10 mg/m^3	30 mg/m^3	4.76
86	氯甲基甲醚	C_2H_5ClO	80.51	NA	1	10	3.29

序号	污染物	化学式	分子量	单位：ppm			ppm 转化为 mg/m^3 系数
				ERPG-1	ERPG-2	ERPG-3	
87	氯甲酸甲酯	$C_2H_3ClO_2$	94.5	NA	2	5	3.86
88	氯甲酸乙酯	$C_3H_5ClO_2$	108.53	ID	5	10	4.44
89	氯甲酸异丙酯	$C_4H_7ClO_2$	122.56	ID	5	20	5.01
90	氯甲烷	CH_3Cl	50.49	NA	400	1 000	2.06
91	氯气	Cl_2	70.906	1	3	20	2.9
92	氯乙烯	C_2H_3Cl	62.5	500	5 000	20 000	2.55
93	氯乙酰氯	$C_2H_2Cl_2O$	112.94	0.1	1	10	4.62
94	铍	Be	9.01	NA	25 mg/m^3	100 mg/m^3	0.37
95	氢化锂	LiH	7.95	25 mg/m^3	100 mg/m^3	500 mg/m^3	0.32
96	氢氧化钠	NaOH	40	0.5 mg/m^3	5 mg/m^3	50 mg/m^3	1.63
97	氰化氢	HCN	27.03	NA	15	25	1.1
98	全氟异丁烯	C_4F_8	200.03	NA	0.1	0.3	8.18
99	三氟化氮	NF_3	71.01	NA	400	800	2.9
100	三氟化氯	ClF_3	92.45	0.1	1	10	3.78
101	三氟化棚	BF_3	67.81	2 mg/m^3	30 mg/m^3	100 mg/m^3	2.77
102	三氟甲烷	CHF_3	70.02	NA	50	5 000	2.86
103	三氟氯乙烯	C_2ClF_3	116.47	20	100	300	4.76
104	三甲胺	C_3H_9N	59.11	0.1	100	500	2.42
105	三甲基氯硅烷	C_3H_9ClSi	108.66	3	20	150	4.44
106	三甲氧基甲硅烷	$C_3H_{10}O_3Si$	122.2	0.5	2	5	4.99
107	三氯硅烷	HCl_3Si	135.45	1	3	25	5.54
108	三氯化磷	PCl_3	137.32	0.5	3	15	5.61
109	三氯硝基甲烷	CCl_3NO_2	164.38	NA	0.2	3	6.72
110	三氯乙烷	$C_2H_3Cl_3$	133.4	350	700	3 500	5.45
111	三氯乙烯	C_2HCl_3	131.39	100	500	5 000	5.37
112	三氧化铀	UO_3	286.03	ID	0.5 mg/m^3	3 mg/m^3	11.69
113	三乙氧基硅烷	$C_6H_{16}O_3Si$	164.28	0.5	4	10	6.71
114	砷化氢	AsH_3	77.95	NA	0.5	1.5	3.19
115	双烯酮	$C_4H_4O_2$	84.07	1	5	20	3.44
116	四氟乙烯	C_2F_4	100.02	200	1 000	10 000	4.09
117	四氯化硅	$SiCl_4$	169.89	0.75	5	37	6.94
118	四氯化钛	$TiCl_4$	189.68	5 mg/m^3	300 mg/m^3	1 000 mg/m^3	7.75
119	四氯化碳	CCl_4	153.82	20	100	750	6.29
120	四氯乙烯	C_2Cl_4	165.83	100	200	1 000	6.78
121	四氢呋喃	C_4H_8O	72.11	100	500	5 000	2.95
122	四水合醋酸锰盐	$H_6C_4O_4Mn_4H_2O$	245.12	13	22	740	10.02

序号	污染物	化学式	分子量	单位：ppm			ppm 转化为 mg/m^3 系数
				ERPG-1	ERPG-2	ERPG-3	
123	锑化氢	H_3Sb	124.78	ID	0.5	1.5	5.1
124	无水肼	N_2H_4	32.05	0.5	5	30	1.31
125	五氧化二磷	P_2O_5	141.95	5 mg/m^3	35 mg/m^3	100 mg/m^3	5.8
126	戊二醛	$C_5H_8O_2$	100.13	0.2	1	5	4.09
127	硒化氢	H_2Se	80.98	NA	0.2	2	3.31
128	硝酸	HNO_3	63.01	1	6	78	2.58
129	溴	Br_2	159.81	0.2	1	5	6.53
130	溴甲烷	CH_3Br	94.94	NA	50	200	3.88
131	亚乙基降冰片烯	C_9H_{12}	120.19	0.02	100	500	4.91
132	一甲胺	CH_5N	31.06	10	100	500	1.27
133	一氯二氟乙烷	$C_2H_3ClF_2$	100.5	1 000	15 000	25 000	4.11
134	一氧化碳	CO	28.01	200	350	500	1.14
135	乙腈	C_2H_3N	41.05	13	50	150	1.68
136	乙硼烷	B_2H_6	27.67	NA	1	3	1.13
137	乙醛	C_2H_4O	44.05	10	200	1 000	1.8
138	乙炔	C_2H_2	26.04	65 000	230 000	400 000	1.06
139	乙酸	$C_2H_4O_2$	60.05	5	35	250	2.45
140	乙酸丁酯	$C_6H_{12}O_2$	116.18	5	200	3 000	4.75
141	乙酸酐	$C_4H_6O_3$	102.1	0.5	15	100	4.17
142	乙酸乙烯酯	$C_4H_6O_2$	86.09	5	75	500	3.52
143	乙烯三氯硅烷	$C_2H_3Cl_3Si$	161.49	0.5	5	50	6.6
144	乙酰胺	C_2H_5NO	59.067	21	230	1 400	2.41
145	乙酰苯胺	C_8H_9NO	135.18	2	22	130	5.52
146	乙酰氯	C_2H_3ClO	78.5	0.85	9.4	56	3.21
147	乙酰氧基三苯基锡	$C_{20}H_{18}O_2Sn$	409.07	0.69	20	28	16.72
148	异丁腈	C_4H_7N	69.11	10	50	200	2.82
149	异氰酸丁酯	C_5H_9NO	99.13	0.01	0.05	1	4.05
150	异戊二烯	C_5H_8	68.13	5	1 000	4 000	2.78
151	异辛醇	$C_8H_{18}O$	130.228	0.1	100	200	5.32
152	正硅酸甲酯	$C_4H_{12}O_4Si$	152.22	NA	10	20	6.22
153	正硅酸乙酯	$C_8H_{20}O_4Si$	208.33	25	100	300	8.51

注：1. NA 表示尚未分析，ID 表示数据不充分。

2. [a] 表示 25%的最低爆炸下限；[b] 表示 10%的最低爆炸下限。

3. 上述物质的 ERPG 值由美国工业卫生协会 2008 年 1 月 1 日公布，ERPG 值定期更新，宜使用最新的 ERPG 值。

生态环境应急监测仪器核查检查规程编制指南（试行）

（总站应急字〔2021〕403 号）

为规范生态环境应急监测仪器（以下简称应急监测仪器）核查检查工作，确保应急监测仪器定期核查检查，主要功能和关键技术指标满足生态环境应急监测工作要求，依据《关于加强生态环境应急监测工作的意见》（环办监测〔2018〕40 号），制定本指南。

一、指南适用范围

本指南用于指导应急监测仪器使用单位编制核查检查规程（以下简称规程）并按规程对应急监测仪器开展核查检查工作。

二、规程编制分类

根据检测、校准方法要求以及常见应急监测仪器的主要功能和关键技术指标，分 3 个类别对应急监测仪器编制规程并开展核查检查工作。规程编制分类及常见应急监测仪器规程编制类别详见附件 1。

A 类仪器，有量值要求，有国家计量检定、校准规范。无须编制核查检查规程，按照计量检定、校准相关规定开展检定、校准和核查工作。

B 类仪器，有量值要求，无国家计量检定、校准规范。根据生态环境监测标准、技术规范和仪器关键技术指标编制核查规程。

C 类仪器，无量值要求，功能的正常性影响监测结果。根据生态环境监测标准、技术规范和仪器关键技术指标编制检查规程。

三、规程编制要求

（一）科学设置评价标准

规程应合理设置准确度、重复性、不确定度等核查检查项目的评价标准，既满足应急监测工作要求又符合仪器的性能水平。

（二）注重规程的通用性

主要功能、工作原理相同或相似的仪器设备，可编制和使用通用规程，统一核查检查项目、核查检查方法及评价标准，并明确规程适用的仪器设备型号。核查检查原则上采用通用试剂、耗材、设备，无过高的技术门槛，国内外有多个供应商。

（三）提高规程的便捷性

鼓励应急监测仪器使用单位、生产厂商及试剂耗材厂商等共同开展科技创新，提升应急监测仪器的模块化、集成化、智能化水平，研发易存、易携、易用的核查检查试剂、耗材和设备，提高应急监测仪器日常使用和核查检查的便捷性。

四、规程主要内容

核查规程主要包括编制目的、适用范围、编制依据、仪器概述、核查条件、核查项目和核查方法、核查结果评价、核查周期、核查报告 9 部分，结构和主要内容如下。检查规程与核查规程结构相同，仅检查项目、方法有所区别。

1　编制目的

概述规程的编制目的。参考表述：为规范××仪器核查工作，定期检验仪器的主要功能和关键技术指标是否满足环境应急监测工作要求，制定本规程。

2　适用范围

明确规程适用的仪器类别及核查项目，其中核查项目由仪器主要功能和关键技术指标确定。参考表述：本规范适用于××仪器的核查，核查项目包括×××。

3　编制依据

列出核查工作依据的国家、行业、国际、地方监测标准或技术规范以及仪器使用说明书等。若某项依据为部分引用和参考，应予以注明，例如“××规范附录××”。

4　仪器概述

简述仪器的用途、原理（包括必要的结构示意图）等。

5　核查条件

包括环境条件和核查标准。核查环境条件与仪器使用环境条件一致，根据生态环境监测标准、技术规范和仪器使用说明确定，主要包括环境温度、相对湿度、电源条件、电磁干扰等；核查标准为用于仪器核查的设备、量具或试剂，主要包括有证标准物质、核查设备、基准量具等。

6　核查项目和核查方法

核查项目由仪器主要功能和关键技术指标确定，核查方法优先采用国家、行业、国际、地方监测标准或技术规范中规定的方法，规程中主要列出核查原理、操作步骤、计算式（含公式中的参数说明）等。

7　核查结果评价

根据监测标准、技术规范以及仪器主要功能和关键技术指标等，明确各核查项目的合格判定条件。

8 核查周期

原则上每年至少核查 1 次，出现下列情形之一时，应及时核查：

（1）监测标准、技术规范或仪器使用说明有明确要求，如每次使用前、后核查；

（2）用于非常重要的场合，如突发环境事件应急监测前核查；

（3）发生可能影响主要功能和关键技术指标的异常或意外情况，如错误操作、仪器过载、剧烈碰撞、电压冲击等；

（4）影响测量结果的重要部件发生改变，如传感器维修或更换。

9 核查报告

核查报告通常为表格形式，至少包括以下信息：

（1）基本要素：报告名称（参考格式：××单位××仪器核查报告）、报告编号、核查日期、核查地点、核查人和核验人（部门负责人）签名。

（2）核查依据：即该仪器的核查规程。

（3）核查对象：描述被核查仪器的名称、规格型号、出厂编号、生产厂商等信息。

（4）核查条件：包括环境条件和核查标准。若核查标准为有证标准物质或核查设备，应注明名称、出厂编号、参考值和不确定度、有效性（有效期）等信息。

（5）核查项目：填写该次核查的项目及评判标准。

（6）核查结果：仪器关键技术指标测得值和测量单位。

（7）结果评价：根据核查结果评价仪器是否满足工作要求，并提出处理意见。

（8）核查声明：核查结果仅用于内部使用的声明。

附件：1．规程编制分类及常见应急监测仪器所属类别

2．生态环境应急监测仪器核查检查报告模板

3．便携式 X 荧光重金属检测仪核查规程（范本）

4．便携式抽滤器检查规程（范本）

附件 1

规程编制分类及常见应急监测仪器所属类别

表 1　规程编制分类

仪器类别	仪器特点	规程编制类别	编制依据	工作要求
A	有量值要求，有国家计量检定、校准规范	—	—	按照计量检定、校准相关规定开展检定、校准和核查工作
B	有量值要求，无国家计量检定、校准规范	核查规程	生态环境监测标准、技术规范和仪器技术指标	按规程要求开展核查
C	无量值要求，功能的正常性影响监测结果	检查规程	生态环境监测标准、技术规范和仪器技术指标	按规程要求开展检查

表 2　常见生态环境应急监测仪器所属类别

序号	仪器分类	仪器名称	仪器类别	规程编制类别
1	水质采样装备	水质采样器	C	检查规程
2		深井采样器	C	检查规程
3		便携式抽滤仪	C	检查规程
4		水样保存箱	C	检查规程
5		便携式流速测量仪	A	—
6		手持 GPS	C	检查规程
7		摄像机	C	检查规程
8	水质常规项目	便携式水质多参数水质测定仪	A	—
9		水质试纸	C	检查规程
10		水质试剂盒	C	检查规程
11		水质多参数分光光度仪	B	核查规程
12		便携式测油仪	A	/
13		便携式气相分子吸收光谱仪	B	核查规程
14		便携式水质自动分析仪	A	—
15	水质重金属	便携式测汞仪	A	—
16		便携式重金属测定仪	B	核查规程
17		车载 ICP-MS	B	核查规程
18	水质有机项目	便携式 GC-MS	A	—
19	水质生物指标	生物毒性检测仪	B	核查规程
20		手持式叶绿素（蓝绿藻）测定仪	B	核查规程
21		细菌快速检测仪	B	核查规程

序号	仪器分类	仪器名称	仪器类别	规程编制类别
22	空气采样装备	便携式大气采样器	A	—
23		苏玛罐	C	检查规程
24		气象参数测定仪	A	—
25	空气常规项目	便携式多种气体检测仪（电化学传感器法）	B	核查规程
26		便携式傅里叶红外气体分析仪（无机气体监测）	B	核查规程
27		气体检测管	B	核查规程
28		便携式颗粒物检测仪	B	核查规程
29		红外遥测遥感系统	A	—
30	空气有机项目	便携式 GC-MS	A	—
31		便携式 VOC 检测仪（PID）	C	检查规程
32		便携式非甲烷总烃检测仪	B	核查规程
33		走航式 VOC 质谱监测仪	B	核查规程
34	土壤采样装备	土壤采样相关装备	C	检查规程
35	土壤监测设备	便携式 X 荧光重金属检测仪	B	核查规程

附件 2

生态环境应急监测仪器（□核查□检查）报告模板

报告编号：

仪器名称			生产厂商		
型号/规格		出厂编号		地点	
条件					
依据					
标准					

项目（内容）：

结果评价：

结果处理意见：

声明：

核查检查人：　　　　部门负责人：

日期：　年　月　日　　　　日期：　年　月　日

附件 3

便携式 X 荧光重金属检测仪核查规程（范本）

1 编制目的

为规范便携式 X 荧光重金属检测仪核查工作，定期检验仪器的主要功能和关键技术指标满足环境应急监测工作要求，制定本规程。

2 适用范围

适用于便携式 X 荧光重金属检测仪核查工作，核查项目为钡、银、砷、镉、铬、铅、硒等元素的仪器示值误差。

3 编制依据

便携式 X 荧光重金属检测仪作业指导书和仪器使用说明书。

4 仪器概述

用于检测土壤、矿业、金属、塑料等物质的金属元素。原理：X 射线管发出的初级 X 射线激发试样中的原子，测定由此产生的 X 射线的荧光的能力强度，根据各种元素特征 X 荧光光谱线的能量强度进行元素的定性和定量分析。

5 核查条件

5.1 核查环境条件

温度：−10～50℃；

相对湿度：小于 75%；

电源电压：220 V±10 V；频率：50 Hz；周围无影响仪器正常运行的电磁场。

5.2 核查标准

土壤有证标准物质（编号：××；生产厂商：××公司），7 种金属元素成分含量标准浓度值见表 1。

表 1 ××土壤标准物质标准浓度值

序号	金属元素	标准浓度值/ppm
1	钡	1 000
2	银	500
3	砷	500

序号	金属元素	标准浓度值/ppm
4	镉	500
5	铬	500
6	铅	500
7	硒	500

6 核查项目和核查方法

6.1 核查项目

仪器示值误差。仪器在 30 秒内测定的 30 个数据的平均值与标准浓度值之差除以标准浓度值，计算公式表示为

$$仪器示值误差=\frac{\overline{x}-x_{标准值}}{x_{标准值}}\times 100\%$$

式中：$\overline{x}$——多次测量平均值；

$x_{标准值}$——标准值。

6.2 核查评价标准

测定元素的仪器示值误差应在±20%以内。

6.3 核查步骤

（1）准备工作：按仪器说明书安装好 X 荧光重金属检测仪主机、土壤标样、移动三脚架和打印机等，盖上防止反射散射罩；

（2）开机选择模式：开机输入密码后进入系统主界面，在主菜单中选择样品类型为土壤；

（3）参数设置：根据需要按仪器说明书对仪器参数进行设置，核查设置参数主要包括系统设置、高级设置；

（4）自检：在主菜单点击系统自检进行仪器自检；

（5）测试：主菜单点击分析进入分析模式，扣动扳机，仪器开始测量，每个样品测试时间为 30 秒；

（6）打印数据结果并进行结果评价。

7 核查结果评价

经核查，若测定元素的仪器示值误差满足 6.2 要求，核查结果合格，仪器运行正常，满足工作要求；若测定元素的仪器示值误差不满足 6.2 要求，则核查结果不合格，仪器运行不正常，不满足工作要求，并给出纠正或预防措施，直至核查合格后方可正常使用。

8 核查周期

原则上每年至少核查 1 次，出现下列情形之一时，应及时核查：

（1）监测标准、技术规范或仪器使用说明有明确要求，如每次使用前、后核查；

（2）用于非常重要的场合，如突发环境事件应急监测前核查；

（3）发生可能影响主要功能和关键技术指标的异常或意外情况，如错误操作、仪器过载、剧烈碰撞、电压冲击等；

（4）影响测量结果的重要部件发生改变，如传感器维修或更换。

9 核查报告

生态环境应急监测仪器（☑核查□检查）报告

报告编号：YJYQ-2021-001

<table>
<tr><td>仪器名称</td><td colspan="2">便携式 X 荧光重金属检测仪</td><td>生产厂商</td><td colspan="2">××××公司</td></tr>
<tr><td>型号/规格</td><td>××××</td><td>出厂编号</td><td>105869</td><td>地点</td><td>应急仪器室</td></tr>
<tr><td>条件</td><td colspan="5">环境温度：23.5℃；相对湿度：46.3%；
电源电压：220 V、50 Hz；周围无影响仪器正常运行的电磁场</td></tr>
<tr><td>依据</td><td colspan="5">便携式 X 荧光重金属检测仪作业指导书和仪器使用说明书</td></tr>
<tr><td>标准</td><td colspan="5">土壤有证标准物质（编号：××××）</td></tr>
</table>

项目（内容）：

仪器示值误差

元素名称	测定结果/ppm	示值误差/%	评价标准/%
钡	814	−18.6	
银	506	1.2	
砷	472	−5.6	
镉	524	4.8	±20
铬	547	9.4	
铅	510	2.0	
硒	505	1.0	

结果评价：

仪器示值误差在±20%以内，合格

结果处理意见：仪器运行正常，满足工作要求

声明：本次核查结果仅为本实验室内部使用

☑核查检查人：××× 部门负责人：×××

日期：2021 年×月×日 日期：2021 年×月×日

附件 4

便携式抽滤器检查规程（范本）

1 编制目的

为规范便携式抽滤器检查工作，定期检验仪器的主要功能满足环境应急监测工作要求，制定本规程。

2 适用范围

适用于便携式抽滤器的检查工作，检查项目为抽滤压力、外观等。

3 编制依据

便携式抽滤器使用说明书。

4 仪器概述

便携式抽滤器为水质样品前处理的装置，主要由抽滤装置和抽气泵组成，水样倒入抽滤杯经孔径为 0.45 μm 的滤膜抽滤，现场过滤的水样用于测定溶解态重金属。

5 检查条件

温度−15～45℃，相对湿度小于 85%，电源电压 220 V±10 V，频率 50 Hz。

6 检查项目和检查方法

6.1 检查项目

便携式抽滤器检查项目为外观、主要功能和抽滤压力。

（1）仪器外观检查要求：仪器铭牌上标有仪器名称型号、制造厂商、出厂编号，外观完好，并有产品使用说明书和出厂合格证书。

（2）仪器主要功能检查要求：抽滤器各部件紧固、功能正常。重点检查功能键、调节旋钮、指示灯、抽气泵等正常运行。

（3）仪器抽滤压力检查要求：抽滤工作状态下，抽滤器压力显示读数范围：−65～−55 kPa。

6.2 检查方法

便携式抽滤器检查操作步骤如下：

（1）检查仪器外观能否满足要求；

（2）按说明书连接好仪器，接通电源，检查仪器部件和功能是否满足要求；

（3）放置滤膜：旋动抽滤杯右下方旋钮，打开抽滤杯，使用摄子夹取并放置滤膜，重新拧紧旋钮；

（4）放入样品：倒入待抽滤水样，检查抽滤杯接缝处是否漏液；

（5）抽滤：按启动按钮开始抽滤，观察集液瓶液位高度，防止液体进入安全瓶；同时观察抽滤泵压力读数是否满足要求，若压力满足要求，说明仪器满足工作要求；否则，表示仪器异常需停止抽滤。

7 检查结果评价

经检查，仪器外观、主要功能和抽滤压力等符合要求，则检查合格，仪器运行正常满足工作要求。若仪器的外观、主要功能和抽滤压力不符合要求，则检查不合格，仪器运行不正常，不满足工作要求，并给出纠正或预防措施，直至检查合格后方可正常使用。

8 检查周期

原则上每年定期检查 1 次，使用前或维修后应开展不定期检查。

9 检查报告

生态环境应急监测仪器（□核查☑检查）报告

报告编号：YJYQ-2021-002

仪器名称	便携式抽滤器		生产厂商	××××公司	
型号/规格	××/××	出厂编号	132000	地点	应急仪器室
条件	环境温度：21℃；相对湿度：35%； 电源电压：220 V±10 V，频率为 50 Hz；周围无影响仪器正常运行的电磁场				
依据	便携式抽滤器使用说明书				
标准	—				

项目（内容）：

项目	检查结果	评价标准
外观	外观满足评价标准要求	铭牌上标有名称型号、制造厂商、出厂编号，外观完好，并有产品使用说明书和出厂合格证书
主要功能	各部件功能正常	各部件紧固，功能正常，重点检查功能键、调节旋钮、指示灯、抽气泵等是否正常运行
抽滤压力	−58 kPa	−65～−55 kPa

结果评价：

仪器外观、主要功能及抽滤压力均符合要求，合格

结果处理意见：仪器运行正常，满足工作要求

声明：本次检查结果仅为本实验室内部使用

核查☑检查人：××× 部门负责人：×××

日期：2021 年×月×日 日期：2021 年×月×日

第二篇

应急监测方法标准

DI-ER PIAN

YINGJI JIANCE FANGFA BIAOZHUN

第一章　突发环境事件空气应急监测方法

环境空气　氯气等有毒有害气体的应急监测　比长式检测管法

（HJ 871—2017）

警告：本方法所用的检测管内载体具有一定的毒性，应避免接触皮肤和衣物。使用检测管或现场应急监测时应注意自身防护。

1　适用范围

本标准规定了测定环境空气中氯气、一氧化碳、硫化氢、氯化氢、氰化氢、光气、氟化氢、氨气、甲醛、苯乙烯、砷化氢、臭氧、二氧化硫、氮氧化物、苯和甲苯等 16 种有害气体的比长式检测管法。

本标准为定性半定量方法，适用于环境空气中氯气、一氧化碳、硫化氢、氯化氢、氰化氢、光气、氟化氢、氨气、甲醛、苯乙烯、砷化氢、臭氧、二氧化硫、氮氧化物、苯和甲苯等有害气体的现场应急监测，以及筛查、普查等先期调查工作。

目标物常见测定范围参见附录 A。

2　规范性引用文件

本标准内容引用了下列文件中的条款。凡是未注明日期的引用文件，其有效版本适用于本标准。

GB/T 7230　气体检测管装置

HJ 589　　突发环境事件应急监测技术规范

3　方法原理

环境空气中的有毒有害气体进入检测管，其中的目标物与检测管中的化学试剂（通常称为指示粉）反应产生颜色变化，在一定浓度范围内，变色长度与目标物浓度成正比。

目标物的测定方法原理参见附录 A。

4 干扰和消除

4.1 化学性质相同或相近的物质共存时，这些物质同时与检测管中的化学试剂反应，使结果偏高；共存物质与检测管中的化学试剂反应，且反应速度比目标物快，例如使化学试剂氧化，使目标物检测不出或结果偏低。共存物质先与检测管中的化学试剂反应，产生的反应物又与目标物反应，从而显示与单一反应不同的颜色；目标物与检测管中的化学试剂反应，产生的反应物又与共存物质反应，使颜色变深、转化或褪色，导致结果不准确。

4.2 湿度干扰测定时，应在检测管前增加干燥管消除其干扰。温度干扰测定时，应按照检测管说明书中给出的温度校准系数进行校准。共存的易被氧化的物质干扰测定时，应在检测管前增加氧化管消除其干扰，其他干扰物质可通过过滤管（层）去除。目标物的干扰和消除参见附录 A。

5 仪器和设备

5.1 采样装置

5.1.1 检测管

检测管的灵敏度、准确度、变色界曲等性能符合 GB/T 7230 的规定和要求。

比长式检测管由玻璃管、指示粉、刻度线和隔离层等构成，结构示意图见图 1。

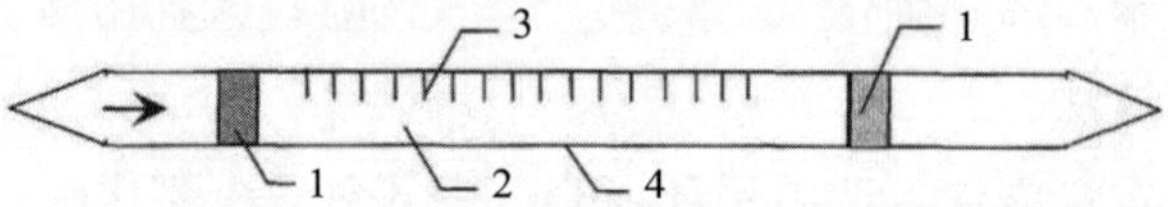

1—隔离层；2—指示粉；3—刻度线；4—玻璃管

图 1 比长式检测管结构示意图

5.1.2 采样器

与检测管配套使用的手动或自动采样装置，主要分为注入式、真空式和囊式采样器等。采样器应具有采样终点指示装置，其气密性和采样体积误差应符合 GB/T 7230。

5.1.3 预处理管

干燥管、氧化管和过滤管（层）等。

5.2 集气袋

容积不小于 3 L，内衬材料应选用对被测目标物影响小的惰性材料。

5.3 玻璃注射器

容积为 100 ml，当现场不适合直接测定或需要对样品进行稀释时使用。

6　采样前的准备

6.1　点位布设

按照 HJ 589 进行点位布设。

6.2　检测管的检查

检测管在使用前，应核查有效期，并进行外观检查，发现超过有效期、有管尖断裂、药剂松动、变色或刻度线不清等现象时，不得使用。

6.3　采样器的检查

采样器与检测管连接的进气口不能有裂痕或变形，必须能与检测管紧密连接。采样前，检查采样器的气密性，用手堵住进气口，启动采样器，应感觉有明显阻力。

6.4　集气袋的检查

集气袋使用前应进行气密性检查。

7　样品采集和测定

7.1　采样装置连接

根据现场情况选择合适的检测管及配套的预处理管（需要时），割断检测管和配套的预处理管两端封口，与配套的采样器连接。采样装置连接示意图见图 2 和图 3。

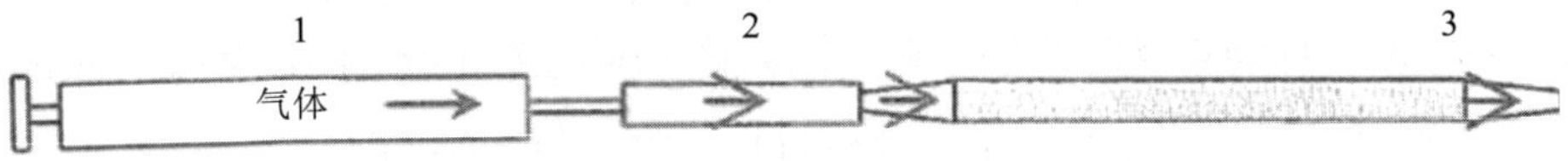

1—采样器；2—预处理管（需要时连接）；3—检测管

图 2　采样装置连接示意图（适用于注入式采样器）

1—预处理管（需要时连接）；2—检测管；3—采样器

图 3　采样装置连接示意图（适用于真空式或囊式采样器）

7.2　直接测定

7.2.1　设定采样器的抽气流量和抽气时间，用采样装置采集待测气体进行测定，观察检测管的变色情况，达到规定的采气体积和反应时间后停止测定，由变色部分所指示的刻度，读出数据，连续测定两次。

注 1：变色部分的颜色可能随着时间的推移发生改变、褪色或分散，样品采集完成后应立即读数。读数时，当检测管变色部分截面整齐时，变色处与未变色处的界面所处的刻度位置即为被测气体中目标物的浓度值；当变色部分截面不整齐即出现斜面、凸形或凹形时，应按变色部分所处的刻度位置取其最高值与最低值进行平均。

注 2：若样品浓度超出或低于检测管测定范围，而又没有符合测定范围要求的检测管时，可通过改变采样体积的方式测定，此时应注意检测管测定范围对扩展浓度的要求。

7.2.2 当检测管给出的示值单位为质量浓度时，监测结果需换算成标准状况下的质量浓度，样品测定的同时，需同步测定监测现场的环境温度、湿度（必要时）和大气压力。

7.3 间接测定

现场环境不适合直接测定时，用玻璃注射器（5.3）采集并将样品转入集气袋（5.2）中，于合适的环境进行测定，测定方式同 7.2。集气袋使用前先用现场气体冲洗 3～5 次。当目标物浓度过高，超过检测管测定范围时，也可采用玻璃注射器和集气袋，用氮气或相对洁净的环境空气将样品稀释后测定。

8 结果计算与表示

8.1 结果计算

8.1.1 当检测管的读数为摩尔分数时，按式（1）换算成标准状态下的质量浓度。

$$\rho = x \times \frac{M}{22.4} \tag{1}$$

式中：ρ——标准状态下被测目标物的质量浓度，mg/m^3；

x——被测目标物实测的摩尔分数（检测管上变色部分指示的读数），μmol/mol；

M——被测目标物的摩尔质量，被测目标物分子量，g/mol；

22.4——标准状态下气体的摩尔体积，L/mol。

8.1.2 当检测管的读数为质量浓度时，按式（2）换算成标准状态下的质量浓度。

$$\rho = \rho' \times k \times \mathrm{CF} \times \left[\frac{273+t}{273}\right] \times \left[\frac{101\,325}{P}\right] \tag{2}$$

式中：ρ——标准状态下被测目标物的质量浓度，mg/m^3；

ρ'——被测目标物实测的质量浓度（检测管上变色部分指示的读数），mg/m^3；

k——（检测管说明书上）温度、湿度修正系数表上测定点的环境温度和相对湿度所对应的修正系数，没有修正系数时 k=1；

CF——校准系数。根据检测管测定范围内的标准采气体积与实际采气体积的比值来确定该系数。例如，检测管在 0.05～30 mg/m^3 测定范围内的标准采气体积为 100 ml，实际采气体积为 200 ml，CF（校准系数）=0.5；

t——测定点的环境温度，℃；

P——测定点的大气压力，Pa。

8.2 结果表示

测定结果为连续两次测定结果的平均值，最多保留 3 位有效数字。

9 质量保证和质量控制

根据现场情况，选择合适量程的检测管。

10 废物处理

废弃的检测管应集中收集，送至有资质单位处置。

11 注意事项

11.1 检测管应按说明书规定的方法保存，使用前应核查有效期，并保证在有效期内使用。使用时应注意颜色变化情况，颜色变化应清晰，指示粉变色部分与未变色部分之间的界面沿管壁纵向最长端与最短端长度之差不超过两者平均值的 20%。

11.2 检测管变色长度与采样的速度有关，测量时应严格遵照检测管使用说明书的要求。

附录 A
（资料性附录）
常见测定范围、方法原理、干扰和消除以及注意事项

主要气体检测管常见测定范围、方法原理、干扰和消除以及注意事项等供参考。

A.1 常见测定范围

目标物常见测定范围参见表 A.1。

表 A.1 目标物常见测定范围

序号	目标物	常见测定范围/（mg/m^3）	序号	目标物	常见测定范围/（mg/m^3）
1	氯气	$0.06\sim3.2\times10^3$	9	甲醛	$0.02\sim8.6\times10^3$
2	一氧化碳	$0.5\sim6.3\times10^3$	10	苯乙烯	$4.7\sim7.0\times10^3$
3	硫化氢	$0.2\sim6.1\times10^4$	11	砷化氢	0.02～350
4	氯化氢	$0.08\sim8.2\times10^3$	12	臭氧	$0.05\sim2.1\times10^3$
5	氰化氢	$0.2\sim2.9\times10^3$	13	二氧化硫	$0.1\sim2.3\times10^4$
6	光气	0.2～330	14	氮氧化物	$0.08\sim5.1\times10^3$
7	氟化氢	0.2～89	15	苯	$0.05\sim1.5\times10^3$
8	氨气	$0.05\sim1.0\times10^3$	16	甲苯	$0.05\sim1.2\times10^4$

A.2 方法原理、干扰和消除以及注意事项

A.2.1 氯气

A.2.1.1 方法原理

环境空气进入氧气检测管，氯气将吸附在硅胶上的联邻甲苯胺氧化，使指示粉的颜色由白色变为黄色，在一定范围内，变色长度与氯气的浓度成正比。反应式如下：

$$Cl_2+C_{14}H_{16}N_2 \longrightarrow C_{14}H_{14}N_2Cl_2$$

A.2.1.2 干扰和消除

卤素、氨气、氯化氢、一氧化氮、二氧化氮、二氧化氯和氯胺等对测定结果有干扰。

A.2.1.3 注意事项

氯气检测管一般在温度 0～40℃和湿度≤90%时使用。

A.2.2 一氧化碳

A.2.2.1 方法原理

环境空气进入一氧化碳检测管，一氧化碳在发烟硫酸作用下，将吸附在硅胶上的碘酸钾还原，析出碘，使指示粉的颜色由白色变为棕色，在一定范围内，变色长度与一氧化碳的浓度成正比。反应式如下：

$$CO+KIO_3+H_2SO_4 \longrightarrow I_2$$

A.2.2.2 干扰和消除

丙烷、丁烷、己烷、乙烯、芳香族碳氢化合物等共存时对测定结果有影响。

A.2.2.3 注意事项

一氧化碳检测管一般在温度 15～30℃时使用。

A.2.3 硫化氢

A.2.3.1 方法原理

环境空气进入硫化氢检测管，硫化氢与吸附在硅胶上的醋酸铅反应，生成褐色的硫化铅色柱，在一定范内，变色长度与硫化氢气体的浓度成正比。反应式如下：

$$H_2S+(CH_3COO)_2Pb \longrightarrow PbS\downarrow$$

A.2.3.2 干扰和消除

二氧化硫、砷化氢、溴化氢、氮氧化物等对测定结果有干扰。

A.2.3.3 注意事项

硫化氢检测管一般在温度 0～40℃时使用。

A.2.4 氯化氢

A.2.4.1 方法原理

环境空气进入氯化氢检测管，氯化氢与吸附在硅胶上的碱发生中和反应，使指示粉变

色，在一定范围内，变色长度与氯化氢气体的浓度成正比。反应式如下：

$$HCl+碱 \longrightarrow 盐+H_2O$$

A.2.4.2 干扰和消除

酸性气体共存时使测定结果偏高。

A.2.4.3 注意事项

氯化氢检测管一般在温度 0～40℃和湿度 5%～70%时使用。

A.2.5 氰化氢

A.2.5.1 方法原理

A.2.5.1.1 环境空气进入氰化氢检测管，氰化氢与吸附在硅胶上的二氯化汞发生反应，生成氯化氢，改变介质的 pH，使指示粉变色，在一定范围内，变色长度与氰化氢气体的浓度成正比。反应式如下：

$$2\ HCN+HgCl_2 \longrightarrow Hg(CN)_2+2\ HCl$$

A.2.5.1.2 环境空气进入氰化氢检测管，氰化氢与用联苯胺和醋酸铜溶液处理过的指示粉反应，使指示粉的颜色由白色变为蓝色，在一定范围内，变色长度与氰化氢气体的浓度成正比。

A.2.5.2 干扰和消除

氨气对测定结果有负干扰。氯化氢、硝酸、二氧化硫、二氧化氮、氟化氢和硫化氢等酸性气体对测定结果有正干扰。

A.2.5.3 注意事项

氰化氢检测管一般在温度 0～40℃和湿度 5%～95%时使用。

A.2.6 光气

A.2.6.1 方法原理

环境空气进入光气检测管，光气与吸附在硅胶上的对二氨基苯甲醛和二苯胺反应，使指示粉的颜色由白色变为黄色，在一定范围内，变色长度与光气的浓度成正比。反应式如下：

$$COCl_2+(CH_3)_2NC_6H_4CHO \longrightarrow (CH_3)_2NC_6H_4CHCl_2$$

$$(CH_3)_2NC_6H_4CHCl_2+(C_6H_5)_2NH \longrightarrow 黄色产物$$

A.2.6.2 干扰和消除

氯气、氯化氢、二氧化氮、羰基溴和乙酰氯等共存时使测定结果偏高。

A.2.6.3 注意事项

光气检测管一般在温度 0～40℃时使用，不受湿度的影响。

A.2.7 氟化氢

A.2.7.1 方法原理

环境空气进入氟化氢检测管，氟化氢与吸附在硅胶上的碱发生中和反应，使指示粉变色，在一定范围内，变色长度与氟化氢的浓度成正比。反应式如下：

$$HF+碱 \longrightarrow 盐+H_2O$$

A.2.7.2　干扰和消除

酸性气体共存时使测定结果偏高。

A.2.7.3　注意事项

氟化氢检测管一般在温度 0～40℃和湿度 5%～70%时使用。

A.2.8　氨气

A.2.8.1　方法原理

环境空气进入氨气检测管，氨气与吸附在硅胶上的磷酸发生中和反应，使指示粉变色，在一定范围内，变色长度与氨气的浓度成正比。反应式如下：

$$NH_3+H_3PO_4 \longrightarrow (NH_4)_2HPO_4$$

A.2.8.2　干扰和消除

硫化氢、二氧化硫、一氧化氮、胺类、联氨共存时对氨气的测定产生正干扰。氨气受湿度干扰，测定时应在检测管前面增加干燥管。

A.2.8.3　注意事项

氨气检测管一般在温度 0～40℃时使用。

A.2.9　甲醛

A.2.9.1　方法原理

环境空气进入甲醛检测管，甲醛与吸附在硅胶上的磷酸羟胺反应生成磷酸，使指示粉变色，在一定范围内，变色长度与甲醛气体的浓度成正比。反应式如下：

$$HCHO+(NH_2OH)_3H_3PO_4 \longrightarrow H_3PO_4$$

A.2.9.2　干扰和消除

其他醛类、酮类、氨类、苯乙烯和酸性气体等对测定结果有干扰。

A.2.9.3　注意事项

甲醛检测管一般在温度 15～35℃和湿度 30%～80%时使用。

A.2.10　苯乙烯

A.2.10.1　方法原理

环境空气进入苯乙烯检测管，苯乙烯与吸附在硅胶上的焦硫酸反应生成缩聚物，使指示粉的颜色由白变黄，在一定范围内，变色长度与苯乙烯气体的浓度成正比。反应式如下：

$$C_8H_8+H_2S_2O_7 \longrightarrow 缩聚物$$

A.2.10.2　干扰和消除

醇类、酯类、醛类、酮类、易于聚合的有机物、丙烯、丁二烯、氯丙烯和氯乙烯等对测定结果有影响。

A.2.10.3 注意事项

苯乙烯检测管一般在温度 15～35℃和湿度 30%～80%时使用。

A.2.11 砷化氢

A.2.11.1 方法原理

环境空气进入砷化氢检测管，砷化氢与吸附在硅胶上的二氯化汞反应生成氯化氢，使指示粉的颜色由黄色变为红色，在一定范围内，变色长度与砷化氢气体的浓度成正比。反应式如下：

$$AsH_3+HgCl_2 \longrightarrow As(HgCl)_3+HCl$$

A.2.11.2 干扰和消除

酸性气体对测定结果有干扰。

A.2.11.3 注意事项

砷化氢检测管一般在温度 15～35℃时使用。

A.2.12 臭氧

A.2.12.1 方法原理

环境空气进入臭氧检测管，臭氧与吸附在硅胶上的靛蓝反应生成靛红，使指示粉的颜色发生变化，在一定范围内，变色长度与臭氧的浓度成正比。反应式如下：

$$O_3+C_{16}H_{10}N_2O_2 \longrightarrow C_8H_5NO_2$$

A.2.12.2 干扰和消除

二氧化氮、氯气和次氯酸等共存时，使测定结果偏高。

A.2.12.3 注意事项

臭氧检测管一般在温度 15～35℃时使用。

A.2.13 二氧化硫

A.2.13.1 方法原理

环境空气进入二氧化硫检测管，二氧化硫与吸附在硅胶上的碱发生中和反应，使指示粉的颜色发生变化，在一定范围内，变色长度与二氧化硫的浓度成正比。反应式如下：

$$SO_2+NaOH \longrightarrow Na_2SO_3+H_2O$$

A.2.13.2 干扰和消除

酸性气体的存在对测定结果有正干扰。

A.2.13.3 注意事项

二氧化硫检测管一般在温度 15～35℃时使用。

A.2.14 氮氧化物

A.2.14.1 方法原理

环境空气进入氮氧化物检测管，氮氧化物中的一氧化氮被吸附在硅胶上的三氧化铬氧化成二氧化氮，二氧化氮与联邻甲苯胺反应，使指示粉的颜色发生变化，在一定范围内，变色长度与氮氧化物的浓度成正比。反应式如下：

$$NO+CrO_3+H_2SO_4 \longrightarrow NO_2$$

$$NO_2+C_{14}H_{16}N_2 \longrightarrow C_{14}H_{14}NO$$

A.2.14.2 干扰和消除

氯气等卤素气体共存时使测定结果偏高。

A.2.14.3 注意事项

氮氧化物检测管一般在温度 0～40℃时使用。

A.2.15 苯

A.2.15.1 方法原理

环境空气进入苯检测管，苯与吸附在硅胶上的碘酸钾反应，析出碘，使指示粉的颜色由白色变成棕色，在一定范围内，变色长度与苯的浓度成正比。反应式如下：

$$C_6H_6+KIO_3+H_2SO_4 \longrightarrow I_2$$

A.2.15.2 干扰和消除

一氧化碳、甲苯、二甲苯、萘和汽油等共存时对测定结果有干扰。

A.2.15.3 注意事项

苯检测管一般在温度 15～35℃时使用。

A.2.16 甲苯

A.2.16.1 方法原理

环境空气进入甲苯检测管，甲苯与吸附在硅胶上的碘酸钾反应，析出碘，使指示粉的颜色变成棕色，在一定范围内，变色长度与甲苯的浓度成正比。反应式如下：

$$C_6H_5CH_3+KIO_3+H_2SO_4 \longrightarrow I_2$$

A.2.16.2 干扰和消除

苯、二甲苯、一氧化碳、乙炔和乙烷等共存时对测定结果有影响。

A.2.16.3 注意事项

甲苯检测管一般在温度 15～35℃时使用。

附录 B
（资料性附录）
实验室内精密度和准确度

实验室内随机抽取一种同一批次 6 支检测管，对氯气等 11 种标准气体的低质量浓度、中质量浓度、高质量浓度分别进行 6 次平行测定。精密度和准确度测定结果见表 B.1。

测定低质量浓度时，相对标准偏差在 10%以内，相对误差在±20%以内；测定中等浓度时，相对标准偏差在 6%以内，相对误差在±12%以内；测定高质量浓度时，相对标准偏差在 5%以内，相对误差在±10%以内。

表 B.1 精密度和准确度的测定结果

目标物	检测管测定范围/（mg/m^3）	标准气体质量浓度/（mg/m^3）	相对标准偏差/%	相对误差/%
氯气	1～30	3.6	8.6	−17
		15	4.0	−11
		29	2.6	−4.1
一氧化碳	10～200	28	6.8	−13
		110	2.4	−73
		190	2.3	−6.5
硫化氢	5～100	5.6	8.6	7.1
		28	4.5	7.9
		83	4.2	7.9
氯化氢	1～30	3.6	9.2	14
		11	4.9	11
		29	3.6	9.1
氨气	5～100	10	9.0	−20
		40	5.4	10
		80	3.0	7.5
臭氧	4～110	11	6.8	20
		48	4.4	12
		96	3.0	5.4
氟化氢	1～30	4.5	6.6	11
		14	3.5	8.8
		27	3.7	6.2
二氧化硫	10～150	20	6.9	−15
		80	2.9	−9.5
		150	3.2	−7.5
氮氧化物	5～100	9.8	7.0	12
		39	5.4	7.7
		78	2.4	5.0
苯	20～400	25	4.8	−11
		990	1.8	−5.4
		400	1.5	−3.4
甲苯	50～1.0×10^3	50	6.7	12
		400	2.3	8.3
		800	2.1	8.7

环境空气　氯气等有毒有害气体的应急监测　电化学传感器法

（HJ 872—2017）

警告：本方法所用的标准气体具有毒性，应避免直接接触和吸入。所用标准气体要妥善保管，使用标准气体或现场应急监测时应注意自身防护。

1　适用范围

本标准规定了测定环境空气中氯气、硫化氢、氯化氢、一氧化碳、氰化氢、光气、氟化氢、氨气和二氧化硫等9种有害气体的电化学传感器法。

本标准为定性半定量方法，适用于环境空气中氯气、硫化氢、氯化氢、一氧化碳、氰化氢、光气、氟化氢、氨气和二氧化硫等有害气体的现场应急监测，以及筛查、普查等先期调查工作。

目标物常见测定范围参见附录A。

2　规范性引用文件

本标准内容引用了下列文件中的条款。凡是未注明日期的引用文件，其有效版本适用于本标准。

HJ 589　突发环境事件应急监测技术规范

3　方法原理

空气中的有毒有害气体进入电化学传感器，电化学传感器利用目标物的电化学活性，将其氧化或还原，在一定范围内，产生与目标物浓度成正比的电信号，从而得到目标物的浓度。

目标物的测定方法原理参见附录A。

4　干扰和消除

尘、水分、共存的化学性质相同或相近以及易被氧化或还原的物质都可能对目标物的测定产生干扰，测定时根据情况选择增加相应的预处理管。目标物的干扰和消除参见附录A。

5　试剂和材料

5.1　标准气体：采用市售有证标准气体或利用静态体积比混合法或动态体积比混合法

配制。

5.2 零点校准气：氮气（纯度大于 99.99%）或纯净干空气。

6 仪器和设备

6.1 气体检测仪

具有电化学传感器的气体检测仪。

6.2 预处理管

干燥管、氧化管和过滤管等。

6.3 集气袋

容积不小于 3 L，内衬材料应选用对被测目标物影响小的惰性材料。

6.4 玻璃注射器

容积为 100 ml，当现场不适合直接测定或需要对样品进行稀释时使用。

7 采样前的准备

7.1 点位布设

按照 HJ 589 进行点位布设。

7.2 传感器的检查

检查传感器的配置是否能够满足现场检测的需要，是否在使用有效期内。

7.3 气体检测仪的检查

检查气体检测仪使用状态是否正常、电池电量是否充足或过滤芯是否需要更换。

7.4 集气袋的检查

集气袋使用前应进行气密性检查。

8 样品采集和测定

8.1 零点核查

仪器开机稳定后，通入零点校准气或相对洁净的环境空气核查仪器的零点。

8.2 预处理管的连接

水分干扰目标物测定时需连接干燥管；尘干扰目标物测定时需连接过滤管；其他物质干扰目标物测定时可根据情况选择连接过滤管或氧化管。

8.3 直接测定

按照说明书中规定的操作方法对待测气体进行连续测定，示值稳定后，记录测定结果，连续测定两次，测定结束后，用零点校准气或相对洁净的环境空气清洗气路、核查零点，然后关闭仪器。

8.4 间接测定

现场环境不适合直接测定时，用玻璃注射器（6.4）采集并将样品转入集气袋（6.3）中，于合适的环境进行测定，测定方式同 8.3。集气袋使用前先用现场气体冲洗 3～5 次。当目标物浓度过高，超过仪器测定范围时，可采用玻璃注射器和集气袋，用氮气或相对洁净的环境空气将样品稀释后测定。

9 结果计算与表示

9.1 结果计算

当仪器显示值为体积浓度时，按式（1）换算成标准状态下的质量浓度。

$$\rho = x \times \frac{M}{22.4} \tag{1}$$

式中：ρ——标准状态下被测目标物的质量浓度，mg/m^3；

x——被测目标物实测的体积浓度（检测管上变色部分指示的读数），μmol/mol；

M——被测目标物的分子量，g/mol；

22.4——标准状态下气体的摩尔体积，L/mol。

9.2 结果表示

测定结果为连续两次测定结果的平均值，最多保留 3 位有效数字。

10 质量保证和质量控制

10.1 气体检测仪及传感器应按说明书规定的方法保存，并保证传感器在有效期内使用。

10.2 气体检测仪使用前应进行零点核查。

10.3 气体检测仪及传感器应根据日常使用情况，至少每半年或一年进行一次校准。

11 注意事项

11.1 传感器需要在流动的气体中工作，应保证仪器气路的畅通。

11.2 对于装有粉尘过滤装置的仪器，要及时更换过滤芯，避免粉尘进入传感器内污染传感器。

11.3 测定氯气、氨气和氰化氢时，应避免使用水阱过滤管。

11.4 传感器不能长时间超出测定范围检测。

附录 A
（资料性附录）
常见测定范围、方法原理、干扰和消除以及注意事项

具有电化学传感器的气体检测仪常见测定范围、方法原理、干扰和消除以及注意事项等供参考。

A.1　常见测定范围

目标物常见测定范围参见表 A.1。

表 A.1　目标物常见测定范围

序号	目标物	常见测定范围/（mg/m^3）	序号	目标物	常见测定范围/（mg/m^3）
1	氯气	$0.003\sim1.6\times10^4$	6	光气	$0.004\sim1.3\times10^4$
2	硫化氢	$0.001\sim1.5\times10^4$	7	氟化氢	0.001～90
3	氯化氢	$0.002\sim8.2\times10^3$	8	氨气	$0.001\sim7.6\times10^3$
4	一氧化碳	$0.01\sim1.3\times10^5$	9	二氧化硫	$0.003\sim1.1\times10^5$
5	氰化氢	$0.01\sim1.2\times10^3$	—	—	—

A.2　方法原理、干扰和消除以及注意事项

A.2.1　氯气

A.2.1.1　方法原理

氯气通过电化学传感器的渗透膜，扩散进入电解槽，与电解液发生还原反应，产生电流，在一定范围内，该电流与氯气浓度成正比。

A.2.1.2　干扰和消除

尘和水分干扰测定，可通过增加过滤管或干燥管消除干扰，但不建议使用水阱过滤管和选择较高的泵吸速度。

A.2.1.3　注意事项

氯气检测仪通常的响应时间为 30～60 s，可在−20～50℃（部分仪器−40～70℃）和相对湿度≤95%时使用。在相对湿度大于 90%时，部分仪器需配干燥管。

A.2.2　硫化氢

A.2.2.1　方法原理

A.2.2.1.1　硫化氢库仑检测仪

利用库仑滴定原理，将被测气体导入装有溴化钾酸性溶液的滴定池内，使气体中的硫化氢在池内发生电解反应。在一定范围内，电解电流与硫化氢的瞬时浓度呈线性关系，由

此得出硫化氢的浓度，并用微安表指示读数。

A.2.2.1.2　硫化氢气敏电极检测仪

电极由工作电极、参比电极、内充电解液和透气膜组成。用硫电极作工作电极，用 Ag/AgCl 电极或 LaF_3 电极作参比电极。参比电极内充柠檬酸盐缓冲液作为电解液。硫化氢通过透气膜进入电解液转变为 S^{2-} 离子，平衡时：

$$\left[S^{2-}\right]=k_1\cdot k_2\frac{\left[H_2S\right]}{\left[H^+\right]^2} \tag{A.1}$$

式中：$k_1 \cdot k_2$——电离常数。

当离子强度和 pH 一定时电极电位为

$$E^0=E-2.303\frac{Rt}{2F}\log\left[H_2S\right] \tag{A.2}$$

式中：E^0——标准电极电位；

E——电极电位；

R——气体常数；

t——温度，℃；

F——法拉第常数。

A.2.2.2　干扰和消除

高浓度的氨对硫化氢的测定结果产生正干扰。

A.2.2.3　注意事项

硫化氢检测仪通常的响应时间为 30～50 s，可在−20～50℃（部分仪器−40～70℃）和相对湿度≤95%时使用。在相对湿度大于 90%时，部分仪器需配干燥管。

A.2.3　氯化氢

A.2.3.1　方法原理

电化学传感器工作时，由外电路在工作电极和参比电极之间施加一个恒电位差，使工作电极上保持一个恒定电位，当氯化氢气体通过传感器的渗透膜，扩散进入电解槽后，发生氧化反应。在一定范围内，工作电极得失的电子数与氯化氢的浓度成正比。

A.2.3.2　干扰和消除

尘和水分干扰测定，可通过增加过滤管或干燥管消除干扰。酸性物质（如硫化氢、二氧化硫）共存时，会溶解于水雾，产生正干扰，使测试结果偏高。

A.2.3.3　注意事项

氯化氢检测仪通常的响应时间为 30～50 s，可在−20～50℃（部分仪器−40～70℃）和相对湿度≤95%时使用。在相对湿度大于 90%时，部分仪器需配干燥管。

A.2.4 一氧化碳

A.2.4.1 方法原理

A.2.4.1.1 定电位电解式

一氧化碳气体进入电化学传感器后，在工作电极和对电极发生电解反应，产生电解电流，在一定范围内，电流大小与一氧化碳浓度成正比，通过测量电解电流即可获得一氧化碳的浓度。

A.2.4.1.2 库仑检测仪

被测气体进入装有五氧化二碘，温度为150～160℃的管子，一氧化碳和五氧化二碘发生氧化还原反应生成碘，碘随气流进入库仑池在铂网阴极上还原，测量两电极间的电流便可得出一氧化碳的浓度。

A.2.4.2 干扰和消除

库仑检测仪测定一氧化碳时，二氧化硫、二氧化氮、臭氧、乙烯和乙炔等干扰测定。可用活性炭去除二氧化硫、二氧化氮和臭氧的干扰，用硫酸汞去除乙烯和乙炔的干扰。

A.2.4.3 注意事项

一氧化碳检测仪通常的响应时间为20～40 s，可在−20～50℃（部分仪器−40～70℃）和相对湿度≤95%时使用。在相对湿度大于90%时，部分仪器需配干燥管。

A.2.5 氰化氢

A.2.5.1 方法原理

氰化氢气体由进气孔通过渗透膜扩散到工作电极表面时，在工作电极、电解液和对电极之间发生氧化反应，产生电解电流，电解电流通过放大器放大后输出。在一定浓度范围内，输出值与氰化氢浓度成正比。

A.2.5.2 干扰和消除

尘和水分干扰测定，可通过增加过滤管或干燥管消除干扰。

A.2.5.3 注意事项

氰化氢检测仪通常的响应时间为30～40 s，可在−20～50℃（部分仪器−40～70℃）和相对湿度≤95%时使用。在相对湿度大于90%时，部分仪器需配干燥管。

A.2.6 光气

A.2.6.1 方法原理

光气通过渗透膜，进入电解槽，在电解液中发生氧化还原反应，并产生电流，在一定范围内，电流大小与光气浓度成正比。

A.2.6.2 注意事项

光气检测仪通常的响应时间为30～60 s，可在−20～50℃（部分仪器−40～70℃）和相对湿度≤95%时使用。在相对湿度大于90%时，部分仪器需配干燥管。

A.2.7 氟化氢

A.2.7.1 方法原理

氟化氢气体由进气孔通过渗透膜扩散到工作电极表面时，在工作电极、电解液和对电极之间发生氧化反应，产生电解电流。电解电流通过放大器放大后输出，在一定范围内，输出值与氟化氢浓度成正比。

A.2.7.2 干扰和消除

尘和水分干扰测定，可通过增加过滤管或干燥管消除干扰。

A.2.7.3 注意事项

氟化氢检测仪通常的响应时间小于 30 s，可在−20～50℃（部分仪器−40～70℃）和相对湿度≤95%时使用。在相对湿度大于 90%时，部分仪器需配干燥管。

A.2.8 氨气

A.2.8.1 方法原理

待测气体扩散通过电化学传感器的渗透膜，进入电解槽，在高于标准氧化电位的规定外加恒定电位，使在电解液中扩散吸收的氨气发生反应，产生对应极限电流 I，在一定范围内，电流的大小与氨气浓度成正比，具有定量关系，即 $I \propto C$ 或 $I=KC$。通过测量极限电流的变化，从而定量求出氨气的浓度。

A.2.8.2 干扰和消除

硫化氢、二氧化硫、一氧化氮和氰化氢对氨气的测定产生正干扰。

A.2.8.3 注意事项

氨气检测仪通常的响应时间为 30～150 s，可在−20～50℃（部分仪器−40～70℃）和相对湿度≤95%时使用。在相对湿度大于 90%时，部分仪器需配干燥管。

A.2.9 二氧化硫

A.2.9.1 方法原理

二氧化硫通过渗透膜，进入电解槽，在恒电位工作电极上发生氧化反应，产生对应的极限扩散电流，在一定范围内，其电流大小与二氧化硫浓度成正比。

A.2.9.2 干扰和消除

尘、水分、二氧化氮和氰化氢对二氧化硫的测定产生干扰。尘或水分的干扰可通过增加过滤管或干燥管消除。

A.2.9.3 注意事项

二氧化硫检测仪通常的响应时间小于 30 s，可在−20～50℃（部分仪器−40～70℃）和相对湿度≤95%时使用。在相对湿度大于 90%时，部分仪器需配干燥管。

环境空气　挥发性有机物的测定　便携式傅里叶红外仪法

（HJ 919—2017）

1　适用范围

本标准规定了测定环境空气中挥发性有机物的便携式傅里叶红外仪法。

本标准为定性半定量方法，适用于环境空气中丙烷、乙烯、丙烯、乙炔、苯、甲苯、乙苯、苯乙烯等 8 种挥发性有机物在互不干扰情况下的突发环境事件应急监测。其他挥发性有机物若通过验证也可用本方法测定。

本方法检出限和测定下限见附录 A。

2　规范性引用文件

本标准引用了下列文件或其中的条款。凡是不注日期的引用文件，其有效版本适用于本标准。

HJ 589　突发环境事件应急监测技术规范

3　方法原理

当波长连续变化的红外光照射被测目标化合物分子时，与分子固有振动频率相同的特定波长的红外光被吸收，将照射分子的红外光用单色器色散，按其波数依序排列，并测定不同波数被吸收的强度，得到红外吸收光谱。根据样品的红外吸收光谱与标准物质的拟合程度定性，根据特征吸收峰的强度半定量。

4　干扰和消除

4.1　混合样品中某一组分浓度相对其他组分过高，该组分过宽的吸收峰基部会对其他组分的分析产生干扰。

4.2　当混合样品中两种或多种组分的红外光谱吸收峰出现相互重合时，会对分析结果产生干扰。

4.3　当空气相对湿度大于 85%时，样品中的过量水分会对分析结果造成干扰，可使用除湿装置或其他等效方式，降低空气中的湿度。

4.4　当样品中含尘量较大时，会污染仪器管路和分析单元，对分析结果产生干扰，须在采样管前安装防尘滤芯（5.2）。

5 试剂和材料

5.1 高纯氮气：纯度≥99.999%。

5.2 防尘滤芯：玻璃纤维或其他不吸附挥发性有机物的材质，孔径≤2 μm。

5.3 聚四氟乙烯气路管。

6 仪器和设备

6.1 便携式傅里叶红外仪

光谱范围：包含 900～4 000 cm^{-1}；光谱分辨率：不大于 16 cm^{-1}；光程长度：不小于 1 m。仪器结构示意图见图 1。

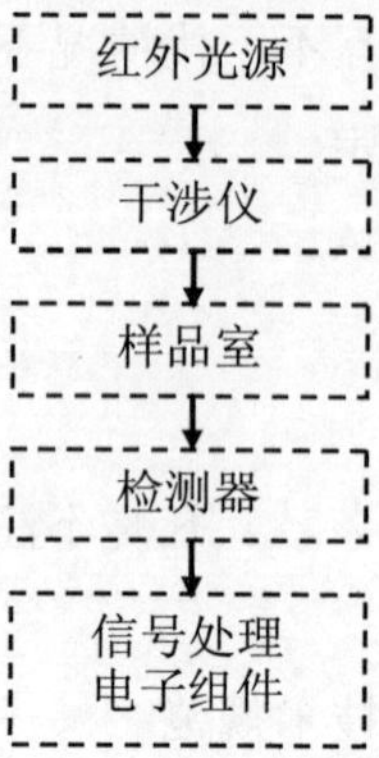

图 1 仪器结构示意图

6.2 辅助设备

6.2.1 蓄电池。

6.2.2 温度计。

6.2.3 大气压计。

6.2.4 湿度计。

6.2.5 采样除湿装置：不吸附挥发性有机物，能将气体样品相对湿度降低到 85%以下的装置（如半导体制冷器、压缩机制冷器、液氮制冷器等）。

7 样品

7.1 采样前准备

7.1.1 在仪器进气口前安装聚四氟乙烯气路管（5.3）、防尘滤芯（5.2）和采样除湿装置（6.2.5），并保证气路气密性完好。

7.1.2 准备蓄电池，确保电量充足。

7.1.3 使用高纯氮气（5.1）对气路管和仪器气室进行清洗。

7.1.4　检查仪器的工作状态，确保光源强度、干涉图高度、样品室温度等参数达到测试要求（参考仪器说明书）。

7.1.5　用高纯氮气（5.1）对仪器进行零点校准，保存背景谱图。

7.1.6　基于采样泵流量和样品室容积合理计算并设置采样时间，保证气样能够充满样品室。

7.2　样品采集

7.2.1　采样布点与现场监测要求参照 HJ 589 的相关规定执行。

7.2.2　启动采样泵，采集待测气体样品，待气样充满样品室后结束采样。

7.2.3　为增加样品采集和分析结果的代表性，每次分析至少连续采集 5 个样品，选择其中测定值最高的作为最终结果报出。

7.2.4　样品分析完成后，用高纯氮气（5.1）对气室进行清洗。

8　分析步骤

8.1　背景扣除

打开样品傅里叶红外吸收光谱文件，通过工作软件扣除水和二氧化碳的干扰，再进行样品谱图分析。

8.2　定性分析

通过工作软件对样品中目标化合物和标准谱图库中的定量标准物质吸收光谱图进行自动匹配，根据匹配结果拟合度的高低，进一步进行人工谱图分析比对，最终得出定性分析结果。

化合物的特征红外振动频率参见附录 B；8 种挥发性有机物标准物质的傅里叶红外吸收光谱图参见附录 C。

8.3　定量分析

根据样品谱图定性分析结果，可通过工作软件自动计算样品中挥发性有机物的半定量结果。

9　结果计算与表示

9.1　结果计算

仪器定量结果以标准状态下样品的质量浓度表示。

当仪器显示单位为 μmol/mol 时，按式（1）换算成标准状态（273.15K，101.325kPa）下的质量浓度。

$$\rho=\varphi\times\frac{M}{22.4} \tag{1}$$

式中：ρ——目标化合物质量浓度，mg/m^3；

φ——目标化合物体积比浓度，μmol/mol（10^{-6}）；

M——目标化合物的摩尔质量，g/mol；

22.4——标准状态（273.15 K，101.325 kPa）下，气态分子的摩尔体积，L/mol。

9.2 结果表示

结果的小数点后位数与方法检出限一致，最多保留 3 位有效数字。

10 精密度和准确度

六家实验室分别对 2 种不同浓度的丙烷、乙烯、丙烯、乙炔、苯、甲苯、乙苯、苯乙烯等 8 种气样进行了 6 次重复测定，实验室内和实验室间的精密度和准确度结果详见附录 D。

11 质量保证和质量控制

11.1 零点校准

采样分析前必须使用高纯氮气（5.1）进行零点校准，得出并保存背景光谱图，空白样的谱图中待测物不得检出。

11.2 仪器设备的量值溯源和维护

为了保证测定结果的准确性，使用标准物质进行量值溯源；1～2 年对仪器性能进行 1 次校准，每年对仪器进行 1 次水分的校准。当仪器重要零部件经过维修或更换后，需返厂进行重新标定。

12 注意事项

12.1 采样分析时，保证仪器的光源强度、干涉图高度、样品室温度等各项参数稳定，同时确认环境的温度、湿度以及含尘量等条件是否符合要求。

12.2 若开机后发现仪器的干涉图高度一直比较低，应用高纯氮气对检测器和背景气室进行冲洗；对检测器的冲洗，需注意控制氮气流速。

12.3 样品采集前后采样器管路和样品室要用氮气进行清洗，尤其是监测浓度较高或具有腐蚀性的气体后要进行充分的清洗。

12.4 每次采样前应更换防尘滤芯，防止交叉污染。

12.5 样品采集过程中要保证电源连续稳定供电。用蓄电池供电时，工作时间大于 20 min 以上时，要随时观察仪器的光源强度、干涉图高度等参数是否正常，以防得到错误的结果。

附录 A
（规范性附录）
方法检出限和测定下限

表 A.1 中给出了本方法的检出限和测定下限。

表 A.1 方法检出限和测定下限

化合物名称	分子式	检出限/（mg/m³）	测定下限/（mg/m³）
丙烷	C_3H_8	0.3	1.2
乙烯	C_2H_4	1	4
丙烯	C_3H_6	0.8	3.2
乙炔	C_2H_2	0.3	1.2
苯	C_6H_6	2	8
甲苯	C_7H_8	2	8
乙苯	C_8H_{10}	2	8
苯乙烯	C_8H_8	2	8

注：表中各化合物的检出限为高纯氮气及单组分标准物质测定条件下的测试结果。

附录 B
（资料性附录）
8 种挥发性有机物的特征红外振动频率

表 B.1 中给出了 8 种挥发性有机物的特征红外振动频率。

表 B.1 8 种挥发性有机物的特征红外振动频率

化合物名称	红外特征振动频率/cm^{-1}
丙烷	1 310～1 560，2 800～3 100
乙烯	800～1 130，2 929～3 250
丙烯	810～1 057，1 600～1 690，2 277～2 393，2 800～3 170
乙炔	1 250～1 412，3 180～3 380
苯	995～1 073，1 443～1 551，3 000～3 130
甲苯	1 366～1 652，2 833～3 150
乙苯	980～1 980，2 800～3 150
苯乙烯	870～1 130，2 950～3 180

附录 C

（资料性附录）

8 种挥发性有机物标准物质的傅里叶红外吸收光谱图

图 C.1～图 C.8 给出了 8 种挥发性有机物不同浓度标准物质的傅里叶红外吸收光谱图。

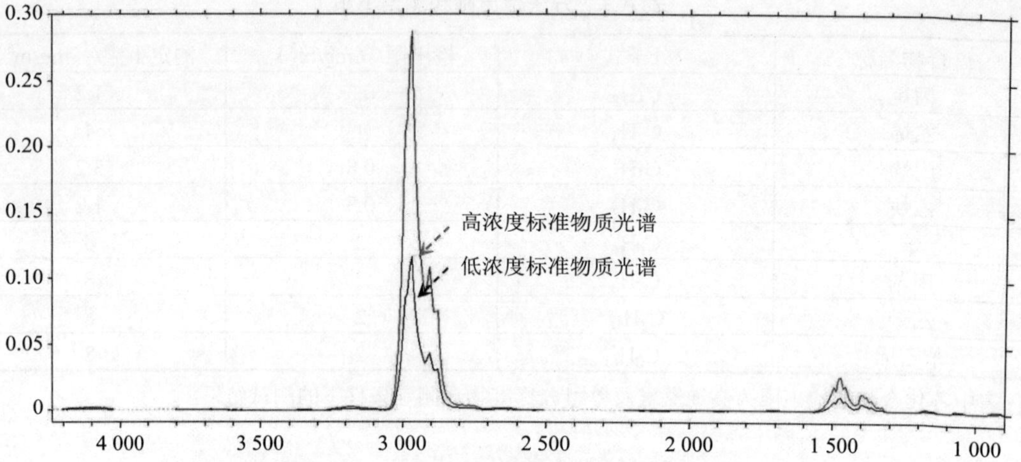

图 C.1　不同浓度丙烷标准物质的傅里叶红外吸收光谱图

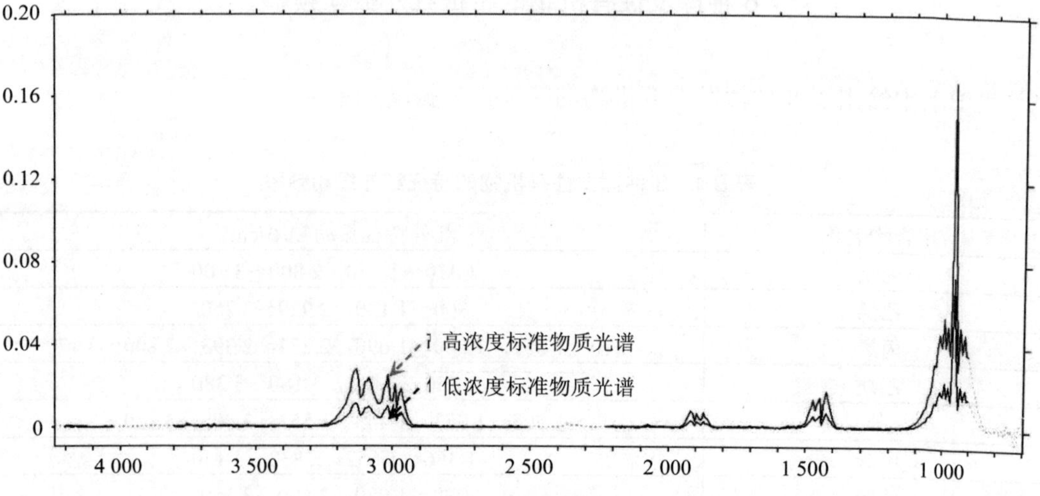

图 C.2　不同浓度乙烯标准物质的傅里叶红外吸收光谱图

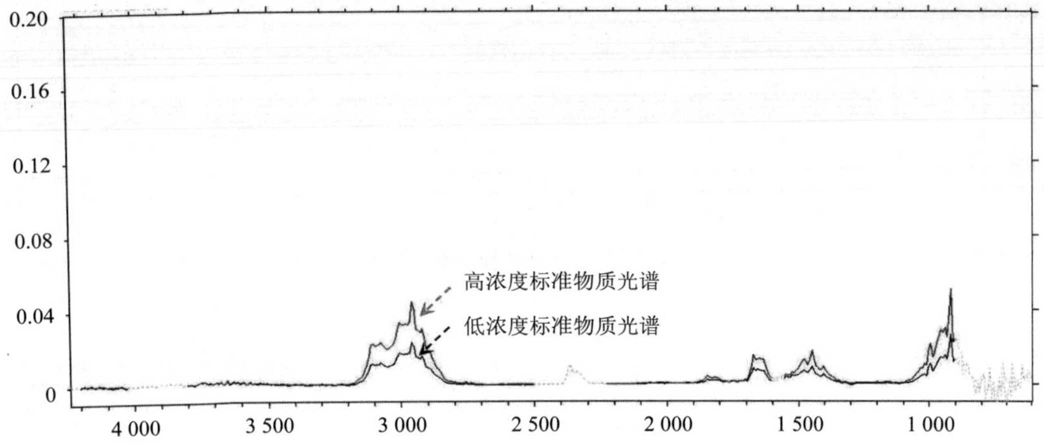

图 C.3　不同浓度丙烯标准物质的傅里叶红外吸收光谱图

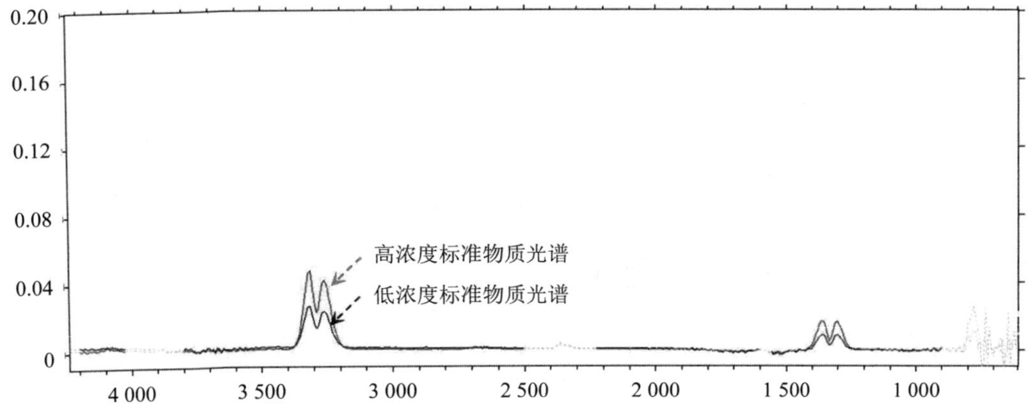

图 C.4　不同浓度乙炔标准物质的傅里叶红外吸收光谱图

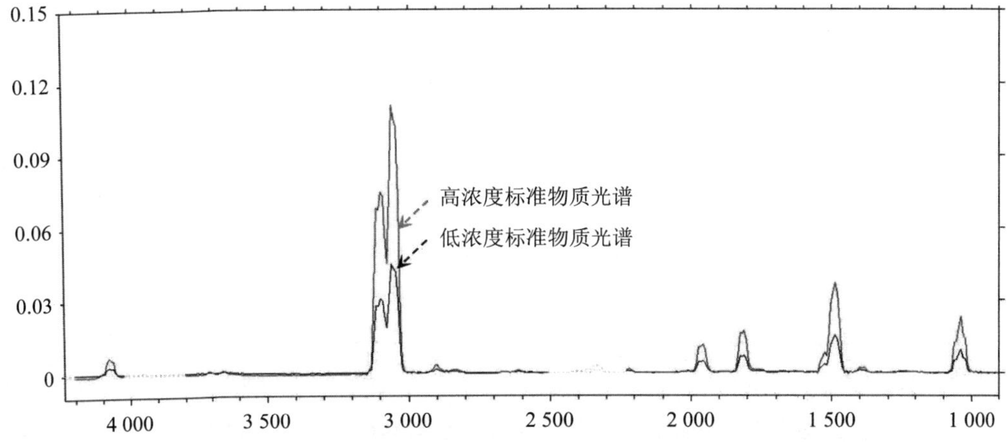

图 C.5　不同浓度苯标准物质的傅里叶红外吸收光谱图

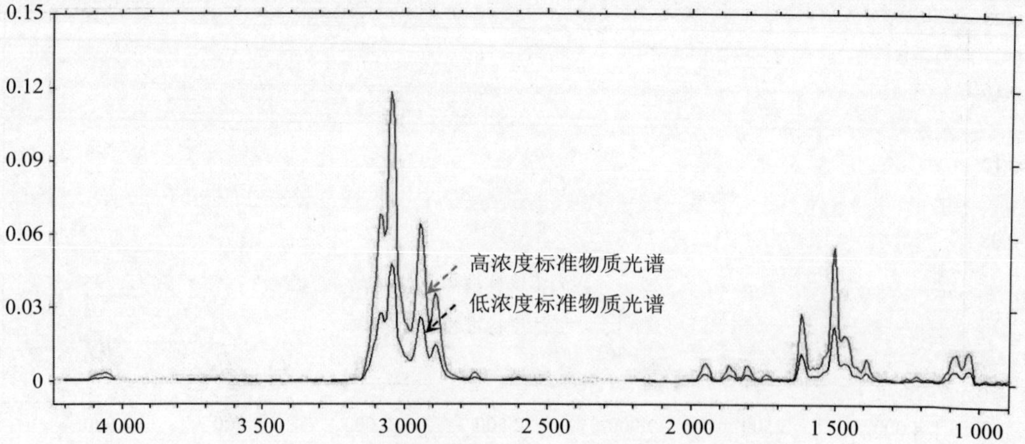

图 C.6　不同浓度甲苯标准物质的傅里叶红外吸收光谱图

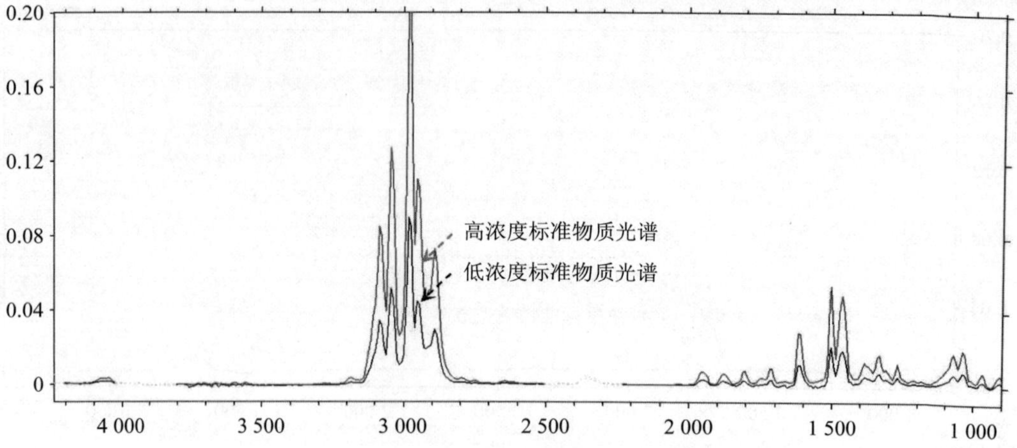

图 C.7　不同浓度乙苯标准物质的傅里叶红外吸收光谱图

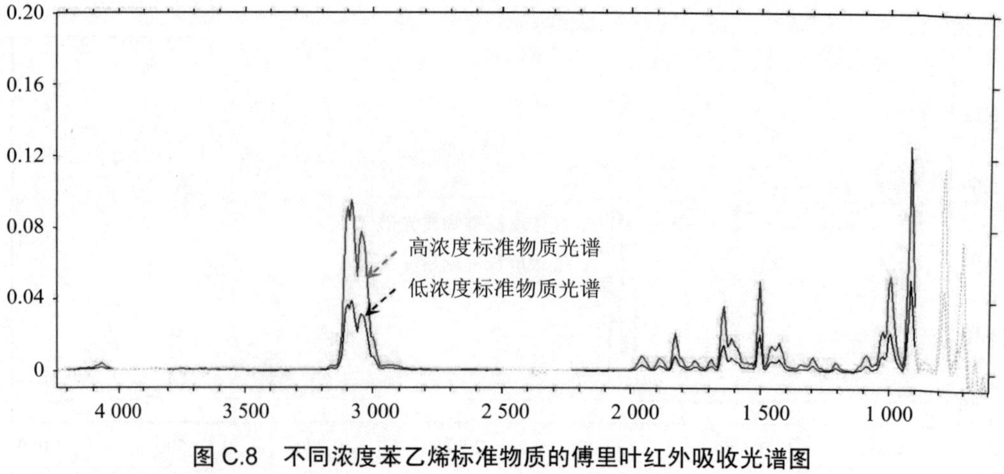

图 C.8　不同浓度苯乙烯标准物质的傅里叶红外吸收光谱图

附录 D
（资料性附录）
精密度和准确度

表 D.1 中给出了本方法的重复性限和再现性限等精密度和准确度指标。

表 D.1　方法精密度和准确度

序号	化合物名称	样品浓度/（mg/m^3）	实验室内相对标准偏差/%	实验室间相对标准偏差/%	重复性限 r/（mg/m^3）	再现性限 R/（mg/m^3）	相对误差/%	相对误差最终值/%
1	丙烷	10.0	0.3～1.0	3.3	0.2	1.0	−0.7～8.4	4.4±6.9
		29.5	0.1～0.6	2.5	0.3	2.2	−0.7～5.5	2.4±5.3
2	乙烯	6.2	0.5～5.6	6.5	1	2	−1.3～16	3.8±13
		18.9	0.3～5.0	4.9	1	3	−5.1～9.3	2.1±9.7
3	丙烯	9.19	0.9～2.6	1.3	0.4	0.5	0.3～3.6	1.5±2.7
		28.5	0.3～3.6	3.7	1.2	3.2	−4.1～6.9	0.8±7.4
4	乙炔	5.79	0.4～1.6	1.7	0.2	0.3	−1.3～3.2	0.5±3.6
		17.6	0.2～1.4	3.3	0.3	1.6	−2.3～6.7	0.3±6.4
5	苯	17.0	0.7～2.4	4.9	1	2	−12～2.5	−2.5±9.6
		53.6	0.5～2.0	3.5	2	5	−5.5～2.9	−1.0±7.0
6	甲苯	19.1	0.9～2.6	3.9	1	2	−3.0～7.3	−0.4±7.7
		60.4	0.4～3.6	6.4	3	11	−12～7.1	−2.2±13
7	乙苯	21.0	0.9～2.2	3.7	1	3	0～10	4.3±7.6
		66.7	0.2～2.5	4.1	3	9	1.2～12	5.7±8.7
8	苯乙烯	19.9	1.0～2.1	5.0	1	3	−6.4～8.0	−1.4±9.9
		64.1	0.3～4.6	7.5	6	15	−2.2～19	4.4±16

环境空气　无机有害气体的应急监测　便携式傅里叶红外仪法

（HJ 920—2017）

1　适用范围

本标准规定了测定环境空气中无机有害气体的便携式傅里叶红外仪法。

本标准为定性半定量方法，适用于环境空气中一氧化碳、二氧化氮、一氧化氮、二氧化硫、二氧化碳、氯化氢、氰化氢、氟化氢、一氧化二氮、氨等无机有害气体的现场应急监测，以及筛选、普查等先期调查工作。其他无机气体若通过验证也可用本方法测定。

本方法检出限和测定下限见附录 A。

2　规范性引用文件

本标准引用了下列文件或其中的条款。凡是不注日期的引用文件，其有效版本适用于本标准。

HJ 194　环境空气质量手工监测技术规范

HJ 589　突发环境事件应急监测技术规范

HJ/T 55　大气污染物无组织排放监测技术导则

3　方法原理

当波长连续变化的红外光照射被测定的分子时，与分子固有振动频率相同的特定波长的红外光被吸收，将照射分子的红外光用单色器色散，按其波数依序排列，并测定不同波数被吸收的强度，得到红外吸收光谱。通过比对样品的红外光谱和标准谱图库中定量标准物质的光谱在特征波数上的吸收峰进行定性分析；根据样品目标物的峰面积响应值与标准图库中对应的标准物质吸收峰的峰面积响应值之比来进行半定量分析。

4　干扰和消除

4.1　当空气相对湿度大于 85%时，不适宜监测。

4.2　当样品中含尘量较大时，会污染仪器管路和分析单元，对分析结果产生干扰，须在采样管前安装防尘滤芯（5.2）。

5 试剂和材料

5.1 氮气：纯度≥99.9%。

5.2 防尘滤芯：玻璃纤维材质，孔径≤2 μm。

6 仪器和设备

6.1 便携式傅里叶红外仪

配备定性定量功能的工作软件；样气压力为大气压；样品室温度为 50℃±2℃；光程长度＞9.0 m，采用多次反射等方法，满足检测下限的要求；波长范围为 600～4 500 cm^{-1}。仪器结构示意图见图 1。

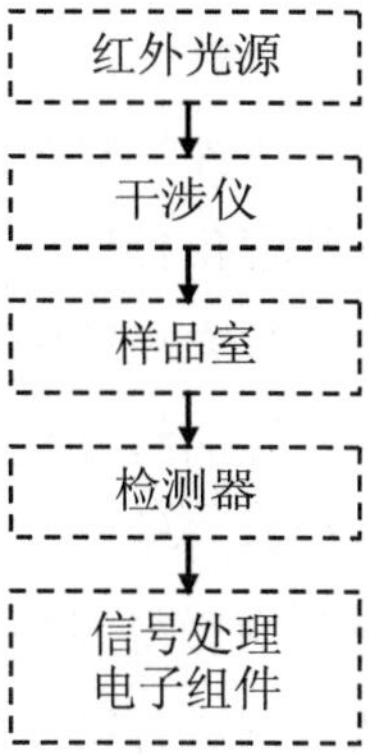

图 1 仪器结构示意图

6.2 辅助设备

6.2.1 便携式氮气瓶：纯度≥99.9%。

6.2.2 蓄电池：持续供电时间大于 1 h，输出电压 220 V。

6.2.3 温度计：用于测量环境温度，测量范围（−30～50）℃，精度±0.2℃。

6.2.4 大气压计：用于测量环境大气压，测量范围（50～107）kPa，精度±0.1 kPa。

6.2.5 湿度计：用于测量环境湿度，测量范围（0%～100%）RH，精度±1%。

7 样品

7.1 采样前准备

7.1.1 检查便携式氮气瓶的气压（＞0.2 MPa）。

7.1.2 检查蓄电池的电量是否符合＞1 h 的供电要求。

7.1.3 将仪器通电，并连接工作站，然后启动仪器，待光源强度、干涉图高度、样品室温度、测试的环境温度、湿度达到待测要求。

7.1.4 用流速约 0.2 L/min 氮气（5.1）通过采样器管路和样品室，进行清洗。

7.2 样品采集

7.2.1 参照 HJ/T 55、HJ 194、HJ 589 进行布点和采样。采样环境温度应在（−10～50）℃。

7.2.2 用氮气（5.1）对仪器进行零点校准，绘制背景谱图，具体操作见各仪器操作说明。

7.2.3 打开仪器采样泵开始连续抽样，保证气样充满样品室后开始样品分析，分析时间选择 1 min。

7.2.4 样品的分析结果为瞬时监测结果，根据不同的监测目的确定样品采集的个数，一般采集 5～6 个样品进行结果分析。

7.2.5 采集的样品谱图须及时进行编号，同时记录环境温度、大气压、湿度。

7.2.6 样品采集完后，用氮气（5.1）对采样器管路和样品室进行清洗，直至谱图中无吸收峰。

8 分析步骤

8.1 背景扣除

建立只含水（汽）和二氧化碳的应用库。得到样品的分析谱图后，利用工作站的残差功能，消除水（汽）和二氧化碳的光谱，再进行谱图分析。

8.2 定性分析

通过样品的红外光谱与标准谱图库中定量标准物质的红外谱图进行比对作定性分析；样品的谱图比对分析主要由自动合成光谱、光谱拟合度表示、人工核查三个基本功能构成。

利用仪器软件对样品的谱图进行检索，根据样品谱图与标准谱图的拟和度高低，再进一步进行人工谱图比对，确认定性结果。

若样品组分复杂，在第一轮光谱匹配得到部分定性结果后，仍有其他吸收峰存在，则需进行第二轮定性分析。将第一轮检出的化合物增加到应用库，利用残差功能扣除已检出的化合物后得到新的残差图。在光谱匹配中，根据特征峰的位置选择需匹配的光谱范围，对残差图进行第二轮的搜索；根据匹配结果中化合物拟和度的高低，进行人工核查，读取定性结果。

8.3 定量分析

将定性结果列于应用谱图库中，读取半定量分析结果。

8.4 化合物特征红外振动频率

化合物的特征红外振动频率详见附录 B。

9 结果计算与表示

9.1 结果计算

仪器定量结果以标准状态下样品的质量浓度表示。

当仪器显示单位为 μmol/mol 时，按式（1）换算成标准状态（273.15 K，101.325 kPa）下的质量浓度：

$$\rho=\varphi\times\frac{M}{22.4} \tag{1}$$

式中：ρ——目标化合物质量浓度，mg/m^3；

φ——目标化合物体积比浓度，μmol/mol（10^{-6}）；

M——目标化合物的摩尔质量，g/mol；

22.4——标准状态（273.15 K，101.325 kPa）下，气态分子的摩尔体积，L/mol。

9.2 结果表示

列出检出物质的名称和浓度值。半定量测定结果小于 100 mg/m^3 时，保留至整数位；

大于等于 100 mg/m^3 时，取三位有效数字。

10　精密度和准确度

本方法主要对一氧化碳、二氧化氮、一氧化氮、二氧化硫、二氧化碳、氯化氢、氰化氢、氟化氢、一氧化二氮和氨进行定性和半定量分析，实验室内和实验室间的精密度和准确度分析结果详见附录 C。

11　质量保证和质量控制

11.1　空白实验

采样分析前必须使用氮气（5.1）进行空白实验，空白样的谱图中待测物不得检出。

11.2　仪器设备的量值溯源和维护

为了保证测定结果的准确性，使用标准物质进行量值溯源；1～2 年对仪器性能进行 1 次校准，每年对仪器进行 1 次水分的校准。

12　注意事项

12.1　采样分析时，保证仪器的光源强度、干涉图高度、样品室温度等各项参数稳定，同时确认环境的温度、湿度以及含尘量等条件是否符合要求。

12.2　若开机后发现仪器的干涉图高度一直比较低，应用氮气对检测器和背景气室进行冲洗；对检测器的冲洗，需注意控制氮气流速。

12.3　样品采集前后采样器管路和样品室要用氮气进行清洗，尤其是监测浓度较高或具有腐蚀性的气体后要进行充分的清洗。

12.4　防尘滤芯每次使用前应更换，防止交叉污染。

12.5　样品采集过程中要保证电源连续稳定供电。用蓄电池供电时，工作时间大于 20 min 以上时，要随时观察仪器的光源强度、干涉图高度等参数是否正常，以防得到错误的结果。

附录 A
（规范性附录）
方法检出限、测定下限和测定范围

表 A.1 中给出了 10 种无机有害气体的检出限、测定下限和测定范围。

表 A.1 方法的检出限、测定下限和测定范围

化合物	检出限/（mg/m^3）	测定下限/（mg/m^3）	测定范围/（mg/m^3）
一氧化碳	1	4	4～127
二氧化氮	1	4	4～100
一氧化氮	2	8	8～130
二氧化硫	2	8	8～480
二氧化碳	1	4	4～3000
氯化氢	2	8	8～240
氰化氢	1	5	5～240
氟化氢	1	4	4～45
一氧化二氮	1	4	4～200
氨	1	4	4～160

注：检出限为纯氮气及单组分条件下的值，测定下限为能得到可靠定性和定量结果的下限浓度。

附录 B
（规范性附录）
气体的红外特征振动频率

表 B.1 中给出了水（汽）和 10 种无机有害气体的红外特征振动频率。

表 B.1 水（汽）和 10 种无机有害气体的红外特征振动频率

化合物	红外特征振动频率/cm^{-1}
水（汽）	1 200～2 000、3 400～4 000
一氧化碳	2 177、2 115
二氧化氮	1 628、1 605、1 598
一氧化氮	1 906、1 852
二氧化硫	1 381、1 374、1 350、1 165*、1 134*
二氧化碳	2 362、2 339
氯化氢	2 678、2 701、2 732、2 756、2 779、2 802、2 825、2 840、2 864、2 887、2 910、2 925、2 949、2 964、2 979、3 003、3 018、3 033
氰化氢	1 381*、1 435*、3 288、3 342
氟化氢	3 774、3 790、3 836、3 883、3 921、4 006、4 037、4 076、4 114、4 145、4 176
一氧化二氮	1 273、1 296、2 215、2 238
氨	926、964、1 628*、3 335*

注：*表示弱振动频率。

附录 C
（资料性附录）
方法的精密度和准确度

表 C.1 和表 C.2 分别给出了方法的精密度和准确度。

表 C.1 方法精密度

化合物	浓度/（mg/m³）	比对实验室数量/个	实验室内相对标准偏差/%	实验室间相对标准偏差/%	重复性限 r/（mg/m³）	再现性限 R/（mg/m³）
一氧化碳	4.0	7	1.3～11.2	7.7	0.5	0.9
	62.5		0.3～1.0	0.8	1.0	1.7
二氧化氮	4.1	7	0.5～6.9	10.1	0.5	1.5
一氧化氮	7.5	7	1.0～4.6	4.1	0.6	1.3
	66.8		0.2～1.8	2.3	1.5	4.5
二氧化硫	5.6	7	0.9～11.0	10.8	0.5	1.4
	144		0.0～0.85	1.4	1.8	5.6
二氧化碳	9.74	6	0.8～2.2	2.0	1.3	5.5
	98.4		0.2～0.7	5.2	0.9	1.4
氯化氢	8.31	6	1.1～8.2	4.4	2.3	10.1
	80.1		0.3～2.5	2.9	0.4	0.7
氰化氢	6.74	6	1.1～3.6	4.9	1.0	3.3
	22.3		0.7～2.6	2.5	0.2	0.4
氟化氢	5.27	6	0.7～1.6	2.4	1.1	3.0
	42.5		0.1～2.2	4.7	0.1	1.4
一氧化二氮	10.9	6	0.1～0.4	1.8	0.3	4.8
	99.0		0.0～0.2	5.4	0.2	0.6
氨	3.79	6	1.1～3.2	1.7	0.7	1.9
	39.1		0.1～1.3	7.7	0.5	0.9

表 C.2 方法准确度

化合物	浓度/（mg/m³）	比对实验室数量/个	相对误差/%	相对误差最终值/%
一氧化碳	4.0	7	−27.5～−7.5	−15.4±13.0
	62.5		0.8～3.0	2.4±1.6
二氧化氮	4.1	7	2.4～34.1	20.9±24.4
一氧化氮	7.5	7	26.7～41.3	35.8±11.3
	66.8		−5.1～1.9	−1.8±4.6
二氧化硫	5.6	7	−32.1～−14.3	−23.7±16.9
	144		−9.0～−4.9	−7.6±2.6
二氧化碳	9.74	6	−3.9～4.7	0.2±6.9
	98.4		−3.1～1.5	−0.4±4.0
氯化氢	8.31	6	−6.6～7.2	−2.0±10.1
	80.1		−8.1～3.4	−0.2±8.8
氰化氢	6.74	6	−6.4～1.8	−1.7±5.7
	22.3		−7.9～4.6	−3.8±9.5
氟化氢	5.27	6	−7.0～−0.6	−3.1±4.9
	42.5		−4.0～2.6	−1.5±4.7
一氧化二氮	10.9	6	−4.6～5.5	−0.5±9.3
	99.0		−0.8～3.6	1.9±3.6
氨	3.79	6	−9.0～4.8	−1.7±10.6
	39.1		−2.8～2.3	−0.5±3.3

环境空气　挥发性有机物的应急测定　便携式气相色谱-质谱法

（HJ 1223—2021）

警告：本方法使用时要注意事故现场及周边环境的危险，做好人员防护。

1　适用范围

本标准规定了测定环境空气中挥发性有机物的便携式气相色谱-质谱法。

本标准适用于突发环境事件现场周边环境空气中甲苯等 52 种挥发性有机物的现场应急测定，其他挥发性有机物也可采用本方法进行定性分析和浓度估算。

在全扫描模式下，当进样量为 600 ml、分流比为 50∶1，或进样量为 100 ml、不分流时，方法检出限为 3～9 μg/m^3，测定下限为 12～36 μg/m^3，详见附录 A。

2　规范性引用文件

本标准引用了下列文件或其中的条款。凡是注明日期的引用文件，仅注日期的版本适用于本标准。凡是未注日期的引用文件，其最新版本（包括所有的修改单）适用于本标准。

GB/T 32210　便携式气相色谱-质谱联用仪技术要求及试验方法

HJ 589　突发环境事件应急监测技术规范

HJ 732　固定污染源废气　挥发性有机物的采样　气袋法

3　方法原理

样品直接导入或经吸附管吸附、热脱附后，进入气相色谱分离，用质谱检测器检测。对于 52 种目标化合物，通过与标准物质质谱图和保留时间比较定性，内标法定量；对于 52 种目标化合物以外的物质，通过与标准物质质谱图比较定性，根据其响应值与内标的响应值之比，估算其浓度。

4　试剂和材料

4.1　标准气：浓度不低于 1 μmol/mol，压力不低于 1.0 MPa，贮存于钢瓶中，可保存 1 年，或参见标准气证书的相关说明。可根据实际工作需要，购买更高浓度的有证标准气体或在有资质单位定制合适的混合标准气体。

4.2　现场标准使用气：在实验室使用气体稀释仪（5.7）将标准气（4.1）用氮气（4.4）稀释至 10 nmol/mol。现场标准使用气在不锈钢罐（5.6）中可保存 20d，在气袋（5.2）中可保存 8 h。

注：也可采用静态稀释法（参见附录 B），使用液体标准物质配制。

4.3 内标标准气：组分为 1,3,5-三（三氟甲基）苯（100 μmol/mol）、溴五氟苯（50 μmol/mol）或 4-溴氟苯（20 μmol/mol），贮存于钢瓶中，可保存 1 年，或参见标准气证书的相关说明。在满足方法要求且不干扰目标化合物的前提下，也可采用其他物质作为内标物。

4.4 稀释气：氮气，纯度≥99.999%。

4.5 载气：氮气或氦气，纯度≥99.999%。

5 仪器和设备

5.1 真空气体采样箱：由进气管、真空箱、阀门和抽气泵等部分组成，样品经过的管路材质应不与被测组分发生反应。

5.2 气袋：材质应符合 HJ 732 相关要求。

5.3 便携式气相色谱-质谱仪：具有温度控制功能的气体采样模块、吸附热脱附模块、气相色谱模块（具有程序升温功能），以及四极杆或离子阱质谱模块。质谱模块具有 70eV 电子轰击（EI）离子源，有全扫描/选择离子扫描、自动/手动调谐、谱库检索及定量分析等功能，性能指标应符合 GB/T 32210 要求。所有样品经过的管路和接头均应进行惰性化处理。

5.4 毛细管色谱柱：15 m×0.25 mm×1.0 μm 或 10 m×0.1 mm×0.4 μm，固定相为 100%二甲基聚硅氧烷，也可使用其他等效毛细管色谱柱。

5.5 内置吸附管：装填 Tenax、Carbopack、硅胶等吸附剂，或者其他等效吸附剂。

5.6 不锈钢罐：内壁惰性化处理，耐压值大于 241 kPa。

5.7 气体稀释仪：最大稀释倍数至少为 1 000 倍，管路均应经过惰性化处理。

5.8 一般常用仪器和设备。

6 监测前准备

检查便携式气相色谱-质谱仪工作状态，确认携带符合工作需求的现场标准使用气（4.2）、内标标准气（4.3）和载气（4.5）；确认携带蓄电池、真空气体采样箱（5.1）、气袋（5.2）、气体采样模块和个人防护用品等必要的备品备件。

7 样品

7.1 样品采集

7.1.1 点位布设及现场监测要求参照 HJ 589 相关规定执行。

7.1.2 根据现场情况选择合适的方法，使用便携式气相色谱-质谱仪（5.3）气体采样模块直接采样；现场条件受限或实际工作需要时，也可使用真空气体采样箱（5.1）采集气袋样品。

7.1.3 采样结束后，气袋样品应在避光、常温条体下运输和保存，宜尽快分析。

7.2 空白样品的制备

将氮气（4.4）注入预先清洗好的气袋（5.2）。

8 分析步骤

8.1 仪器参考条件

8.1.1 吸附热脱附参考条件

条件 1：采样探头温度：40℃；加热管线温度：70℃；进样流量：100 ml/min；吸附管脱附温度：300℃；吸附管预脱附时间：0.1 min；吸附管脱附时间：0.5 min；不分流；进样量：5～100 ml。

条件 2：采样探头温度：40℃；加热管线温度；70℃；进样流量：100 ml/min；吸附管脱附温度：300℃；吸附管预脱附时间：0.1 min；吸附管脱附时间：0.5 min；分流比为 50∶1；进样量：6～600 ml。

或按照仪器使用说明书进行设定。

8.1.2 气相色谱参考条件

条件 1：柱压：80 kPa；不分流；程序升温：60℃保持 3 min，以 18℃/min 升至 130℃，再以 30℃/min 升温至 200℃，保持 1 min。

条件 2：柱流量：0.2 ml/min；分流比 50∶1；程序升温：60℃保持 1 min，以 10℃/min 升至 80℃，再以 40℃/min 升至 220℃，保持 1 min。

或按照仪器使用说明书进行设定。

8.1.3 质谱参考条件

离子源：EI；离子化能量：70eV；扫描方式：全扫描；扫描范围：41～300 u。或按照仪器使用说明书进行设定。

参考条件下测定目标化合物标准物质得到的总离子色谱图参见附录 C。

注：当目标化合物检出限不满足标准限值要求时，可选择离子扫描方式。

8.2 校准

8.2.1 调谐

开机启动之后，首先根据仪器说明书对便携式气相色谱-质谱仪（5.3）进行仪器性能检查。为保证检测结果的准确性，开机启动后，应进行质谱功能调谐，调谐物质根据仪器说明书选择，应达到仪器使用要求。每隔 12 h，应重新进行质谱功能调谐。若调谐物质为 1,3,5-三（三氟甲基）苯与溴五氟苯，则关键离子丰度应满足表 1 的要求；若调谐物质为全氟三丁胺，则关键离子丰度应满足表 2 的要求，否则应对质谱仪的参数进行调整；若采用其他物质进行调谐，应符合仪器说明书的相关要求。

表 1　1,3,5-三（三氟甲基）苯与溴五氟苯同时调谐时关键离子丰度要求

质荷比（m/z）	离子丰度范围	质荷比（m/z）	离子丰度范围
50	117 峰的 0.5%～2.5%	167	117 峰的 50%～70%
55	117 峰的 2%～5%	213	117 峰的 10%～20%
69	117 峰的 8%～16%	246	117 峰的 15%～40%
93	117 峰的 15%～25%	263	117 峰的 5%～15%
117	基峰，100%相对丰度	282	117 峰的 5%～15%

表 2　全氟三丁胺的关键离子丰度要求

质荷比（m/z）	离子丰度范围	质荷比（m/z）	离子丰度范围
69	基峰，100%相对丰度	100	69 峰的 5%～50%
131	69 峰的 20%～70%	264	69 峰的 5%～50%

8.2.2　校准曲线的绘制

8.2.2.1　预制校准曲线

在实验室中，通过气体稀释仪（5.7）用氮气（4.4）稀释标准气（4.1），或采用静态稀释法（参见附录 B）配制标准使用气体，配制成低、高 2 种浓度系列。低浓度系列为 2.0 nmol/mol、5.0 nmol/mol、10.0 nmol/mol、25.0 nmol/mol、50.0 nmol/mol（进样量为 100 ml，不分流；或进样量为 600 ml，分流比为 50∶1）；高浓度系列为 50.0 nmol/mol、100 nmol/mol、200 nmol/mol、400 nmol/mol、600 nmol/mol（进样量为 5 ml，不分流；或进样量为 25 ml，分流比为 50∶1），可根据实际样品情况调整浓度系列。按照仪器参考条件（8.1）依次从低浓度到高浓度进行测定，绘制校准曲线，贮存在仪器中。在应急监测现场，若校准符合 11.3 中相关要求，则用预制校准曲线定量。

8.2.2.2　现场校准

在应急监测现场，若校准不符合 11.3 中相关要求，应使用现场标准使用气（4.2）进行单点校准，此时应强制过零点。

注：以 1,3,5-三（三氟甲基）苯和溴五氟苯（4.3）作为内标化合物时，内标化合物的添加量为 20 μl，以 1,3,5-三（三氟甲基）苯和 4-溴氟苯（4.3）作为内标化合物时，内标化合物的添加量为 600 μl。

8.2.3　平均相对响应因子法

标准系列中第 i 点某目标化合物的相对响应因子（RRF_i），按照式（1）计算：

$$RRF_i = \frac{A_i}{A_{IS_i}} \times \frac{y_{IS}}{y_i} \quad (1)$$

式中：RRF_i——标准系列中第 i 点某目标化合物的相对响应因子；

A_i——标准系列中第 i 点某目标化合物定量离子的响应值；

A_{IS_i}——标准系列中第 i 点内标化合物定量离子的响应值；

y_{IS}——标准系列中内标化合物的摩尔分数，nmol/mol；

y_i——标准系列中第 i 点目标化合物的摩尔分数，nmol/mol。

某目标化合物的平均相对响应因子（$\overline{RRF}$），按照式（2）进行计算：

$$\overline{RRF} = \frac{\sum_{i=1}^{n} RRF_i}{n} \tag{2}$$

式中：$\overline{RRF}$——某目标化合物的平均相对响应因子；

RRF_i——标准系列中第 i 点某目标化合物的相对响应因子；

n——标准系列点数。

8.2.4 校准曲线法

以目标化合物的浓度为横坐标，以目标化合物定量离子响应值与内标化合物定量离子响应值的比值和内标化合物浓度的乘积为纵坐标，建立校准曲线。

8.3 样品浓度预判

样品测定前，应通过仪器说明书规定的速查方法、样品稀释或其他方法，结合现场调查情况，预判样品浓度。

8.4 样品的测定

用气体采样模块直接采集样品或将气袋（5.2）连接至气体采样模块，按照 8.1 的参考条件和 8.3 样品浓度预判的结果选择合适的进样量进行测定。

8.5 空白试验

按照与样品测定相同的条件和步骤进行空白样品（7.2）的测定。

9 结果计算与表示

9.1 目标化合物

9.1.1 定性分析

通过样品中目标物与标准系列中目标物的保留时间、碎片离子质荷比及其丰度比等信息比较，对目标物进行定性。样品中目标化合物的保留时间应控制在 $t\pm3S$ 之内，其中 t 为初始校准时各浓度级别目标化合物的保留时间均值，S 为初始校准时各浓度级别目标化合物保留时间的标准偏差。目标化合物标准质谱图中相对丰度高于 30%的所有离子应在样品质谱图中存在，同时结合现场情况进行定性判断。如果实际样品存在明显背景干扰，比较时应扣除背景影响。

9.1.2 定量分析

采用校准曲线法或平均相对响应因子法进行定量计算。当样品中目标化合物的定量离子有干扰时，可使用辅助离子定量。定量离子和辅助离子参见附录 D。

9.1.3 结果计算

9.1.3.1 平均相对响应因子法

采用平均相对响应因子法计算样品中目标化合物的质量浓度 ρ_x 按照式（3）计算。

$$\rho_x = \frac{A_x \times y_{\mathrm{IS}} \times M \times D}{A_{\mathrm{IS}} \times \overline{\mathrm{RRF}} \times V_{\mathrm{m}}} \tag{3}$$

式中：ρ_x——样品中目标化合物的质量浓度，μg/m³；

A_x——样品中目标化合物定量离子的响应值；

y_{IS}——样品中内标化合物的摩尔分数，nmol/mol；

M——目标化合物的摩尔质量，g/mol；

D——稀释倍数；

A_{IS}——样品中内标化合物定量离子的响应值；

$\overline{\mathrm{RRF}}$——某目标化合物的平均相对响应因子；

V_{m}——根据相关质量或排放标准确定相应状态下气体的摩尔体积，参比状态下为 24.5 L/mol，标准状态下为 22.4 L/mol。

9.1.3.2 校准曲线法

当目标化合物采用线性校准曲线进行校准时，样品中目标化合物质量浓度 ρ_x 按照式（4）计算。

$$\rho_x = \frac{y_x \times M \times D}{V_m} \tag{4}$$

式中：ρ_x——样品中目标化合物的质量浓度，μg/m³；

y_x——校准曲线得出样品中目标化合物的摩尔分数，nmol/mol；

M——目标化合物的摩尔质量，g/mol；

D——稀释倍数；

V_{m}——根据相关质量或排放标准确定相应状态下气体的摩尔体积，参比状态下为 24.5 L/mol，标准状态下为 22.4 L/mol。

9.2 目标外化合物

9.2.1 定性分析

以全扫描方式进行测定，比较样品质谱图和谱库标准物质质谱图，谱库标准物质质谱图中相对丰度高于 30%的所有离子应在样品质谱图中存在，定性离子的信噪比应大于 3∶1，主要定性离子和辅助定性离子的离子峰顶点应在同一个扫描段内最大共流出。依据质谱图和谱库匹配度等信息，结合现场实际情况判断得出样品定性结果。

9.2.2 浓度估算

对样品中已定性的目标外化合物及内标化合物的总离子色谱图色谱峰进行积分，目标外化合物质量浓度 ρ_x 按照式（5）估算。

$$\rho_x = \frac{A_x \times y_{IS} \times M \times D}{A_{IS} \times V_m} \tag{5}$$

式中：ρ_x——样品中目标外化合物的质量浓度，μg/m^3；

A_x——样品中目标外化合物定量离子的响应值；

y_{IS}——内标化合物的摩尔分数，nmol/mol；

M——目标外化合物的摩尔质量，g/mol；

D——稀释倍数；

A_{IS}——样品中内标化合物定量离子的响应值；

V_m——根据相关质量或排放标准确定相应状态下气体的摩尔体积，参比状态下为 24.5 L/mol，标准状态下为 22.4 L/mol。

9.3 结果表示

测定结果小数位数与方法检出限一致，最多保留 3 位有效数字。

目标外化合物，定性结果后应附质谱图及检索结果等原始信息。

10 准确度

10.1 精密度

6 家实验室分别对 5.0 nmol/mol、25.0 nmol/mol、45.0 nmol/mol 和 200 nmol/mol 的实际样品加标样品进行了精密度测定，实验室内相对标准偏差范围分别为 2.2%～25%、1.1%～24%、0.6%～14%、1.0%～13%；实验室间相对标准偏差分别为 4.1%～32%、3.5%～20%、2.9%～24%、2.5%～28%；重复性限分别为 3.3～20 μg/m^3、17～70 μg/m^3、19～1.3×10^2 μg/m^3、34～4.3×10^2 μg/m^3；再现性限分别为 4.7～36 μg/m^3、21～1.5×10^2 μg/m^3、26～1.4×10^2 μg/m^3、1.4×10^2～7.8×10^2 μg/m^3。参见附录 E 中表 E.1。

10.2 正确度

6 家实验室对加标量为 5.0 nmol/mol、45.0 nmol/mol、200 nmol/mol 的样品重复进行 6 次实际样品加标回收率测定，加标回收率范围分别为 86.5%～107%、92.7%～105%、94.3%～106%；加标回收率最终值分别为 98.6%±36.2%、100%±27.0%、99.0%±33.0%。参见附录 E 中表 E.2。

11 质量保证和质量控制

11.1 每测定 20 个样品或每批次（≤20 个样品）应分析 1 个空白样品（7.2），空白样品中目标物化合物浓度应小于方法测定下限。

注：若未满足以上条件，则空白样品中目标化合物浓度应小于标准限值的 10%，否则应采取措施排除污染并重新分析同批样品。

11.2 校准曲线核查和样品测试时，内标与校准曲线中间点内标的保留时间变化不超过

10 s，定量离子峰面积变化在 60%～140%。

11.3 定量分析前，用预制校准曲线的中间点浓度样品进行校准核查，目标组分测定结果的相对误差应在±30%以内；连续测定时，每 12 h 分析一次校准曲线中间浓度点，其测定结果与标准值间的相对误差应在±30%以内。否则应按照 8.2.2.2 进行单点校准。

12 废物处置

过期的标准气体，应依法委托有资质的单位回收处理。

13 注意事项

13.1 突发环境事件应急监测时，现场人员应采取必要的防护措施，保障人身安全。

13.2 具有爆炸危险的环境内不能使用便携式气相色谱-质谱仪。

13.3 分析 1 个高含量样品后，应至少分析 1 个空白样品检查系统残留。如发生系统残留，应采取烘烤仪器管线等相应措施，确认不存在系统残留后再继续进行测试。

附录 A
（规范性附录）
目标化合物方法检出限及测定下限

当进样量为 600 ml、分流比为 50∶1，或进样量为 100 ml、不分流，在全扫描模式下，目标化合物检出限及测定下限统计结果见表 A.1。

表 A.1 目标化合物方法检出限及测定下限

序号	中文名称	英文名称	CAS No.	摩尔质量/（g/mol）	检出限/（μg/m^3）	测定下限/（μg/m^3）
1	丙烯腈	Acrylonitrile	107-13-1	53.06	3	12
2	1,1-二氯乙烯	1,1-Dichloroethene	75-35-4	96.94	6	24
3	溴乙烷	Bromoethane	74-96-4	108.96	4	16
4	二氯甲烷	Methylene chloride	75-09-2	84.93	3	12
5	1,1,2-三氯-1,2,2-三氟乙烷	Trichlorotrifluoroethane	76-13-1	187.39	8	32
6	二硫化碳	Carbon Disulfide	75-15-0	76.14	3	12
7	反式-1,2-二氯乙烯	*trans*-1,2-Dichloroethene	156-60-5	96.94	3	12
8	1,1-二氯乙烷	1,1-Dichloroethane	75-34-3	98.97	6	24
9	甲基叔丁基醚	Methyl *tert*-butyl Ether	1634-04-4	88.15	3	12
10	2-丁酮	2-Butanone	78-93-3	72.11	3	12
11	顺式-1,2-二氯乙烯	*cis*-1,2-Dichloroethene	156-59-2	96.94	3	12
12	乙酸乙酯	Ethyl Acetate	141-78-6	88.11	5	20
13	正己烷	*n*-Hexane	110-54-3	86.18	5	20

序号	中文名称	英文名称	CAS No.	摩尔质量/(g/mol)	检出限/(μg/m³)	测定下限/(μg/m³)
14	三氯甲烷	Trichloromethane	67-66-3	119.38	4	16
15	1,2-二氯乙烷	1,2-Dichloroethane	107-06-2	98.96	4	16
16	1,1,1-三氯乙烷	1,1,1-Trichloroethane	71-55-6	133.42	5	20
17	苯	Benzene	71-43-2	78.11	3	12
18	四氯化碳	Carbon tetrachloride	56-23-5	153.84	6	24
19	环己烷	Cyclohexane	110-82-7	84.16	4	16
20	1,2-二氯丙烷	1,2-Dichloropropane	78-87-5	112.99	6	24
21	二氯一溴甲烷	Bromodichloromethane	75-27-4	163.82	8	32
22	1,4-二氧六环	1,4-Dioxane	123-91-1	88.11	5	20
23	三氯乙烯	Trichloroethylene	79-01-6	131.39	6	24
24	甲基丙烯酸甲酯	Methyl Methacrylate	80-62-6	100.12	4	16
25	正庚烷	Heptane	142-82-5	100.21	3	12
26	顺式-1,3-二氯丙烯	*cis*-1,3-Dichloropropene	10061-01-5	110.97	4	16
27	4-甲基-2-戊酮	Methyl Isobutyl Ketone	108-10-1	100.16	6	24
28	反式-1,3-二氯丙烯	*trans*-1,3-Dichloropropene	10061-02-6	110.97	4	16
29	1,1,2-三氯乙烷	1,1,2-Trichloroethane	79-00-5	133.42	5	20
30	甲苯	Toluene	108-88-3	92.14	4	16
31	2-己酮	2-Hexanone	591-78-6	100.16	4	16
32	二溴一氯甲烷	Dibromochloromethane	124-48-1	208.27	7	28
33	1,2-二溴乙烷	1,2-Dibromoethane	106-93-4	187.86	6	24
34	1,1,1,2-四氯乙烯	1,1,1,2-Tetrachloroethane	127-18-4	165.82	5	20
35	氯苯	Chlorobenzene	108-90-7	112.56	5	20
36	乙苯	Ethylbenzene	100-41-4	106.16	4	16
37	溴仿	Bromoform	75-25-2	252.77	9	36
38 39	间-二甲苯 对-二甲苯	*m*-Xylene *p*-Xylene	108-38-3/ 106-42-3	106.16	6	24
40	苯乙烯	Styrene	100-42-5	104.15	7	28
41	1,1,2,2-四氯乙烷	1,1,2,2- Tetrachloroethane	79-34-5	167.86	4	16
42	邻-二甲苯	*o*-Xylene	95-47-6	106.16	5	20
43	4-乙基甲苯	4-Ethyltoluene	622-96-8	120.19	5	20
44	1,3,5-三甲基苯	1,3,5-Trimethylbenzene	108-67-8	120.19	4	16
45	1,2,4-三甲基苯	1,2,4-Trimethylbenzene	95-63-6	120.19	5	20
46	氯代甲苯	Benzyl Chloride	100-44-7	126.58	4	16
47	1,3-二氯苯	1,3 -Dichlorobenzene	541-73-1	147.00	5	20
48	1,4-二氯苯	1,4-Dichlorobenzene	106-46-7	147.00	6	24
49	1,2-二氯苯	1,2-Dichlorobenzene	95-50-1	147.00	6	24
50	1,2,4-三氯苯	1,2,4-Trichlorobenzene	120-82-1	181.45	8	32
51	萘	Naphthalene	91-20-3	128.17	6	24
52	1,1,2,3,4,4,-六氯-1,3-丁二烯	Hexachlorobutadiene	87-68-3	260.76	8	32

附录 B
（资料性附录）
静态稀释法配制标准气体

B.1 仪器与设备

加热箱：具有避光保温功能，能够将气袋加热到 60℃的加热容器。

B.2 步骤

B.2.1 选择气袋（5.2）作为标准气体配制的容器。将气袋连接氮气（4.4），通过氮气（4.4）冲洗气袋，密封。对气袋进行空白分析，目标化合物含量应低于方法检出限，如果仍有干扰杂质，则需将气袋放置于 60℃加热箱中平衡约 30 mim，等待杂质溶解后，重新清洗气袋，直至气袋中的目标化合物含量低于方法检出限。

B.2.2 连接流量计（流量精度≤2%），将氮气（4.4）充入气袋（5.2），记录充入气体的体积 V_2。

B.2.3 配制适当浓度的目标化合物标准溶液，使用微量注射器将标准溶液注入气袋中，记录注入体积 V_1，拔出微量进样器，关闭气袋阀门。将气袋放置于加热箱中，60℃恒温 30 min，以保证样品完全挥发。样品分析应尽快进行，以免物质重新吸附于气袋内壁。

B.3 计算

标准气体浓度按照式（B.1）计算：

$$y_x = \frac{\rho_1 \times V_1 \times 22.4 \times (273.15 + T) \times 101.325}{V_2 \times M \times 273.15 \times P \times 10^3} \quad \text{(B.1)}$$

式中：y_x——目标化合物的摩尔分数，nmol/mol；

ρ_1——标准样品溶液的浓度，μl；

V_1——标准溶液的加入体积，μl；

22.4——标准状态下气态分子的摩尔体积，L/mol；

273.15——摄氏温度（℃）和热力学温度（K）之间的换算常数，K；

101.325——标准大气条件下，kPa；

T——环境温度，℃；

V_2——充入气体体积，L；

M——目标化合物的摩尔质量，g/mol；

P——实际大气压力，kPa；

10^3——体积单位换算系数和物质的量单位换算系数的乘积，L/μl×nmol/μmol。

附录 C
（资料性附录）
目标化合物的总离子色谱图

用 15 m×0.25 mm×1.0 μm，固定相为 100%二甲基聚硅氧烷毛细管柱分析，全扫描模式总离子色谱图见图 C.1。

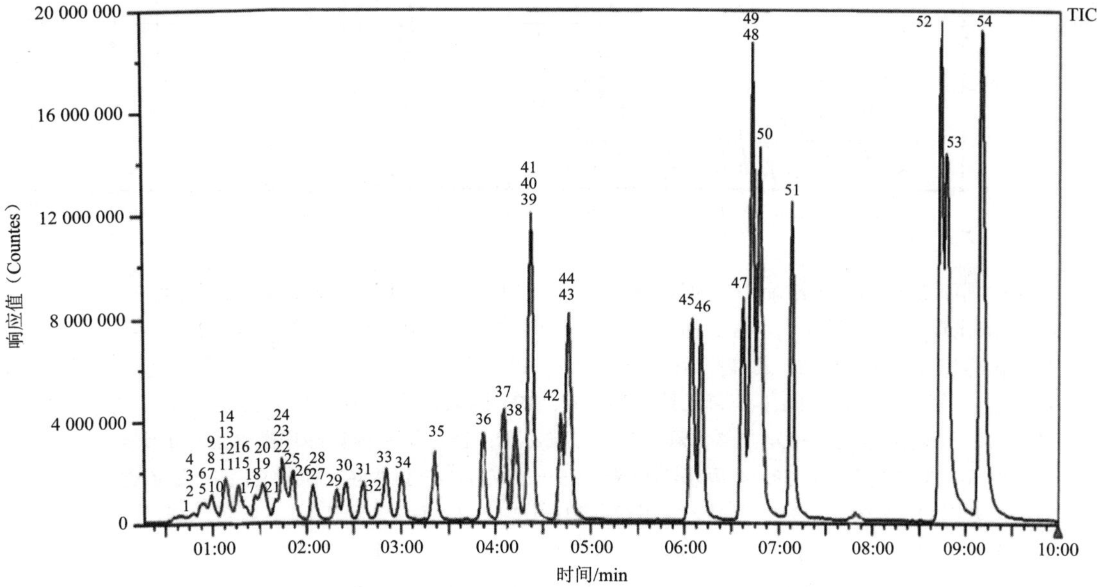

1—丙烯腈；2—1,1-一二氯乙烯；3—溴乙烷；4—二氯甲烷；5—1,1,2-三氯-1,2,2-三氟乙烷；6—二硫化碳；7—反式-1,2-二氯乙稀；8—1,1-二氯乙烷；9—甲基叔丁基醚；10—2-丁酮；11—顺式-1,2-二氯乙烯；12—乙酸乙酯；13—正己烷；14—三氯甲烷；15—1,2-二氯乙烷；16—1,3,5-三（三氟甲基）苯（内标 1）；17—1,1,1-三氯乙烷；18—苯；19—四氯化碳；20—环己烷；21—1,2-二氯丙烷；22—二氯一溴甲烷；23—1,4-二氧六环；24—三氯乙烯；25—甲基丙烯酸甲酯；26—正庚烷；27—顺式-1,3-二氯丙稀；28—4-甲基-2-戊酮；29—反式-1,3-二氯丙烯；30—1,1,2-三氯乙烷；31—甲苯；32—2-己酮；33—二溴一氯甲烷；34—1,2-二溴乙烷；35—1,1,1,2-四氯乙烯；36—氯苯；37—溴五氟苯（内标 2）；38—乙苯；39—溴仿；40/41—间-二甲苯/对-二甲苯；42—苯乙烯；43—1,1,2,2-四氯乙烷；44—邻-二甲苯；45—4-乙基甲苯；46—1,3,5-三甲基苯；47—1,2,4-三甲基苯；48—氯代甲苯；49—1,3-二氯苯；50—1,4-二氯苯；51—1,2-二氯苯；52—1,2,4-三氯苯；53—萘；54—1,1,2,3,4,4,-六氯-1,3-丁二烯

图 C.1　10.0 nmol/mol 目标化合物总离子色谱图

用 10 m×0.1 mm×0.4 μm，固定相为 100%二甲基聚硅氧烷毛细管柱分析，全扫描模式总离子色谱图见图 C.2。

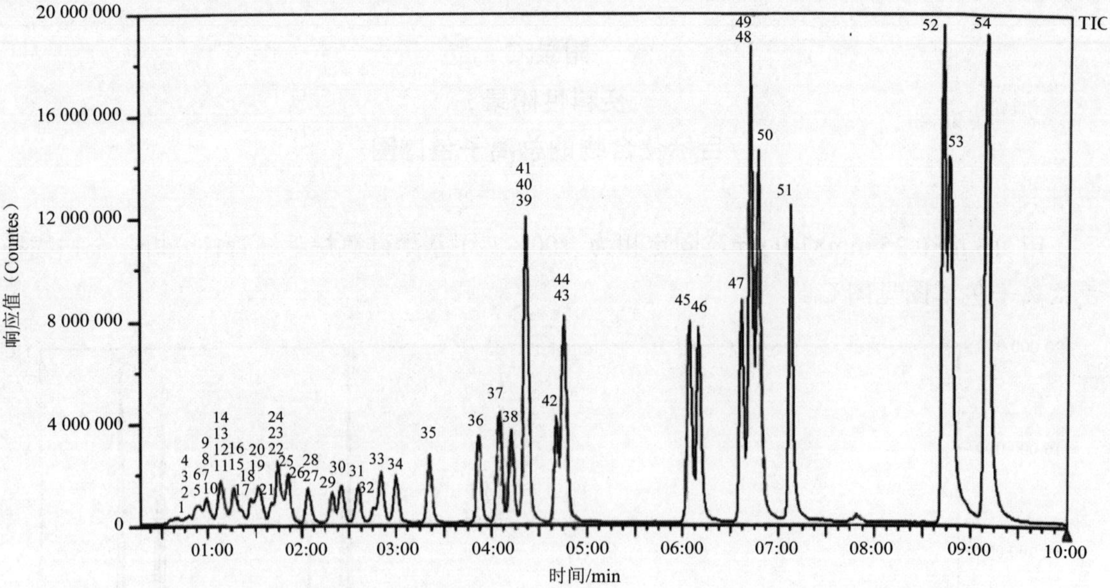

1—丙烯腈；2—1,1-二氯乙烯；3—溴乙烷；4—二氯甲烷；5—1,1,2-三氯-1,2,2-三氟乙烷；
6—二硫化碳；7—反式-1,2-二氯乙稀；8—1,1-二氯乙烷；9—甲基叔丁基醚；10—2-丁酮；
11—顺式-1,2-二氯乙烯；12—乙酸乙酯；13—正己烷；14—三氯甲烷；15—1,3,5-三（三氟甲基）苯（内标 1）；
16—1,2-二氯乙烷；17—1,1,1-三氯乙烷；18—苯；19—四氯化碳；20—环己烷；21—1,2-二氯丙烷；
22—二氯一溴甲烷；23—1,4-二氧六环；24—三氯乙烯；25—甲基丙烯酸甲酯；26—正庚烷；
27—顺式-1,3-二氯丙稀；28—4-甲基-2-戊酮；29—反式-1,3-二氯丙烯；30—1,1,2-三氯乙烷；
31—甲苯；32—2-己酮；33—二溴一氯甲烷；34—1,2-二溴乙烷；35—1,1,1,2-四氯乙烯；
36—氯苯；37—乙苯；38—溴仿；39/40—间-二甲苯/对-二甲苯；41—苯乙烯；
42—1,1,2,2-四氯乙烷；43—邻-二甲苯；44—4-溴氟苯（内标 2）；45—4-乙基甲苯；
46—1,3,5-三甲基苯；47—1,2,4-三甲基苯；48—氯代甲苯；49—1,3-二氯苯；50—1,4-二氯苯；
51—1,2-二氯苯；52—1,2,4-三氯苯；53—萘；54—1,1,2,3,4,4,-六氯-1,3-丁二烯

图 C.2　10.0 nmol/mol 目标化合物总离子色谱图

附录 D
（资料性附录）
目标化合物的定量离子、辅助离子

表 D.1 给出了目标化合物的出峰顺序、定量离子、辅助离子和定量计算对应的内标物名称等。

表 D.1 目标化合物的定量离子、辅助离子

序号	化合物名称	定量离子（m/z）	辅助离子（m/z）	对应的内标物名称
1	丙烯腈	53	52	内标 1
2	1,1-二氯乙烯	61	96	内标 1
3	溴乙烷	108	110	内标 1
4	二氯甲烷	49	84	内标 1
5	1,1,2-三氯-1,2,2-三氟乙烷	101	151	内标 1
6	二硫化碳	76	78	内标 1
7	反式-1,2-二氯乙烯	61	96	内标 1
8	1,1-二氯乙烷	63	65	内标 1
9	甲基叔丁基醚	73	57	内标 1
10	2-丁酮	43	72	内标 1
11	顺式-1,2-二氯乙烯	61	96	内标 1
12	乙酸乙酯	43	61	内标 1
13	正己烷	57	43	内标 1
14	三氯甲烷	83	85	内标 1
15	1,2-二氯乙烷	62	64	内标 1
16	1,1,1-三氯乙烷	97	99	内标 1
17	苯	78	77	内标 1
18	四氯化碳	117	119	内标 1
19	环己烷	56	84	内标 1
20	1,2-二氯丙烷	63	62	内标 1
21	二氯一溴甲烷	83	85	内标 1
22	1,4-二氧六环	88	58	内标 1
23	三氯乙稀	130	132	内标 1
24	甲基丙烯酸甲酯	69	100	内标 1
25	正庚烷	57	71	内标 1
26	顺式-1,3-二氯丙烯	75	77	内标 1
27	4-甲基-2-戊酮	43	58	内标 1
28	反式-1,3-二氯丙烯	75	77	内标 1
29	1,1,2-三氯乙烷	97	83	内标 1
30	甲苯	91	92	内标 1
31	2-己酮	43	58	内标 2
32	二溴一氯甲烷	129	127	内标 2
33	1,2-二溴乙烷	107	109	内标 2
34	1,1,1,2-四氯乙烯	166	164	内标 2
35	氯苯	112	77	内标 2
36	乙苯	91	106	内标 2
37	溴仿	173	171	内标 2
38	间-二甲苯	91	106	内标 2
39	对-二甲苯	91	106	内标 2
40	苯乙烯	104	103	内标 2

序号	化合物名称	定量离子（*m/z*）	辅助离子（*m/z*）	对应的内标物名称
41	1,1,2,2-四氯乙烷	83	85	内标 2
42	邻-二甲苯	91	106	内标 2
43	4-乙基甲苯	105	120	内标 2
44	1,3,5-三甲基苯	105	120	内标 2
45	1,2,4-三甲基苯	105	120	内标 2
46	氯代甲苯	91	126	内标 2
47	1,3-二氯苯	146	148	内标 2
48	1,4-二氯苯	146	148	内标 2
49	1,2-二氯苯	146	148	内标 2
50	1,2,4-三氯苯	180	182	内标 2
51	萘	128	—	内标 2
52	1,1,2,3,4,4,-六氯-1,3-丁二烯	225	227	内标 2

注：内标 1 为 1,3,5-三（三氟甲基）苯；内标 2 为溴五氟苯或 4-溴氟苯。

附录 E
（资料性附录）
方法准确度

方法精密度、重复性和再现性指标见表 E.1，方法的正确度指标见表 E.2。

表 E.1 方法的精密度、重复性和再现性

序号	化合物名称	总平均值/（μg/m³）	实验室内相对标准偏差/%	实验室间相对标准偏差/%	重复性限/（μg/m³）	再现性限/（μg/m³）
1	丙烯腈	11	8.4～17	8.2	4.0	4.7
		58	5.0～21	14	17	27
		105	4.9～8.7	6.8	19	26
		454	2.6～9.7	9.0	95	1.4×10^2
2	1,1-二氯乙烯	22	6.1～13	16	6.1	11
		109	1.6～13	8.3	27	35
		195	2.1～10	7.1	39	52
		865	3.6～8.3	3.3	1.3×10^2	1.4×10^2
3	溴乙烷	22	3.3～14	22	5.4	15
		123	2.6～12	5.9	27	33
		226	2.3～10	8.2	49	68
		1.03×10^3	2.4～7.6	16	1.4×10^2	4.7×10^2
4	二氯甲烷	22	3.4～10	25	4.2	16
		99	1.4～14	14	28	45
		169	5.5～10	5.2	40	45
		815	2.0～8.9	12	1.5×10^2	3.0×10^2

序号	化合物名称	总平均值/（μg/m³）	实验室内相对标准偏差/%	实验室间相对标准偏差/%	重复性限/（μg/m³）	再现性限/（μg/m³）
5	1,1,2-三氯-1,2,2-三氟乙烷	40	6.9～12	15	12	18
		212	1.5～12	3.5	49	49
		380	1.8～12	5.7	73	91
		1.62×10^3	2.9～9.9	11	3.2×10^2	5.8×10^2
6	二硫化碳	16	5.2～15	21	4.8	10
		88	2.2～14	5.0	19	21
		155	2.5～9.6	4.2	29	32
		650	2.4～10	25	1.1×10^2	4.6×10^2
7	反式-1,2-二氯乙烯	21	4.4～12	17	4.8	11
		109	2.9～13	6.0	27	30
		191	2.4～11	4.8	36	41
		877	1.9～11	3.8	1.7×10^2	1.8×10^2
8	1,1-二氯乙烷	22	4.8～14	14	6.2	11
		115	2.1～11	6.2	28	32
		196	1.9～11	4.7	41	46
		820	3.7～9.8	20	1.6×10^2	4.8×10^2
9	甲基叔丁基醚	20	5.2～14	16	5.5	9.8
		98	1.3～12	4.8	24	25
		176	1.8～12	5.1	37	42
		827	2.4～12	12	1.6×10^2	3.0×10^2
10	2-丁酮	15	7.8～18	19	5.5	6.2
		80	6.4～12	1.6	21	22
		142	3.4～12	7.7	34	43
		679	2.8～13	11	34	1.4×10^2
11	顺式-1,2-二氯乙烯	23	5.7～10	23	4.8	16
		107	3.1～14	4.5	28	28
		197	2.1～11	4.0	40	42
		899	1.4～12	7.6	1.9×10^2	2.6×10^2
12	乙酸乙酯	16	7.2～13	19	5.4	9.6
		95	2.2～13	6.9	24	28
		173	2.4～11	8.2	38	53
		731	3.5～9.8	28	1.5×10^2	5.9×10^2
13	正己烷	16	2.2～10	29	4.2	14
		87	6.0～18	9.3	26	32
		177	4.8～8.2	4.8	31	36
		679	2.3～11	24	1.7×10^2	4.8×10^2
14	三氯甲烷	26	4.3～12	19	5.9	15
		133	1.9～12	4.0	33	33
		239	0.6～11	8.9	43	71
		950	1.5～8.9	19	1.6×10^2	5.3×10^2

序号	化合物名称	总平均值/（μg/m³）	实验室内相对标准偏差/%	实验室间相对标准偏差/%	重复性限/（μg/m³）	再现性限/（μg/m³）
15	1,2-二氯乙烷	21	4.0～11	15	4.9	9.7
		111	1.8～11	5.2	26	28
		196	3.2～8.1	4.3	34	38
		888	1.7～12	3.0	1.8×10^{2}	1.8×10^{2}
16	1,1,1-三氯乙烷	29	3.2～12	12	6.5	10
		150	2.4～11	6.0	33	38
		269	3.5～11	2.9	54	54
		1.20×10^{3}	1.2～8.3	12	1.9×10^{2}	4.5×10^{2}
17	苯	18	4.4～9.0	17	3.8	8.7
		86	1.2～11	4.0	20	21
		154	2.0～9.2	2.9	29	29
		675	2.0～13	26	1.4×10^{2}	5.1×10^{2}
18	四氯化碳	33	2.1～8.5	8.3	5.5	7.6
		172	4.7～11	5.6	38	44
		308	2.9～8.8	3.3	58	60
		1.41×10^{3}	1.7～9.0	7.1	2.1×10^{2}	3.4×10^{2}
19	环己烷	15	4.7～10	24	4.1	10
		88	3.8～11	9.4	23	32
		168	2.5～9.0	4.3	36	38
		676	2.0～8.4	22	1.2×10^{2}	4.2×10^{2}
20	1,2-二氯丙烷	23	2.7～10	17	5.5	13
		124	2.1～13	5.7	30	34
		226	4.7～10	5.4	52	60
		931	1.4～7.7	23	1.4×10^{2}	6.2×10^{2}
21	二氯一溴甲烷	33	4.0～12	18	8.0	18
		180	1.5～14	6.5	45	53
		332	2.6～10	4.6	78	82
		1.43×10^{3}	1.4～9.0	19	2.2×10^{2}	7.8×10^{2}
22	1,4-二氧六环	17	2.6～14	23	5.5	11
		89	2.0～14	8.8	23	31
		172	4.7～12	4.1	43	44
		795	1.6～6.6	10	1.1×10^{2}	2.5×10^{2}
23	三氯乙烯	26	3.3～10	20	6.5	15
		146	3.9～12	5.2	29	35
		259	2.5～11	4.1	61	62
		1.11×10^{3}	1.4～7.9	18	1.7×10^{2}	5.7×10^{2}
24	甲基丙烯酸甲酯	19	4.2～11	26	4.9	15
		108	2.3～8.7	6.6	19	26
		199	1.7～9.6	4.3	40	44
		837	2.6～9.4	28	1.6×10^{2}	6.8×10^{2}

序号	化合物名称	总平均值/（μg/m³）	实验室内相对标准偏差/%	实验室间相对标准偏差/%	重复性限/（μg/m³）	再现性限/（μg/m³）
25	正庚烷	19	4.7～8.3	29	3.6	15
		107	3.8～9.9	7.9	20	30
		199	2.4～10	3.8	45	46
		805	1.4～11	24	1.6×10^2	5.5×10^2
26	顺式-1,3-二氯丙烯	21	5.6～14	26	5.4	17
		121	3.8～9.5	7.3	25	33
		222	2.5～11	6.0	45	54
		986	1.1～8.4	24	1.5×10^2	6.6×10^2
27	4-甲基-2-戊酮	20	5.8～12	27	4.9	16
		102	4.7～21	14	29	49
		201	4.3～9.5	3.6	44	45
		830	2.8～7.3	20	1.3×10^2	4.7×10^2
28	反式-1,3-二氯丙烯	22	6.2～11	32	5.4	21
		120	3.4～13	8.2	29	39
		228	2.1～13	3.7	52	54
		1.00×10^3	2.1～7.4	24	1.4×10^2	7.0×10^2
29	1,1,2-三氯乙烷	27	2.4～13	13	6.5	10
		143	3.0～11	8.8	33	46
		269	4.6～11	6.0	60	70
		1.18×10^3	2.4～9.1	12	2.2×10^2	4.6×10^2
30	甲苯	18	4.2～9.0	23	3.3	12
		95	1.9～15	11	24	38
		184	4.7～11	3.3	42	42
		815	2.3～7.2	17	1.2×10^2	4.1×10^2
31	2-己酮	19	4.0～17	26	4.9	15
		101	4.0～20	15	28	50
		205	3.7～9.6	5.0	41	47
		825	4.4～11	18	1.6×10^2	4.3×10^2
32	二溴一氯甲烷	45	4.6～21	8.3	13	16
		225	4.2～10	9.1	46	71
		424	2.1～11	4.4	88	97
		1.95×10^3	1.7～9.6	4.2	3.4×10^2	3.9×10^2
33	1,2-二溴乙烷	39	4.7～11	13	9.2	17
		207	4.9～11	10	50	76
		385	1.6～11	6.3	80	1.0×10^2
		1.72×10^3	1.9～7.2	7.1	2.6×10^2	4.2×10^2
34	1,1,1,2-四氯乙烯	30	3.4～11	4.1	8.1	8.1
		188	4.9～12	4.7	44	46
		326	1.6～11	7.5	77	98
		1.33×10^3	1.2～8.6	2.5	2.5×10^2	2.5×10^2

序号	化合物名称	总平均值/（$\mu g/m^3$）	实验室内相对标准偏差/%	实验室间相对标准偏差/%	重复性限/（$\mu g/m^3$）	再现性限/（$\mu g/m^3$）
35	氯苯	23	2.2～9.6	13	4.0	10
		125	3.8～11	5.2	30	32
		231	1.6～10	6.3	39	55
		1.02×10^{3}	1.7～6.5	6.1	1.4×10^{2}	2.1×10^{2}
36	乙苯	21	3.6～8.0	18	3.8	12
		117	3.7～16	7.3	33	38
		222	1.9～11	10	50	77
		902	1.5～9.2	14	1.5×10^{2}	3.8×10^{2}
37	溴仿	55	3.7～14	18	12	32
		293	4.9～12	7.7	70	88
		521	1.8～9.0	3.9	82	95
		2.36×10^{3}	1.0～6.5	6.8	3.3×10^{2}	5.4×10^{2}
38 39	间-二甲苯 对-二甲苯	42	2.7～8.3	29	8.1	36
		217	5.7～14	20	63	1.3×10^{2}
		408	1.4～9.5	24	66	2.8×10^{2}
		1.75×10^{3}	1.3～6.4	27	2.1×10^{2}	1.4×10^{3}
40	苯乙烯	21	4.4～12	27	5.1	16
		115	5.2～14	6.5	32	36
		216	2.9～10	3.2	38	39
		914	2.2～9.1	7.7	1.5×10^{2}	2.4×10^{2}
41	1,1,2,2-四氯乙烷	36	4.2～16	19	10	19
		193	5.8～13	8.9	50	67
		344	2.8～9.9	3.9	61	67
		1.47×10^{3}	2.2～6.7	13	2.1×10^{2}	5.7×10^{2}
42	邻-二甲苯	21	4.4～30	16	8.1	10
		120	5.5～15	8.7	33	43
		216	1.1～9.8	3.7	44	45
		950	2.1～9.0	6.8	1.5×10^{2}	2.2×10^{2}
43	4-乙基甲苯	24	3.0～12	23	5.9	15
		138	5.9～11	12	38	57
		246	4.6～11	4.6	66	68
		1.06×10^{3}	4.1～9.8	4.4	2.0×10^{2}	2.3×10^{2}
44	1,3,5-三甲基苯	24	3.1～11	16	5.9	12
		136	3.6～12	9.5	34	48
		244	3.4～13	4.6	63	64
		1.07×10^{3}	2.8～9.5	3.9	1.8×10^{2}	2.0×10^{2}
45	1,2,4-三甲基苯	25	4.1～12	22	5.9	17
		137	5.4～10	9.0	30	44
		250	2.5～8.7	3.6	47	49
		1.05×10^{3}	2.9～7.0	3.9	1.4×10^{2}	1.7×10^{2}

序号	化合物名称	总平均值/（μg/m³）	实验室内相对标准偏差/%	实验室间相对标准偏差/%	重复性限/（μg/m³）	再现性限/（μg/m³）
46	氯代甲苯	27	5.2～17	15	7.9	14
		137	5.0～13	11	38	54
		263	3.3～8.1	6.0	44	60
		1.09×10^3	1.9～5.6	8.7	1.3×10^2	2.9×10^2
47	1,3-二氯苯	31	6.2～14	8.5	9.2	11
		167	5.4～10	13	37	68
		299	2.9～9.4	5.1	62	70
		1.30×10^3	2.9～9.2	5.3	2.3×10^2	2.8×10^2
48	1,4-二氯苯	27	4.1～15	32	7.2	26
		164	6.3～24	14	59	85
		299	3.4～13	5.3	76	81
		1.29×10^3	3.8～10	7.3	2.5×10^2	3.5×10^2
49	1,2-二氯苯	32	4.2～19	14	9.2	16
		167	4.6～9.6	11	35	60
		303	1.6～9.9	4.3	60	66
		1.30×10^3	2.8～9.3	5.4	2.2×10^2	2.8×10^2
50	1,2,4-三氯苯	39	2.2～19	15	14	18
		207	3.8～11	12	45	82
		360	1.6～13	4.0	88	91
		1.64×10^3	2.3～9.0	5.6	2.8×10^2	3.6×10^2
51	萘	26	2.7～13	15	6.3	13
		145	3.7～11	12	34	58
		256	3.3～12	3.4	58	58
		1.16×10^3	2.4～8.8	5.0	2.0×10^2	2.4×10^2
52	1,1,2,3,4,4,-六氯-1,3-丁二烯	58	3.9～25	14	20	26
		306	1.8～10	16	69	1.5×10^2
		516	1.4～13	4.5	1.3×10^2	1.4×10^2
		2.34×10^3	2.8～9.6	8.2	4.3×10^2	6.6×10^2

表 E.2 方法的正确度

序号	化合物名称	加标浓度/（μg/m³）	$\overline{P}$/%	$S_{\overline{P}}$/%	$\overline{P}\pm2S_{\overline{P}}$/%
1	丙烯腈	11	93.9	5.1	93.9±10
		105	98.3	3.9	98.3±7.8
		454	98.5	7.1	98.5±14
2	1,1-二氯乙烯	22	95.3	8.0	95.3±16
		195	97.7	4.4	97.7±8.8
		865	98.6	8.5	98.6±17
3	溴乙烷	22	91.5	6.1	91.5±12
		226	97.1	6.7	97.1±13
		1.03×10^3	98.3	6.8	98.3±14

序号	化合物名称	加标浓度/（μg/m^3）	$\overline{P}$/%	$S_{\overline{P}}$/%	$\overline{P}\pm 2S_{\overline{P}}$/%
4	二氯甲烷	22	101	14	101±28
		169	93.0	10	93.0±20
		815	103	3.9	103±7.8
5	1,1,2-三氯-1,2,2-三氟乙烷	40	96.4	7.1	96.4±14
		380	98.4	5.3	98.4±11
		1.62×10^3	99.6	12	99.6±24
6	二硫化碳	16	107	7.1	107±14
		155	99.7	6.2	99.7±12
		650	103	9.8	103±20
7	反式-1,2-二氯乙烯	21	90.8	7.2	90.8±14
		191	92.7	6.6	92.7±13
		877	101	5.0	101±10
8	1,1-二氯乙烷	22	96.7	5.0	96.7±10
		196	97.8	4.8	97.8±9.6
		820	104	2.2	104±4.4
9	甲基叔丁基醚	20	86.5	8.7	86.5±17
		176	98.4	2.7	98.4±5.4
		827	104	13	104±26
10	2-丁酮	15	99.1	9.5	99.1±19
		142	94.5	6.0	94.5±12
		679	102	13	102±26
11	顺式-1,2-二氯乙烯	23	90.1	8.3	90.1±17
		197	96.7	5.0	96.7±10
		899	103	11	103±22
12	乙酸乙酯	16	96.8	12	96.8±24
		173	98.2	5.6	98.2±11
		731	103	12	103±24
13	正己烷	16	101	8.8	101±18
		177	101	6.2	101±12
		679	99.1	10	99.1±20
14	三氯甲烷	26	95.5	9.7	95.5±19
		239	98.6	4.4	98.6±8.8
		950	103	6.7	103±13
15	1,2-二氯乙烷	21	99.9	5.3	99.9±11
		196	99.6	3.3	99.6±6.6
		888	103	2.6	103±5.2
16	1,1,1-二氯乙烷	29	96.7	5.5	96.7±11
		269	98.9	2.9	98.9±5.8
		1.20×10^3	101	11	101±22
17	苯	18	99.7	11	99.7±22
		154	98.6	4.4	98.6±8.8
		675	106	11	106±22

序号	化合物名称	加标浓度/（μg/m³）	$\overline{P}$ /%	$S_{\overline{P}}$ /%	$\overline{P}\pm2S_{\overline{P}}$ /%
18	四氯化碳	33	101	4.9	101±9.8
		308	99.8	2.2	99.8±4.4
		1.41×10^3	102	6.7	102±13
19	环己烷	15	94.8	11	94.8±22
		168	99.8	4.4	99.8±8.8
		676	98.9	8.3	98.9±17
20	1,2-二氯丙烷	23	97.6	8.6	97.6±17
		226	97.0	3.8	97.0±7.6
		931	103	3.5	103±7.0
21	二氯一溴甲烷	33	92.9	7.7	92.9±15
		332	99	4.9	99.0±9.8
		1.43×10^3	104	8.2	104±16
22	1,4-二氧六环	17	101	8.2	101±16
		172	97.6	5.5	97.6±11
		795	101	11	101±22
23	三氯乙稀	26	92.0	11	92.0±22
		259	98.7	5.6	98.7±11
		1.11×10^3	102	2.8	102±5.6
24	甲基丙烯酸甲酯	19	90.0	15	90.0±30
		199	96.9	5.7	96.9±11
		837	102	8.8	102±18
25	正庚烷	19	90.3	14	90.3±28
		199	101	5.4	101±11
		805	96.9	9.1	96.9±18
26	顺式-1,3-二氯丙烯	21	98.6	18	98.6±36
		222	97.9	6.0	97.9±12
		986	106	14	106±28
27	4-甲基-2-戊酮	20	105	15	105±30
		201	97.2	8.6	97.2±17
		830	101	4.1	101±8.2
28	反式-1,3-二氯丙烯	22	105	15	105±30
		228	93.9	7.3	93.9±15
		1.00×10^3	94.7	13	94.7±26
29	1,1,2-三氯乙烷	27	96.0	8.8	96.0±18
		269	98.5	5.7	98.5±11
		1.18×10^3	96.8	9.4	96.8±19
30	甲苯	18	104	8.3	104±17
		184	101	4.3	101±8.6
		815	99.0	16	99.0±32
31	2-己酮	19	97.3	8.8	97.3±18
		205	100	14	100±28
		825	97.5	9.4	97.5±19

序号	化合物名称	加标浓度/（μg/m³）	$\overline{P}$/%	$S_{\overline{P}}$/%	$\overline{P}\pm 2S_{\overline{P}}$/%
32	二溴一氯甲烷	45	96.2	7.1	96.2±14
		424	100	4.3	100±8.6
		1.95×10^3	103	4.6	103±9.2
33	1,2-二溴乙烷	39	94.4	8.1	94.4±16
		385	99.6	3.9	99.6±7.8
		1.72×10^3	102	8.4	102±17
34	1,1,1,2-四氯乙烯	30	99.0	10	99.0±20
		326	102	4.7	102+9.4
		1.33×10^3	99.3	5.4	99.3±11
35	氯苯	23	92.5	13	92.5±26
		231	101	5.1	101±10
		1.02×10^3	100	8.2	100±16
36	乙苯	21	94.7	9.8	94.7±20
		222	102	4.2	102±8.4
		902	98.8	13	98.8±26
37	溴仿	55	106	7.4	106±15
		521	99.0	9.1	99.0±18
		2.36×10^3	104	4.8	104±9.6
38 39	间-二甲苯 对-二甲苯	42	104	12	104±24
		408	102	8.7	102±17
		1.75×10^3	101	13	101±26
40	苯乙烯	21	99.1	4.6	99.1±9.2
		216	97.1	10	97.1±20
		914	99.1	7.8	99.1±16
41	1,1,2,2-四氯乙烷	36	102	5.9	102±12
		344	101	9.2	101±18
		1.47×10^3	97.7	14	97.7±28
42	邻-二甲苯	21	101	13	101±26
		216	102	6.0	102±12
		950	98.8	8.2	98.8±16
43	4-乙基甲苯	24	93.9	15	93.9±30
		246	102	12	102±24
		1.06×10^3	98.0	5.2	98.0±10
44	1,3,5-三甲基苯	24	93.5	13	93.5±26
		244	104	6.2	104±12
		1.07×10^3	98.9	6.5	98.9±13
45	1,2,4-三甲基苯	25	103	12	103±24
		250	105	8.2	105±16
		1.05×10^3	96.3	6.9	96.3±14
46	氯代甲苯	27	97.2	13	97.2±26
		263	101	3.7	101±7.4
		1.09×10^3	96.5	8.2	96.5±16

序号	化合物名称	加标浓度/（μg/m³）	$\overline{P}$ /%	$S_{\overline{P}}$ /%	$\overline{P}\pm 2S_{\overline{P}}$ /%
47	1,3-二氯苯	31	95.9	8.6	95.9±17
		299	102	5.5	102±11
		1.30×10^{3}	96.4	7.0	96.4±14
48	1,4-二氯苯	27	94.5	11	94.5±22
		299	104	7.0	104±14
		1.29×10^{3}	95.6	6.3	95.6±13
49	1,2-二氯苯	32	96.2	9.5	96.2±19
		303	103	4.6	103±9.2
		1.30×10^{3}	96.4	8.4	96.4±17
50	1,2,4-三氯苯	39	97.2	15	97.2±30
		360	103	4.2	103±8.4
		1.64×10^{3}	97.2	6.5	97.2±13
51	萘	26	104	9.2	104±18
		256	101	3.0	101±6.0
		1.16×10^{3}	96.0	6.6	96.0±13
52	1,1,2,3,4,4,-六氯-1,3-丁二烯	58	102	5.3	102±11
		516	102	6.5	102±13
		2.34×10^{3}	94.3	5.9	94.3±12

环境空气　气态汞的测定　便携式冷原子吸收分光光度法（试行）

警告：汞及其化合物毒性很强，操作人员应佩戴防护器具，避免吸入呼吸道和接触皮肤、衣物。

1　适用范围

本方法规定了环境空气中气态汞的便携式冷原子吸收分光光度法。

本方法适用于环境空气中气态汞的现场应急监测，以及筛查、普查等先期调查工作。

本方法检出限为 5.0 ng/m^3，测定下限为 20.0 ng/m^3。

2　规范性引用文件

本方法引用了下列文件或其中的条款。凡是不注日期的引用文件，其有效版本适用于本标准。

HJ 194　环境空气质量手工监测技术规范

HJ 589　突发环境事件应急监测技术规范

3　方法原理

实时将环境空气抽入便携式测汞仪的分析池，在 253.7 nm 波长处，利用冷原子吸收分光光度法测定，在一定浓度范围内，汞含量与吸光度值成正比。

4　干扰与消除

环境空气中的颗粒物、水蒸气、酸碱性气体及挥发性有机物会干扰测定，安装防尘过滤器可去除颗粒物的干扰，通过塞曼背景校正技术可去除水蒸气、酸碱性气体及挥发性有机物等的干扰。

5　试剂和材料

除非另有说明，分析时均使用符合国家标准的分析纯试剂，实验用水为新鲜制备的超纯水。

5.1　汞源：市售有证汞渗透管。

5.2　零气：纯度≥99.99%的氮气或不干扰测定的清洁空气。

5.3　双接头集气袋：用于气袋法校准仪器，内衬材料应选用聚氟乙烯膜等不影响被测成分的惰性材料。

6 仪器和设备

6.1 便携式测汞仪

便携式冷原子吸收测汞仪通常包汞灯光源、分析池、调制器、检测器、校准池、抽气泵和工作站等组成。

6.2 辅助设备

配气装置：市售内置汞源（5.1）标准气体发生装置，最大输出流量不低于 5 L/min，所有的输入、输出流量计流量最大允许误差应满足：当流量小于 50%的满量程时，流量最大允许误差不超过满量程的±1%；当流量不小于 50%的满量程时，流量最大允许误差不超过设定流量的±2.0%。装置气路系统材质应避免与汞发生物理吸附或化学反应。

7 样品

7.1 采样前准备

7.1.1 开机检查仪器电量，确保在测定时间内仪器能够正常运行。

7.1.2 确保测定的环境温度和湿度满足仪器分析的要求。

7.2 样品采集

7.2.1 采样布点与现场监测要求参照 HJ 194、HJ 589 的相关规定执行。

7.2.2 仪器开机稳定后，通入零气核查仪器的零点。

7.2.3 启动采样泵，直接抽取环境空气进行测定，保证气体量足够充满仪器分析池。

8 分析步骤

8.1 仪器参考条件

参照仪器说明，设定最佳的测定条件。

8.1.1 检测波长

λ=253.7 nm。

8.1.2 检测光程池

根据需要选择长光程池或短光程。

8.2 标准曲线的建立

采用仪器出厂内置的标准曲线，现场测定时应对标准曲线进行校准，可通过内置自校模块或测定已知浓度汞标准气体的方式。

注：必要时可利用饱和汞蒸气法，通过配气装置（6.2）配制适宜浓度范围的汞标准气体校准系列，以汞含量和对应吸光度值建立标准曲线。

8.3 试样测定

按照仪器使用说明书设置参数，对环境空气进行连续采集测定，测定结束后用零气清洗仪器管路及分析池，核查零点，关闭仪器。

9 结果计算与表示

9.1 结果计算

仪器定量结果以参比状态（298.15 K，1013.25 hPa）下样品的质量浓度（ng/m^3）表示。

9.2 结果表示

测定结果小数点后保留位数与方法检出限一致，最多保留 3 位有效数字。

10 准确度

10.1 精密度

6 家实验室分别对浓度为 30.0 ng/m^3、100 ng/m^3 和 500 ng/m^3 的汞气体样品进行了 6 次重复测定：实验室内相对标准偏差分别为 0.23%～3.27%、0.50%～0.96%、0.12%～0.59%；实验室间相对标准偏差分别为 6.4%、3.9%、3.2%；重复性限分别为 1.13 ng/m^3、2.22 ng/m^3、5.71 ng/m^3；再现性限分别为 5.97 ng/m^3、12.2 ng/m^3、46.8 ng/m^3。6 家实验室对环境气体实际样品进行 6 次重复测定，实验室内相对标准偏差为 1.46%～15.8%。

10.2 正确度

6 家实验室分别对浓度为 30.0 ng/m^3、100 ng/m^3 和 500 ng/m^3 的汞标准气体样品进行 6 次重复测定：相对误差分别为−7.1%～7.3%、−3.2%～4.6%、−3.4%～3.8%，相对误差最终值分别为−1.70%±10.2%、0.43%±6.4%、−1.13%±5.2%。

11 质量保证和质量控制

11.1 每批样品应至少要分析 1 个空白样，空白样测定结果应低于检出限。

11.2 采用内置自校模块或测定已知浓度的汞标准气体，相对误差应在±30%以内。

11.3 如需建立标准曲线，应至少包括 3 个浓度点（不含零浓度点），相关系数应≥0.995。

12 废物处理

现场实验中产生的有害废物应集中收集，带回实验室，委托有资质的单位进行处理。

13 注意事项

测定高浓度环境空气后，应使用零气或清洁空气对管路及分析池进行吹扫，以消除仪器中残留汞的影响。

环境空气　二氧化硫的测定　便携式紫外荧光法（试行）

1　适用范围

本标准规定了测定环境空气中二氧化硫的便携式紫外荧光法。

本标准适用于环境空气中二氧化硫的现场应急监测，以及筛查、普查等先期调查工作。

当使用仪器量程为 0～500 nmol/mol 时，本标准的方法检出限为 3 μg/m^3，测定下限为 12 μg/m^3；当使用仪器量程为 0～10 μmol/mol 时，本标准的方法检出限为 8 μg/m^3，测定下限为 32 μg/m^3。

2　规范性引用文件

本标准引用了下列文件或其中的条款。凡是不注日期的引用文件，其有效版本适用于本标准。

HJ 194　环境空气质量手工监测技术规范

HJ 589　突发环境事件应急监测技术规范

3　方法原理

样品空气以恒定的流量通过颗粒物过滤器进入仪器反应室，二氧化硫分子受波长 200～220 nm 的紫外光照射后产生激发态二氧化硫分子，返回基态过程中发出波长 240～420 nm 的荧光，在一定浓度范围内样品空气中二氧化硫浓度与荧光强度成正比。

4　干扰和消除

4.1　样品空气中含有 20 000 nmol/mol 甲烷时，对 1 000 nmol/mol 二氧化硫标准气体的测量结果产生 4 nmol/mol 的影响，可忽略不计。

4.2　样品空气中含有 5 000 nmol/mol 硫化氢时，对 1 000 nmol/mol 二氧化硫标准气体的测量结果产生 9 nmol/mol 的影响，可忽略不计。

4.3　样品空气中含有高浓度一氧化氮时，会对测定结果产生干扰，可通过光学滤光片降低干扰。

4.4　样品空气中含有芳香烃时，对二氧化硫测定结果产生影响，可通过除烃器去除。

5　试剂和材料

5.1　标准气体：二氧化硫有证标准气体，不确定度≤2%，单位为μmol/mol。

5.2　氮气或零气：氮气纯度≥99.99%；零气性能指标符合 6.2.2 的要求。

5.3 滤膜：聚四氟乙烯材质（PTFE），孔径≤5 μm。

6 仪器和设备

6.1 紫外荧光法二氧化硫测定仪

6.1.1 组成

紫外荧光法二氧化硫测定仪（简称测定仪或仪器）组成：进气口、颗粒物过滤器、分析仪、抽气泵以及气象参数（温度、湿度、大气压）测量单元等。测量系统见图 1。

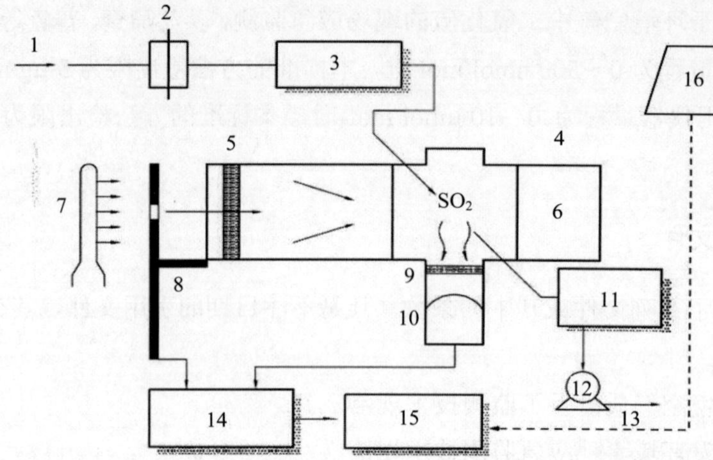

1—样品空气；2—颗粒物过滤器；3—干扰物质去除管；4—反应室；5—光学滤波器；6—光线捕集器；7—紫外灯；8—调幅器；9—光学滤波器；10—光电倍增管；11—流量控制器和流量计；12—抽气泵；13—废气；14—放大器；15—数据采集和处理单元；16—气象参数测量单元

图 1 紫外荧光法二氧化硫仪器示意图

6.1.2 性能要求

6.1.2.1 示值误差：不超过±5%标准气体（5.1）浓度值。

6.1.2.2 具有自动存储测量期间瞬时值或平均值结果功能。

6.1.2.3 具有气态污染物名称、化学式和浓度值显示功能。

6.1.2.4 温度测量范围（−30～50）℃，示值误差不超过±2℃。

6.1.2.5 大气压测量范围（50～107）kPa，示值误差不超过±1 kPa。

6.1.2.6 湿度测量范围（0～100）%RH，示值误差不超过±5%。

6.2 辅助设备

6.2.1 便携式氮气瓶：测纯度≥99.99%。

6.2.2 零气发生器或便携式零气瓶：SO_2：＜0.5 nmol/mol；NO：＜0.5 nmol/mol；NO_2：＜0.5 nmol/mol；O_3：＜0.5 nmol/mol；CO：＜20 nmol/mol；HC 化合物：不含。

6.2.3 蓄电池：持续供电时间大于 1 小时，输出电压 220 V。

7 采样和测定

7.1 采样点和采样频次的确定

按照 HJ 194、HJ 589 及有关规定，确定采样位置、采样点及频次。

7.2 样品测定

7.2.1 启动分析仪器，开始预热。

7.2.2 预热结束后，用氮气或零气（5.2）进行系统调零。

7.2.3 调零结束后，用标准气体（5.1）进行示值误差检查，若不满足 6.1.2 要求应进行校准。

7.2.4 调零及示值误差检查结束后开始测量。

8 结果计算与表示

8.1 结果计算

当用于环境空气监测或环境空气应急监测时，应分别按照相应标准要求的状态进行结果计算。

当分析仪器显示单位为 nmol/mol 时，按式（1）换算成相应状态下的质量浓度。

$$\rho = k\varphi \quad (1)$$

式中：ρ——二氧化硫质量浓度，μg/m³；

φ——被测气体中二氧化硫的体积分数，nmol/mol；

k——二氧化硫质量体积比浓度换算为质量浓度的系数，标准状况下为 2.86，参比状态下为 2.61，g/L。

8.2 结果表示

当测定结果小于 1 000 μg/m³ 时，保留至整数位；当测定结果大于等于 1 000 μg/m³ 时，保留三位有效数字。

9 准确度

9.1 精密度

六家验证实验室对浓度水平为 13 μg/m³、1 044 μg/m³ 和 20 880 μg/m³ 的二氧化硫标准气体进行了 6 次重复测定，实验室内相对标准偏差分别为 0.77%～5.52%、0.05%～0.66%、0.34%～1.08%；实验室间相对标准偏差分别为 2.00%、0.44%、1.67%；重复性限分别为 1.2 μg/m³、9.5 μg/m³、370.6 μg/m³；再现性限分别为 1.3 μg/m³、15.5 μg/m³、1022.2 μg/m³。

六家验证实验室对环境空气中二氧化硫浓度进行同步测定，浓度为 50～54 μg/m³，平均值为 52 μg/m³。实验室内相对标准偏差为 0.10%～1.89%；实验室间相对标准偏差为 1.14%；重复性限为 1.5 μg/m³；再现性限为 2.2 μg/m³。

9.2 正确度

六家验证实验室对浓度水平为 13 μg/m^3、1 044 μg/m^3 和 20 880 μg/m^3 的二氧化硫标准气体进行了 6 次重复测定，相对误差分别为 1.27%～6.67%、−0.52%～0.72%、−2.67%～1.13%；相对误差最终值分别为 2.99%±4.11%、−0.21%±0.69%、−1.04%±3.30%。

10 质量保证和质量控制

10.1 为保证测量结果的准确，使用可准确溯源的有证标准物质进行校准，须每季度进行 1 次多点校准。

10.2 测试后应使用氮气或零气对设备进行清洗，尤其是监测浓度较高或具有腐蚀性的气体后要进行充分的清洗。

10.3 主要零部件维修或更换后，需重新校准分析仪器。

11 注意事项

11.1 测定仪应在产品操作手册规定的环境温度、环境湿度等条件下工作。

11.2 进行应急监测时，监测人员应采取必要的防护措施。

11.3 除尘滤芯每次使用前应更换，防止交叉污染。

环境空气　氮氧化物的测定　便携式化学发光法（试行）

1　适用范围

本标准规定了测定环境空气中氮氧化物的便携式化学发光法。

本标准适用于环境空气中氮氧化物的现场应急监测，以及筛查、普查等先期调查工作。

当使用仪器量程为 0～500 nmol/mol 时，本标准方法的检出限为 2 μg/m^3，测定下限为 8 μg/m^3；当使用仪器量程为 0～10 μmol/mol 时，本标准方法的检出限为 5 μg/m^3，测定下限为 20 μg/m^3。

2　规范性引用文件

本标准引用了下列文件或其中的条款。凡是不注日期的引用文件，其有效版本适用于本标准。

HJ 194　环境空气质量手工监测技术规范

HJ 589　突发环境事件应急监测技术规范

3　方法原理

样品空气分成两路，一路直接进入反应室，测定一氧化氮；另一路通过转化器将二氧化氮转化为一氧化氮后进入反应室，测定氮氧化物。反应室内的一氧化氮被过量臭氧氧化形成激发态的二氧化氮分子，在返回基态过程中发出 600～3 000 nm 的近红外光，在一定浓度范围内样品空气中一氧化氮的浓度与光强成正比。二氧化氮的浓度通过氮氧化物和一氧化氮的浓度差值进行计算。

4　干扰和消除

4.1　当样品空气中含有 123 000 nmol/mol 氨气时，对 5 000 nmol/mol 一氧化氮标准气体的二氧化氮测量结果产生 37 nmol/mol 的影响，可忽略不计。

4.2　碳氢化合物可能对测定结果产生干扰，可在检测器前端增加红色锐切滤光片（600 nm）的方式予以消除。

5　试剂和材料

5.1　标准气体：一氧化氮有证标准气体，不确定度≤2%，单位为 μmol/mol。

5.2 氮气或零气：氮气纯度≥99.99%；零气性能指标符合 6.2.2 的要求。

5.3 滤膜：材质为聚四氟乙烯（PTFE），孔径≤5 μm。

6 仪器和设备

6.1 化学发光法氮氧化物测定仪

6.1.1 组成

化学发光法氮氧化物测定仪（简称测定仪或仪器）组成：进气管路、颗粒物过滤器、转化器、臭氧发生器、反应室、检测器、抽气泵以及气象参数（温度、湿度、大气压）测量单元等。不同类型的氮氧化物分析仪系统组成见附录 A。

6.1.2 性能要求

6.1.2.1 示值误差：不超过±5%标准气体（5.1）浓度值。

6.1.2.2 具有自动存储测量期间瞬时值或平均值结果功能。

6.1.2.3 具有气态污染物名称、化学式和浓度值显示功能。

6.1.2.4 转化器（钼催化）的转化效率不低于 96%。

6.1.2.5 温度测量范围（−30～50）℃，示值误差不超过±2 ℃。

6.1.2.6 大气压测量范围（50～107）kPa，示值误差不超过±1 kPa。

6.1.2.7 湿度测量范围（0～100）%RH，示值误差不超过±5%。

6.2 辅助设备

6.2.1 便携式氮气瓶：测纯度≥99.99%。

6.2.2 零气发生器或便携式零气瓶：SO_2：＜0.5 nmol/mol；NO：＜0.5 nmol/mol；NO_2：＜0.5 nmol/mol；O_3：＜0.5 nmol/mol；CO：＜20 nmol/mol；HC 化合物：不含。

6.2.3 蓄电池：持续供电时间大于 1 小时，输出电压 220 V。

7 采样和测定

7.1 采样点和采样频次的确定

按照 HJ 194、HJ 589 及有关规定，确定采样位置、采样点及频次。

7.2 样品测定

7.2.1 启动分析仪器，开始预热。

7.2.2 预热结束后，用氮气或零气（5.2）进行系统调零。

7.2.3 调零结束后，用标准气体（5.1）进行示值误差检查，若不满足 6.1.2 要求应进行校准。

7.2.4 调零及示值误差检查结束后开始测量。

8　结果计算与表示

8.1　结果计算

当用于环境空气监测或环境空气应急监测时，应分别按照相应标准要求的状态进行结果计算。

当分析仪器显示单位为 nmol/mol 时，一氧化氮、氮氧化物（结果以二氧化氮计）和二氧化氮分别按式（1）～式（3）换算成相应状态下的质量浓度。

$$\rho_{(NO)} = k_{(NO)}\varphi_{(NO)} \qquad (1)$$

式中：$\rho_{(NO)}$——一氧化氮的质量浓度，μg/m^3；

$\varphi_{(NO)}$——被测气体中一氧化氮的体积浓度，nmol/mol；

$k_{(NO)}$——一氧化氮质量体积比浓度换算为质量浓度的系数，标准状态下为 1.34，参比状态下为 1.22，g/L。

$$\rho_{(NO_x)} = k_{(NO_x)}\varphi_{(NO_x)} \qquad (2)$$

式中：$\rho_{(NO_x)}$——氮氧化物的质量浓度，μg/m^3；

$\varphi_{(NO_x)}$——被测气体中氮氧化物的体积浓度，nmol/mol；

$k_{(NO_x)}$——氮氧化物（以二氧化氮计）质量体积比浓度换算为质量浓度的系数，标准状态下为 2.05，参比状态下为 1.88，g/L。

$$\rho_{(NO_2)} = k_{(NO_2)}\left[\frac{\varphi_{(NO_x)} - \varphi_{(NO)}}{\eta}\right] \qquad (3)$$

式中：$\rho_{(NO_2)}$——二氧化氮的质量浓度，μg/m^3；

η——二氧化氮的转化效率，当$\eta \geqslant 98\%$时，$\eta=1$；当 $96\% \leqslant \eta < 98\%$时，$\eta$为实际的转化效率；

$k_{(NO_2)}$——二氧化氮质量体积比浓度换算为质量浓度的系数，标准状态下为 2.05，参比状态下为 1.88，g/L。

8.2　结果表示

当测定结果小于 1 000 μg/m^3 时，保留至整数位；当测定结果大于等于 1 000 μg/m^3 时，保留三位有效数字。

9　准确度

9.1　精密度

六家验证实验室对浓度水平为 122 μg/m^3、488 μg/m^3 和 9 760 μg/m^3 的一氧化氮标准气体进行了 6 次重复测定，实验室内相对标准偏差分别为 0.06%～0.61%、0.04%～0.23%、

0.64%～1.28%；实验室间相对标准偏差分别为 0.71%、0.17%、1.84%；重复性限分别为 1.3 μg/m^3、1.5 μg/m^3、265.2 μg/m^3；再现性限分别为 2.7 μg/m^3、2.7 μg/m^3、555.5 μg/m^3。

六家验证实验室对环境空气中一氧化氮浓度进行同步测定，浓度为 28～38 μg/m^3，平均值为 34 μg/m^3。实验室内相对标准偏差为 0.58%～4.49%；实验室间相对标准偏差为 8.93%；重复性限为 1.9 μg/m^3；再现性限为 8.6 μg/m^3。

9.2 正确度

六家验证实验室对浓度水平为 122 μg/m^3、488 μg/m^3 和 9 760 μg/m^3 的一氧化氮标准气体进行了 6 次重复测定，相对误差分别为 0.47%～2.18%、−0.03%～0.40%、−2.73%～2.00%；相对误差最终值分别为 1.29%±1.44%、0.14%±0.35%、−0.59%±3.66%。

10 质量保证和质量控制

10.1 为保证测量结果的准确，使用可准确溯源的有证标准物质进行校准，须每季度进行 1 次多点校准。

10.2 测试后应使用氮气或零气对设备进行清洗，尤其是监测浓度较高或具有腐蚀性的气体后要进行充分的清洗。

10.3 主要零部件维修或更换后，需重新校准分析仪器。

10.4 每年应至少进行一次转化器转化效率的测试，当转化效率＜96%时，应立即更换转化器或催化剂。

11 注意事项

11.1 测定仪应在产品操作手册规定的环境温度、环境湿度等条件下工作。

11.2 进行应急监测时，监测人员应采取必要的防护措施。

11.3 除尘滤膜每次使用前应更换，防止交叉污染。

11.4 过量臭氧会对周围环境和采样泵造成危害，可采用活性炭吸附或接触式热分解等方式去除。

附录 A

（资料性附录）

不同类型的氮氧化物分析仪系统组成示意图

不同类型的氮氧化物分析仪系统组成示意图见图 A.1～图 A.3。

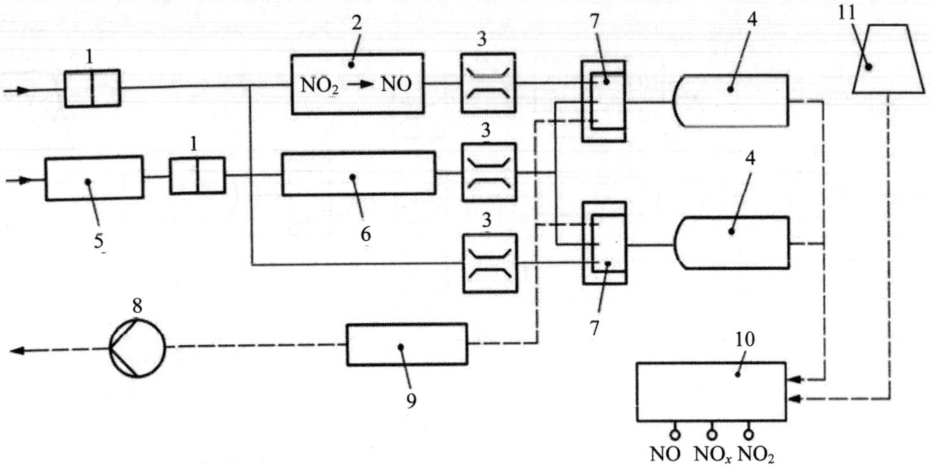

1—颗粒物过滤器；2—转化器；3—流量控制单元；4—光电倍增管；5—干燥器；6—臭氧发生器；7—反应室；8—采样泵；9—臭氧去除器；10—信号采集与处理单元；11—气象参数测量单元

图 A.1　双反应室双检测器型氮氧化物分析仪

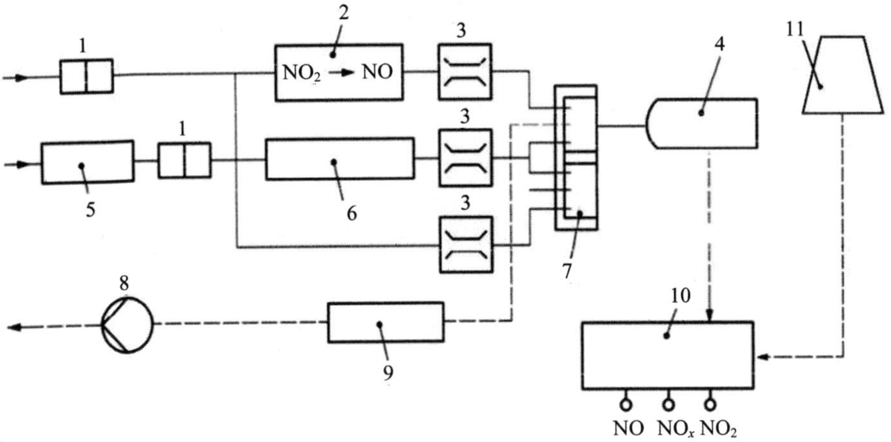

1—颗粒物过滤器；2—转化器；3—流量控制单元；4—光电倍增管；5—干燥器；6—臭氧发生器；7—反应室；8—采样泵；9—臭氧去除器；10—信号采集与处理单元；11—气象参数测量单元

图 A.2　双反应室单检测器型氮氧化物分析仪

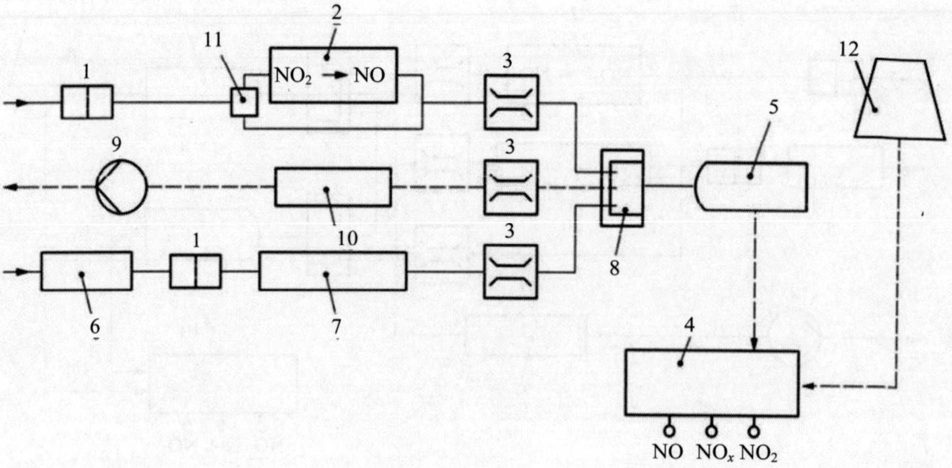

1—颗粒物过滤器；2—转化器；3—流量控制单元；4—信号采集与处理单元；5—光电倍增管；6—干燥器；7—臭氧发生器；8—反应室；9—采样泵；10—臭氧去除器；11—顺序控制器；12—气象参数测量单元

图 A.3 单反应室单检测器型氮氧化物分析仪

环境空气 挥发性有机物的测定 车载式双通道质谱仪法(试行)

警告：挥发性有机物属易燃物质，部分属有毒物质，配制标准气体或采样时，应注意操作人员的安全防护。

1 适用范围

本方法规定了测定环境空气中甲苯等 80 种挥发性有机物（VOCs）的车载式双通道质谱仪法。

本方法适用于甲苯等 80 种挥发性有机物的现场应急监测，以及筛查、普查等先期调查工作，其他挥发性有机物如果通过方法适用性验证，亦可采用本方法测定。

采用本方法规定的进样量，直接质谱模式下，方法检出限为 66 μg/m^3，测定下限为 264 μg/m^3；气质谱联用模式下，方法检出限为 3～13 μg/m^3，测定下限为 12～52 μg/m^3。详见附录 A。

2 规范性引用文件

本方法引用了下列文件或其中的条款。凡是不注日期的引用文件，其有效版本适用于本方法。

HJ/T 55 大气污染物无组织排放监测技术导则

HJ 194 环境空气质量手工监测技术规范

HJ 589 突发环境事件应急监测技术规范

3 方法原理

环境气体样品通过车载式大气采样装置和保温过滤装置后进入车载式双通道质谱仪，采用直接质谱模式对挥发性有机物进行连续快速筛查，提供物质参考类别与浓度范围；采用气质联用模式对挥发性有机物组分进行准确定性分析，外标法或内标法定量分析，并根据地理位置信息，显示沿行进路线的挥发性有机物浓度空间分布。

4 干扰和消除

车载式双通道质谱仪电源端子对地或机壳的绝缘电阻会对结果产生干扰，应采用良好的接地工具消除。

5 试剂和材料

5.1 甲苯标准气：1 μmol/mol，平衡气为氮气。可根据实际工作需要，购买有证标准气体或在有资质单位定制合适的标准气体。

5.2 116 组分混合标准存储准气：浓度为 1 μmol/mol，高压钢瓶保存，钢瓶压力不低于 1.0 MPa，可保存 1 年（或参见标气证书的相关说明）。可根据实际工作需要，购买有证标准气体或在有资质单位定制合适的混合标准气体。116 组分表详见附录 A.3。

5.3 标准存储气：浓度为 1 μmol/mol，高压钢瓶保存，钢瓶压力不低于 1.0 MPa，可保存 1 年（或参见标气证书的相关说明）。可根据实际工作需要，购买有证标准气体或在有资质单位定制合适的混合标准气体。

5.4 标准使用气：使用气体稀释装置（6.2.4），将标准气（5.1 或 5.2）用高纯氮气（5.6）稀释至 5.00 nmol/mol 用于直接质谱模式分析。将混合标准气（5.3）用高纯氮气（5.6）稀释成低浓度标准系列（2.00 nmol/mol、5.00 nmol/mol、10.0 nmol/mol、30.0 nmol/mol、50.0 nmol/mol）和高浓度标准系列（50.0 nmol/mol、100 nmol/mol、200 nmol/mol、400 nmol/mol、600 nmol/mol）或其他适合浓度用于气质联用模式分析。

5.5 高纯氦气：≥99.999%，载气。

5.6 高纯氮气：≥99.999%，用于配制标准气体。

6 仪器和设备

6.1 车载式双通道质谱仪：具有大气采样装置、保温过滤装置、样品分离模块（具程序升温功能）、70 eV 电子轰击（EI）离子源、质量分析器（四极杆或离子阱），具有全扫描/选择离子扫描、自动/手动调谐、谱库检索及定量分析等功能，具备抗干扰能力，如防雷击、防电磁干扰、抗震动等。仪器结构及工作模式如图 1 所示。

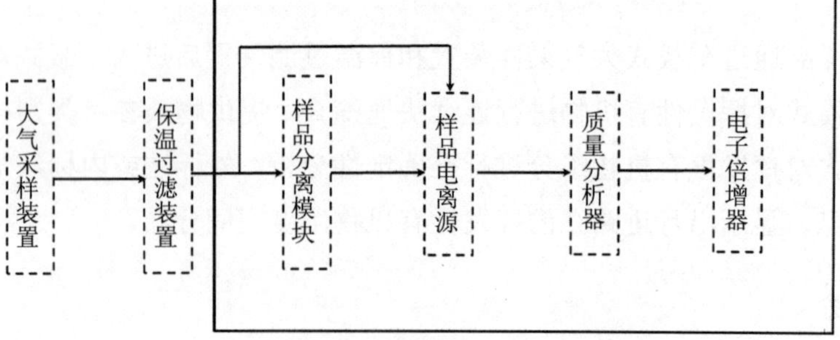

图 1 仪器结构及工作模式示意图

6.2 毛细管色谱柱：100%甲基聚硅氧烷毛细管色谱柱（色谱柱-1）或其他等效毛细管色谱柱。

6.3 车载电源系统：电压稳定，电量能满足设备连续运行 8 小时以上。

6.4 气象参数系统：测量参数包括风向、风速、温度、湿度以及大气压等。

6.5 GPS/北斗定位系统。

6.6 气体稀释装置：最大稀释倍数可达 1 000 倍，稀释倍数精度 0.5%。

7 样品

7.1 样品采集

样品通过车载式大气采样装置以恒定流量采集。环境样品按照 HJ 194 相关规定采样；污染源无组织排放样品按照 HJ/T 55 相关规定采样；突发性环境事件应急监测时按照 HJ 589 相关规定采样。

7.2 空白试品

将高纯氮气（5.6）通入仪器，测试系统空白。

8 分析步骤

8.1 仪器参考条件

8.1.1 大气采样装置参考条件

采样流量：100 ml/min～1.0 L/min。

8.1.2 保温过滤装置参考条件

过滤器温度：100℃。

伴热管温度：80℃。

8.1.3 样品分离模块参考条件

参考条件 1：当使用吸附管富集时，吸附管初始温度为环境温度；吸附管解吸温度：300℃；吸附管预脱附时间：0.2 min；十通阀温度：50℃；进样口（或进样三通）温度：50℃；柱流量（恒流模式）：0.2 ml/min；分流比 100∶1。程序升温条件：60℃保持 1 min，以 10℃/min 升温至 80℃，再以 40℃/min 升温至 220℃，在 220℃保持 1 min。

参考条件 2：当使用吸附管富集时，吸附管采样流量：100 ml/min；进样量：5～600 ml；吸附管脱附温度：300℃；吸附管预脱附时间：0.1 min；吸附管脱附时间：0.5 min；气相色谱柱流量（恒流模式）：1.2 ml/min。程序升温条件：60℃保持 3 min，以 18℃/min 升至 130℃，再以 30℃/min 升温至 200℃，在 200℃保持 1 min。

注：吸附管采气量、脱附温度和脱附时间应根据目标化合物特征和仪器使用说明适当进行调整。

8.1.4 质谱分析参考条件

质谱接口温度：150℃；质谱传输线温度：150℃；离子源：EI；离子化能量：70 eV；扫描方式：全扫描；扫描范围：41～300 amu。其余参数参照仪器使用说明书进行设定。

参考条件下测定目标化合物标准物质得到的总离子流色谱图见附录 B。

8.2 仪器性能检查

为保证检测结果的准确性，开机启动后，应进行质谱功能调谐，调谐物质根据仪器说明书选择，关键离子丰度必须符合表 1 或表 2 的标准，或仪器制造商规定的调谐物质，否则须对质谱仪的参数进行调整。

表 1 全氟三丁胺的关键离子丰度标准

质量数	离子丰度标准	质量数	离子丰度标准
69	基峰，100%相对丰度	100	质量数 69 的 5%～50%
131	质量数 69 的 15%～90%	264	质量数 69 的 1%～50%

表 2 1,3,5-三（三氟甲基）苯与溴五氟苯同时调谐时关键离子丰度标准

质量数	离子丰度标准	质量数	离子丰度标准
50	质量数 117 的 0.5%～2.5%	167	质量数 117 的 50%～70%
55	质量数 117 的 2%～5%	213	质量数 117 的 10%～20%
69	质量数 117 的 8%～16%	246	质量数 117 的 15%～40%
93	质量数 117 的 15%～25%	263	质量数 117 的 5%～15%
117	基峰，100%相对丰度	282	质量数 117 的 5%～15%

8.3 校准

8.3.1 绘制直接质谱模式校准曲线

使用气体稀释装置（6.6）将甲苯标准气（5.1）稀释成浓度为 200 nmol/mol 的标准使用气或将 116 组分混合标准存储准气（5.2）稀释成浓度为 5.00 nmol/mol 的标准使用气，在不经过分离模块的条件下直接进行质谱分析测定。以标准使用气浓度为横坐标，以总离子流强度为纵坐标，建立校准曲线。

8.3.2 绘制气质联用模式校准曲线

使用气体稀释装置（6.6）将标准存储气（5.3）配制成低、高两种浓度系列。低浓度标准系列为 2.00 nmol/mol、5.00 nmol/mol、10.0 nmol/mol、30.0 nmol/mol、50.0 nmol/mol；高浓度标准系列为 50.0 nmol/mol、100 nmol/mol、200 nmol/mol、400 nmol/mol、600 nmol/mol。通过车载式双通道质谱仪，样品依次从低浓度到高浓度经过分离模块后进行分析测定。

（1）平均相对响应因子的计算

按照式（1）计算目标物的相对响应因子（RRF），按照式（2）计算目标物全部标准浓度点的平均相对响应因子（$\overline{\text{RRF}}$）。

标准系列第 i 点中目标化合物的相对响应因子（RRF_i），按照式（1）进行计算。

$$\text{RRF}_i = \frac{A_i}{A_{\text{IS}_i}} \times \frac{\rho_{\text{IS}_i}}{\rho_i} \tag{1}$$

式中：RRF_i——标准系列中第 i 点目标化合物的相对响应因子；

A_i——标准系列中第 i 点目标化合物定量离子的响应值；

A_{IS_i}——标准系列中第 i 点与目标化合物相对应内标定量离子的响应值；

ρ_{IS_i}——标准系列中内标物的体积浓度，nmol/mol；

ρ_i——标准系列中第 i 点目标化合物的体积浓度，nmol/mol。

目标化合物的平均相对响应因子 $\overline{\mathrm{RRF}}$，按照式（2）进行计算。

$$\overline{\mathrm{RRF}}=\frac{\sum_{i=1}^{n}\mathrm{RRF}_i}{n} \tag{2}$$

式中：$\overline{\mathrm{RRF}}$——目标化合物的平均相对响应因子；

RRF_i——标准系列中第 i 点目标化合物的相对响应因子；

n——标准系列点数。

RRF 的相对标准偏差（RSD），按照式（3）进行计算。

$$\mathrm{RSD}=\frac{\mathrm{SD}}{\overline{\mathrm{RRF}}}\times 100\% \tag{3}$$

式中：RSD——RRF 的相对标准偏差；

SD——RRF_i 的标准偏差；

$\overline{\mathrm{RRF}}$——目标化合物的平均相对响应因子。

标准系列目标物相对响应因子（RRF）的相对标准偏差（RSD）应小于或等于 30%。

（2）绘制校准曲线

内标法：以目标化合物体积浓度与内标体积浓度的比值为横坐标，以目标化合物定量离子响应值与内标定量离子响应值的比值为纵坐标，建立校准曲线。

外标法：以目标化合物体积浓度为横坐标，以其对应定量离子峰面积为纵坐标，用最小二乘法建立校准曲线。

8.4 试样测定

通过车载式大气采样装置采集气体样品，输入车载式双通道质谱仪，按照仪器参考条件（8.1）进行测定。

8.5 空白试验

用高纯氮气（5.6）代替样品，按照与试样测定相同的步骤（8.1）进行空白试样的测定。

9 结果计算与表示

9.1 定性分析

根据目标化合物保留时间、特征离子和碎片离子质荷比及其丰度比定性，判定样品中是否存在目标化合物。样品中目标物辅助离子和定量离子的相对丰度与标准系列中间浓度点的相对丰度相对偏差应小于 30%；样品中目标物的保留时间与标准系列中间浓度点的保留时间偏差应小于 20 s。

对于未知目标化合物，根据其碎片离子质荷比及丰度比定性，使用 NIST 标准质谱库检索，相似度不小于 75%。

9.2 定量分析

目标化合物经定性鉴别后，采用校准曲线法或平均相对响应因子法进行定量计算。目标组分的定量离子和辅助离子参见附录 C。

9.2.1 直接质谱模式定量分析

样品中的挥发性有机物总量按照式（4）进行计算：

$$\rho_{总} = \varphi_{总} \times \frac{92}{22.4} \tag{4}$$

式中：$\rho_{总}$——样品中挥发性有机物总量的浓度，μg/m³；

$\varphi_{总}$——从校准曲线获得的样品中挥发性有机物的浓度，nmol/mol；

92——甲苯的摩尔质量，g/mol；

22.4——标准状态（273.15 K，101.325 kPa）下气体摩尔体积，L/mol。

9.2.2 气质联用模式定量分析

（1）平均相对响应因子法

采用平均相对响应因子法计算时，样品中目标化合物的浓度按式（5）进行计算。

$$\rho_i = \frac{\rho_{ig} \times A_i}{\overline{RRF} \times A_{ig}} \times \frac{M}{22.4} \times f \tag{5}$$

式中：ρ_i——试样中目标化合物的浓度，μg/m³；

ρ_{ig}——试样中内标物的体积浓度，nmol/mol；

A_i——试样中目标物定量离子的响应值；

$\overline{RRF}$——目标化合物的平均相对响应因子，无量纲；

A_{ig}——试样中内标物定量离子的响应值；

M——目标化合物的摩尔质量，g/mol；

f——稀释倍数，无量纲，仅在使用罐采样时参与计算；

22.4——标准状态下（273.15 K，101.325 kPa）气体的摩尔体积，L/mol。

（2）校准曲线法

目标化合物采用线性或非线性曲线进行定量时，目标化合物浓度通过相应的校准曲线方程进行计算。

9.3 结果表示

当测定结果小于 100 μg/m³ 时，保留至整数位；当测定结果大于 100 μg/m³ 时，保留三位有效数字。

10 准确度

10.1 精密度

10.1.1 直接质谱模式

6 家实验室对浓度为 5.0 nmol/mol 的甲苯标准气或 5.0 nmol/mol 的 116 组分混合标准存储气在不经过分离模块的条件下重复进行 6 次测定，实验室内相对标准偏差为 4.2%～9.7%；实验室间相对标准偏差为 6.0%；重复性限为 70 μg/m^3；再现性限为 9 μg/m^3。详见附录 D。

10.1.2 气质联用模式

6 家实验室对浓度为 10.0 nmol/mol、50.0 nmol/mol、400 nmol/mol 的标准存储气在经过分离模块的条件下进行 6 次重复测定，实验室内相对标准偏差分别为 1.5%～18.0%、1.6%～18.8%、0.9%～15.8%；实验室间相对标准偏差分别为 4.7%～28.3%、2.6%～17.5%、1.7%～12.6%；重复性限分别为 5～34 μg/m^3、24～143 μg/m^3、153～999 μg/m^3；再现性限分别为 3～41 μg/m^3、8～588 μg/m^3、10～1 106 μg/m^3。详见附录 D。

10.2 正确度

10.2.1 直接质谱模式

6 家实验室对加标量 5.0 nmol/mol 甲苯标准气或 5 nmol/mol 的 116 组分混合标准存储气在不经过分离模块的条件下重复进行 6 次实际样品加标回收率测定，加标回收率范围为 98.7%～115%；加标回收率最终值为 105%±12%。详见附录 D。

10.2.2 气质联用模式

6 家实验室对 10.0 nmol/mol、50.0 nmol/mol、400 nmol/mol 的标准存储气在经过分离模块的条件下重复进行 6 次实际样品加标回收率测定，加标回收率范围分别为 89.5%～122.6%、88.8%～110%、90.8%～107%；加标回收率最终值分别为 104%±14.3%、95.0%±8.2%、99.2%±8.9%。详见附录 D。

11 质量保证和质量控制

11.1 校准

样品经过分离模块分析时标准系列至少包含 3 个浓度点（不含零浓度点），采用平均相对响应因子法校准时，标准系列各点目标组分的相对响应因子的相对标准偏差（RSD）应≤30%；采用校准曲线法校准时，曲线的相关系数≥0.990。否则，应查找原因并重新校准。

在突发环境污染事件应急监测情况下，可采用标准系列中间浓度点或次高浓度点进行验证，偏差不超过 30%，否则采用验证点单点校准。

11.2 空白样品

直接质谱模式，连续运行 8 h，气质联用模式，每测定 20 个样品或每批次（≤20 个样品）应分析一个空白试样（8.5），空白试样中目标化合物浓度应低于方法检出限，否则应采取措施排除污染后再进行测试。

12 注意事项

（1）当分析实际样品时，若化合物的目标离子受到干扰，可采用辅助离子进行定量。

（2）使用本方法推荐毛细管色谱柱（6.2），间二甲苯和对二甲苯的测定结果为两者之和。

附录 A
（规范性附录）
方法检出限和测定下限

使用直接质谱分析模式，当数据采集频率为 1 s，在全扫描模式下，VOCs 总量分析检出限及测定下限统计结果见表 A.1。

表 A.1 直接质谱模式 VOCs 总量分析检出限和测定下限

化合物名称	检出限/（$\mu g/m^3$）	测定下限/（$\mu g/m^3$）
VOCs 总量	66	264

使用气质联用模式采集分析样品，当进样量为 500 ml，分流比为 50∶1，或进样量为 100 ml，不分流，在全扫描模式下，目标化合物检出限及测定下限统计结果见表 A.2。

表 A.2 方法检出限和测定下限

序号	目标物	CAS NO.	目标物英文名	检出限/（$\mu g/m^3$）	测定下限/（$\mu g/m^3$）
1	反-2-丁烯	624-64-6	2-Butene，（E）-	3	12
2	1-丁烯	106-98-9	1-Butene	3	12
3	顺-2-丁烯	590-18-1	2-Butene，（Z）-	3	12
4	丙酮	67-64-1	Acetone	4	16
5	环戊烷	287-92-3	Cyclopentane	5	20
6	顺-2-戊烯	627-20-3	2-Pentene，（Z）-	6	24
7	1,1-二氯乙烯	75-35-4	Ethene，1,1-dichloro-	6	24
8	二氯甲烷	75-09-2	Methylene chloride	6	24
9	1,1,2-三氟三氯乙烷	76-13-1	Ethane，1,1,2-trichloro-1,2,2-trifluoro-	10	40
10	二硫化碳	75-15-0	Carbon disulfide	5	20
11	2,2-二甲基丁烷	75-83-2	Butane，2,2-dimethyl-	7	28

序号	目标物	CAS NO.	目标物英文名	检出限/（μg/m³）	测定下限/（μg/m³）
12	反-1,2-二氯乙烯	156-60-5	Ethylene，1,2-dichloro-，（E）-	7	28
13	1,1-二氯乙烷	75-34-3	Ethane，1,1-dichloro-	6	24
14	甲基叔丁基醚	1634-04-4	Propane，2-methoxy-2-methyl-	9	36
15	2-甲基戊烷	107-83-5	Pentane，2-methyl-	6	24
16	2-丁酮	78-93-3	2-Butanone	5	20
17	3-甲基戊烷	96-14-0	Pentane，3-methyl-	5	20
18	1-己烯	592-41-6	1-Hexene	5	20
19	顺-1,2-二氯乙烯	156-59-2	Ethylene，1,2-dichloro-，（Z）-	6	24
20	乙酸乙酯	141-78-6	Ethyl acetate	6	24
21	正己烷	110-54-3	Hexane	4	16
22	三氯甲烷	67-66-3	Chloroform	8	32
23	四氢呋喃	109-99-9	Tetrahydrofuran	4	16
24	1,2-二氯乙烷	107-06-2	1,2-Dichloroethane	6	24
25	1,1,1-三氯乙烷	71-55-6	1,1,1-Trichloroethane	10	40
26	苯	71-43-2	Benzene	6	24
27	四氯化碳	56-23-5	Carbon tetrachloride	10	40
28	环己烷	110-82-7	Cyclohexane	7	28
29	2,3-二甲基戊烷	565-59-3	Pentane，2,3-dimethyl-	5	20
30	3-甲基己烷	589-34-4	Hexane，3-methyl-	7	28
31	1,2-二氯丙烷	78-87-5	1,2-Dichloropropane	5	20
32	一溴二氯甲烷	75-27-4	Bromodichloromethane	11	44
33	1,4-二氧己烷	123-91-1	1,4-Dioxane	7	28
34	三氯乙烯	79-1-6	Trichloroethene	7	28
35	2,2,4-三甲基戊烷；异辛烷	540-84-1	Pentane，2,2,4-trimethyl-	5	20
36	甲基丙烯酸甲酯	80-62-6	Methyl methacrylate	7	28
37	正庚烷	142-82-5	Heptane	6	24
38	顺-1,3-二氯丙烯	10061-01-5	1-Propene，1,3-dichloro-，（Z）-	7	28
39	甲基异丁酮	108-10-1	methyl isobutyl ketone	7	28
40	甲基环己烷	108-87-2	Cyclohexane，methyl-	7	28
41	反-1,3-二氯丙烯	10061-02-6	1-Propene，1,3-dichloro-，（E）-	6	24
42	1,1,2-三氯乙烷	79-00-5	1,1,2-Trichloroethane	10	40
43	2,3,4-三甲基戊烷	565-75-3	Pentane，2,3,4-trimethyl-	8	32
44	甲苯	108-88-3	Toluene	7	28
45	2-甲基庚烷	592-27-8	Heptane，2-methyl-	8	32
46	2-己酮	591-78-6	2-Hexanone（MBK）	8	32
47	二溴一氯甲烷	124-48-1	Dibromochloromethane	11	44
48	3-甲基庚烷	589-81-1	Heptane，3-methyl-	8	32
49	1,2-二溴乙烷	106-93-4	Ethylene dibromide	13	52
50	正辛烷	111-65-9	Octane	7	28
51	四氯乙烯	127-18-4	Tetrachloroethene	9	36

序号	目标物	CAS NO.	目标物英文名	检出限/（μg/m³）	测定下限/（μg/m³）
52	氯苯	108-90-7	Chlorobenzene	9	36
53	乙苯	100-41-4	Ethyl benzene	6	24
54，55	对&间二甲苯	108-38-3&106-42-3	M-xylene&P-xylene	10	40
56	三溴甲烷	75-25-2	Methane，tribromo-	12	48
57	苯乙烯	100-42-5	Styrene	8	32
58	邻二甲苯	95-47-6	o-xylene	8	32
59	1,1,2,2-四氯乙烷	79-34-5	Ethane，1,1,2,2-tetrachloro-	12	48
60	壬烷	111-84-2	Nonane	8	32
61	异丙苯	98-82-8	Benzene，（1-methylethyl）-	7	28
62	正丙苯	103-65-1	Benzene，propyl-	12	48
63	4-乙基甲苯	622-96-8	4-Ethyltoluene	7	28
64	3-乙基甲苯	620-14-4&	Benzene，1-ethyl-3-methyl-	6	24
65	1,3,5-三甲苯	108-67-8	1,3,5-Trimethylbenzene	8	32
66	2-乙基甲苯	611-14-3	Benzene，1-ethyl-2-methyl-	6	24
67	1,2,4-三甲苯	95-63-6	1,2,4-Trimethylbenzene	8	32
68	氯代甲苯	100-44-7	Benzyl chloride	5	20
69	间二氯苯	541-73-1	Benzene，1,3-dichloro-	10	40
70	对二氯苯	106-46-7	Benzene，1,4-dichloro-	10	40
71	癸烷	124-18-5	Decane	7	28
72	1,2,3-三甲苯	526-73-8	Benzene，1,2,3-trimethyl-	9	36
73	邻二氯苯	95-50-1	Benzene，1,2-dichloro-	8	32
74	1,3-二乙基苯	141-93-5	Benzene，1,3-diethyl-	8	32
75	1,4-二乙基苯	105-05-5	Benzene，1,4-diethyl-	10	40
76	十一烷	1120-21-4	Undecane	3	12
77	1,2,4-三氯苯	120-82-1	Benzene，1,2,4-trichloro-	6	24
78	萘	91-20-3	Naphthalene	7	28
79	十二烷	112-40-3	Dodecane	4	16
80	六氯-1,3-丁二烯	87-68-3	1,3-Butadiene，1,1,2,3,4,4-hexachloro-	10	40

表 A.3　116 组分混合标准存储气组分

序号	目标物	CAS NO.	目标物英文名
1	乙炔	74-86-2	Acetylene
2	乙烯	74-85-1	Ethylene
3	乙烷	74-84-0	Ethane
4	丙烯	115-07-1	Propylene
5	丙烷	74-98-6	Propane
6	二氟二氯甲烷	75-71-8	Dichlorodifluoromethane

序号	目标物	CAS NO.	目标物英文名
7	氯甲烷	74-87-3	Chloromethane
8	1,1,2,2-四氟-1,2-二氯乙烷	76-14-2	1,2-Dichloro-1,1,2,2-tetrafluoroethane
9	异丁烷	75-28-5	Isobutane
10	乙醛	75-07-0	Acetaldehyde
11	氯乙烯	75-01-4	Vinyl chloride
12	正丁烯	106-98-9	Butene
13	丁二烯	106-99-0	1,3-Butadiene
14	正丁烷	106-97-8	Butane
15	反式-2-丁烯	624-64-6	*trans*-2-Butene
16	溴甲烷	74-83-9	Bromomethane
17	顺式-2-丁烯	590-18-1	*cis*-2-Butene
18	氯乙烷	75-00-3	Chloroethane
19	丙烯醛	107-02-8	Acrolein
20	丙酮	67-64-1	Acetone
21	丙醛	123-38-6	Propyl aldehyde
22	异戊烷	78-78-4	Isopentane
23	一氟三氯甲烷	75-69-4	Trichlorofluoroethane
24	异丙醇	67-63-0	2-Propanol
25	1-戊烯	109-67-1	1-Pentene
26	正戊烷	109-66-0	*n*-pentane
27	2-甲基-1,3-丁二烯	78-79-5	Isoprene
28	反式-2-戊烯	646-04-8	*trans*-2-Pentene
29	1,1-二氯乙烯	75-35-4	1,1-Dichloroethene
30	顺式-2-戊烯	627-20-3	*cis*-2-Pentene
31	二氯甲烷	75-09-2	Methylene chloride
32	1,2,2-三氟-1,1,2-三氯乙烷	76-13-1	1,1,2-Trichloro-1,2,2-trifluoroethane
33	二硫化碳	75-15-0	Carbon disulfide
34	2,2 二甲基丁烷	75-83-2	2,2-Dimethylbutane
35	甲基丙烯醛	78-85-3	Methacrylaldehyde
36	反式-1,2-二氯乙烯	156-60-5	*trans*-1,2-Dichloro ethylene
37	1,1-二氯乙烷	75-34-3	1,1-Dichloroethane
38	甲基叔丁基醚	1634-04-4	2-Methoxy-2-methylpropane
39	环戊烷	287-92-3	Cyclopentane
40	2,3-二甲基丁烷	79-29-8	2,3-Dimethylbutane
41	乙酸乙烯酯	108-05-4	Vinyl acetate
42	2-甲基戊烷	107-83-5	2-Methylpentane
43	正丁醛	123-72-8	Butyraldehyde
44	2-丁酮	78-93-3	2-Butanone

序号	目标物	CAS NO.	目标物英文名
45	3-甲基戊烷	96-14-0	3-Methylpentane
46	1-己烯	592-41-6	1-Hexene
47	顺-1,2-二氯乙烯	156-59-2	*cis*-1,2-Dichloro ethylene
48	乙酸乙酯	141-78-6	Ethyl acetate
49	正己烷	110-54-3	*n*-Hexane
50	三氯甲烷	67-66-3	Trichloromethane
51	四氢呋喃	109-99-9	Tetrahydrofuran
52	丁烯醛	123-73-9	Butenal
53	1,2-二氯乙烷	107-06-2	1,2-Dichloroethane
54	甲基环戊烷	96-37-7	Methylcyclopentane
55	2,4-二甲基戊烷	108-08-7	2,4-Dimethylpentane
56	1,1,1-三氯乙烷	71-55-6	1,1,1-Thrichloroethane
57	苯	71-43-2	Benzene
58	四氯化碳	56-23-5	Carbon tetrachloride
59	环己烷	110-82-7	Cyclohexane
60	2-甲基己烷	591-76-4	2-Methylhexane
61	2,3-二甲基戊烷	565-59-3	2,3-Dimethylpentane
62	戊醛	110-62-3	Pentanal
63	3-甲基己烷	589-34-4	3-Methylhexane
64	1,2-二氯丙烷	78-87-5	1,2-Dichloropropane
65	一溴二氯甲烷	75-27-4	Bromodichloromethane
66	1,4-二氧六环	123-91-1	1,4-Dioxane
67	三氯乙烯	79-01-6	Trichloroethene
68	2,2,4-三甲基戊烷	540-84-1	2,2,4-Trimethylpentane
69	甲基丙烯酸甲酯	80-62-6	Methyl methacrylate
70	正庚烷	142-82-5	*n*-Heptane
71	4-甲基-2-戊酮	108-10-1	4-Methyl-2-pentanone
72	反-1,3-二氯丙烯	10061-02-6	*trans*-1,3-Dichloropropene
73	甲基环己烷	108-87-2	Methylcyclohexane
74	顺-1,3-二氯丙烯	10061-01-5	*cis*-1,3-Dichloropropene
75	1,1,2-三氯乙烷	79-00-5	1,1,2-Trichloroethane
76	2,3,4-三甲基戊烷	565-75-3	2,3,4-Trimethylpentane
77	甲苯	108-88-3	Toluene
78	2-甲基庚烷	592-27-8	2-Methylheptane
79	2-己酮	591-78-6	2-Hexanone
80	3-甲基庚烷	589-81-1	3-Methylheptane
81	己醛	66-25-1	Hexaldehyde
82	二溴一氯甲烷	124-48-1	Chlorodibromomethane

序号	目标物	CAS NO.	目标物英文名
83	1,2-二溴乙烷	106-93-4	1,2-Dibromoethane
84	正辛烷	111-65-9	n-Octane
85	四氯乙烯	127-18-4	Tetrachloroethene
86	氯苯	108-90-7	Chlorobenzene
87	乙苯	100-41-4	Ethylbenzene
88	间-二甲苯	108-38-3	1,3-Dimethylbenzene
89	对-二甲苯	106-42-3	1,4-Dimethylbenzene
90	三溴甲烷	75-25-2	Bromoform
91	苯乙烯	100-42-5	Styrene
92	四氯乙烷	79-34-5	1,1,2,2-Tetrachloroethane
93	邻-二甲苯	95-47-6	1,2-Dimethylbenzene
94	正壬烷	111-84-2	*n*-Nonane
95	异丙苯	98-82-8	Isopropylbenzene
96	苯甲醛	100-52-7	Benzaldehyde
97	正丙苯	103-65-1	Propylbenzene
98	间乙基甲苯	620-14-4	1-Ethyl-3-methyl benzene
99	对乙基甲苯	622-96-8	1-Ethyl-4-methyl benzene
100	1,3,5-三甲苯	108-67-8	1,3,5-Trimethyl benzene
101	邻乙基甲苯	611-14-3	1-Ethyl-2-methyl benzene
102	1,2,4-三甲苯	95-63-6	1,2,4-Trimethyl benzene
103	癸烷	124-18-5	Decane
104	氯代甲苯	100-44-7	Benzyl chloride
105	间二氯苯	541-73-1	1,4-Dichlorobenzene
106	对二氯苯	106-46-7	1,3-Dichlorobenzene
107	1,2,3-三甲苯	526-73-8	1,2,3-Trimethyl benzene
108	邻二氯苯	95-50-1	1,2-Dichlorobenzene
109	间二乙基苯	141-93-5	1,3-Diethylbenzene
110	对二乙基苯	105-05-5	1,4-Diethyl benzene
111	间甲基苯甲醛	620-23-5	m-Tolualdehyde
112	十一烷	1120-21-4	Undecane
113	1,2,4-三氯苯	120-82-1	1,2,4-Trichlorobenzene
114	萘	91-20-3	Naphthalene
115	十二烷	112-40-3	Dodecane
116	1,1,2,3,4,4-六氯-1,3-丁二烯	87-68-3	Hexachloro-1,3-butadiene

附录 B

（资料性附录）

总离子流色谱图

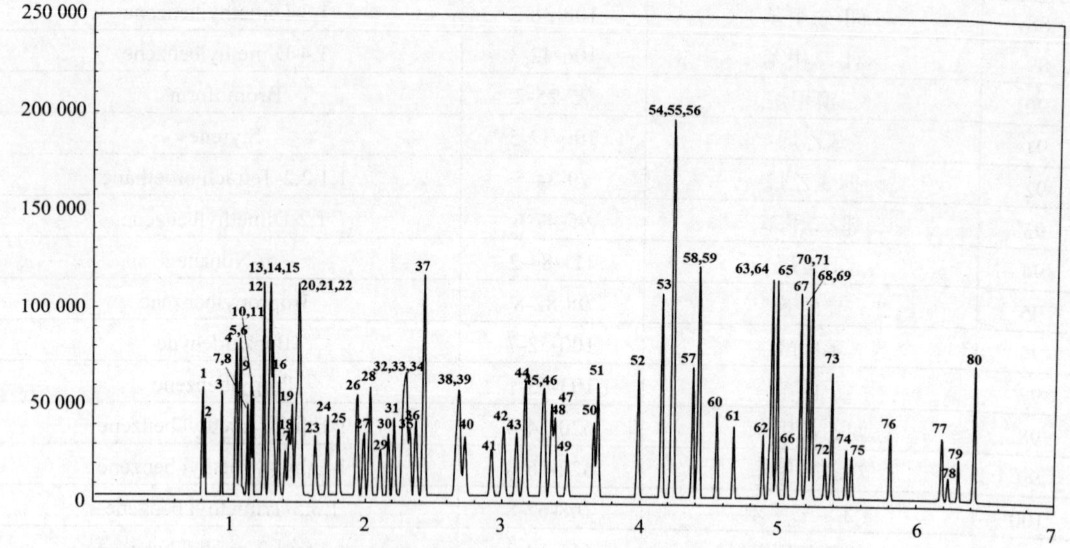

1—反-2-丁烯；2—1-丁烯；3—顺-2-丁烯；4—丙酮；5—环戊烷；6—顺-2-戊烯；7—1,1-二氯乙烯；8—二氯甲烷；9—1,1,2-三氟三氯乙烷；10—二硫化碳；11—2,2-二甲基丁烷；12—反-1,2-二氯乙烯；13—1,1-二氯乙烷；14-甲基叔丁基醚；15—2-甲基戊烷；16—2-丁酮；17—3-甲基戊烷；18—1-己烯；19—顺-1,2-二氯乙烯；20-乙酸乙酯；21—正己烷；22—三氯甲烷；23—四氢呋喃；24—1,2-二氯乙烷；25—1,1,1-三氯乙烷；26—苯；27-四氯化碳；28—环己烷；29—2,3-二甲基戊烷；30—3-甲基己烷；31—1,2-二氯丙烷；32—一溴二氯甲烷；33-1,4-二氧己烷；34—三氯乙烯；35—2,2,4-三甲基戊烷；36—甲基丙烯酸甲酯；37—正庚烷；38-顺-1,3-二氯丙烯；39—甲基异丁酮；40—甲基环己烷；41—反-1,3-二氯丙烯；42—1,1,2-三氯乙烷；43-2,3,4-三甲基戊烷；44—甲苯；45—2-甲基庚烷；46—2-己酮；47—二溴一氯甲烷；48—3-甲基庚烷；49-1,2-二溴乙烷；50—正辛烷；51—四氯乙烯；52—氯苯；53—乙苯；54—间二甲苯；55—对二甲苯；56-三溴甲烷；57—苯乙烯；58—邻二甲苯；59—1,1,2,2-四氯乙烷；60—壬烷；61—异丙苯；62—正丙苯；63—4-乙基甲苯；64—3-乙基甲苯；65—1,3,5-三甲苯；66—2-乙基甲苯；67—1,2,4-三甲苯；68—氯代甲苯；69-间二氯苯；70—对二氯苯；71—癸烷；72—1,2,3-三甲苯；73—邻二氯苯；74—1,3-二乙基苯；75—1,4-二乙基苯；76-十一烷；77—1,2,4-三氯苯；78—萘；79—十二烷；80—1,1,2,3,4,4-六氯-1,3-丁二烯

图 B　80 种挥发性有机物总离子流色谱图

附录 C
（资料性附录）
目标化合物保留时间和特征离子

表 C.1 80 种挥发性有机化合物保留时间（min）和特征离子

序号	目标物	CAS NO.	保留时间	分子量	定量离子（m/z）	辅助离子（m/z）
1	反-2-丁烯	624-64-6	0.802	56	41	56
2	1-丁烯	106-98-9	0.81	56	41	39，56
3	顺-2-丁烯	590-18-1	0.827	56	55	56
4	丙酮	67-64-1	0.948	58	58	43，58
5	环戊烷	287-92-3	1.045	70	70	55
6	顺-2-戊烯	627-20-3	1.054	70	55	70
7	1,1-二氯乙烯	75-35-4	1.078	96	61	61，96
8	二氯甲烷	75-09-2	1.079	84	49	49，51，84
9	1,1,2-三氟三氯乙烷	76-13-1	1.135	186	101	101，103，151
10	二硫化碳	75-15-0	1.159	76	76	78
11	2,2-二甲基丁烷	75-83-2	1.175	86	55	70
12	反-1,2-二氯乙烯	156-60-5	1.25	96	61	61，96
13	1,1-二氯乙烷	75-34-3	1.291	98	73	57，63，83
14	甲基叔丁基醚	1634-04-4	1.299	88	63	63，65
15	2-甲基戊烷	107-83-5	1.315	86	57	71
16	2-丁酮	78-93-3	1.363	72	43	72
17	3-甲基戊烷	96-14-0	1.412	86	56	57
18	1-己烯	592-41-6	1.437	84	55	84
19	顺-1,2-二氯乙烯	156-59-2	1.461	96	61	61，96
20	乙酸乙酯	141-78-6	1.493	86	43	61，86
21	正己烷	110-54-3	1.509	88	43	57
22	三氯甲烷	67-66-3	1.534	118	83	85，47
23	四氢呋喃	109-99-9	1.63	72	71	71，42
24	1,2-二氯乙烷	107-06-2	1.721	98	62	64，49
25	1,1,1-三氯乙烷	71-55-6	1.802	132	97	99，117
26	苯	71-43-2	1.932	78	78	77，52
27	四氯化碳	56-23-5	1.99	152	117	119，121
28	环己烷	110-82-7	2.031	84	56	69，84
29	2,3-二甲基戊烷	565-59-3	2.111	100	56	56
30	3-甲基己烷	589-34-4	2.169	100	43	70
31	1,2-二氯丙烷	78-87-5	2.21	112	63	76，62
32	一溴二氯甲烷	75-27-4	2.293	162	83	85，162
33	1,4-二氧己烷	123-91-1	2.293	88	58	58，88
34	三氯乙烯	79-1-6	2.293	130	130	132，95，60

序号	目标物	CAS NO.	保留时间	分子量	定量离子（m/z）	辅助离子（m/z）
35	2,2,4-三甲基戊烷	540-84-1	2.325	100	57	56
36	甲基丙烯酸甲酯	80-62-6	2.373	100	69	41，39，100
37	正庚烷	142-82-5	2.431	100	43	57，71
38	顺-1,3-二氯丙烯	10061-01-5	2.678	110	77	75，77
39	甲基异丁酮	108-10-1	2.678	100	58	85，100
40	甲基环己烷	108-87-2	2.726	98	83	83
41	反-1,3-二氯丙烯	10061-02-6	2.917	110	77	75，77
42	1,1,2-三氯乙烷	79-00-5	3.006	132	97	83，61
43	2,3,4-三甲基戊烷	565-75-3	3.102	114	71	70
44	甲苯	108-88-3	3.168	92	91	92
45	2-甲基庚烷	592-27-8	3.293	114	57	43
46	2-己酮	591-78-6	3.301	100	43	58
47	二溴一氯甲烷	124-48-1	3.357	206	129	127，131
48	3-甲基庚烷	589-81-1	3.382	114	56	84
49	1,2-二溴乙烷	106-93-4	3.47	186	107	109
50	正辛烷	111-65-9	3.666	114	57	85
51	四氯乙烯	127-18-4	3.69	164	166	164
52	氯苯	108-90-7	3.985	112	112	77
53	乙苯	100-41-4	4.156	106	91	106
54，55	对&间二甲苯	108-38-3&106-42-3	4.229	106	106	91，106
56	三溴甲烷	75-25-2	4.229	250	171	171，173
57	苯乙烯	100-42-5	4.378	104	104	78，103
58	邻二甲苯	95-47-6	4.418	106	106	91，106
59	1,1,2,2-四氯乙烷	79-34-5	4.418	166	83	83，85
60	壬烷	111-84-2	4.548	128	57	43
61	异丙苯	98-82-8	4.672	120	105	120
62	正丙苯	103-65-1	4.885	120	91	120
63	4-乙基甲苯	622-96-8	4.95	120	105	120
64	3-乙基甲苯	620-14-4	4.95	120	105	120
65	1,3,5-三甲苯	108-67-8	4.983	120	105	120
66	2-乙基甲苯	611-14-3	5.056	120	105	120
67	1,2,4-三甲苯	95-63-6	5.154	120	105	120
68	氯代甲苯	100-44-7	5.203	126	126	91，126
69	间二氯苯	541-73-1	5.203	146	148	146，148
70	对二氯苯	106-46-7	5.235	146	148	146，148
71	癸烷	124-18-5	5.325	142	57	43
72	1,2,3-三甲苯	526-73-8	5.333	120	105	120
73	邻二氯苯	95-50-1	5.383	146	148	146，148
74	1,3-二乙基苯	141-93-5	5.489	134	105	134
75	1,4-二乙基苯	105-05-5	5.529	134	105	119
76	十一烷	1120-21-4	5.801	57	57	71

序号	目标物	CAS NO.	保留时间	分子量	定量离子（m/z）	辅助离子（m/z）
77	1,2,4-三氯苯	120-82-1	6.178	180	180	180，182
78	萘	91-20-3	6.228	128	128	127，128，129
79	十二烷	112-40-3	6.301	57	57	71
80	六氯-1,3-丁二烯	87-68-3	6.416	258	225	225，227

附录 D
（资料性附录）
方法的准确度

表 D.1 和表 D.2 给出了方法精密度、重复性限和再现性限汇总；表 D.3 和表 D.4 给出了正确度数据汇总。

表 D.1　直接质谱模式 VOCs 总量分析的方法精密度、重复性限和再现性限汇总

化合物名称	总平均值/（μg/m³）	实验室内相对标准偏差/%	实验室间相对标准偏差/%	重复性限 r/（μg/m³）	再现性限 R/（μg/m³）
VOCs 总量	22	4.2-9.7	6.0	70	9

附表 D.2　气质联用模式样品分析的方法精密度、重复性限和再现性限汇总

序号	化合物名称	总平均值/（μg/m³）	实验室内相对标准偏差/%	实验室间相对标准偏差/%	重复性限 r/（μg/m³）	再现性限 R/（μg/m³）
1	反-2-丁烯	24	2.4～13.1	6.9	7	6
		126	2.6～13.1	12.5	25	44
		167	2.9～6.9	10.4	153	313
2	1-丁烯	25	2.3～11.3	9.3	6	7
		115	2.6～10.5	7.6	27	25
		183	2.9～8.3	7.9	165	241
3	顺-2-丁烯	25	2.4～11.4	5.0	6	4
		117	2.6～10.0	8.9	24	29
		167	2.9～10.5	8.9	202	282
4	丙酮	25	3.7～14.8	10.7	7	8
		117	6.4～14.2	6.9	31	23
		167	5.1～12.8	8.1	214	222
5	环戊烷	30	5.7～12.3	16.9	8	15
		147	2.6～7.9	12.2	25	50
		217	4.8～7.8	11.7	229	443
6	顺-2-戊烯	32	3.5～13.4	6.2	7	7
		140	4.9～11.3	12.2	35	48
		217	4.8～13.3	7.7	305	324

序号	化合物名称	总平均值/（μg/m³）	实验室内相对标准偏差/%	实验室间相对标准偏差/%	重复性限 *r*/（μg/m³）	再现性限 *R*/（μg/m³）
7	1,1-二氯乙烯	47	5.6～12.1	12.3	13	17
		207	3.3～7.6	13.2	32	77
		267	4.2～15.0	4.4	376	202
8	二氯甲烷	38	3.0～10.0	7.1	7	8
		179	4.7～9.6	9.8	38	49
		233	1.9～9.2	8.3	262	336
9	1,1,2-三氟三氯乙烷	75	5.9～14.3	8.0	22	17
		63	5.1～10.4	6.7	79	72
		533	3.0～8.6	4.4	546	389
10	二硫化碳	36	2.2～18.0	11.9	11	12
		167	3.1～12.1	13.4	32	64
		217	3.5～6.9	8.5	190	314
11	2,2-二甲基丁烷	36	6.7～12.3	13.8	10	14
		183	3.6～12.0	11.2	45	58
		1.4×10^3	3.4～7.6	6.8	234	275
12	反-1,2-二氯乙烯	47	5.2～9.9	14.4	10	19
		200	6.2～7.0	3.3	37	19
		1.7×10^3	4.4～11.6	8.5	388	412
13	1,1-二氯乙烷	43	4.8～13.9	9.2	12	11
		200	3.5～9.9	10.8	36	59
		1.7×10^3	3.3～10.9	6.0	324	342
14	甲基叔丁基醚	41	5.1～13.6	9.2	11	11
		183	5.5～12.6	4.6	49	25
		1.6×10^3	2.2～15.8	9.7	401	459
15	2-甲基戊烷	40	4.6～12.8	10.3	10	12
		200	4.5～10.9	10.2	45	56
		1.5×10^3	1.9～5.7	4.6	161	210
16	2-丁酮	35	2.2～11.4	20.0	8	20
		148	5.3～10.6	9.4	37	39
		1.3×10^3	3.1～8.6	8.3	211	326
17	3-甲基戊烷	35	4.9～12.9	8.1	9	8
		183	5.7～11.4	8.0	42	41
		1.4×10^3	2.0～10.7	3.1	264	127
18	1-己烯	39	3.0～10.1	4.9	7	5
		183	5.1～8.5	8.8	34	43
		1.5×10^3	2.7～11.6	9.0	360	432
19	顺-1,2-二氯乙烯	43	4.4～9.5	13.0	9	16
		200	3.4～11.1	4.2	46	23
		1.7×10^3	4.3～7.9	3.2	275	217
20	乙酸乙酯	41	4.8～12.8	12.7	10	15
		183	2.5～7.6	10.9	29	8
		1.6×10^3	3.3～8.0	9.8	292	480

序号	化合物名称	总平均值/（μg/m³）	实验室内相对标准偏差/%	实验室间相对标准偏差/%	重复性限 r/（μg/m³）	再现性限 R/（μg/m³）
21	正己烷	37	2.7～12.3	13.6	9	15
		183	3.6～8.9	11.4	36	57
		1.4×10^3	3.8～10.7	5.2	274	202
22	三氯甲烷	48	3.1～13.1	7.6	12	10
		283	2.9～10.1	2.8	54	23
		2.2×10^3	3.3~6.1	5.7	294	358
23	四氢呋喃	37	5.1～11.5	26.2	9	27
		167	2.3～11.8	11.9	35	56
		1.3×10^3	3.3～11.6	12.6	278	512
24	1,2-二氯乙烷	43	4.4～10.2	7.7	8	9
		200	5.7～8.5	9.0	38	52
		1.7×10^3	2.0～10.6	7.5	307	357
25	1,1,1-三氯乙烷	59	4.0～14.7	11.2	15	19
		283	5.1～8.6	5.6	57	45
		2.3×10^3	3.3～11.6	10.4	544	726
26	苯	35	5.5～10.5	14.9	8	15
		167	3.2～11.1	8.8	31	42
		1.3×10^3	2.9～6.8	4.7	194	10
27	四氯化碳	71	3.8～14.3	10.4	19	21
		333	6.8～8.4	7.8	71	73
		2.7×10^3	5.0～10.5	5.4	533	405
28	环己烷	42	2.1～8.8	8.4	8	10
		167	4.1～13.3	8.0	41	39
		1.4×10^3	1.7～8.8	4.3	224	10
29	2,3-二甲基戊烷	48	2.1～14.7	10.2	12	14
		200	3.2～7.7	10.8	29	62
		1.7×10^3	2.1～6.9	5.5	238	271
30	3-甲基己烷	47	2.5～11.5	14.8	10	20
		217	7.2～9.7	12.2	49	72
		1.7×10^3	4.5～10.3	5.6	351	277
31	1,2-二氯丙烷	48	4.2～11.6	9.4	10	13
		267	5.1～13.5	6.9	63	51
		2.0×10^3	3.9～12.5	6.5	483	431
32	一溴二氯甲烷	75	4.4～10.6	10.7	15	22
		333	2.8～10.3	6.7	77	64
		2.7×10^3	2.5～7.1	4.2	354	322
33	1,4-二氧己烷	40	3.3～14.3	15.3	12	17
		183	4.1～11.0	7.3	40	37
		1.5×10^4	1.7～5.7	3.8	196	158
34	三氯乙烯	63	4.2～7.1	12.6	10	22
		267	4.0～11.1	5.5	57	40
		2.2×10^3	3.3～6.3	4.8	303	294

序号	化合物名称	总平均值/（μg/m³）	实验室内相对标准偏差/%	实验室间相对标准偏差/%	重复性限 *r*/（μg/m³）	再现性限 *R*/（μg/m³）
35	2,2,4-三甲基戊烷	51	3.6～10.4	15.5	10	21
		250	3.7～15.4	7.4	68	50
		$2.2×10^3$	6.3～12.9	9.2	497	559
36	甲基丙烯酸甲酯	47	6.5～13.6	25.0	14	31
		217	4.1～11.0	12.8	48	75
		$1.8×10^3$	4.6～11.1	7.0	375	420
37	正庚烷	46	3.8～9.3	15.2	9	18
		200	5.6～10.0	9.9	42	51
		$1.7×10^3$	3.0～8.4	8.7	255	375
38	顺式-1,3-二氯丙烯	53	6.0～14.8	17.0	15	23
		250	2.7～8.3	11.5	42	71
		$2.0×10^3$	3.9～9.3	5.2	420	388
39	甲基异丁酮	44	1.7～7.6	19.4	7	22
		217	4.1～10.8	9.6	40	52
		$1.7×10^3$	4.1～9.2	8.3	290	371
40	甲基环己烷	48	1.5～8.1	24.1	7	29
		200	3.5～10.1	7.9	41	40
		$1.8×10^3$	4.6～15.8	7.5	469	369
41	反式-1,3-二氯丙烯	48	3.5～9.9	15.1	10	18
		233	5.6～11.1	10.4	51	61
		$2.0×10^3$	3.5～9.2	5.9	365	462
42	1,1,2-三氯乙烷	61	2.9～7.3	9.8	8	15
		283	3.7～8.0	8.8	50	62
		$2.3×10^3$	2.1～8.6	1.7	367	116
43	2,3,4-三甲基戊烷	56	2.6～8.1	11.9	10	16
		250	2.8～12.0	2.6	58	17
		$2.0×10^3$	1.8～8.3	9.2	285	442
44	甲苯	42	2.8～6.7	11.7	5	12
		200	3.5～8.5	12.8	31	62
		$1.7×10^4$	2.9～6.8	3.2	260	126
45	2-甲基庚烷	53	2.6～8.3	17.3	9	21
		233	4.1～10.4	12.0	50	65
		$2.0×10^3$	2.1～7.3	8.1	300	379
46	2-己酮	45	2.3～5.1	11.4	5	12
		200	2.7～12.9	8.5	45	41
		$1.7×10^3$	1.7～7.8	6.2	263	259
47	二溴一氯甲烷	105	4.2～14.4	22.3	27	53
		433	1.6～10.5	9.1	79	90
		$3.8×10^3$	1.3～13.0	3.8	999	334
48	3-甲基庚烷	48	4.4～11.7	13.5	10	15
		233	4.1～18.8	13.3	64	69
		$2.2×10^3$	2.0～11.2	3.5	369	210

序号	化合物名称	总平均值/（μg/m³）	实验室内相对标准偏差/%	实验室间相对标准偏差/%	重复性限 r/（μg/m³）	再现性限 R/（μg/m³）
49	1,2-二溴乙烷	88	3.1～7.7	11.8	15	23
		400	3.1～10.1	10.0	74	90
		3.2×10^3	3.0～8.3	5.8	465	467
50	正辛烷	54	3.9～7.0	16.2	8	19
		233	5.9～9.1	11.7	49	60
		2.0×10^3	1.0～14.8	8.8	530	390
51	四氯乙烯	73	2.4～9.9	10.6	12	17
		333	4.1～9.1	10.2	64	77
		2.8×10^3	2.2～9.1	3.5	468	276
52	氯苯	58	1.6～12.8	14.2	12	18
		250	4.2～5.5	15.0	33	79
		2.0×10^3	2.2～14.2	4.2	492	189
53	乙基苯	46	2.9～10.8	6.9	9	17
		217	3.6～8.3	8.1	38	38
		1.8×10^3	1.7～6.4	5.3	243	222
54，55	间&对二甲基苯	86	4.5～9.1	20.2	16	37
		467	3.0～8.8	13.6	74	136
		3.8×10^3	1.6～6.8	3.2	533	278
56	三溴甲烷	117	5.6～14.0	10.3	34	25
		617	3.9～9.7	41.1	112	534
		4.8×10^3	2.3～10.2	10.2	966	1106
57	苯乙烯	49	3.4～10.8	10.5	10	16
		217	5.4～11.5	8.7	50	39
		1.8×10^3	1.6～10.6	4.8	392	185
58	邻二甲苯	63	5.9～14.1	28.3	17	41
		217	3.4～11.3	10.1	46	47
		2.0×10^3	1.7～10.7	6.5	434	298
59	1,1,2,2-四氯乙烷	80	2.2～11.4	4.7	15	19
		367	3.0～10.7	9.5	61	72
		3.0×10^3	2.2～7.4	3.6	501	245
60	壬烷	66	5.1～13.5	13.8	19	19
		267	4.3～10.8	10.2	59	55
		2.2×10^3	2.2～7.9	6.2	330	290
61	异丙苯	57	4.5～9.4	11.3	11	17
		250	4.3～9.9	12.0	52	61
		2.2×10^3	1.7～8.6	2.8	356	122
62	正丙苯	55	2.3～10.2	12.1	11	17
		267	4.3～9.7	11.3	50	60
		2.2×10^3	1.7～6.8	4.0	324	166
63	4-乙基甲苯	56	5.0～15.5	8.8	15	20
		250	4.3～9.2	13.3	50	65
		2.3×10^3	1.6～10.6	3.3	496	193

序号	化合物名称	总平均值/（μg/m³）	实验室内相对标准偏差/%	实验室间相对标准偏差/%	重复性限 r/（μg/m³）	再现性限 R/（μg/m³）
64	3-乙基甲苯	56	2.9～9.0	8.1	8	20
		250	3.9～9.9	11.0	51	54
		2.0×10^3	2.0～7.1	6.7	322	281
65	1,3,5-三甲基苯	58	3.2～14.1	4.8	15	22
		250	3.1～9.9	13.2	49	63
		2.1×10^3	2.4～9.4	2.9	441	122
66	2-乙基甲苯	61	6.2～13.6	21.9	16	26
		250	1.6～8.1	9.3	44	47
		2.2×10^3	2.7～13.0	4.1	565	179
67	1,2,4-三甲基苯	51	5.2～12.0	12.5	12	20
		250	4.2～13.7	15.2	62	73
		2.1×10^3	1.0～13.0	6.7	482	307
68	氯代甲苯	63	2.8～10.9	17.2	14	21
		267	5.2～13.0	12.4	67	62
		2.3×10^3	1.7～9.5	8.3	459	418
69	间二氯苯	73	6.9～9.9	14.3	18	20
		300	5.2～11.9	11.0	70	64
		2.7×10^3	1.5～7.1	3.1	467	214
70	对二氯苯	77	5.3～14.2	28.1	25	41
		317	3.6～8.4	13.6	57	81
		2.7×10^3	1.9～10.5	3.5	582	184
71	癸烷	69	3.4～12.4	5.2	12	24
		300	3.1～10.4	14.2	64	79
		2.5×10^3	0.9～14.9	6.8	652	316
72	1,2,3-三甲苯	55	2.5～10.4	10.6	10	22
		250	5.3～12.6	12.9	60	58
		2.0×10^3	2.4～9.2	4.2	375	169
73	邻二氯苯	79	3.3～11.3	28.3	16	41
		317	4.8～11.0	15.3	63	91
		2.7×10^3	2.4～9.8	5.3	594	278
74	1,3-二乙基苯	62	3.1～6.7	11.8	9	22
		283	4.2～10.6	15.4	54	80
		2.3×10^3	1.4～14.1	5.3	604	233
75	1,4-二乙基苯	59	2.4～8.1	12.3	8	22
		267	3.6～9.4	14.1	50	68
		2.3×10^3	2.7～7.1	4.9	336	218
76	十一烷	78	1.6～12.9	18.2	18	25
		533	3.6～10.7	38.3	143	371
		2.8×10^3	2.0～9.4	4.6	575	227
77	1,2,4-三氯苯	72	3.0～13.3	15.0	16	19
		383	5.8～10.5	17.5	81	118
		3.5×10^3	2.7～12.9	6.6	790	453

序号	化合物名称	总平均值/（μg/m³）	实验室内相对标准偏差/%	实验室间相对标准偏差/%	重复性限 r/（μg/m³）	再现性限 R/（μg/m³）
78	萘	56	4.1～9.6	16.1	12	21
		283	4.1～8.5	13.9	46	69
		2.3×10^3	2.5～11.2	4.0	512	198
79	十二烷	71	4.3～10.0	15.2	12	19
		350	5.4～12.8	10.9	87	68
		3.2×10^3	1.8～13.0	6.8	695	392
80	六氯-1,3-丁二烯	111	4.6～12.4	8.3	29	22
		567	3.8～7.2	13.5	85	134
		4.8×10^3	2.5～7.1	4.3	629	422

表 D.3 直接质谱模式 VOCs 总量分析方法准确度汇总

化合物名称	加标浓度/（nmol/mol）	6 家实验室平均加标回收率 P_i/%						$\overline{P}$/%	$S_{\overline{P}}$/%	$\overline{P}\pm2S_{\overline{P}}$/%
		1	2	3	4	5	6			
VOCs 总量	5	98.7	101	108	115	103	102	105	6.0	105±12.0

表 D.4 气质联用模式方法正确度汇总

化合物名称	加标浓度/（nmol/mol）	$\overline{P}$/%	$S_{\overline{P}}$/%	$\overline{P}\pm2S_{\overline{P}}$/%
反-2-丁烯	10	94.5	6.4	94.5±12.8
	50	101	12.7	101±25.3
	400	104	11.2	104±22.3
1-丁烯	10	98.3	9.1	98.3±18.2
	50	92.0	7.0	92.0±14.1
	400	106	8.6	106±17.2
顺-2-丁烯	10	101	5.0	101±10.1
	50	93.3	8.2	93.3±16.4
	400	101	10.1	101±20.1
丙酮	10	101	5.0	101±10.1
	50	90.4	6.2	90.4±12.4
	400	93.7	7.6	93.7±15.1
环戊烷	10	97.4	16.5	97.4±33.0
	50	93.9	11.4	93.9±22.8
	400	99.6	12.7	99.6±25.3
顺-2-戊烯	10	102	6.4	102±12.8
	50	89.8	11.1	89.8±22.1
	400	101	9.2	101±18.4
1,1-二氯乙烯	10	108	13.3	108±26.6
	50	96.7	12.9	96.7±25.8
	400	94.3	4.2	94.3±8.4

化合物名称	加标浓度/（nmol/mol）	$\overline{P}$ /%	$S_{\overline{P}}$ /%	$\overline{P}\pm 2S_{\overline{P}}$ /%
二氯甲烷	10	101	7.3	101±14.7
	50	95.6	9.4	95.6±18.8
	400	95.6	7.9	95.6±15.8
1,1,2-三氟三氯乙烷	10	89.8	7.1	89.8±14.1
	50	91.7	6.2	91.7±12.3
	400	94.0	4.3	94.0±8.5
二硫化碳	10	105	12.3	105±24.7
	50	100	13.4	100±26.8
	400	96	8.2	96±16.4
2,2-二甲基丁烷	10	94.1	13.0	94.1±25.9
	50	96.0	10.9	96.0±21.8
	400	91.4	6.4	91.4±12.7
反-1,2-二氯乙烯	10	110	15.7	110±31.4
	50	91.4	3.0	91.4±6.0
	400	96.8	8.7	96.8±17.4
1,1-二氯乙烷	10	97.0	8.8	97.0±17.6
	50	88.8	9.5	88.8±19.1
	400	98.6	7.0	98.6±14.0
甲基叔丁基醚	10	104	9.6	104±19.2
	50	95.0	4.4	95.0±8.8
	400	102	10.5	102±20.9
2-甲基戊烷	10	103	10.7	103±21.4
	50	101	10.5	101±21.0
	400	96	5.0	96±10.0
2-丁酮	10	107	21.5	107±43.0
	50	92.0	8.7	92.0±17.4
	400	97.7	8.8	97.7±17.7
3-甲基戊烷	10	91.7	7.5	91.7±15.1
	50	95.5	7.8	95.5±15.5
	400	93.3	2.9	93.3±5.8
1-己烯	10	104	5.1	104±10.2
	50	93.5	8.1	93.5±16.3
	400	102	10.3	102±20.5
顺-1,2-二氯乙烯	10	101	13.2	101±26.5
	50	91.4	3.8	91.4±7.7
	400	96.7	4.5	96.7±8.9
乙酸乙酯	10	105	13.2	105±26.4
	50	95.4	10.5	95.4±20.9
	400	104	11.0	104±21.9
正己烷	10	95	12.9	95±25.8
	50	93.0	10.7	93.0±21.3
	400	91.2	4.7	91.2±9.3

化合物名称	加标浓度/（nmol/mol）	$\overline{P}$ /%	$S_{\overline{P}}$ /%	$\overline{P}\pm 2S_{\overline{P}}$ /%
三氯甲烷	10	91	6.8	91±13.6
	50	108	3.2	108±6.3
	400	99	5.9	99±11.9
四氢呋喃	10	116	30.4	116±60.8
	50	104	12.4	104±24.8
	400	103	14.3	103±28.6
1,2-二氯乙烷	10	98.7	7.6	98.7±15.2
	50	93.8	8.4	93.8±16.8
	400	97.1	7.3	97.1±14.6
1,1,1-三氯乙烷	10	100	11.1	100±22.3
	50	96.4	5.4	96.4±10.8
	400	100	11.0	100±22.0
苯	10	100	14.9	100±29.8
	50	96.0	8.5	96.0±17.0
	400	96.1	4.6	96.1±9.2
四氯化碳	10	105	10.9	105±21.9
	50	97.9	7.6	97.9±15.2
	400	96.0	5.4	96.0±10.7
环己烷	10	111	9.2	111±18.5
	50	92.2	7.4	92.2±14.8
	400	93.7	4.3	93.7±8.5
2,3-二甲基戊烷	10	107	11.0	107±21.9
	50	92.4	10.0	92.4±19.9
	400	95.9	5.5	95.9±11.1
3-甲基己烷	10	105	15.6	105±31.1
	50	94.6	11.5	94.6±23.1
	400	95.7	5.6	95.7±11.1
1,2-二氯丙烷	10	95.6	9.1	95.6±18.2
	50	103	7.0	103±14.1
	400	103	7.7	103±15.4
一溴二氯甲烷	10	103	10.9	103±21.8
	50	94.1	6.3	94.1±12.6
	400	90.8	4.0	90.8±8.0
1,4-二氧己烷	10	101	15.5	101±30.9
	50	92.6	6.8	92.6±13.5
	400	93.5	3.6	93.5±7.2
三氯乙烯	10	101	15.5	101±30.9
	50	92.8	5.1	92.8±10.1
	400	93.4	4.6	93.4±9.1
2,2,4-三甲基戊烷	10	101	15.7	101±31.5
	50	97.6	7.3	97.6±14.6
	400	102	10.1	102±20.2

化合物名称	加标浓度/（nmol/mol）	$\overline{P}$ /%	$S_{\overline{P}}$ /%	$\overline{P}\pm 2S_{\overline{P}}$ /%
甲基丙烯酸甲酯	10	105	26.5	105±53.1
	50	99.5	12.7	99.5±25.4
	400	105	8.9	105±17.8
正庚烷	10	103	15.5	103±31.1
	50	88.8	8.8	88.8±17.5
	400	94.4	8.1	94.4±16.1
顺式-1,3-二氯丙烯	10	108	18.4	108±36.8
	50	98.5	11.3	98.5±22.6
	400	105	7.7	105±15.3
甲基异丁酮	10	98.4	19.2	98.4±38.4
	50	95.1	9.1	95.1±18.2
	400	97.2	8.3	97.2±16.7
甲基环己烷	10	109	26.2	109±52.4
	50	92.1	7.3	92.1±14.7
	400	102	8.2	102±16.5
反式-1,3-二氯丙烯	10	98.6	14.9	98.6±29.8
	50	97.4	10.2	97.4±20.5
	400	105	9.4	105±18.8
1,1,2-三氯乙烷	10	104	10.2	104±20.5
	50	98.0	8.7	98.0±17.5
	400	98.6	2.0	98.6±3.9
2,3,4-三甲基戊烷	10	109	12.8	109±25.7
	50	99.0	2.5	99.0±5.0
	400	94.5	9.0	94.5±18.0
甲苯	10	102	11.9	102±23.8
	50	99.5	12.7	99.5±25.5
	400	101	3.3	101±6.6
2-甲基庚烷	10	104	18.0	104±36.0
	50	90.1	10.8	90.1±21.6
	400	95.7	8.1	95.7±16.1
2-己酮	10	102	11.6	102±23.3
	50	91.9	7.9	91.9±15.8
	400	93.9	6.3	93.9±12.7
二溴一氯甲烷	10	114	25.4	114±50.7
	50	93.7	8.5	93.7±17.0
	400	103	3.9	103±7.7
3-甲基庚烷	10	93.5	12.7	93.5±25.4
	50	90.0	11.9	90.0±23.7
	400	105	4.6	105±9.3
1,2-二溴乙烷	10	105	12.3	105±24.7
	50	96.8	9.6	96.8±19.2
	400	93.7	6.1	93.7±12.3

化合物名称	加标浓度/（nmol/mol）	$\overline{P}$ /%	$S_{\overline{P}}$ /%	$\overline{P}\pm 2S_{\overline{P}}$ /%
正辛烷	10	106	17.2	106±34.4
	50	89.6	10.5	89.6±21.1
	400	97.4	8.5	97.4±17.0
四氯乙烯	10	100	10.6	100±21.2
	50	93.0	9.4	93.0±18.9
	400	94.1	4.2	94.1±8.5
氯苯	10	115	16.2	115±32.5
	50	97.4	14.5	97.4±29.1
	400	101	4.4	101±8.8
乙基苯	10	97.5	6.8	97.5±13.5
	50	91.7	7.4	91.7±14.9
	400	95.6	5.3	95.6±10.6
间/对二甲基苯	10	119	23.2	119±46.4
	50	99	26.9	198±53.8
	400	106	7.7	106±15.3
三溴甲烷	10	105	10.7	105±21.5
	50	94	7.9	94±15.9
	400	107	11.6	107±23.2
苯乙烯	10	104	11.0	104±22.0
	50	91.4	8.0	91.4±15.9
	400	99.1	4.8	99.1±9.7
邻二甲苯	10	133	41.6	133±83.2
	50	93.9	9.5	93.9±18.9
	400	104	7.4	104±14.7
1,1,2,2-四氯乙烷	10	108	5.2	108±10.5
	50	98.9	9.4	98.9±18.8
	400	103	4.1	103±8.2
壬烷	10	115	15.9	115±31.8
	50	92.3	9.4	92.3±18.8
	400	95.6	6.2	95.6±12.3
异丙苯	10	106	12.0	106±23.9
	50	94.2	11.4	94.2±22.8
	400	99.0	2.7	99.0±5.4
正丙苯	10	103	12.5	103±25.0
	50	98.0	11.2	98.0±22.3
	400	98.2	3.7	98.2±7.4
4-乙基甲苯	10	105	9.4	105±18.7
	50	91.6	12.2	91.6±24.3
	400	106	4.6	106±9.2
3-乙基甲苯	10	104	8.4	104±16.8
	50	91.7	10.2	91.7±20.3
	400	93.3	6.7	93.3±13.3

化合物名称	加标浓度/（nmol/mol）	$\overline{P}$/%	$S_{\overline{P}}$/%	$\overline{P}\pm 2S_{\overline{P}}$/%
1,3,5-三甲基苯	10	107	5.3	107±10.6
	50	90.8	11.9	90.8±23.8
	400	101	2.9	101±5.8
2-乙基甲苯	10	113	25.0	113±50.0
	50	95.4	8.8	95.4±17.7
	400	102	4.2	102±8.5
1,2,4-三甲基苯	10	95.3	12.0	95.3±24.1
	50	93.8	14.5	93.8±28.9
	400	103	7.3	103±14.7
氯代甲苯	10	112	19.3	112±38.7
	50	93.2	11.6	93.2±23.2
	400	106	9.8	106±19.5
间二氯苯	10	112	16.0	112±32.0
	50	93.9	10.3	93.9±20.6
	400	104	4.4	104±8.8
对二氯苯	10	118	33.1	118±66.2
	50	97.4	13.3	97.4±26.5
	400	102	3.8	102±7.5
癸烷	10	109	5.8	109±11.6
	50	93.8	13.3	93.8±26.7
	400	95.0	6.6	95.0±13.2
1,2,3-三甲苯	10	103	11.0	103±22.1
	50	89.9	11.5	89.9±23.1
	400	96.1	4.3	96.1±8.5
邻二氯苯	10	94	13.0	85.0±26.0
	50	98.5	15.1	98.5±30.2
	400	103	5.8	103±11.7
1,3-二乙基苯	10	104	12.1	104±24.2
	50	95.0	14.6	95.0±29.1
	400	100	5.4	100±10.7
1,4-二乙基苯	10	98.9	12.2	98.9±24.4
	50	89.0	12.5	89.0±25.1
	400	94.8	4.9	94.8±9.8
十一烷	10	112	20.2	112±40.5
	50	96.3	15.1	96.3±30.3
	400	101	4.4	101±8.8
1,2,4-三氯苯	10	89.5	13.4	89.5±26.9
	50	93.6	16.3	93.6±32.7
	400	107	8.1	107±16.2
萘	10	98.0	15.7	98.0±31.5
	50	97.1	13.4	97.1±26.8
	400	105	4.9	105±9.7

化合物名称	加标浓度/（nmol/mol）	$\overline{P}$ /%	$S_{\overline{P}}$ /%	$\overline{P}\pm 2S_{\overline{P}}$ /%
十二烷	10	93.9	14.3	93.9±28.6
	50	92.9	10.0	92.9±20.1
	400	103	7.2	103±14.3
六氯-1,3-丁二烯	10	94.2	13.2	94.2±26.5
	50	98.2	13.3	98.2±26.7
	400	105	5.3	105±10.6

环境空气　挥发性有机物的测定　车载式单光子电离-飞行时间质谱法（试行）

警告：本方法使用的标准品为易挥发的有毒化学品，操作应在通风条件下进行，同时应按要求佩戴防护器具，避免吸入或接触皮肤和衣物。

1　适用范围

本方法规定了测定环境空气中挥发性有机物的车载式单光子电离-飞行时间质谱法。

本方法适用于环境空气、无组织废气中甲苯等 77 种挥发性有机物的现场应急监测，以及筛查、普查等先期调查工作，其他挥发性有机物如果通过方法适用性验证，也可采用本方法测定。

在突发环境事件应急监测或实际需要时，77 种挥发性有机物以外的化合物，也可采用本方法进行初步定性和浓度估算。

当采集时间为 5 s 时，本方法的检出限为 1.3～97.9 μg/m^3，测定下限为 5.2～392 μg/m^3。

2　规范性引用文件

本方法引用了下列文件或其中的条款。凡是不注日期的引用文件，其有效版本适用于本标准。

HJ/T 55　大气污染物无组织排放监测技术导则

HJ/T 193　环境空气质量自动监测技术规范

HJ 194　环境空气质量手工监测技术规范

HJ 589　突发环境事件应急监测技术规范

3　术语和定义

下列术语和定义适用于本标准。

3.1　挥发性有机物　Volatile Organic Compounds

参与大气光化学反应的有机化合物，或者根据有关规定确定的有机化合物。

3.2　单光子电离-飞行时间质谱 Single Photon Ionization-Time of Flight Mass Spectrometer

基于单光子电离-飞行时间质量分析器原理，对某一种或多种挥发性有机物进行定性定量分析的质谱仪。

4 方法原理

环境空气中的挥发性有机物通过聚二甲基硅氧烷（Polydimethylsiloxane，PDMS）膜或者毛细管进入电离室，被单光子离子源软电离后，产生各自特征的分子离子，经飞行时间质量分析器分离，最终被检测器接收，并由高速数据采集卡记录飞行时间以及响应值。

对于 77 种目标化合物，利用飞行时间质量分析器进行定性分析，通过外标法进行定量分析；对于 77 种目标化合物以外的物质，通过质荷比进行初步定性，再根据其响应值与苯（*m/z* 78）的响应值之比，测算其浓度水平。

结合 GIS 数据，在数据软件上实时展示监测物质浓度数据，绘制时间-空间-浓度三维画像，可展示 VOCs 总浓度变化趋势以及单组份变化情况。

5 干扰和消除

质荷比相同的不同挥发性有机物之间的测定会相互干扰，通过分析样品来源以及结合物质的同位素峰来进行辅助定性分析。

6 试剂和材料

6.1 标准气：浓度不低于 1 μmol/mol，压力不低于 1.0 MPa，可保存一年（或参见标准气证书的相关说明）。根据实际工作需要，购买有证标准气体或在有资质单位定制合适的标准气体。

6.2 标准使用气：使用动态气体稀释仪（7.4），将标准气（6.1）用高纯气（6.3）稀释至指定浓度（nmol/mol），输出总流量不低于仪器进样流量的 2 倍。

6.3 高纯气（氮气、氦气或者干燥空气等）：≥99.999%。

7 仪器和设备

7.1 车载式飞行时间质谱仪：包括进样系统、真空紫外灯单光子电离源、飞行时间质量分析器、离子检测器以及高速数据采集卡、GPS/北斗定位系统。

7.2 气象参数系统：测量参数包括风向、风速、温度、湿度以及大气压力，并配置电子罗盘。

7.3 车载式大气采样系统：采样装置需满足 HJ/T 193 规定。

7.4 动态气体稀释仪：最大稀释倍数应不小于 1 000 倍。

7.5 车载电源系统：220 V/50 Hz 车载蓄电池，容量不低于 3 000 VA，最大输出功率不低于 2 000 W，车载仪器连续工作时间应不低于 6 h。

8 样品

8.1 样品采集

在现场通过车载式大气采样系统直接采样分析。环境样品按照 HJ 194 相关规定采样；污染源无组织排放样品按照 HJ/T 55 相关规定采样；突发性环境事件应急监测时按照 HJ 589 相关规定采样。

8.2 空白试样

将高纯气（6.3）经动态气体稀释仪（7.4）通入仪器，测试系统空白。

9 分析步骤

9.1 环境参考条件

9.1.1 仪器车载工作环境

环境温度：5～35℃，湿度：≤80%，气压：86～106 kPa。

9.1.2 现场监测环境条件

应在无降雨、风力 4 级以下环境开展。

9.2 仪器参考条件

根据使用的仪器及说明书，参考下述条件，调整车载行驶速度、大气采样总管采样流量与温度、仪器真空度、仪器采样流量以及时间分辨率等参数。

9.2.1 车载行驶速度

车载行驶速度根据监测路段的实际情况可适当调整，最大不应超过 50 km/h，在工业园区等企业相对密集的区域，行驶速度一般应为（20～30）km/h。

9.2.2 大气采样总管采样流量与温度

大气采样总管采样流量为（5～100）L/min，采样温度为 30～50℃。

9.2.3 时间分辨率

通常为 5 s/谱。

9.2.4 质谱分析参考条件

仪器真空度：一级真空，真空度优于 5×10^{-3} Pa；

离子源：SPI，离子化能量 10.6 eV；

质量范围：全谱分析，质量范围 40～300 amu（1～1 000 amu 任意可设）；

质谱仪采样流量：通常为 1.0 L/min。

9.3 校准

9.3.1 仪器性能检查

开机启动后，根据仪器说明书，首先对质谱仪进行性能检查。为保证检测结果的准确性，开机启动后或连续运行 48 h 后，应进行质谱仪的响应值校正，根据仪器说明书选择校正标准物质，其响应值变化不应超过初始响应值的 10%，或满足说明书要求，否则须对质谱仪的性能进行优化，直至满足要求后才能进行样品分析。

9.3.2 校准曲线绘制

通过动态气体稀释仪（7.4）用高纯气（6.3）稀释标准气（6.1），配制低、高两种浓度系列。低浓度系列为 5.0 nmol/mol、10.0 nmol/mol、20.0 nmol/mol、50.0 nmol/mol；高浓度系列为 50.0 nmol/mol、100 nmol/mol、200 nmol/mol、500 nmol/mol。按照仪器参考条件（9.2）依次从低浓度到高浓度进行测定，计算目标物峰高的平均值。以目标物浓度为横坐标，目标物峰高的平均值为纵坐标，采用最小二乘法绘制校准曲线。

实际工作中，根据待测样品中挥发性有机物可能的浓度范围选择配制低浓度系列校准曲线或者高浓度系列校准曲线。

9.4 试样测定

将采样管直接连接至飞行时间质谱仪进样口，按照 9.3 的参考条件进行测定。

9.5 空白试验

按照与样品相同的条件和步骤，进行空白试样（8.2）的测定。

10 结果计算与表示

10.1 77 种目标化合物

10.1.1 定性分析

对于 77 种目标化合物，根据其产生的特征离子的质荷比（*m/z*）定性。

10.1.2 定量分析

根据校准曲线法计算目标化合物的质量浓度。

10.2 目标外化合物

10.2.1 定性分析

对于 77 种目标化合物以外的物质，根据质谱图中质谱峰对应的质荷比（*m/z*）定性。目标外化合物的质荷比与物质名称对应关系详见附录 D。

10.2.2 定量分析

对于目标外化合物，采用苯（*m/z* 78）的标准曲线来进行半定量分析。

注：由于缺少目标外化合物标气建立标准曲线，定量结果仅供参考。

10.3 结果表示

测定结果小数点后位数的保留与方法检出限保持一致，最多保留三位有效数字。

11 准确度

11.1 精密度

6 家实验室分别对浓度为 10.0 nmol/mol、50.0 nmol/mol 和 200 nmol/mol 的标准样品进

行了 6 次重复测定，实验室内相对标准偏差分别为 0.1%～25.0%、0.1%～23.9%和 0.04%～4.6%；实验室间相对标准偏差分别为 6.2%～19.9%、5.9%～17.9%和 4.4%～19.2%；重复性限为（0.9～43.9）$\mu g/m^3$、（4.7～68.0）$\mu g/m^3$ 和（8.9～250）$\mu g/m^3$；再现性限为（10.1～110）$\mu g/m^3$、（29.6～606）$\mu g/m^3$ 和（86.6～2.96×10^3）$\mu g/m^3$。

11.2 正确度

6 家实验室对浓度为 10.0 nmol/mol、50.0 nmol/mol 和 200 nmol/mol 的有证标准物质进行了 6 次重复测定，实验室内的相对误差分别为−36.4%～27.3%，−39.0%～30.3%和−40.3%～26.5%，实验室间相对误差终值分别为 0.6%±39.6%～−16.8%±26.4%、0.1%±14.4%～−15.5%±21.4%、0.4%±30.4%～−10.8%±31.8%。

12 质量保证和质量控制

12.1 空白

连续运行 24 h 或每批次样品应分析一个空白试样（8.2），空白试样中目标化合物浓度应低于方法检出限，否则应采取措施排除污染后再进行测试。

12.2 校准

标准曲线至少包含 4 个浓度点（不含零浓度点），80%以上的目标化合物曲线相关系数应≥0.990。否则，应查找原因，重新绘制校准曲线。

仪器运行期间，每 24 h 分析 1 次标准曲线中间浓度点，80%以上的目标化合物测定结果与标准值间的相对偏差应在±30%以内。否则应重新建立校准曲线。

在突发环境污染事故应急监测紧急情况下，可采用预制的标准曲线，现场测试时，采用预制标准曲线中间浓度点或次高浓度点进行单点校准。

13 废物处理

过期的标准气体，应委托供应商或有资质的单位回收处理。

14 注意事项

14.1 突发环境事件应急监测时，操作人员应采取必要的防护措施，保障人身安全。

14.2 当分析一个高浓度样品后，应分析至少 1 个空白试样检查交叉污染。如发生交叉污染，则应对进样管路进行加热并通入高纯气冲洗，确认不存在污染后再继续进行测试。

14.3 仪器需固定在车厢内，避免发生位移，必要时加装防振底座；仪器周围至少预留 300 mm 空间，确保通风散热。

14.4 采样位置需固定在监测车上方中部，确保行驶过程中监测车尾气不会产生影响。

14.5 定期对采样管路进行检查及清洁，排除管路堵塞或污染的影响。

14.6 定期对仪器防尘棉进行清洁，防止影响仪器散热。

附录 A
（规范性附录）
目标化合物检出限及测定下限

当质谱分析时间分辨率为 5 s/谱时，目标化合物检出限及测定下限统计结果见表 A.1。

表 A.1 目标化合物检出限及测定下限

序号	化合物名称	CAS 号	摩尔质量/（g/mol）	检出限/（μg/m³）	测定下限/（μg/m³）
1	甲硫醇	74-93-1	48	45.5	182
2	1,3-丁二烯	106-99-0	54	38.9	156
3，4，5	1-丁烯	106-98-9	56	11.4	45.7
	顺式-2-丁烯	590-18-1			
	反式-2-丁烯	624-64-6			
6	丙酮	67-64-1	58	35.8	143
7，8	二甲基硫	75-18-3	62	13.7	55
	乙硫醇	75-08-1			
9	2-甲基-1,3-丁二烯	78-75-9	68	15.4	61.5
10，11，12，13	1-戊烯	109-67-1	70	53.8	215
	环戊烷	287-92-3			
	c-2-戊烯	627-20-3			
	t-2-戊烯	646-04-8			
14，15	甲基乙基酮（丁酮）	78-93-3	72	26.3	105
	四氢呋喃	109-99-9			
16，17	二硫化碳	75-15-0	76	15.3	61.3
	丙硫醇	107-03-9			
18	苯	71-43-2	78	8.9	35.5
19，20，21	环己烷	110-82-7	84	27.4	110
	1-己烯	592-41-6			
	甲基环戊烷	96-37-7			
22，23，24	甲基叔丁基醚	1634-04-4	88	31	124
	1,4-二氧杂环己烷	123-91-1			
	乙酸乙酯	141-78-6			
25，26	二乙基硫（乙硫醚）	352-93-2	90	6.2	24.6
	丁硫醇	109-79-5			
27	甲苯	108-88-3	92	6.1	24.2
28	二甲基二硫醚	624-92-0	94	18.4	73.5
29，30，31	顺-1,2-二氯乙烯	156-59-2	96	55	220
	1,1-二氯乙烯	75-35-4			
	反式-1,2-二氯乙烯	156-60-5			

序号	化合物名称	CAS 号	摩尔质量/（g/mol）	检出限/（μg/m³）	测定下限/（μg/m³）
32	甲基环己烷	108-87-2	98	28.3	113
33，34，35	甲基丙烯酸甲酯	80-62-6	100	11	44.1
	4-甲基-2-戊酮	108-10-1			
	2-己酮	591-78-6			
36，37，38，39，40	*n*-庚烷	142-82-5	100	97.9	392
	2-4-二甲基戊烷	108-08-7			
	2-3-二甲基戊烷	565-59-3			
	3-甲基己烷	589-34-4			
	2-甲基己烷	591-76-4			
41	苯乙烯	100-42-5	104	2.8	11
42，43，44，45	乙苯	100-41-4	106	5.9	23.8
	对-二甲苯	106-42-3			
	间-二甲苯	108-38-3			
	邻-二甲苯	95-47-6			
46，47	顺-1,3-二氯丙烯	10061-01-5	110	14.4	57.7
	反-1,3-二氯丙烯	542-75-6			
48	氯苯	108-90-7	112	9.2	36.9
49，50，51，52，53	2,2,4-三甲基戊烷	540-84-1	114	84.2	337
	正辛烷	111-65-9			
	2,3,4-三甲基戊烷	565-75-3			
	3-甲基庚烷	589-81-1			
	2-甲基庚烷	592-27-8			
54	己硫醇	111-31-9	118	8.6	34.6
55，56，57，58，59，60，61，62	1,3,5-三甲苯	108-67-8	120	9.4	37.7
	1,2,4-三甲苯	95-63-6			
	4-乙基甲苯	622-96-8			
	正丙基苯	103-65-1			
	1,2,3-三甲苯	526-73-8			
	2-乙基甲苯	611-14-3			
	3-乙基甲苯	620-14-4			
	异丙基苯	98-82-8			
63	苄基氯	100-44-7	126	2.1	8.6
64	萘	91-20-3	128	2.4	9.7
65	正壬烷	111-84-2	128	9.6	38.6
66	三氯乙烯	1979/1/6	130	15.3	61.3
67，68	*p*-二乙苯	105-05-5	134	1.3	5.2
	m-二乙苯	141-93-5			
69	正癸烷	124-18-5	142	28.5	114
70，71，72	1,4-二氯苯	106-46-7	146	2.6	10.3
	1,3-二氯苯	541-73-1			
	1,2-二氯苯	95-50-1			

序号	化合物名称	CAS 号	摩尔质量/（g/mol）	检出限/（μg/m³）	测定下限/（μg/m³）
73	正十一烷	1120-21-4	156	5.2	20.9
74	四氯乙烯	127-18-4	166	15.8	63.1
75	正十二烷	112-40-3	170	5.3	21.1
76	1,2,4-三氯苯	120-82-1	180	6.8	27.4
77	六氯-1,3-丁二烯	87-68-3	260	17.7	70.9

附录 B
（资料性附录）
质谱图

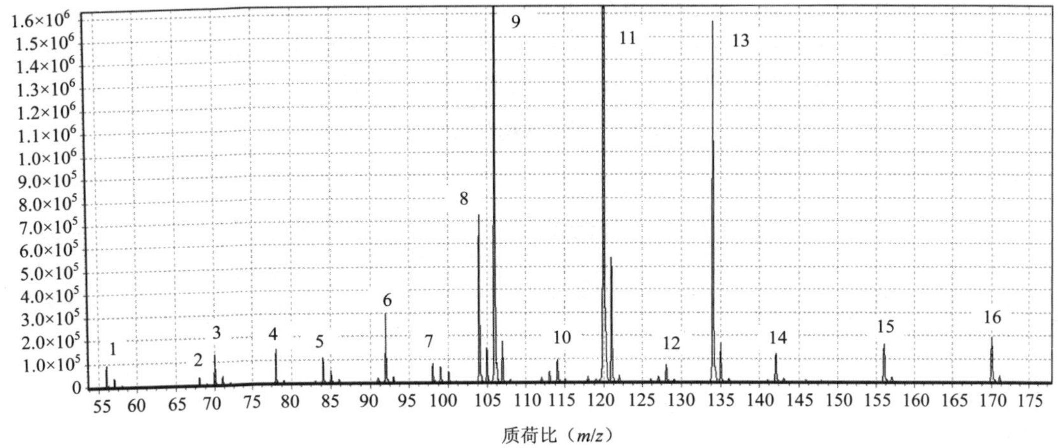

1—1-丁烯、顺式-2-丁烯、反式-2-丁烯；2—2-甲基-1,3-丁二烯；3—1-戊烯、环戊烷、c-2-戊烯、t-2-戊烯；4—苯；5—环己烷、1-己烯、甲基环戊烷；6—甲苯；7—甲基环己烷；8—*n*-庚烷、2-4-二甲基戊烷、2-3-二甲基戊烷、3-甲基己烷、2-甲基己烷；9—乙苯、对-二甲苯、间-二甲苯、邻-二甲苯；10—2,2,4-三甲基戊烷、正辛烷、2,3,4-三甲基戊烷、3-甲基庚烷、2-甲基庚烷；11—1,3,5-三甲苯、1,2,4-三甲苯、4-乙基甲苯、正丙基苯、1,2,3-三甲苯、2-乙基甲苯、3-乙基甲苯、异丙基苯；12—正壬烷；13—*p*-二乙苯、*m*-二乙苯；14—正癸烷；15—正十一烷；16—正十二烷

图 B.1 PAMS 标气质谱图

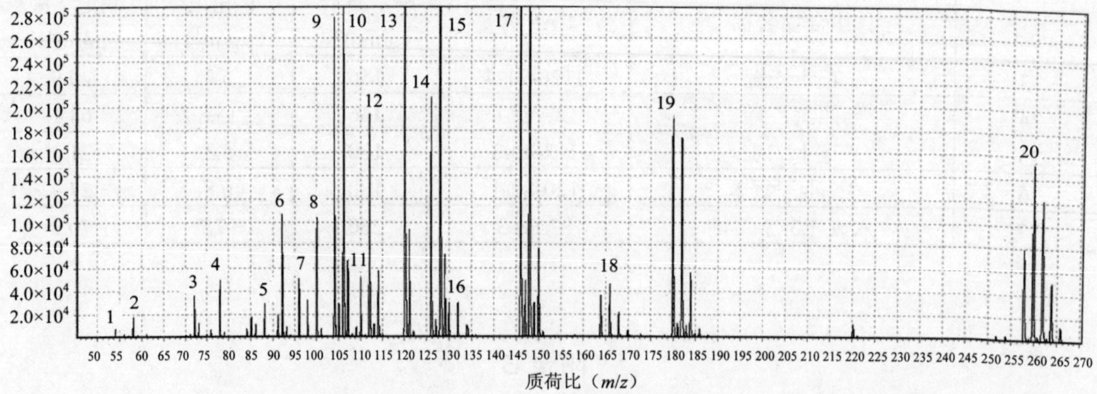

1—1,3-丁二烯；2—丙酮；3—甲基乙基酮（丁酮）、四氢呋喃；4—苯；5—甲基叔丁基醚、1,4-二氧杂环己烷、乙酸乙酯；6—甲苯；7—顺-1,2-二氯乙烯、1,1-二氯乙烯、反式-1,2-二氯乙烯；8—甲基丙烯酸甲酯、4-甲基-2-戊酮、2-己酮、*n*-庚烷；9—苯乙烯；10—乙苯、对-二甲苯、间-二甲苯、邻-二甲苯；11—顺-1,3-二氯丙烯、反-1,3-二氯丙烯；12—氯苯；13—1,3,5-三甲苯、1,2,4-三甲苯、4-乙基甲苯；14—p-二乙苯、*m*-二乙苯；15—萘；16—三氯乙烯；17—1,4-二氯苯、1,3-二氯苯、1,2-二氯苯；18—四氯乙烯；19—1,2,4-三氯苯；20—六氯-1,3-丁二烯

图 B.2 TO15 标气质谱图

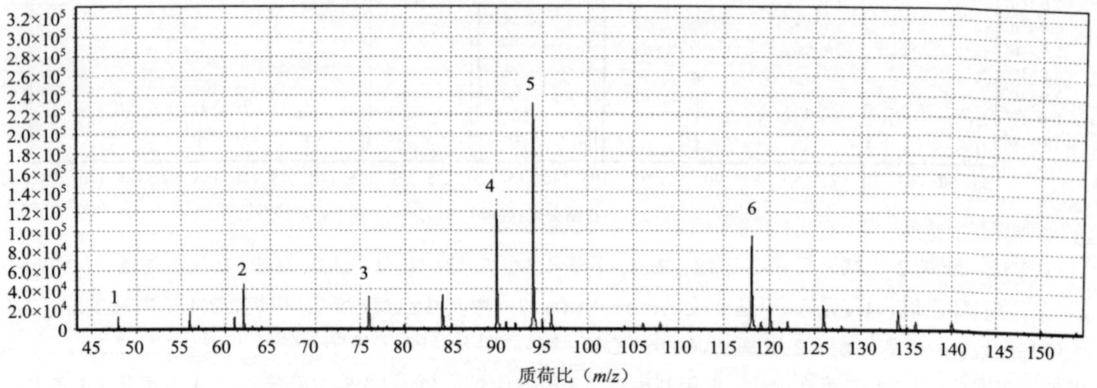

1—甲硫醇；2—二甲基硫、乙硫醇；3—二硫化碳、丙硫醇；4—二乙基硫（乙硫醚）、丁硫醇；5—二甲基二硫醚；6—己硫醇

图 B.3 有机硫标气质谱图

附录 C
（资料性附录）
方法的准确度

方法精密度、重复性和再现性指标见附表 C.1；方法的正确度指标见附表 C.2。

表 C.1　方法精密度、重复性和再现性

序号	化合物名称	总平均值/（$\mu g/m^3$）	实验室相对标准偏差/%	实验室间相对标准偏差/%	重复性限 r/（$\mu g/m^3$）	再现性限 R/（$\mu g/m^3$）
1	甲硫醇	20	6.9～21.6	18.8	7.6	12.8
		115	1.9～11.9	16.2	17.4	54.4
		433	1～3.6	15.6	23.8	191
2	1,3-丁二烯	23	2.4～24.7	17.1	7.3	12.9
		110	0.8～23.9	9.1	39.5	45.6
		456	0.8～3.6	9.9	32.4	130
3，4，5	1-丁烯 顺式-2-丁烯 反式-2-丁烯	66	2.2～8.8	11.3	8.4	22.2
		340	0.7～2.5	9	16.3	86.7
		1.40×10^3	0.6～1.9	7.4	44.9	295
6	丙酮	23	2.8～25	12.6	9.1	11.7
		123	1.3～9	7.1	18.2	29.6
		484	0.5～4.1	8.2	35.4	116
7，8	二甲基硫 乙硫醇	52	2.1～6.8	10.1	7.2	16.2
		282	0.8～2.7	16.6	14.2	132
		1.11×10^3	0.3～2.1	15.2	29.1	472
9	2-甲基-1,3-丁二烯	27	3.9～14.2	14.4	6	12.2
		133	1.7～4.3	11.3	13.1	44
		569	0.7～3.1	5.2	29.1	86.6
10，11，12，13	1-戊烯 环戊烷 c-2-戊烯 t-2-戊烯	108	2.2～10	11.6	14.9	37.6
		555	0.5～4.5	10.6	32.3	167
		2.36×10^3	0.3～2	6.7	71.2	450
14，15	甲基乙基酮（丁酮） 四氢呋喃	58	1.6～13.5	6.2	10.9	14.2
		297	0.4～7.9	9.2	36	83
		1.22×10^3	0.4～4.6	7.7	88.6	276
16，17	二硫化碳 丙硫醇	56	1.1～6.1	15.8	5.6	25.5
		344	0.8～3.7	17.9	21.8	174
		1.34×10^3	0.2～2.4	19.2	41.1	722
18	苯	31	1.1～8.6	10.7	4	10.1
		158	0.3～4.2	11.8	8.5	52.7
		660	0.2～2.2	8.3	19.2	154
19，20，21	环己烷 1-己烯 甲基环戊烷	101	1.7～7.4	13.8	13.5	40.9
		492	1.1～8.3	10.9	55.7	159
		2.09×10^3	0.4～1.1	9.5	42.9	560
22，23，24	甲基叔丁基醚 1,4-二氧杂环己烷 乙酸乙酯	114	2.4～9.8	11.6	15.8	39.6
		562	0.6～3.5	6.2	35.9	103
		2.20×10^3	0.1～3.1	6.7	112	425
25，26	二乙基硫（乙硫醚） 丁硫醇	72	1～4.7	11.6	5.4	23.7
		412	0.6～1.3	17.5	10.6	202
		1.62×10^3	0.2～1.5	15.9	38	720

序号	化合物名称	总平均值/（μg/m³）	实验室相对标准偏差/%	实验室间相对标准偏差/%	重复性限 r/（μg/m³）	再现性限 R/（μg/m³）
27	甲苯	37	0.8～3.8	10.1	2.4	10.6
		186	0.4～3.1	10.6	7.1	55.9
		780	0.1～0.9	4.4	11.8	98
28	二甲基二硫醚	38	0.4～3.9	16.8	2.1	18.1
		206	0.3～2.4	14.8	8.4	85.6
		844	0.1～0.7	17	8.9	403
29，30，31	顺-1,2-二氯乙烯 1,1-二氯乙烯 反式-1,2-二氯乙烯	111	1.4～12.8	14.4	25.8	50.8
		562	1～6.6	17	57.3	272
		2.29×10^3	0.3～2	17.8	86.3	1.14×10^3
32	甲基环己烷	37	2.1～7.7	9.4	5.4	11
		195	0.4～4.9	8.5	14.4	48.4
		815	0.6～1.7	7.5	24.1	173
33，34，35	甲基丙烯酸甲酯 4-甲基-2-戊酮 2-己酮	176	1～6.7	13.2	17.9	67.3
		877	0.4～3.5	14.1	45.7	348
		3.34×10^3	0.2～1.8	7.1	102	665
36，37，38，39，40	*n*-庚烷 2-4-二甲基戊烷 2-3-二甲基戊烷 3-甲基己烷 2-甲基己烷	196	2.5～10.6	13.7	43.9	85.5
		965	1～4.2	9.8	68	273
		4.08×10^3	0.8～4	6.8	250	809
41	苯乙烯	40	0.4～1.1	9.6	0.9	10.9
		214	0.1～1.4	11.3	4.7	67.8
		870	0.1～0.7	5	10	123
42，43，44，45	乙苯 对-二甲苯 间-二甲苯 邻-二甲苯	171	0.4～1.9	8.6	5.1	41.2
		880	0.2～0.6	9.5	8	235
		3.74×10^3	0～0.4	9.2	25.3	962
46，47	顺-1,3-二氯丙烯 反-1,3-二氯丙烯	87	0.9～13.5	9.9	17.7	29
		459	0.2～3.6	7.6	29	101
		1.89×10^3	0.2～3.1	6.4	89.3	347
48	氯苯 1,2-二氯丙烷	91	0.7～5.7	7.7	7.6	20.7
		470	0.2～2.5	6.6	16.4	87.6
		1.87×10^3	0.2～1	6.9	27.5	363
49，50，51，52，53	2,2,4-三甲基戊烷 正辛烷 2,3,4-三甲基戊烷 3-甲基庚烷 2-甲基庚烷	227	1.4～11.8	11.6	36.6	80.7
		1.14×10^3	0.7～2.6	12.8	51	409
		4.73×10^3	0.4～2.4	9.1	152	1.21×10^3
54	己硫醇	48	0.5～5.1	11.9	2.8	16.2
		273	0.3～2.5	12.6	10.5	97
		1.08×10^3	0.2～1.8	11.3	23.1	341

序号	化合物名称	总平均值/（μg/m³）	实验室相对标准偏差/%	实验室间相对标准偏差/%	重复性限 r/（μg/m³）	再现性限 R/（μg/m³）
55，56，57，58，59，60，61，62	1,3,5-三甲苯 1,2,4-三甲苯 4-乙基甲苯 正丙基苯 1,2,3-三甲苯 2-乙基甲苯 3-乙基甲苯 异丙基苯	377	0.1～1.2	10.4	5.6	110.1
		1.98×10^3	0.1～0.5	10.9	16.1	606
		8.79×10^3	0～0.1	12	17.3	2.96×10^3
63	苄基氯	49	0.3～4	15.1	3.1	21.1
		282	0.2～2	7.2	8.5	57.4
		1.07×10^3	0.1～1.6	6.9	28.1	208
64	萘	60	0.2～1.7	18.6	1.6	31.3
		328	0.2～1.3	7.8	6.7	71.6
		1.13×10^3	0.1～0.7	8.3	12	264
65	正壬烷	57	1.3～7.3	19.7	6.4	32.2
		241	1.2～2.7	12.7	12.6	86.6
		1.04×10^3	0.3～2.8	7.6	49.7	226
66	三氯乙烯	55	2.3～7.2	8.3	7.4	14.4
		270	1～6.3	7.1	27.5	59.5
		1.10×10^3	0.7～3.2	7.1	63.5	226
67，68	*p*-二乙苯 *m*-二乙苯	104	0.3～0.9	12.7	1.6	36.8
		559	0.1～0.7	11.1	5.3	174
		2.30×10^3	0.1～0.4	10.3	16.2	664
69	正癸烷	57	1.2～9.2	10	7.1	17.1
		279	0.4～5.7	11.6	18.5	92.3
		1.18×10^3	0.4～1.3	6.8	25	224
70，71，72	1,4-二氯苯 1,3-二氯苯 1,2-二氯苯	174	0.2～2.5	14.7	5.6	71.7
		968	0.2～1.1	5.9	17.3	161
		3.89×10^3	0.1～0.8	8.5	40.5	921
73	正十一烷	62	1.2～2.8	12.5	3.2	21.8
		322	0.4～2.7	11.4	14	104
		1.31×10^3	0.2～1.7	7.6	28.7	278
74	四氯乙烯	68	1.8～6.3	8.5	7	17.3
		345	0.8～6.4	7.3	30.7	76.1
		1.41×10^3	0.2～1.8	6.1	39.1	242
75	正十二烷	74	0.6～3.5	15.8	2.9	32.7
		370	0.2～1.2	12.7	8	131
		1.41×10^3	0.1～1.5	7.1	31	281
76	1,2,4-三氯苯	86	0.4～1.6	18.5	2.3	44.9
		462	0.3～2.1	7.3	14.9	96
		1.55×10^3	0.2～1.5	5.1	34.6	224

序号	化合物名称	总平均值/（μg/m³）	实验室相对标准偏差/%	实验室间相对标准偏差/%	重复性限 r/（μg/m³）	再现性限 R/（μg/m³）
77	六氯-1,3-丁二烯	114	0.4～5.3	19.9	6.1	63.9
		644	0.2～3.9	10.4	34.8	191
		2.37×10^3	0.1～0.7	11.3	28.7	751

表 C.2 方法的正确度

序号	化合物名称	测试浓度/（μg/m³）	$\overline{RE}$ /%	S_{RE} /%	$\overline{RE} \pm 2S_{RE}$ /%
1	甲硫醇	20	−4.8	17.9	−4.8±35.8
		115	7.3	17.3	7.3±34.6
		433	1.1	15.8	1.1±31.6
2	1,3-丁二烯	23	−4.5	16.3	−4.5±32.6
		110	−9.0	8.3	−9±16.6
		456	−5.4	9.4	−5.4±18.8
3，4，5	1-丁烯 顺式-2-丁烯 反式-2-丁烯	66	−12.3	9.9	−12.3±19.8
		340	−9.3	8.1	−9.3±16.2
		1.40×10^3	−6.5	7.0	−6.5±14
6	丙酮	23	−9.6	11.4	−9.6±22.8
		123	−4.9	6.8	−4.9±13.6
		484	−6.5	7.7	−6.5±15.4
7，8	二甲基硫 乙硫醇	52	−5.4	9.6	−5.4±19.2
		282	1.8	16.9	1.8±33.8
		1.11×10^3	0.4	15.2	0.4±30.4
9	2-甲基-1,3-丁二烯	27	−10.9	12.8	−10.9±25.6
		133	−12.1	10.0	−12.1±20
		569	−6.2	4.8	−6.2±9.6
10，11，12，13	1-戊烯 环戊烷 c-2-戊烯 t-2-戊烯	108	−13.4	10.0	−13.4±20
		555	−11.2	9.4	−11.2±18.8
		2.36×10^3	−5.4	6.4	−5.4±12.8
14，15	甲基乙基酮（丁酮） 四氢呋喃	58	−9.5	5.6	−9.5±11.2
		297	−7.5	8.5	−7.5±17
		1.22×10^3	−5.4	7.3	−5.4±14.6
16，17	二硫化碳 丙硫醇	56	−16.8	13.2	−16.8±26.4
		344	1.3	18.2	1.3±36.4
		1.34×10^3	−0.9	19.0	−0.9±38
18	苯	31	−10.0	9.6	−10±19.2
		158	−9.2	10.7	−9.2±21.4
		660	−5.3	7.8	−5.3±15.6
19，20，21	环己烷 1-己烯 甲基环戊烷	101	−10.2	12.4	−10.2±24.8
		492	−12.5	9.6	−12.5±19.2
		2.09×10^3	−6.9	8.9	−6.9±17.8

序号	化合物名称	测试浓度/（μg/m³）	$\overline{RE}$ /%	$S_{\overline{RE}}$ /%	$\overline{RE}\pm 2S_{\overline{RE}}$ /%
22，23，24	甲基叔丁基醚 1,4-二氧杂环己烷 乙酸乙酯	114	−3.5	11.2	−3.5±22.4
		562	−4.7	5.9	−4.7±11.8
		2.20×10^3	−6.8	6.3	−6.8±12.6
25，26	二乙基硫（乙硫醚） 丁硫醇	72	−11.0	10.3	−11±20.6
		412	2.7	17.9	2.7±35.8
		1.62×10^3	0.7	16.0	0.7±32
27	甲苯	37	−10.7	9.0	−10.7±18
		186	−9.2	9.7	−9.2±19.4
		780	−5.1	4.2	−5.1±8.4
28	二甲基二硫醚	38	−9.2	15.6	−9.2±31.2
		206	−1.8	14.5	−1.8±29
		844	0.6	17.1	0.6±34.2
29，30，31	顺-1,2-二氯乙烯 1,1-二氯乙烯 反式-1,2-二氯乙烯	111	−13.4	12.5	−13.4±25
		562	−12.6	14.8	−12.6±29.6
		2.29×10^3	−10.8	15.9	−10.8±31.8
32	甲基环己烷	37	−14.7	8.0	−14.7±16
		195	−10.8	7.6	−10.8±15.2
		815	−6.8	7.0	−6.8±14
33，34，35	甲基丙烯酸甲酯 4-甲基-2-戊酮 2-己酮	176	−1.3	13.1	−1.3±26.2
		877	−1.8	13.8	−1.8±27.6
		3.34×10^3	−6.6	6.6	−6.6±13.2
36，37，38，39，40	*n*-庚烷 2-4-二甲基戊烷 2-3-二甲基戊烷 3-甲基己烷 2-甲基己烷	196	−12.0	12.1	−12±24.2
		965	−13.6	8.5	−13.6±17
		4.08×10^3	−8.7	6.2	−8.7±12.4
41	苯乙烯	40	−13.0	8.4	−13±16.8
		214	−7.8	10.4	−7.8±20.8
		870	−6.3	4.7	−6.3±9.4
42，43，44，45	乙苯 对-二甲苯 间-二甲苯 邻二甲苯	171	−9.7	7.7	−9.7±15.4
		880	−7.0	8.9	−7±17.8
		3.74×10^3	−1.2	9.1	−1.2±18.2
46，47	顺-1,3-二氯丙烯 反-1,3-二氯丙烯	87	−11.5	8.8	−11.5±17.6
		459	−6.5	7.1	−6.5±14.2
		1.89×10^3	−3.8	6.1	−3.8±12.2
48	氯苯 1,2-二氯丙烷	91	−9.1	7.0	−9.1±14
		470	−6.0	6.2	−6±12.4
		1.87×10^3	−6.3	6.5	−6.3±13

序号	化合物名称	测试浓度/（μg/m^3）	$\overline{RE}$ /%	$S_{\overline{RE}}$ /%	$\overline{RE}\pm2S_{\overline{RE}}$ /%
49，50，51，52，53	2,2,4-三甲基戊烷 正辛烷 2,3,4-三甲基戊烷 3-甲基庚烷 2-甲基庚烷	227	−10.8	10.3	−10.8±20.6
		1.14×10^3	−10.8	11.4	−10.8±22.8
		4.73×10^3	−7.0	8.5	−7±17
54	己硫醇	48	−8.6	11.0	−8.6±22
		273	3.7	13.1	3.7±26.2
		1.08×10^3	2.0	11.5	2±23
55，56，57，58，59，60，61，62	1,3,5-三甲苯 1,2,4-三甲苯 4-乙基甲苯 正丙基苯 1,2,3-三甲苯 2-乙基甲苯 3-乙基甲苯 异丙基苯	377	−12.1	9.2	−12.1±18.4
		1.98×10^3	−7.6	10.1	−7.6±20.2
		8.79×10^3	2.5	12.3	2.5±24.6
63	苄基氯	49	−12.0	13.3	−12±26.6
		282	0.1	7.2	0.1±14.4
		1.07×10^3	−5.2	6.6	−5.2±13.2
64	萘	60	4.7	19.5	4.7±39
		328	14.7	8.9	14.7±17.8
		1.13×10^3	−0.9	8.2	−0.9±16.4
65	正壬烷	57	0.6	19.8	0.6±39.6
		241	−15.5	10.7	−15.5±21.4
		1.04×10^3	−8.7	6.9	−8.7±13.8
66	三氯乙烯	55	−5.5	7.8	−5.5±15.6
		270	−7.1	6.6	−7.1±13.2
		1.10×10^3	−5.5	6.7	−5.5±13.4
67，68	*p*-二乙苯 *m*-二乙苯	104	−13.4	11.0	−13.4±22
		559	−6.5	10.4	−6.5±20.8
		2.30×10^3	−3.8	9.9	−3.8±19.8
69	正癸烷	57	−10.8	8.9	−10.8±17.8
		279	−11.8	10.2	−11.8±20.4
		1.18×10^3	−7.0	6.3	−7±12.6
70，71，72	1,4-二氯苯 1,3-二氯苯 1,2-二氯苯	174	−10.9	13.1	−10.9±26.2
		968	−1.0	5.8	−1±11.6
		3.89×10^3	−0.6	8.4	−0.6±16.8
73	正十一烷	62	−11.5	11.1	−11.5±22.2
		322	−7.6	10.6	−7.6±21.2
		1.31×10^3	−6.2	7.1	−6.2±14.2
74	四氯乙烯	68	−8.2	7.8	−8.2±15.6
		345	−6.8	6.8	−6.8±13.6
		1.41×10^3	−5.0	5.8	−5±11.6

序号	化合物名称	测试浓度/（μg/m³）	$\overline{RE}$ /%	$S_{\overline{RE}}$ /%	$\overline{RE}\pm 2S_{\overline{RE}}$ /%
75	正十二烷	74	−2.8	15.3	−2.8±30.6
		370	−2.5	12.4	−2.5±24.8
		1.41×10^3	−7.3	6.6	−7.3±13.2
76	1,2,4-三氯苯	86	7.6	19.9	7.6±39.8
		462	15.1	8.5	15.1±17
		1.55×10^3	−3.7	4.9	−3.7±9.8
77	六氯-1,3-丁二烯	114	−1.6	19.6	−1.6±39.2
		644	11.0	11.6	11±23.2
		2.37×10^3	2.2	11.5	2.2±23

附录 D
（资料性附录）
目标外化合物定性参照表

对于目标外化合物，主要根据质谱峰的质荷比定性，定性参照表详见表 D.1。

表 D.1　目标外化合物定性参照表

序号	化合物名称	CAS 号	摩尔质量/（g/mol）
1	甲酰胺	75-12-7	45
2	乙胺	75-04-7	45
3	二甲胺	124-40-3	45
4	氟乙烯	75-02-5	46
5	二甲醚	115-10-6	46
6	单甲肼	60-34-4	46
7	1-丁炔	107-00-6	54
8	2-丁炔	503-17-3	54
9	丙烯醛	107-02-8	56
10	炔丙醇	107-19-7	56
11	氧化丙烯	75-56-9	56
12	乙二醛	107-22-2	58
13	烯丙醇	107-18-6	58
14	正丙醛	123-38-6	58
15	乙烯基甲基醚	107-25-5	58
16	异丁烷	75-28-5	58
17	正丙胺	107-10-8	59
18	异丙胺	75-31-0	59
19	三甲胺	75-50-3	59
20	正丙醇	71-23-8	60
21	异丙醇	67-63-0	60

序号	化合物名称	CAS 号	摩尔质量/（g/mol）
22	1,1-二甲基肼	57-14-7	60
23	氨基乙醇	141-43-5	61
24	乙二醇	107-21-1	62
25	氯乙烯	75-01-4	62、64
26	1,3-环戊二烯	542-92-7	66
27	呋喃	110-00-9	68
28	环戊烯	142-29-0	68
29	反式-1,3-戊二烯	2004-70-8	68
30	丁烯醛	123-73-9	70
31	丙烯酸	79-10-7	72
32	正丁醛	123-72-8	72
33	异丁醛	78-84-2	72
34	正戊烷	109-66-0	72
35	异戊烷	78-78-4	72
36	二甲基甲酰胺	68-12-2	73
37	正丁胺	109-73-9	73
38	仲丁胺	33966-50-6	73
39	二乙胺	109-89-7	73
40	异丁胺	78-81-9	73
41	丙酸	79-09-4	74
42	乙酸甲酯	79-20-9	74
43	乙醚	60-29-7	74
44	正丁醇	71-36-3	74
45	仲丁醇	78-92-2	74
46	叔丁醇	75-65-0	74
47	异丁醇	78-83-1	74
48	1,2-丙二胺	78-90-0	74
49	3-氯丙烯	107-05-1	76、78
50	甲基乙基硫	624-89-5	76
51	乙二醇独甲醚	109-86-4	76
52	二甲氧基甲烷	109-87-5	76
53	胂	7784-42-1	78
54	氯乙醛	107-20-0	78、79
55	吡啶	110-86-1	79
56	氯甲基甲醚	107-30-2	80、82
57	2-氯乙醇	107-07-3	82、84
58	三氟乙烯	359-11-5	82
59	2-甲基呋喃	534-22-5	82
60	环己烯	110-83-8	82
61	2,3-二甲基-1,3-丁二烯	513-81-5	82
62	噻吩	110-02-1	84
63	环戊酮	120-92-3	84

序号	化合物名称	CAS 号	摩尔质量/（g/mol）
64	哌啶	110-89-4	85
65	1,4-丁内酯	96-48-0	86
66	甲基丙稀酸	79-41-4	86
67	乙酸乙烯酯	108-05-4	86
68	环戊醇	96-41-3	86
69	正戊醛	110-62-3	86
70	2-戊酮	107-87-9	86
71	二乙基酮	96-22-0	86
72	异戊醛	590-86-3	86
73	3-甲基-2-丁酮	563-80-4	86
74	异硫氰酸乙酯	542-85-8	87
75	氯丁二烯	126-99-8	88、90
76	乙酸乙酯	107-92-6	88
77	乙酰甲基甲醇	513-86-0	88
78	甲酸正丙酯	110-74-7	88
79	异戊醇	123-51-3	88
80	正戊醇	71-41-0	88
81	叔戊醇	75-85-4	88
82	3-戊醇	584-02-1	88
83	2-二甲氨基乙醇	108-01-0	89
84	异丁硫醇	513-44-0	90
85	乙二醇独乙醚	110-80-5	90
86	叔丁基过氧化氢	75-91-2	90
87	2-甲基吡啶	109-06-8	93
88	氯甲基乙基醚	3188-13-4	94、96
89	苯酚	108-95-2	94
90	2-氨基吡啶	504-29-0	94
91	糠醛	98-01-1	96
92	单氟苯	462-06-6	96
93	糠醇	98-00-0	98
94	环己酮	108-94-1	98
95	1-庚烯	592-76-7	98
96	异硫氰酸烯丙酯	57-06-7	99
97	*N*-甲基-2-吡咯烷酮	2687-44-7	99
98	环己胺	108-91-8	99
99	四氟乙烯	116-14-3	100
100	戊二醛	111-30-8	100
101	2,4-戊二酮	123-54-6	100
102	乙烯基丁醚	111-34-2	100
103	己醛	66-25-1	100
104	环己醇	108-93-0	100
105	甲基丁基酮	591-78-6	100

序号	化合物名称	CAS 号	摩尔质量/（g/mol）
106	二正丙胺	142-84-7	101
107	二异丙胺	108-18-9	101
108	三乙胺	121-44-8	101
109	异丁酸甲酯	547-63-7	102
110	乙酸正丙酯	109-60-4	102
111	丙酸乙酯	105-37-3	102
112	甲酸异丁酯	542-55-2	102
113	乙酸异丙烷	108-21-4	102
114	丁酸甲酯	623-42-7	102
115	正丙醚	111-43-3	102
116	异丙醚	108-20-3	102
117	2-乙基-1-丁醇	97-95-0	102
118	异戊醚	544-01-4	102
119	1-二甲胺基-2-丙酮	15364-56-4	103
120	二亚乙基三胺	111-40-0	103
121	环辛四烯	629-20-9	104
122	二乙氧基甲烷	462-95-3	104
123	1-氯丁酮	4091-39-8	106、108
124	苯甲醛	100-52-7	106
125	邻甲苯胺	95-53-4	107
126	2,5-甲基吡啶	589-93-5	107
127	溴乙烯	593-60-2	106、108
128	氯乙酸甲酯	96-34-4	108、110
129	间甲苯酚	108-39-4	108
130	邻甲苯酚	95-48-7	108
131	对甲苯酚	106-44-5	108
132	苯甲醇	100-51-6	108
133	苯甲醚	100-66-3	108
134	2-氨-3-甲基吡啶	1603-40-3	108
135	苯肼	100-63-0	108
136	4-乙烯-1-环己烯	100-40-3	108
137	间氟代甲苯	352-70-5	110
138	邻氟代甲苯	95-52-3	110
139	对氟代甲苯	352-32-9	110
140	甲基环己酮	583-60-8	110
141	1-辛烯	111-66-0	112
142	2-辛烯	111-67-1	112
143	1,2-二氟苯	367-11-3	114
144	甲基丙烯酸乙酯	97-63-2	114
145	庚醛	117-71-7	114
146	2-庚酮	110-43-0	114
147	3-庚酮	106-35-4	114

序号	化合物名称	CAS 号	摩尔质量/（g/mol）
148	4-庚酮	123-19-3	114
149	2,4-二甲基-3-戊酮	565-80-0	114
150	2,4-二甲基己烷	589-43-5	114
151	2,5-二甲基己烷	592-13-2	114
152	丙烯酸乙酯	140-88-5	116
153	乙酸异丁酯	110-19-0	116
154	双丙酮醇	123-42-2	116
155	乙酸正丁酯	123-86-4	116
156	乙酸仲丁酯	105-46-4	116
157	乙酸叔丁酯	540-88-5	116
158	正庚醇	111-70-6	116
159	苯乙腈	140-29-4	117
160	二乙氨基乙醇	100-37-8	117
161	2-氯噻吩	96-43-5	118、120
162	对甲基苯乙烯	622-97-9	118
163	正二丙硫醚	111-47-7	118
164	乙二醇独丁醚	111-76-2	118
165	乙二醇二丁醚	112-48-1	118
166	异氰酸苯酯	103-71-9	119
167	3-溴丙烯	106-95-6	120、122
168	苯乙酮	98-86-2	120
169	氯代正己烷	544-10-5	120、122
170	2,4-二甲基苯胺	95-68-1	121
171	2,4,6-三甲基吡啶	108-75-8	121
172	溴代异丙烷	75-26-3	122、124
173	溴代正丙烷	106-94-5	122、124
174	氯乙酸乙酯	105-39-5	122、124
175	二乙基化二硫	110-81-6	122
176	水杨醛	90-12-8	122
177	苯乙醇	60-12-8	122
178	硝基苯	98-95-3	123
179	苄硫醇	100-53-8	124
180	1,1-二氯丙酮	534-07-6	126、128
181	1,4-二氯丁烷	110-56-5	126、128
182	邻氯甲苯	95-49-8	126、128
183	二氯乙酸	79-43-6	128、130
184	丙烯酸丁酯	141-32-2	128
185	5-甲基-3-庚酮	541-85-5	128
186	辛醛	124-13-0	128
187	3-辛酮	106-68-3	128
188	二正丁胺	111-92-2	129
189	1-氯-2-氟苯	348-51-6	130、132

序号	化合物名称	CAS 号	摩尔质量/（g/mol）
190	乙酰乙酸乙酯	141-97-9	130
191	乙酸异戊酯	123-92-2	130
192	仲辛醇	4128-31-8	130
193	2-乙基己醇	104-76-7	130
194	正丁醚	142-96-1	130
195	1,2,4-三氟苯	367-23-7	132
196	1,3,5-三氟苯	372-38-3	132
197	乙酸溶纤剂	112-07-2	132
198	二聚环戊二烯	77-73-6	132
199	正壬醇	143-08-8	132
200	二乙二醇乙醚	111-90-0	134
201	对异丙基苯甲烷	99-87-6	134
202	正丁苯	104-51-8	134
203	异丁基苯	538-93-2	134
204	溴代正丁烷	109-65-9	136、138
205	1-溴-2-甲基丙烷	78-77-3	136、138
206	蒎烯	2437-95-8	136
207	苯甲酸甲酯	93-58-3	136
208	甲基苯乙烯	1319-73-9	138
209	十氢萘	91-17-8	138
210	对氯苯乙烯	1073-67-2	138、140
211	甲基碘	74-88-4	142
212	二氯乙酸甲酯	116-54-1	142、144
213	三氟化硼乙醚	109-63-7	142
214	α-甲基萘	1321-94-4	142
215	甲基丙烯酸丁酯	97-88-1	142
216	2,6-二甲基-4-庚酮	108-83-8	142
217	5-壬酮	502-56-7	142
218	三氯乙醛	75-87-6	146、148、150
219	三氟甲基苯	98-08-8	146
220	三亚乙基四胺	112-24-3	146
221	三乙醇胺	102-71-6	149
222	二乙基苯胺	579-66-8	149
223	3-溴-2-丁酮	814-75-5	150、152
224	1-溴戊烷	110-53-2	150、152
225	二丙基二硫醚	629-19-6	150
226	苯甲酸乙酯	93-89-0	150
227	水杨酸甲酯	119-36-8	152
228	碘乙烷	75-03-6	156
229	溴苯	108-86-1	156、158
230	2-癸酮	693-54-9	156
231	2-溴吡啶	109-04-6	157、159

序号	化合物名称	CAS 号	摩尔质量/（g/mol）
232	邻硝基氯代苯	88-73-3	157、159
233	正癸醇	112-30-1	158
234	二氯化苄	98-87-3	160、162
235	六甲基二硅胺烷	999-97-3	161
236	2-溴噻吩	1003-09-4	162、164
237	1-十二烯	112-41-4	166
238	1-碘丙烷	107-08-4	168
239	2-碘丙烷	75-30-9	170
240	异碘丙烷	75-30-9	170
241	对溴甲苯	106-38-7	170、172
242	苯基醚	101-84-8	170、172
243	二溴甲烷	74-95-3	170
244	苯磺酰氯	98-09-9	176、178
245	磷酸三乙酯	78-40-0	176
246	二溴乙烯	540-49-8	184、186、188
247	1-碘丁烷	542-69-8	184
248	1-碘-2-甲基丙烷	513-38-2	184
249	正十三烷	629-50-5	184
250	三氯乙酸乙酯	515-84-4	190、192、194
251	1-溴辛烷	111-83-1	192、194
252	三氟碘甲烷	2314-97-8	196
253	1-碘戊烷	628-17-1	198
254	1,3-二溴丙烷	109-64-8	200、202、204
255	1-十二硫醇	112-55-0	202
256	碘苯	591-50-4	204
257	二溴氯甲烷	124-48-1	206、208、210
258	2-碘甲苯	615-37-2	208
259	1-氯-2-碘苯	615-41-8	238、240
260	溴仿	75-25-2	252、254
261	三溴乙烯	598-16-3	264、266

第二章　突发水环境事件应急监测方法

水质　化学需氧量的测定　快速消解分光光度法

（HJ/T 399—2007）

警告：硫酸汞属于剧毒化学品，硫酸也具有较强的化学腐蚀性，操作时应按规定要求佩戴防护器具，避免接触皮肤和衣服，若含硫酸溶液溅出，应立即用大量清水清洗；在通风柜内进行操作；检测后的残渣残液应做妥善的安全处理。

1　适用范围

本标准规定了水质化学需氧量快速消解分光光度测定方法。

本标准适用于地表水、地下水、生活污水和工业废水中化学需氧量（COD）的测定。

本标准对未经稀释的水样，其 COD 测定下限为 15 mg/L，测定上限为 1 000 mg/L，其氯离子质量浓度不应大于 1 000 mg/L。

本标准对于化学需氧量（COD）大于 1 000 mg/L 或氯离子含量大于 1 000 mg/L 的水样，可经适当稀释后进行测定。

2　规范性引用文件

本标准内容引用了下列文件中的条款，凡是不注日期的引用文件，其最新有效版本适用于本标准。

GB/T 6682　分析实验室用水的规格和试验方法

GB/T 11896　水质 氯化物的测定 硝酸银滴定法

JJG 975　化学需氧量（COD）测定仪

3　术语和定义

下列术语和定义适用于本标准。

化学需氧量（Chemical Oxygen Demand，COD）

在一定条件下，经重铬酸钾氧化处理，水样中的溶解性物质和悬浮物所消耗的重铬酸钾的量相对应的氧的质量浓度，1 mol 重铬酸钾（1/6 $K_2Cr_2O_7$）相当于 1 mol 氧（1/2O）。

4 原理

试样中加入已知量的重铬酸钾溶液，在强硫酸介质中，以硫酸银作为催化剂，经高温消解后，用分光光度法测定 COD 值。

当试样中 COD 值为 100～1 000 mg/L，在 600 nm±20 nm 波长处测定重铬酸钾被还原产生的三价铬（Cr^{3+}）的吸光度，试样中 COD 值与三价铬（Cr^{3+}）的吸光度的增加值成正比例关系，将三价铬（Cr^{3+}）的吸光度换算成试样的 COD 值。

当试样中 COD 值为 15～250 mg/L，在 440 nm±20 nm 波长处测定重铬酸钾未被还原的六价铬（Cr^{3+}）和被还原产生的三价铬（Cr^{3+}）的两种铬离子的总吸光度；试样中 COD 值与六价铬（Cr^{6+}）的吸光度减少值成正比例，与三价铬（Cr^{3+}）的吸光度增加值成正比例，与总吸光度减少值成正比例，将总吸光度值换算成试样的 COD 值。

5 试剂和材料

本标准所用试剂除另有注明外，均应为符合国家标准的分析纯化学试剂，实验用水为新制备的去离子水或蒸馏水。

5.1 水

应符合 GB/T 6682 一级水的相关要求。

5.2 硫酸：ρ（H_2SO_4）=1.84 g/ml

5.3 硫酸溶液：（1+9）

将 100 ml 硫酸（5.2）沿烧杯壁慢慢加入到 900 ml 水中，搅拌混匀，冷却备用。

5.4 硫酸银-硫酸溶液：ρ（Ag_2SO_4）=10 g/L

将 5.0 g 硫酸银加入到 500 ml 硫酸（5.2）中，静置 1～2 d，搅拌，使其溶解。

5.5 硫酸汞溶液：ρ（$HgSO_4$）=0.24 g/ml

将 48.0 g 硫酸汞分次加入 200 ml 硫酸溶液（5.3）中，搅拌溶解，此溶液可稳定保存 6 个月。

5.6 重铬酸钾（$K_2Cr_2O_7$）：优级纯

5.7 重铬酸钾标准溶液

5.7.1 重铬酸标准钾溶液：c（1/6 $K_2Cr_2O_7$）=0.500 mol/L。

将重铬酸钾（5.6）在 120℃±2℃下干燥至恒重后，称取 24.515 4 g 重铬酸钾（5.6）置于烧杯中，加入 600 ml 水，搅拌下慢慢加入 100 ml 硫酸（5.2），溶解冷却后，转移此溶液于 1 000 ml 容量瓶中，用水稀释至标线，摇匀。溶液可稳定保存 6 个月。

5.7.2 重铬酸钾标准溶液：c（1/6 $K_2Cr_2O_7$）=0.160 mol/L。

将重铬酸钾（5.6）在 120℃±2℃下干燥至恒重后，称取 7.844 9 g 重铬酸钾（5.6）置于烧杯中，加入 600 ml 水，搅拌下慢慢加入 100 ml 硫酸（5.2），溶解冷却后，转移此溶液于 1 000 ml 容量瓶中，用水稀释至标线，摇匀。溶液可稳定保存 6 个月。

5.7.3 重铬酸钾标准溶液：c（1/6 $K_2Cr_2O_7$）=0.120 mol/L。

将重铬酸钾（5.6）在 120℃±2℃下干燥至恒重后，称取 5.883 7 g 重铬酸钾（5.6）置于烧杯中，加入 600 ml 水，搅拌下慢慢加入 100 ml 硫酸（5.2），溶解冷却后，转移此溶液于 1 000 ml 容量瓶中，用水稀释至标线，摇匀。溶液可稳定保存 6 个月。

5.8 预装混合试剂

5.8.1 在一支消解管（7.1）中，按表 1 的要求加入重铬酸钾溶液、硫酸汞溶液和硫酸银-硫酸溶液，拧紧盖子，轻轻摇匀，冷却至室温，避光保存。在使用前应将混合试剂摇匀。

5.8.2 配制不含汞的预装混合试剂，用硫酸溶液（5.3）代替硫酸汞溶液（5.5），按照（5.8.1）方法进行。

5.8.3 预装混合试剂在常温避光条件下，可稳定保存 1 年。

表 1 预装混合试剂及方法（试剂）标识

<table>
<tr><th>测定方法</th><th>测定范围/
（mg/L）</th><th>重铬酸钾
溶液用量/ml</th><th>硫酸汞
溶液用量/ml</th><th>硫酸银-硫酸
溶液用量/ml</th><th>消解管
规格/mm</th></tr>
<tr><td rowspan="4">比色池（皿）
分光光度法(1)</td><td rowspan="2">高量程
100～1 000</td><td rowspan="2">1.00
（5.7.1）</td><td rowspan="2">0.50</td><td rowspan="2">6.00</td><td>φ20×120</td></tr>
<tr><td>φ16×150</td></tr>
<tr><td rowspan="2">低量程
15～250
或 15～150</td><td rowspan="2">1.00
（5.7.2）
或（5.7.3）</td><td rowspan="2">0.50</td><td rowspan="2">6.00</td><td>φ20×120</td></tr>
<tr><td>φ16×150</td></tr>
<tr><td rowspan="4">比色管分光
光度法(2)</td><td rowspan="2">高量程
100～1 000</td><td colspan="2" rowspan="2">1.00
重铬酸钾溶液（5.7.1）+
硫酸汞溶液（5.5）[2+1]</td><td rowspan="2">4.00</td><td>φ<16×120(3)</td></tr>
<tr><td>φ16×100</td></tr>
<tr><td rowspan="2">低量程
15～150</td><td colspan="2" rowspan="2">1.00
重铬酸钾溶液（5.7.3）+
硫酸汞溶液（5.5）[2+1]</td><td rowspan="2">4.00</td><td>φ16×120(3)</td></tr>
<tr><td>φ16×100</td></tr>
</table>

注：（1）比色池（皿）分光光度法的消解管可选用 φ20 mm×120 mm 或 φ16 mm×150 mm 规格的密封管，宜选 φ20 mm×120 mm 规格的密封管；而在非密封条件下消解时应使用 φ20 mm×150 mm 的消解管。

（2）比色管分光光度法的消解管可选用 φ16 mm×120 mm 或 φ16 mm×100 mm 规格的密封消解比色管，宜选 φ16 mm×120 mm 规格的密封消解比色管；而非密封条件下消解时，应使用 φ16 mm×150 mm 的消解比色管。

（3）φ16 mm×120 mm 密封消解比色管冷却效果较好。

5.9 邻苯二甲酸氢钾［$C_6H_4(COOH)(COOK)$］：基准级或优级纯

1 mol 邻苯二甲酸氢钾［$C_6H_4(COOH)(COOK)$］可以被 30 mol 重铬酸钾（1/6 $K_2Cr_2O_7$）

完全氧化，其化学需氧量相当 30 mol 的氧（1/2O）。

5.10 邻苯二甲酸氢钾 COD 标准贮备液

5.10.1 COD 标准贮备液：COD 值 5 000 mg/L。

将邻苯二甲酸氢钾（5.10）在 105～110℃下干燥至恒重后，称取 2.127 4 g 邻苯二甲酸氢钾（5.10）溶于 250 ml 水（5.1）中，转移此溶液于 500 ml 容量瓶中，用水（5.1）稀释至标线，摇匀。此溶液在 2～8℃下贮存，或在定容前加入约 10 ml 硫酸溶液（5.3），常温贮存，可稳定保存一个月。

5.10.2 COD 标准贮备液：COD 值 1 250 mg/L。

量取 50.00 ml COD 标准贮备液（5.10.1）置于 200 ml 容量瓶中，用水（5.1）稀释至标线，摇匀。此溶液在 2～8℃下贮存，可稳定保存一个月。

5.10.3 COD 标准贮备液：COD 值 625 mg/L。

量取 25.00 ml COD 标准贮备液（5.10.1）置于 200 ml 容量瓶中，用水（5.1）稀释至标线，摇匀。此溶液在 2～8℃下贮存，可稳定保存一个月。

5.11 邻苯二甲酸氢钾 COD 标准系列使用液

5.11.1 高量程（测定上限 1 000 mg/L）COD 标准系列使用液：COD 值分别为 100 mg/L、200 mg/L、400 mg/L、600 mg/L、800 mg/L 和 1 000 mg/L。

分别量取 5.00 ml、10.00 ml、20.00 ml、30.00 ml、40.00 ml 和 50.00 ml 的 COD 标准贮备液（5.10.1），加入到相应的 250 ml 容量瓶中，用水（5.1）定容至标线，摇匀。此溶液在 2～8℃下贮存，可稳定保存一个月。

5.11.2 低量程（测定上限 250 mg/L）COD 标准系列使用溶液：COD 值分别为 25 mg/L、50 mg/L、100 mg/L、150 mg/L、200 mg/L 和 250 mg/L。

分别量取 5.00 ml、10.00 ml、20.00 ml、30.00 ml、40.00 ml 和 50.00 mlCOD 标准储备液（5.10.2）加入到相应的 250 ml 容量瓶中，用水（5.1）稀释至标线，摇匀。此溶液在 2～8℃下贮存，可稳定保存一个月。

5.11.3 低量程（测定上限 150 mg/L）COD 标准系列使用溶液：COD 值分别为 25 mg/L、50 mg/L、75 mg/L、100 mg/L、125 mg/L 和 150 mg/L。

分别量取 10.00 ml、20.00 ml、30.00 ml、40.00 ml，50 ml 和 60.00 mlCOD 标准贮备液（5.10.3）加入到相应的 250 ml 容量瓶中，用水（5.1）稀释至标线，摇匀。此溶液在 2～8℃下贮存，可稳定保存一个月。

5.12 硝酸银溶液：c（$AgNO_3$）=0.1 mol/L

将 17.1 g 硝酸银溶于 1 000 ml 水。

5.13 铬酸钾溶液：ρ（K_2CrO_4）=50 g/U

将 5.0 g 铬酸钾溶解于少量水中，滴加硝酸银溶液（5.12）至有红色沉淀生成，摇匀，静置 12 h，过滤并用水将滤液稀释至 100 ml。

6 干扰及消除

6.1 氯离子是主要的干扰成分，水样中含有氯离子会使测定结果偏高，加入适量硫酸汞与氯离子形成可溶性氯化汞配合物，可减少氯离子的干扰，选用低量程方法测定 COD，也可减少氯离子对测定结果的影响。

6.2 在 600 nm±20 nm 处测试时，Mn（Ⅲ）、Mn（Ⅵ）或 Mn（Ⅶ）形成红色物质，会引起正偏差，其 500 mg/L 的锰溶液（硫酸盐形式）引起正偏差 COD 值为 1 083 mg/L，其 50 mg/L 的锰溶液（硫酸盐形式）引起正偏差 COD 值为 121 mg/L；而在 440 nm±20 nm 处，则 500 mg/L 的锰溶液（硫酸盐形式）的影响比较小，引起的偏差 COD 值为-7.5 mg/L，50 mg/L 的锰溶液（硫酸盐形式）的影响可忽略不计。

6.3 在酸性重铬酸钾条件下，一些芳香烃类有机物、吡啶等化合物难以氧化，其氧化率较低。

6.4 试样中的有机氮通常转化成铵离子，铵离子不被重铬酸钾氧化。

7 仪器和设备

7.1 消解管

7.1.1 消解管应由耐酸玻璃制成，在 165℃温度下能承受 600 kPa 的压力，管盖应耐热耐酸，使用前所有的消解管和管盖均应无任何破损或裂纹。

7.1.2 首次使用的消解管，应按以下方法进行清洗：

在消解管中加入适量的硫酸银-硫酸溶液（5.4）和重铬酸钾溶液（5.7.1）的混合液[6+1]，也可用铬酸洗液代替混合液。

拧紧管盖，在 60～80℃水浴中加热管子，手执管盖，颠倒摇动管子，反复洗涤管内壁。

室温冷却后，拧开盖子，倒出混合液，再用水冲洗净管盖和消解管内外壁。

7.1.3 当消解管作为比色管进行光度测定时，应从一批消解管中随机选取 5～10 支，加入 5 ml 水（5.1），在选定的波长处测定其吸光度值，吸光度值的差值应在±0.005 之内。

7.1.4 消解管作比色管应符合使用说明书的要求，消解管用于光度测定的部位不应有擦痕和粗糙；在放入光度计前应确保管子外壁非常洁净。

7.2 加热器

7.2.1 加热器应具有自动恒温加热、计时鸣叫等功能，有透明且通风的防消解液飞溅的防护盖。

7.2.2 加热器加热时不会产生局部过热现象。加热孔的直径应能使消解管与加热壁紧密接触。为保证消解反应液在消解管内有充分的加热消解和冷却回流，加热孔深度一般不低于或高于消解管内消解反应液高度 5 mm。

7.2.3 加热器加热后应在 10 min 内达到设定的 165℃±2℃温度，其他指标及检验参照 JJG

975 的有关要求。

7.3 光度计

光度测量范围不小于 0~2 吸光度范围，数字显示灵敏度为 0.001 吸光度值。

7.3.1 普通光度计

在测定波长处，可用普通长方形比色皿测定的光度计。

7.3.2 专用光度计

在测定波长处，用固定长方形比色皿（池）测定 COD 值的光度计或用消解比色管测定 COD 值的光度计。

宜选用消解比色管测定 COD 的专用分光计。

7.3.3 性能校正

在正常工作时，比色池（皿）或消解比色管装入适量水（5.1）调整吸光度值为 0.000 时，每隔 1 min，读取记录一次数据，20 min 内吸光度小于 0.005。光度计其他指标及检验参照 JJG 975 的有关要求。

7.4 消解管支架

不擦伤消解比色管光度测量的部位，方便消解管的放置和取出，耐 165℃热烫的支架。

7.5 离心机

可放置消解比色管进行离心分离，转速范围为 0～4 000 r/min。

7.6 手动移液器（枪）

最小分度体积不大于 0.01 ml。

7.7 A 级吸量管、容量瓶和量筒

7.8 搅拌器（机）

8 样品

8.1 水样的采集与保存

水样采集不应少于 100 ml，应保存在洁净的玻璃瓶中。采集好的水样应在 24 h 内测定，否则应加入硫酸（5.2）调节水样 pH≤2。在 0～4℃保存，一般可保存 7 d。

8.2 试样的制备

8.2.1 水样氯离子的测定

在试管中加入 2.00 ml 试样，再加入 0.5 ml 硝酸银溶液（5.12），充分混合，最后加入 2 滴铬酸钾溶液（5.13），摇匀，如果溶液变红，氯离子溶液低于 1 000 mg/L；如果仍为黄色，氯离子质量浓度高于 1 000 mg/L。或按 GB/T 11896 方法测定水样中氯离子的质量浓度。

8.2.2 水样的稀释

应将水样在搅拌均匀时取样稀释，一般取被稀释水样不少于 10 ml，稀释倍数小于 10 倍。水样应逐次稀释为试样。

初步判定水样的 COD 质量浓度，选择对应量程的预装混合试剂（5.8），加入相应体积的试样，摇匀，在 165℃±2℃加热 5 min，检查管内溶液是否呈现绿色，如变绿应重新稀释后再进行测定。

9 测定条件的选择

9.1 分析测定的条件见表 1 和表 2。宜选用比色管分光光度法测定水样中的 COD。

9.2 比色池（皿）分光光度法选用 φ20 mm×150 mm 规格的消解管时，消解可在非密封条件下进行。

9.3 比色管分光光度法选用 φ16 mm×150 mm 规格的消解比色管时，消解可在非密封条件下进行。

表 2 分析测定条件

测定方法	测定范围/（mg/L）	试样用量/ml	比色池（皿）或比色管规格/mm	测定波长/nm	检出限/（mg/L）
比色池（皿）分光光度法	高量程 100～1 000	3.00	20 (1)	600±20	22
	低量程 15～250 或 15～150	3.00	10 (1)	440±20	3.0
比色管分光光度法	高量程 100～1 000	2.00	φ16×120 (2)	600±20	33
			φ16×100 (2)		
	低量程 15～150	2.00	φ16×120 (2)	440±20	2.3
			φ16×100 (2)		

注：（1）长方形比色池（皿）。

（2）比色管为密封管，外径 φ16 mm，壁厚 1.3 mm，长 120 mm 密封消解比色管消解时冷却效果较好。

10 分析步骤

10.1 校准曲线的绘制

10.1.1 打开加热器，预热到设定的 165℃±2℃。

10.1.2 选定预装混合试剂（5.8），摇匀试剂后再拧开消解管管盖。

10.1.3 置取相应体积的 COD 标准系列溶液（试样）沿到管内壁慢慢加入到管中。

10.1.4 拧紧消解管管盖，手执管盖颠倒摇匀消解管中溶液，用无毛纸擦净管外壁。

10.1.5 将消解管放入 165℃±2℃的加热器（7.2）的加热孔中，加热器温度略有降低，待温度升到设定的 165℃±2℃时，计时加热 15 min。

10.1.6 从加热器中取出消解管，待消解管冷却至 60℃左右时，手执管盖颠倒摇动消解管几次，使管内溶液均匀，用无毛纸擦净管外壁，静置，冷却至室温。

10.1.7 高量程方法在 600 nm±20 nm 波长处，以水（5.1）为参比液，用光度计（7.3）测定吸光度值。

低量程方法在 440 nm±20 nm 波长处，以水（5.1）为参比液，用光度计（7.3）测定吸光度值。

10.1.8 高量程 COD 标准系列使用溶液 COD 值对应其测定的吸光度值减去空白试验测定的吸光度值的差值，绘制校准曲线。

低量程 COD 标准系列使用溶液 COD 值对应空白试验测定的吸光度值减去其测定的吸光度值的差值，绘制校准曲线。

10.2 空白试验

用水代替试样，按照 10.1.1 至 10.1.7 的步骤测定其吸光度值，空白试验应与试样同时测定。

10.3 试样的测定

10.3.1 按照表 1 和表 2 的方法的要求选定对应的预装混合试剂（5.8），将已稀释好的试样（8.2）在搅拌均匀时，取相应体积的试样（8.2）。

10.3.2 按照 10.1.1 至 10.1.8 的步骤进行测定。

10.3.3 若试样中含有氯离子时，选用含汞预装混合试剂（5.8）进行氯离子的掩蔽。

在加热消解前，应颠倒摇动消解管，使氯离子同 Ag_2SO_4 易形成 AgCl 白色乳状块消失。

10.3.4 若消解液混浊或有沉淀，影响比色测定时，应用离心机离心变清后，再用光度计测定。

若消解液颜色异常或离心后不能变澄清的样品不适用本测定方法。

10.3.5 若消解管底部有沉淀影响比色测定时，应小心将消解管中上清液转入比色池（皿）中测定。

10.3.6 测定的 COD 值由相应的校准曲线查得，或由光度计自动计算得出。

11 结果计算

在 600 nm±20 nm 波长处测定时，水样 COD 的计算：

$$\rho(\mathrm{COD})=n[k(A_s-A_b)+a] \qquad (1)$$

在 440 nm±20 nm 波长处测定时，水样 COD 的计算：

$$\rho(\mathrm{COD})=n[k(A_b-A_s)+a] \qquad (2)$$

式中：ρ（COD）——水样 COD 值，mg/L；

n——水样稀释倍数；

k——校准曲线灵敏度，（mg/L）/1；

A_s——试样测定的吸光度值，单位为 1；

A_b——空白试验测定的吸光度值，单位为 1；

a——校准曲线截距，mg/L。

注：COD 测定值一般保留三位有效数字。

12 准确度和精密度

12.1 高量程方法测定的准确度和精密度

同一实验室平行六次测定 132 mg/L COD 标准溶液相对误差为−2.3%，511 mg/L COD 标准溶液相对误差 0.8%；

六个实验室分别测定 COD 值为 100 mg/L 的标准溶液实验室内相对标准偏差为 4.7%，实验室间相对标准偏差为 5.4%；

六个实验室分别测定 COD 值为 400 mg/L 的标准溶液实验室内相对标准偏差为 1.5%，实验室间相对标准偏差为 1.8%；

六个实验室分别测定 COD 值为 1 000 mg/L 的标准溶液实验室内相对标准偏差为 0.9%，实验室间相对标准偏差为 0.9%。

12.2 低量程方法精密度和准确度

同一实验室平行六次测定 51.9 mg/LCOD 标准溶液相对误差为 2.9%；204 mg/L COD 标准溶液相对误差 1.0%；

六个实验室分别测定 COD 值为 25.0 mg/L 的标准溶液实验室内相对标准偏差为 7.4%，实验室间相对标准偏差为 8.8%；

六个实验室分别测定 COD 值为 100 mg/L 的标准溶液实验室内相对标准偏差为 3.1%，实验室间相对标准偏差为 3.2%；

六个实验室分别测定 COD 值为 250 mg/L 的标准溶液实验室内相对标准偏差为 1.7%，实验室间相对标准偏差为 1.7%。

水质 挥发性有机物的应急测定 便携式顶空/气相色谱-质谱法

（HJ 1227—2021）

警告：本方法使用时要注意事故现场及周边环境的危险，做好人员防护。

1 适用范围

标准规定了测定水中挥发性有机物的便携式顶空/气相色谱-质谱法。

本标准适用于突发环境事件中地表水、地下水、生活污水、工业废水和海水中甲苯等 56 种挥发性有机物的现场应急测定。其他挥发性有机物也可采用本方法进行定性和浓度估算。

在全扫描模式下，当顶空进样瓶中样品体积为 10.0 ml、气体进样体积为 8 ml、不分流进样，或顶空进样瓶中样品体积为 20.0 ml、气体进样体积为 100 ml、分流比为 40∶1，56 种目标化合物的方法检出限为 1～3 μg/L，测定下限为 4～12 μg/L，详见附录 A。

2 规范性引用文件

本标准引用了下列文件或其中的条款。凡是注明日期的引用文件，仅注日期的版本适用于本标准。凡是未注日期的引用文件，其最新版本（包括所有的修改单）适用于本标准。

GB/T 32210 便携式气相色谱-质谱联用仪技术要求及试验方法

HJ 442.9 近岸海域环境监测技术规范 第九部分 近岸海域应急与专题监测

HJ 589 突发环境事件应急监测技术规范

3 方法原理

在一定的温度条件下，顶空进样瓶内样品中的挥发性有机化合物向液上空间挥发，被载气带入便携式气相色谱-质谱仪内置吸附管中富集，经热脱附后进入气相色谱分离，用质谱检测器检测，通过与标准物质质谱图和保留时间比较定性，内标法定量；对于 56 种目标化合物以外的物质，通过与标准物质质谱图比较定性，根据其响应值与内标的响应值之比，估算其浓度。

4 试剂和材料

除非另有说明，分析时均使用符合国家标准的分析纯试剂。

4.1 实验用水：二次蒸馏水或通过纯水设备制备的水

使用前应经过空白检验，确认在目标化合物的保留时间内无干扰峰出现或目标化合物浓度低于方法检出限。

4.2 抗坏血酸（$C_6H_8O_6$）。

4.3 甲醇（CH_3OH）：液相色谱纯。

4.4 盐酸：ρ=1.19 g/ml，优级纯。

4.5 盐酸溶液

盐酸（4.4）和水按照 1∶1 的体积比混合。

4.6 挥发性有机物标准贮备液：ρ=2 000 mg/L

市售有证标准溶液，按照说明书要求保存。

4.7 挥发性有机物标准使用液：ρ=100 mg/L

用甲醇（4.3）稀释挥发性有机物标准贮备液（4.6），4℃以下冷藏避光密封可保存 30 d。

4.8 内标标准贮备液：ρ=2 000 mg/L

选用氟苯和 1,4-二氯苯-d_4 作为内标。可直接购买有证标准溶液，按照说明书要求保存。在满足本方法要求且不干扰目标化合物测定的前提下，亦可使用其他内标。

4.9 内标标准使用液：ρ=100 mg/L

用甲醇（4.3）稀释内标标准贮备液（4.8），4℃以下冷藏避光密封可保存 30 d。

4.10 内标标准气：组分为 1,3,5-三（三氟甲基）苯（100 μmol/mol）、溴五氟苯（50 μmol/mol）或 4-溴氟苯（20 μmol/mol），贮存于钢瓶中，可保存 1 年，或参见标准气证书的相关说明。用于仪器调谐。

4.11 载气：氮气或氦气，纯度≥99.999%。

5 仪器和设备

5.1 采样瓶：40 ml 棕色玻璃瓶，具硅橡胶-聚四氟乙烯衬垫螺旋盖。

5.2 便携式气相色谱-质谱仪：具有吸附热脱附模块、气相色谱模块（具程序升温功能），以及四极杆或离子阱质谱模块。质谱模块具有 70eV 电子轰击（EI）离子源，有全扫描/选择离子扫描、自动/手动调谐、谱库检索及定量分析等功能，性能指标应符合 GB/T 32210 要求。所有样品经过的管路和接头均应进行惰性化处理。

5.3 便携式顶空进样器：加热温度控制在室温至 80℃，温度控制精度为±1℃。

5.4 毛细管色谱柱：15 m×0.25 mm×1.0 μm 或 10 m×0.1 mm×0.4 μm，固定相为 100%二甲基聚硅氧烷，也可使用其他等效毛细管色谱柱。

5.5 内置吸附管：装填 Tenax、Carbopack、硅胶等吸附剂，或者其他等效吸附剂。

5.6 顶空进样瓶：使用与便携式顶空进样器（5.3）配套的玻璃顶空瓶，带聚四氟乙烯涂层密封垫。

5.7 一般常用仪器和设备。

6 监测前准备

检查便携式气相色谱-质谱仪工作状态，确认携带符合工作需求的载气（4.11）、内标标雅气（4.10）、挥发性有机物标准使用液（4.7）和内标标准使用液（4.9）、蓄电池、采样瓶（5.1）和个人防护用品等必要的备品备件。

7 样品

7.1 样品采集

地表水、地下水、生活污水、工业废水和海水的样品采集，根据污染物进入水环境的实际情况，参照 HJ 589 和 HJ 442.9 的相关规定执行。采集样品时，应使水样充满采样瓶（5.1）且不留液上空间，防止产生大量气泡。

样品采集后，现场宜尽快进行分析，24 h 内完成测定。

7.2 空白样品的制备

以实验用水（4.1）作为空白样品。

8 分析步骤

8.1 仪器参考条件

8.1.1 顶空进样器参考条件

条件 1：加热平衡温度：50℃；加热平衡时间：10 min；取样针温度：50℃；传输线温度：60℃；

顶空进样瓶（5.6）中样品体积为 10.0 ml，气体进样体积为 8 ml，不分流。

条件 2：加热平衡温度：50℃；加热平衡时间：10 min；取样针温度：50℃；传输线温度：60℃；

顶空进样瓶（5.6）中样品体积为 20.0 ml，气体进样体积为 100 ml，分流比为 40∶1。

或按照仪器使用说明书进行设定。

8.1.2 热脱附参考条件

热脱附温度：300℃，吸附管预脱附时间：0.1 min，吸附管脱附时间：0.5 min。

或按照仪器使用说明书进行设定。

8.1.3 气相色谱参考条件

条件 1：柱压：80 kPa；程序升温：60℃保持 1 min，以 6℃/min 升至 80℃，再以 12℃/min 升至 118℃，最后以 28℃/min 升至 180℃，保持 18 s。

条件 2：柱流量：0.2 ml/min；程序升温：60℃保持 1 min，以 20℃/min 升至 80℃，再以 40℃/min 升至 220℃，保持 1 min。

或按照仪器使用说明书进行设定。

8.1.4　质谱参考条件

离子源：EI；离子化能量：70 eV；扫描方式：全扫描；扫描范围：41～300 u。或按照仪器使用说明书进行设定。

参考条件下测定目标化合物标准物质得到的总离子色谱图参见附录 B。

注：当目标化合物检出限不满足标准限值要求时，可选择离子扫描方式。

8.2　校准

8.2.1　调谐

开机启动之后，首先根据仪器说明书对便携式气相色谱-质谱仪（5.2）进行仪器性能检查。为保证检测结果的准确性，开机启动后，应进行质谱功能调谐，调谐物质根据仪器说明书选择，应达到仪器使用要求。每隔 12 h，应重新进行质谱功能调谐。若调谐物质为 1,3,5-三（三氟甲基）苯与溴五氟苯，则关键离子丰度应满足表 1 的要求；若调谐物质为全氟三丁胺，则关键离子丰度应满足表 2 的要求，否则应对质谱仪的参数进行调整；若采用其他物质进行调谐，应符合仪器说明书的相关要求。

表 1　1,3,5-三（三氟甲基）苯与溴五氟苯同时调谐时关键离子丰度标准

质荷比（*m/z*）	离子丰度范围	质荷比（*m/z*）	离子丰度范围
50	117 峰的 0.5%～2.5%	167	117 峰的 50%～70%
55	117 峰的 2%～5%	213	117 峰的 10%～20%
69	117 峰的 8%～16%	246	117 峰的 15%～40%
93	117 峰的 15%～25%	263	117 峰的 5%～15%
117	基峰，100%相对丰度	282	117 峰的 5%～15%

表 2　全氟三丁胺的关键离子丰度要求

质荷比（*m/z*）	离子丰度范围	质荷比（*m/z*）	离子丰度范围
69	基峰，100%相对丰度	100	69 峰的 5%～50%
131	69 峰的 20%～70%	264	69 峰的 5%～50%

8.2.2　校准曲线的绘制

8.2.2.1　预制校准曲线

将挥发性有机物标准使用液（4.7）稀释，配制成目标化合物质量浓度分别为 2.0 μg/L、5.0 μg/L、10.0 μg/L、20.0 μg/L、40.0 μg/L 的 10.0 ml 标准系列溶液（此浓度为参考浓度）。再分别加入 1.0 μl 内标标准使用液（4.9），使样品中内标浓度为 10.0 μg/L，立即密封顶空进样瓶（5.6），混匀，按照仪器参考条件（8.1），由低浓度到高浓度依次测定，绘制校准曲线，存储在仪器中。在应急监测现场，若校准核查符合 11.3 中相关要求，则用预制校准曲线定量。

8.2.2.2　现场校准

在应急监测现场，若校准核查不符合 11.3 中相关要求，应重新绘制至少包含 2 个非零浓度点的校准曲线，目标化合物质量浓度分别为 10.0 μg/L 和 40.0 μg/L（此浓度为参考浓度）。

8.2.3　平均相对响应因子法

标准系列第 i 点某目标化合物的相对响应因子（RRF_i），按照式（1）进行计算：

$$\mathrm{RRF}_i = \frac{A_i}{A_{\mathrm{IS}_i}} \times \frac{\rho_{\mathrm{IS}}}{\rho_i} \tag{1}$$

式中：RRF_i——标准系列中第 i 点目标化合物的相对响应因子；

A_i——标准系列中第 i 点目标化合物定量离子的响应值；

A_{IS_i}——标准系列中第 i 点与目标化合物相对应内标定量离子的响应值；

ρ_{IS}——标准系列中内标物的质量浓度，μg/L；

ρ_i——标准系列中第 i 点目标化合物的质量浓度，μg/L。

目标化合物的平均相对响应因子 $\overline{\mathrm{RRF}}$，按照式（2）进行计算：

$$\overline{\mathrm{RRF}} = \frac{\sum_{i=1}^{n}\mathrm{RRF}_i}{n} \tag{2}$$

式中：$\overline{\mathrm{RRF}}$——目标化合物的平均相对响应因子；

RRF_i——标准系列中第 i 点目标化合物的相对响应因子；

n——标准系列点数。

8.2.4　校准曲线法

以目标化合物浓度为横坐标，以目标化合物定量离子响应值与内标化合物定量离子响应值的比值和内标化合物浓度的乘积为纵坐标，建立校准曲线。

8.3　样品浓度预判

样品测定前，应通过仪器说明书规定的速查方法、样品稀释或其他方法，结合现场调查情况，预判样品浓度。

8.4　样品的测定

如果样品预判浓度值低于 40 μg/L，直接取 10.0 ml 样品于顶空进样瓶（5.6）中，迅速加入 1.0 μl 内标标准使用液（4.9），立即密封，混匀，待测。

若样品预判浓度较高，用实验用水（4.1）稀释至方法分析浓度范围。再取 10.0 ml 稀释后的样品于顶空进样瓶（5.6）中，迅速加入 1.0 μl 内标标准使用液（4.9），立即密封，混匀，待测。

按照与预制校准曲线（8.2.2.1）相同的操作步骤和仪器条件进行样品的测定。

8.5　空白试验

以实验用水（4.1）代替样品，按照与样品测定（8.4）相同的操作步骤和仪器条件进行空白样品的测定。

9 结果计算与表示

9.1 目标化合物

9.1.1 定性分析

通过样品中目标物与标准系列中目标物的保留时间、碎片离子质荷比及其丰度比等信息比较，对目标物进行定性。样品中目标化合物的保留时间应控制在 $t\pm3S$ 之内，其中 t 为初始校准时各浓度级别目标化合物的保留时间均值，S 为初始校准时各浓度级别目标化合物保留时间的标准偏差。目标化合物标准质谱图中相对丰度高于30%的所有离子应在样品质谱图中存在，同时结合现场情况进行定性判断。如果实际样品存在明显背景干扰，比较时应扣除背景影响。

9.1.2 定量分析

采用校准曲线法或平均相对响应因子法进行定量计算。当样品中目标化合物的定量离子有干扰时，可使用辅助离子定量。定量离子和辅助离子见附录C。

9.1.3 结果计算

9.1.3.1 平均相对响应因子法

采用平均相对响应因子法校准时，样品中目标化合物的质量浓度 ρ_x 按照式（3）计算。

$$\rho_x = \frac{A_x \times \rho_{\mathrm{IS}} \times D}{A_{\mathrm{IS}} \times \overline{\mathrm{RRF}}} \tag{3}$$

式中：ρ_x——样品中目标化合物的质量浓度，μg/L；

A_x——样品中目标化合物定量离子的响应值；

ρ_{IS}——样品中内标物的质量浓度，μg/L；

D——样品稀释倍数；

A_{IS}——样品中与目标化合物相对应内标定量离子的响应值；

$\overline{\mathrm{RRF}}$——校准曲线中目标化合物的平均相对响应因子。

9.1.3.2 校准曲线法

采用线性校准曲线进行校准时，样品中目标化合物质量浓度 ρ_x 按照式（4）计算。

$$\rho_x = D \times \rho_{\mathrm{cal}} \tag{4}$$

式中：ρ_x——样品中目标化合物的质量浓度，μg/L；

D——样品稀释倍数；

ρ_{cal}——由校准曲线得到的目标化合物的质量浓度，μg/L。

9.2 目标外化合物

9.2.1 定性分析

以全扫描方式进行测定，比较样品质谱图和谱库标准物质质谱图，谱库标准物质质谱图中相对丰度高于 30%的所有离子应在样品质谱图中存在，定性离子的信噪比应大于 3∶1，主要定性离子和辅助定性离子的离子峰顶点应在同一个扫描段内最大共流出。依据质谱图和谱库匹配度，结合现场实际情况判断得出样品定性结果。

9.2.2 浓度估算

对样品中已定性的目标外化合物及内标物的总离子色谱图色谱峰进行积分，目标外化合物的质量浓度ρ_x按照式（5）估算，选取保留时间邻近的内标作为定量内标。

$$\rho_x = \frac{A_x}{A_{IS}} \times \rho_{IS} \times D \tag{5}$$

式中：ρ_x——样品中目标外化合物的质量浓度，μg/L；

A_x——样品中目标外化合物对应的总离子色谱图色谱峰响应值；

A_{IS}——样品中内标物对应的总离子色谱图色谱峰响应值；

ρ_{IS}——样品中内标物的质量浓度，μg/L；

D——样品稀释倍数。

9.3 结果表示

测定结果小数位数与方法检出限一致，最多保留 3 位有效数字。

目标外化合物，定性结果后应附质谱图及检索判断结果等原始信息。

10 准确度

10.1 精密度

6 家实验室对 56 种挥发性有机物浓度为 10.0 μg/L、100 μg/L、500 μg/L 的统一样品进行了 6 次重复测定：实验室内相对标准偏差分别为 1.8%～26%、1.1%～24%、1.1%～24%；实验室间相对标准偏差分别为 2.0%～15%、6.1%～23%、4.7%～17%；重复性限分别为 1.7～4.2 μg/L、12～39 μg/L、66～187 μg/L；再现性限分别为 1.7～5.3 μg/L、28～68 μg/L、90～300 μg/L。精密度汇总数据参见附录 D 中表 D.1。

10.2 正确度

6 家实验室对 56 种挥发性有机物的加标浓度为 10.0 μg/L、100 μg/L 的地表水样品进行了 6 次重复测定：加标回收率范围分别为 89.8%～114%、91.7%～105%。

6 家实验室对 56 种挥发性有机物的加标浓度为 50.0 μg/L、200 μg/L 的工业废水样品进行了 6 次重复测定：加标回收率范围分别为 82.8%～112%、91.0%～105%。

1 家实验室对 56 种挥发性有机物的加标浓度为 10.0 μg/L、100 μg/L 的生活污水样品进行了 6 次重复测定：加标回收率范围分别为 88.3%～111%、77.0%～114%；加标回收率平均值分别为 110%、99.2%。

1 家实验室对 56 种挥发性有机物的加标浓度为 10.0 μg/L、100 μg/L 的海水样品进行了 6 次重复测定：加标回收率范围分别为 108%～126%、94.4%～116%；加标回收率平均值分别为 116%、107%。正确度汇总数据参见附录 D 中表 D.2 和表 D.3。

11 质量保证和质量控制

11.1 每测定 20 个样品或每批次（≤20 个样品）应分析 1 个空白样品（7.2），空白样品中目标物化合物浓度应小于方法测定下限。

注：若未满足以上条件，则空白样品中目标化合物浓度应小于标准限值的 10%，否则应采取措施排除污染并重新分析同批样品。

11.2 校准核查和样品测试时，内标与校准曲线中间点内标的保留时间变化不超过 10 s，定量离子峰面积变化在 60%～140%。

11.3 定量分析前，用预制校准曲线的中间点浓度样品进行校准核查，目标组分测定结果的相对误差应在±30%以内；连续测定时，每 12 h 分析一次校准曲线中间浓度点，其测定结果与标准值间的相对误差应在±30%以内。否则，应重新绘制校准曲线。

12 废物处置

现场实验中产生的废液和废物应集中收集，分类保管，并做好相应标识，依法委托有资质的单位进行处理。

13 注意事项

13.1 突发环境事件应急监测时，现场人员应采取必要的防护措施，保障人身安全。

13.2 现场分析应避免其他挥发性有机物干扰。

13.3 在采集不同样品时，注意清洗或更换采样工具，以防止交叉污染。

13.4 当分析 1 个高含量样品后，应至少分析 1 个空白样品检查系统残留。如发生系统残留，应采取烘烤仪器管线等相应措施，确认不存在系统残留后再继续进行测试。

附录 A
（规范性附录）
目标化合物方法检出限和测定下限

当顶空进样瓶（5.6）中样品体积为 10.0 ml、气体进样体积为 8 ml、不分流进样，或顶空进样瓶（5.6）中样品体积为 20.0 ml、气体进样体积为 100 ml、分流比为 40∶1，在全扫描模式下，按出峰顺序给出了目标化合物的中英文名称、方法检出限及测定下限，见表 A.1。

表 A.1　目标化合物方法检出限和测定下限

序号	中文名称	英文名称	CAS No.	检出限/（μg/L）	测定下限/（μg/L）
1	氯乙烯	Vinyl chloride	75-01-4	3	12
2	1,1-二氯乙烯	1,1-Dichloroethene	75-35-4	2	8
3	二氯甲烷	Methylene chloride	75-09-2	2	8
4	反-1,2-二氯乙烯	*trans*-1,2-Dichloroethene	156-60-5	2	8
5	1,1-二氯乙烷	1,1-Dichloroethane	75-34-3	1	4
6	氯丁二烯	2-Chloro-1,3-butadiene	126-99-8	1	4
7	顺-1,2-二氯乙烯	*cis*-1,2-Dichloroethene	156-59-2	2	8
8	溴氯甲烷	Bromochloromethane	74-97-5	1	4
9	氯仿	Chloroform	67-66-3	1	4
10	2,2-二氯丙烷	2,2-Dichloropropane	594-20-7	2	8
11	1,2-二氯乙烷	1,2-Dichloroethane	107-06-2	1	4
12	1,1,1-三氯乙烷	1,1,1 -Trichloroethane	71-55-6	1	4
13	1,1-二氯丙烯	1,1-Dichloropropene	563-58-6	1	4
14	苯	Benzene	71-43-2	1	4
15	四氯化碳	Carbon tetrachloride	56-23-5	1	4
16	二溴甲烷	Dibromomethane	74-95-3	1	4
17	1,2-二氯丙烷	1,2-Dichloropropane	78-87-5	2	8
18	一溴二氯甲烷	Bromodichloromethane	75-27-4	2	8
19	三氯乙烯	Trichloroethylene	79-01-6	1	4
20	顺-1,3-二氯丙烯	*cis*-1,3-Dichloropropene	10061-01-5	2	8
21	反-1,3-二氯丙烯	*trans*-1,3-Dichloropropene	10061-02-6	3	12
22	1,1,2-三氯乙烷	1,1,2-Trichloroethane	79-00-5	2	8
23	甲苯	Toluene	108-88-3	1	4
24	1,3-二氯丙烷	1,3-Dichloropropane	142-28-9	2	8
25	二溴氯甲烷	Dibromochloromethane	124-48-1	2	8
26	1,2-二溴乙烷	1,2-Dibromoethane	106-93-4	2	8
27	四氯乙烯	Tetrachloroethylene	127-18-4	1	4
28	1,1,1,2-四氯乙烷	1,1,1,2-Tetrachloroethane	630-20-6	1	4
29	氯苯	Chlorobenzene	108-90-7	1	4

序号	中文名称	英文名称	CAS No.	检出限/（μg/L）	测定下限/（μg/L）
30	乙苯	Ethylbenzene	100-41-4	1	4
31	间-二甲苯	*m*-Xylene	108-38-3	2	8
32	对-二甲苯	*p*-Xylene	106-42-3		
33	溴仿	Bromoform	75-25-2	1	4
34	苯乙烯	Styrene	100-42-5	1	4
35	邻-二甲苯	*o*-Xylene	95-47-6	1	4
36	1,1,2,2-四氯乙烷	1,1,2,2-Tetrachloroethane	79-34-5	1	4
37	1,2,3-三氯丙烷	1,2,3-Trichloropropane	96-18-4	2	8
38	异丙苯	Isopropylbenzene	98-82-8	2	8
39	溴苯	Bromobenzene	108-86-1	1	4
40	2-氯甲苯	2-Chlorotoluene	95-49-8	2	8
41	4-氯甲苯	4-Chlorotoluene	106-43-4	2	8
42	正丙苯	*n*-Propylbenzene	103-65-1	2	8
43	1,3,5-三甲基苯	1,3,5-Trimethylbenzene	108-67-8	1	4
44	叔丁基苯	*tert*-Butylbenzene	98-06-6	2	8
45	1,2,4-三甲基苯	1,2,4-trimethylbenzene	95-63-6	1	4
46	1,3-二氯苯	1,3-Dichlorobenzene	541-73-1	1	4
47	1,4-二氯苯	1,4-Dichlorobenzene	106-46-7	2	8
48	仲丁基苯	*sec*-Butylbenzene	135-98-8	2	8
49	4-异丙基甲苯	1,2-Isopropyltoluene	99-87-6	2	8
50	1,2-二氯苯	1,2-Dichlorobenzene	95-50-1	1	4
51	正丁基苯	*n*-Butylbenzene	104-51-8	2	8
52	1,2-二溴-3-氯丙烷	1,2-Dibromo-3-chloropropane	96-12-8	3	12
53	1,2,4-三氯苯	1,2,4-Trichlorobenzene	120-82-1	1	4
54	萘	Naphthalene	91-20-3	2	8
55	1,2,3-三氯苯	1,2,3-Trichlorobenzene	87-61-6	2	8
56	六氯丁二烯	Hexachlorobutadiene	87-68-3	2	8

附录 B
（资料性附录）
目标化合物的总离子色谱图

用 15 m×0.25 mm×1.0 μm，固定相为 100%二甲基聚硅氧烷毛细管柱分析，全扫描模式总离子色谱图见图 B.1。

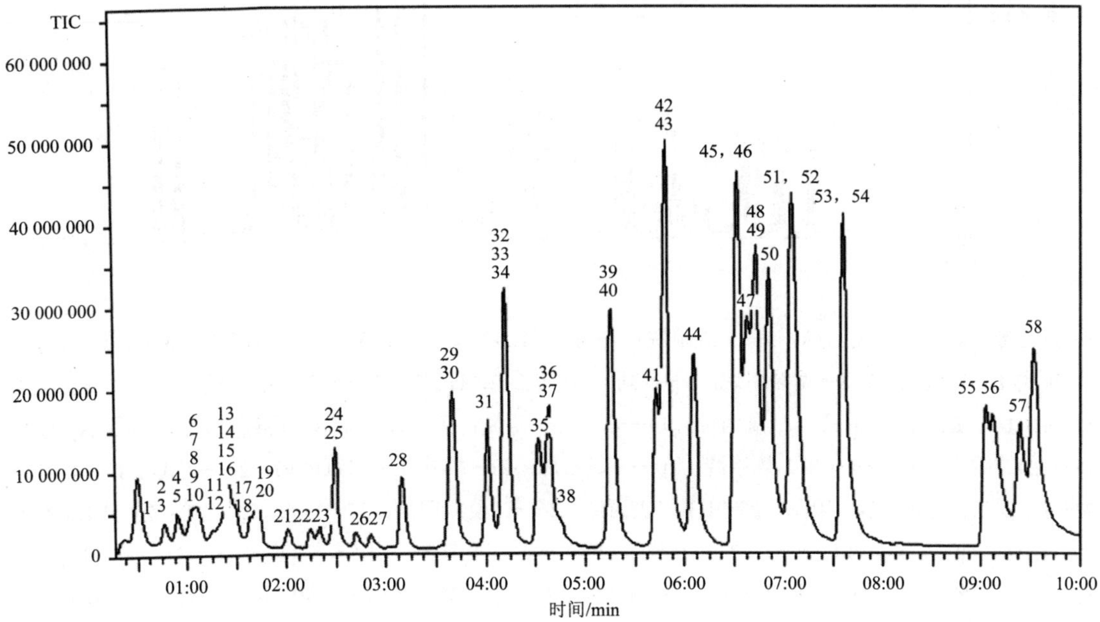

1—氯乙烯；2—1,1-二氯乙烯；3—二氯甲烷；4—反-1,2-二氯乙烯；5—1,1-二氯乙烷；6—氯丁二烯；7—顺-1,2-二氯乙烯；8—溴氯甲烷；9—氯仿；10—2,2-二氯丙烷；11—1,2-二氯乙烷；12—1,1,1-三氯乙烷；13—1,1-二氯丙烯；14—苯；15—四氯化碳；16—氟苯（内标 1）；17—二溴甲烷；18—1,2-二氯丙烷；19—一溴二氯甲烷；20—三氯乙烯；21—顺-1,3-二氯丙烯；22—反-1,3-二氯丙烯；23—1,1,2-三氯乙烷；24—甲苯；25—1,3-二氯丙烷；26—二溴氯甲烷；27—1,2-二溴乙烷；28—四氯乙烯；29—1,1,1,2-四氯乙烷；30—氯苯；31—乙苯；32/33—间-二甲苯/对-二甲苯；34—溴仿；35—苯乙烯；36—邻-二甲苯；37—1,1,2,2-四氯乙烷；38—1,2,3-三氯丙烷；39—异丙苯；40—溴苯；41—2-氯甲苯；42—4-氯甲苯；43—正丙苯；44—1,3,5-三甲基苯；45—叔丁基苯；46—1,2,4-三甲基苯；47—1,3-二氯苯；48—1,4-二氯苯-d_4（内标 2）；49—1,4-二氯苯；50—仲丁基苯；51—4-异丙基甲苯；52—1,2-二氯苯；53—正丁基苯；54—1,2-二溴-3-氯丙烷；55—1,2,4-三氯苯；56—萘；57—1,2,3-三氯苯；58—六氯丁二烯

图 B.1 20 μg/L 目标化合物的总离子色谱图

用 10 m×0.1 mm×0.4 μm，固定相为 100%二甲基聚硅氧烷毛细管柱分析，全扫描模式总离子色谱图见 B.2 图。

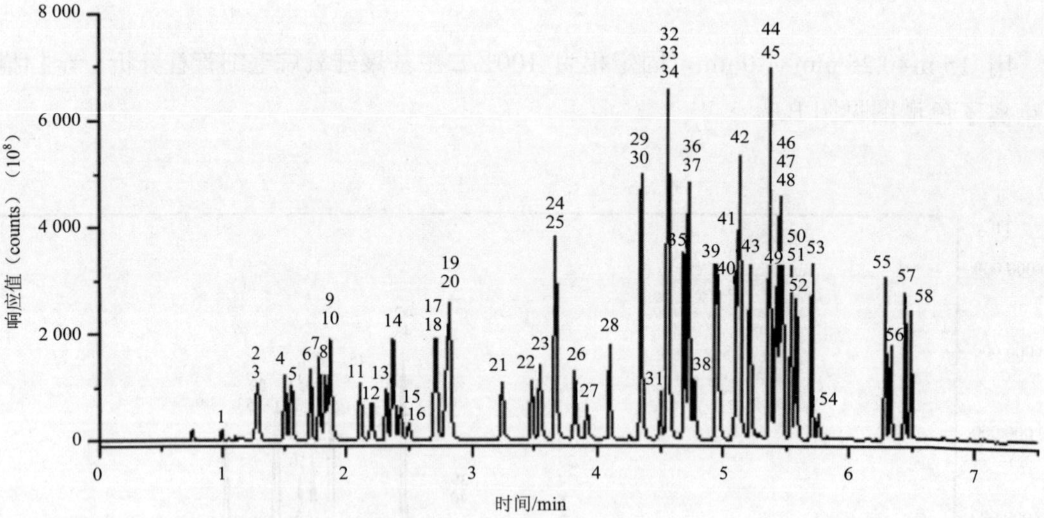

1—氯乙烯；2—1,1-二氯乙烯；3—二氯甲烷；4—反式-1,2-二氯乙烯；5—1,1-二氯乙烷；6—氯丁二烯；7—顺式-1,2-二氯乙烯；8—溴氯甲烷；9—氯仿；10—2,2-二氯丙烷；11—1,2-二氯乙烷；12—1,1,1-三氯乙烷；13—1,1-二氯丙烯；14—苯；15—四氯化碳；16—氟苯（内标 1）；17—二溴甲烷；18—1,2-二氯丙烷；19—一溴二氯甲烷；20—三氯乙烯；21—顺式-1,3-二氯丙烯；22—反式-1,3-二氯丙烯；23—1,1,2-三氯乙烷；24—甲苯；25—1,3-二氯丙烷；26—二溴氯甲烷；27—1，2 二溴乙烷；28—四氯乙烯；29—1,1,1,2-四氯乙烷；30—氯苯；31—乙苯；32/33—间-二甲苯/对-二甲苯；34—溴仿；35—苯乙烯；36—邻-二甲苯；37—1,1,2,2-四氯乙烷；38—1,2,3-三氯丙烷；39—异丙苯；40—溴苯；41—2-氯甲苯；42—4-氯甲苯；43—正丙苯；44—1,3,5-三甲基苯；45—叔丁基苯；46—1,2,4-三甲基苯；47—，3-二氯苯；48—1,4-二氯苯；49—仲丁基苯；50—4-异丙基甲苯；51—1,2-二氯苯-d_4（内标 2）；52—1,2-二氯苯；53—正丁基苯；54—1,2-二溴-3-氯丙烷；55—1,2,4-三氯苯；56—萘；57—1,2,3-三氯苯；58—六氯丁二烯

图 B.2　20 μg/L 目标化合物的总离子色谱图

附录 C
（资料性附录）
目标化合物的定量离子、辅助离子

表 C.1 给出了目标化合物的出峰顺序、定量离子、辅助离子和定量计算对应的内标物名称等。

表 C.1　目标化合物的定量离子、辅助离子

序号	化合物名称	定量离子（m/z）	辅助离子（m/z）	对应的定量内标物名称
1	氯乙烯	62	64	内标 1
2	1,1-二氯乙烯	61	96，63	内标 1
3	二氯甲烷	84	86，49	内标 1
4	反-1,2-二氯乙烯	61	96，98	内标 1
5	1,1-二氯乙烷	63	65，83	内标 1
6	氯丁二烯	53	88	内标 1
7	顺-1,2-二氯乙烯	96	61，98	内标 1
8	溴氯甲烷	128	49，130	内标 1
9	氯仿	83	85，47	内标 1
10	2,2-二氯丙烷	77	41，97	内标 1
11	1,2-二氯乙烷	62	64，98	内标 1
12	1,1,1-三氯乙烷	97	99，61	内标 1
13	1,1-二氯内烯	75	110，77	内标 1
14	苯	78	77，51	内标 1
15	四氯化碳	117	119，121	内标 1
16	二溴甲烷	93	95，174	内标 1
17	1,2-二氯丙烷	63	41，112	内标 1
18	一溴二氯甲烷	83	85，127	内标 1
19	二氯乙烯	95	130，132	内标 1
20	顺-1,3-二氯丙烯	75	77，	内标 1
21	反-1,3-二氯内烯	75	77	内标 1
22	1,1,2-三氯乙烷	83	97，85	内标 1
23	甲苯	91	92	内标 1
24	1,3-二氯丙烷	76	41，78	内标 1
25	二溴氯甲烷	129	127，131	内标 1
26	1,2-二溴乙烷	107	109，188	内标 1
27	四氯乙烯	166	168，129	内标 2
28	1,1,1,2-四氯乙烷	131	133，119	内标 2
29	氯苯	112	77，114	内标 2
30	乙苯	91	106	内标 2
31 32	间-二甲苯 对-二甲苯	106	91	内标 2
33	溴仿	173	175，254	内标 2
34	苯乙烯	104	78，103	内标 2
35	邻-二甲苯	106	91	内标 2
36	1,1,2,2-四氯乙烷	83	131，85	内标 2
37	1,2,3-三氯丙烷	75	110，77	内标 2
38	异丙苯	105	120	内标 2
39	溴苯	156	77，158	内标 2
40	2-氯甲苯	91	126	内标 2

序号	化合物名称	定量离子（m/z）	辅助离子（m/z）	对应的定量内标物名称
41	4-氯甲苯	91	126	内标 2
42	正丙苯	91	120	内标 2
43	1,3,5-三甲基苯	105	120	内标 2
44	叔丁基苯	119	91，134	内标 2
45	1,2,4-三甲基苯	105	120	内标 2
46	1,3-二氯苯	146	111，148	内标 2
47	1,4-二氯苯	146	111，148	内标 2
48	仲丁基苯	105	134	内标 2
49	4-异丙基甲苯	119	134，91	内标 2
50	1,2-二氯苯	146	111，148	内标 2
51	正丁基苯	91	92，134	内标 2
52	1,2-二溴-3-氯丙烷	157	75，155	内标 2
53	1,2,4-三氯苯	180	182，145	内标 2
54	萘	128	—	内标 2
55	1,2,3-三氯苯	180	182，145	内标 2
56	六氯丁二烯	225	223，227	内标 2

注：内标 1 为氟苯；内标 2 为 1,4-二氯苯-d_4。

附录 D
（资料性附录）
方法准确度

表 D.1 中给出了方法的重复性、再现性等精密度指标。

表 D.1　方法的精密度

序号	化合物	总平均值/（μg/L）	实验室内相对标准偏差/%	实验室间相对标准偏差/%	重复性限/（μg/L）	再现性限/（μg/L）
1	氯乙烯	10	2.5～13	15	2.8	4.8
		101	4.6～18	8.2	32	37
		444	2.3～24	9.0	152	178
2	1,1-二氯乙烯	10	6.0～14	8.3	2.2	3.1
		97	2.6～16	10	23	35
		426	3.2～13	12	111	170
3	二氯甲烷	10	3.9～22	5.1	3.4	3.4
		95	2.4～13	13	25	40
		461	6.8～22	8.4	177	194
4	反-1,2-二氯乙烯	10	6.9～13	6.5	2.5	2.8
		96	1.6～14	7.4	22	28
		449	1.1～12	4.7	94	103

序号	化合物	总平均值/（μg/L）	实验室内相对标准偏差/%	实验室间相对标准偏差/%	重复性限/（μg/L）	再现性限/（μg/L）
5	1,1-二氯乙烷	10	2.2～19	4.3	2.5	2.5
		102	3.9～14	13	27	46
		440	2.6～12	8.8	102	143
6	氯丁二烯	10	6.4～22	8.3	3.1	3.6
		98	2.7～15	8.5	25	33
		431	3.1～18	11	119	169
7	顺-1,2-二氯乙烯	10	3.4～11	6.3	2.0	2.5
		98	3.3～5.3	13	12	37
		461	3.3～16	6.4	120	137
8	溴氯甲烷	11	6.6～14	6.9	3.1	3.4
		99	4.3～15	14	26	46
		454	6.7～18	6.5	156	165
9	氯仿	10	3.0～10	6.1	2.0	2.2
		93	2.2～12	12	21	37
		459	3.5～10	6.3	102	123
10	2,2-二氯丙烷	10	4.1～16	5.1	2.2	2.5
		93	3.3～24	6.1	35	36
		429	2.8～20	11	146	185
11	1,2-二氯乙烷	11	4.0～24	4.0	3.6	3.9
		99	4.7～14	11	29	40
		479	3.5～15	7.1	117	143
12	1,1,1-三氯乙烷	10	3.1～8.1	4.0	2.0	2.2
		96	2.8～16	10	28	38
		425	2.9～9.9	14	74	177
13	1,1-二氯丙烯	10	3.1～10	3.1	1.7	1.7
		99	2.7～15	6.8	26	30
		436	3.1～17	12	101	176
14	苯	10	1.8～14	5.0	2.2	2.5
		99	1.3～14	10	20	33
		465	1.6～11	4.9	76	95
15	四氯化碳	99	4.3～16	7.1	2.5	2.8
		97	1.8～20	7.1	34	37
		429	3.0～19	15	138	223
16	二溴甲烷	11	5.6～21	5.9	3.6	3.6
		96	3.2～14	13	32	46
		466	4.5～14	5.2	125	133
17	1,2-二氯丙烷	10	3.2～12	8.0	2.0	3.1
		97	3.5～12	11	27	39
		462	4.6～14	7.7	126	152
18	一溴二氯甲烷	11	2.8～10	5.0	2.0	2.2
		96	1.3～13	13	27	44
		449	6.1～14	12	112	181

序号	化合物	总平均值/（μg/L）	实验室内相对标准偏差/%	实验室间相对标准偏差/%	重复性限/（μg/L）	再现性限/（μg/L）
19	三氯乙烯	10	3.1～20	3.1	2.8	2.8
		100	1.9～7.9	12	17	36
		451	1.8～16	6.2	108	125
20	顺-1,3-二氯丙烯	10	3.0～15	5.1	2.2	2.5
		95	3.4～13	14	22	43
		471	2.8～13	8.8	109	153
21	反-1,3-二氯丙烯	10	4.3～23	5.1	3.9	3.9
		96	6.6～15	14	30	48
		471	3.7～16	7.9	128	157
22	1,1,2-三氯乙烷	10	5.8～15	6.0	3.1	3.4
		99	5.6～11	14	25	44
		461	4.2～17	9.3	138	174
23	甲苯	10	3.2～19	7.6	2.5	3.1
		91	2.4～13	13	20	37
		461	2.3～13	7.8	95	132
24	1,3-二氯丙烷	10	6.0～14	9.3	2.8	3.6
		96	6.0～19	14	36	50
		475	3.1～16	6.7	127	146
25	二溴氯甲烷	10	7.1～22	6.2	3.1	3.4
		100	4.8～11	18	24	55
		457	2.4～11	10	104	160
26	1,2-二溴乙烷	10	6.7～22	6.2	3.6	3.6
		98	1.5～11	18	21	53
		466	4.6～13	10	119	173
27	四氯乙烯	11	3.7～14	6.8	2.8	3.1
		96	2.5～13	19	23	56
		446	3.6～10	13	95	185
28	1,1,1,2-四氯乙烷	11	4.5～16	13	2.8	4.5
		96	3.6～14	23	31	68
		482	2.4～12	12	97	187
29	氯苯	10	3.0～9.1	2.0	2.0	2.0
		97	1.3～12	15	23	46
		477	2.5～14	13	103	192
30	乙苯	10	2.2～15	5.2	2.5	2.5
		94	4.5～15	12	27	40
		465	3.2～17	12	130	199
31 32	间-二甲苯 对-二甲苯	19	2.8～13	6.9	4.2	5.3
		190	2.3～9.0	7.8	39	55
		937	4.6～8.6	9.4	187	300
33	溴仿	11	8.3～15	13	3.4	4.8
		98	3.5～15	17	33	56
		491	3.9～10	12	111	189

序号	化合物	总平均值/（μg/L）	实验室内相对标准偏差/%	实验室间相对标准偏差/%	重复性限/（μg/L）	再现性限/（μg/L）
34	苯乙烯	10	3.2～8.8	5.4	1.7	2.0
		97	3.1～12	8.5	23	31
		483	3.3～6.5	8.9	70	136
35	邻-二甲苯	10	3.3～13	10	2.5	3.6
		95	3.5～11	10	22	34
		468	4.2～8.1	10	86	157
36	1,1,2,2-四氯乙烷	10	4.6～16	5.3	3.1	3.1
		99	1.8～20	12	36	47
		482	3.7～11	8.8	88	144
37	1,2,3-三氯丙烷	10	6.0～16	2.0	3.4	3.6
		98	5.6～15	13	32	45
		496	3.5～9.9	11	106	181
38	异丙苯	10	3.3～16	11	2.5	3.6
		95	3.2～9.2	8.4	21	29
		453	4.2～11	13	104	188
39	溴苯	10	3.1～11	11	2.0	3.4
		95	1.9～9.4	11	16	33
		469	4.5～8.0	12	81	174
40	2-氯甲苯	10	3.5～11	7.7	2.2	2.8
		95	4.2～7.6	9.9	16	30
		466	5.3～17	12	134	194
41	4-氯甲苯	10	5.7～14	8.8	2.5	3.1
		95	3.8～12	8.4	23	30
		456	6.7～13	11	119	174
42	正丙苯	10	5.9～15	8.4	2.8	3.4
		92	6.1～12	11	24	37
		450	5.7～13	15	104	209
43	1,3,5-三甲基苯	9	4.5～15	10	2.5	3.4
		95	3.4～10	11	21	34
		451	4.4～9.7	9.1	92	142
44	叔丁基苯	9	5.4～14	8.9	2.5	3.1
		96	5.5～12	12	25	40
		441	5.2～11	12	102	179
45	1,2,4-三甲基苯	10	4.7～19	8.8	2.8	3.4
		97	4.0～9.5	11	20	36
		454	4.1～12	8.2	92	134
46	1,3-二氯苯	10	2.3～20	8.2	2.8	3.4
		99	2.8～12	13	20	41
		437	3.1～9.0	6.8	76	108
47	1,4-二氯苯	10	4.3～11	9.2	2.0	3.1
		97	2.6～14	13	23	42
		464	3.4～7.4	6.2	80	108

序号	化合物	总平均值/（μg/L）	实验室内相对标准偏差/%	实验室间相对标准偏差/%	重复性限/（μg/L）	再现性限/（μg/L）
48	仲丁基苯	10	3.4～20	15	2.8	4.8
		95	2.3～12	14	23	42
		427	5.4～13	13	106	182
49	4-异丙基甲苯	10	5.6～16	15	2.5	4.5
		96	3.6～10	12	21	38
		432	6.1～13	12	109	174
50	1,2-二氯苯	10	5.3～10	7.3	2.0	2.5
		98	1.1～13	9.4	23	33
		465	1.7～6.9	5.1	66	90
51	正丁基苯	10	4.3～20	13	2.8	4.2
		93	5.2～11	15	22	44
		429	5.5～15	15	138	222
52	1,2-二溴-3-氯丙烷	10	5.3～26	6.3	4.2	4.2
		100	3.2～18	14	24	46
		485	5.2～15	9.2	127	171
53	1,2,4-三氯苯	10	3.1～14	9.7	2.2	3.4
		96	3.2～14	16	25	48
		457	1.2～7.9	7.0	76	113
54	萘	10	4.8～21	12	3.6	4.5
		97	5.0～15	15	24	46
		470	3.0～8.3	6.8	76	113
55	1,2,3-三氯苯	10	3.3～15	11	2.2	3.4
		97	4.2～18	14	32	48
		459	2.2～10	6.2	100	121
56	六氯丁二烯	10	3.0～18	5.2	3.1	3.1
		92	6.5～14	15	28	46
		419	6.7～11	17	100	219

表 D.2 给出了 6 家实验室测定地表水和工业废水时，方法的平均加标回收率。

表 D.2　方法的正确度

序号	化合物	样品类型	加标浓度/（μg/L）	$\overline{P}$/%
1	氯乙烯	地表水	10.0	92.9
		地表水	100	91.9
		工业废水	50.0	82.8
		工业废水	200	91.0
2	1,1-二氯乙烯	地表水	10.0	91.5
		地表水	100	97.6
		工业废水	50.0	100
		工业废水	200	97.6

序号	化合物	样品类型	加标浓度/（μg/L）	$\overline{P}$/%
3	二氯甲烷	地表水	10.0	100
		地表水	100	101
		工业废水	50.0	90.4
		工业废水	200	101
4	反-1,2-二氯乙烯	地表水	10.0	95.6
		地表水	100	102
		工业废水	50.0	102
		工业废水	200	102
5	1,1-二氯乙烷	地表水	10.0	99.5
		地表水	100	102
		工业废水	50.0	97.9
		工业废水	200	102
6	氯丁二烯	地表水	10.0	91.5
		地表水	100	99.1
		工业废水	50.0	101
		工业废水	200	99.1
7	顺-1,2-二氯乙烯	地表水	10.0	99.2
		地表水	100	99.8
		工业废水	50.0	98.5
		工业废水	200	99.8
8	溴氯甲烷	地表水	10.0	97.2
		地表水	100	102
		工业废水	50.0	90.9
		工业废水	200	102
9	氯仿	地表水	10.0	96.2
		地表水	100	97.5
		工业废水	50.0	97.3
		工业废水	200	97.5
10	2,2-二氯丙烷	地表水	10.0	97.6
		地表水	100	96.1
		工业废水	50.0	101
		工业废水	200	96.1
11	1,2-二氯乙烷	地表水	10.0	101
		地表水	100	104
		工业废水	50.0	102
		工业废水	200	104
12	1,1,1-三氯乙烷	地表水	10.0	98.1
		地表水	100	94.6
		工业废水	50.0	96.8
		工业废水	200	94.6

序号	化合物	样品类型	加标浓度/（μg/L）	$\overline{P}$ /%
13	1,1-二氯丙烯	地表水	10.0	92.3
		地表水	100	93.4
		工业废水	50.0	96.8
		工业废水	200	93.4
14	苯	地表水	10.0	99.0
		地表水	100	100
		工业废水	50.0	100
		工业废水	200	100
15	四氯化碳	地表水	10.0	96.2
		地表水	100	96.8
		工业废水	50.0	97.0
		工业废水	200	96.8
16	二溴甲烷	地表水	10.0	102
		地表水	100	102
		工业废水	50.0	100
		工业废水	200	102
17	1,2-二氯丙烷	地表水	10.0	89.8
		地表水	100	100
		工业废水	50.0	101
		工业废水	200	98.6
18	一溴二氯甲烷	地表水	10.0	100
		地表水	100	98.5
		工业废水	50.0	98.3
		工业废水	200	98.5
19	三氯乙烯	地表水	10.0	102
		地表水	100	102
		工业废水	50.0	112
		工业废水	200	102
20	顺-1,3-二氯丙烯	地表水	10.0	101
		地表水	100	104
		工业废水	50.0	96.9
		工业废水	200	104
21	反-1,3-二氯丙烯	地表水	10.0	99.8
		地表水	100	104
		工业废水	50.0	102
		工业废水	200	104
22	1,1,2-三氯乙烷	地表水	10.0	102
		地表水	100	100
		工业废水	50.0	99.1
		工业废水	200	100

序号	化合物	样品类型	加标浓度/（μg/L）	$\overline{P}$ /%
23	甲苯	地表水	10.0	96.5
		地表水	100	99.3
		工业废水	50.0	103
		工业废水	200	99.3
24	1,3-二氯丙烷	地表水	10.0	102
		地表水	100	104
		工业废水	50.0	103
		工业废水	200	104
25	二溴氯甲烷	地表水	10.0	99.9
		地表水	100	101
		工业废水	50.0	99.2
		工业废水	200	101
26	1,2-二溴乙烷	地表水	10.0	101
		地表水	100	101
		工业废水	50.0	98.4
		工业废水	200	101
27	四氯乙烯	地表水	10.0	107
		地表水	100	96.8
		工业废水	50.0	103
		工业废水	200	96.8
28	1,1,1,2-四氯乙烷	地表水	10.0	114
		地表水	100	105
		工业废水	50.0	106
		工业废水	200	105
29	氯苯	地表水	10.0	108
		地表水	100	103
		工业废水	50.0	107
		工业废水	200	103
30	乙苯	地表水	10.0	102
		地表水	100	99.4
		工业废水	50.0	109
		工业废水	200	99.4
31 32	间-二甲苯 对-二甲苯	地表水	10.0	98.6
		地表水	100	99.5
		工业废水	50.0	105
		工业废水	200	99.5
33	溴仿	地表水	10.0	109
		地表水	100	103
		工业废水	50.0	101
		工业废水	200	103

序号	化合物	样品类型	加标浓度/（μg/L）	$\overline{P}$/%
34	苯乙烯	地表水	10.0	101
		地表水	100	101
		工业废水	50.0	103
		工业废水	200	101
35	邻-二甲苯	地表水	10.0	100
		地表水	100	100
		工业废水	50.0	101
		工业废水	200	100
36	1,1,2,2-四氯乙烷	地表水	10.0	108
		地表水	100	104
		工业废水	50.0	90.1
		工业废水	200	104
37	1,2,3-三氯丙烷	地表水	10.0	110
		地表水	100	105
		工业废水	50.0	101
		工业废水	200	105
38	异丙苯	地表水	10.0	96.4
		地表水	100	96.6
		工业废水	50.0	101
		工业废水	200	96.6
39	溴苯	地表水	10.0	98.1
		地表水	100	99.8
		工业废水	50.0	99.1
		工业废水	200	99.8
40	2-氯甲苯	地表水	10.0	100
		地表水	100	101
		工业废水	50.0	100
		工业废水	200	101
41	4-氯甲苯	地表水	10.0	98.5
		地表水	100	97.9
		工业废水	50.0	101
		工业废水	200	97.9
42	正丙苯	地表水	10.0	94.5
		地表水	100	97.2
		工业废水	50.0	99.7
		工业废水	200	97.2
43	1,3,5-三甲基苯	地表水	10.0	95.6
		地表水	100	95.8
		工业废水	50.0	100
		工业废水	200	95.8

序号	化合物	样品类型	加标浓度/（μg/L）	$\overline{P}$/%
44	叔丁基苯	地表水	10.0	96.7
		地表水	100	95.6
		工业废水	50.0	102
		工业废水	200	95.6
45	1,2,4-三甲基苯	地表水	10.0	97.8
		地表水	100	96.6
		工业废水	50.0	99.9
		工业废水	200	96.6
46	1,3-二氯苯	地表水	10.0	99.1
		地表水	100	96.5
		工业废水	50.0	98.9
		工业废水	200	96.5
47	1,4-二氯苯	地表水	10.0	100
		地表水	100	98.7
		工业废水	50.0	101
		工业废水	200	98.7
48	仲丁基苯	地表水	10.0	94.1
		地表水	100	92.8
		工业废水	50.0	100
		工业废水	200	92.8
49	4-异丙基甲苯	地表水	10.0	94.1
		地表水	100	94.1
		工业废水	50.0	104
		工业废水	200	94.1
50	1,2-二氯苯	地表水	10.0	103
		地表水	100	99.9
		工业废水	50.0	100
		工业废水	200	99.9
51	正丁基苯	地表水	10.0	92.1
		地表水	100	95.1
		工业废水	50.0	103
		工业废水	200	95.1
52	1,2-二溴-3-氯丙烷	地表水	10.0	101
		地表水	100	98.5
		工业废水	50.0	97.8
		工业废水	200	98.5
53	1,2,4-三氯苯	地表水	10.0	94.0
		地表水	100	96.1
		工业废水	50.0	96.7
		工业废水	200	96.1

序号	化合物	样品类型	加标浓度/（μg/L）	$\overline{P}$ /%
54	萘	地表水	10.0	92.1
		地表水	100	95.1
		工业废水	50.0	98.6
		工业废水	200	95.1
55	1,2,3-三氯苯	地表水	10.0	96.5
		地表水	100	100
		工业废水	50.0	100
		工业废水	200	100
56	六氯丁二烯	地表水	10.0	98.1
		地表水	100	91.7
		工业废水	50.0	97.9
		工业废水	200	91.7

表 D.3 给出了 1 家实验室测定生活污水和海水时，方法的加标回收率范围、加标回收率平均值等正确度指标。

表 D.3 方法的正确度

序号	化合物	样品类型	样品浓度/（μg/L）	加标浓度/（μg/L）	测定浓度均值/（μg/L）	加标回收率范围/%	加标回收率平均值/%
1	氯乙烯	生活污水	ND	10.0	11	99.0～113	108
		生活污水	ND	100	109	94.0～120	109
		海水	ND	10.0	12	109～121	116
		海水	ND	100	109	102～114	109
2	1,1-二氯乙烯	生活污水	ND	10.0	11	98.0～121	106
		生活污水	ND	100	107	99.0～119	107
		海水	ND	10.0	11	109～116	113
		海水	ND	100	108	100～119	108
3	二氯甲烷	生活污水	0.3	10.0	12	103～135	117
		生活污水	0.3	100	111	103～123	111
		海水	ND	10.0	12	117～131	124
		海水	ND	100	112	100～121	112
4	反-1,2-二氯乙烯	生活污水	ND	10.0	10	91.0～112	104
		生活污水	ND	100	107	90.0～123	107
		海水	ND	10.0	11	98.0～118	109
		海水	ND	100	112	103～119	112
5	1,1-二氯乙烷	生活污水	ND	10.0	12	106～128	116
		生活污水	ND	100	109	99.0～121	109
		海水	ND	10.0	12	112～122	117
		海水	ND	100	114	106～122	114

序号	化合物	样品类型	样品浓度/（μg/L）	加标浓度/（μg/L）	测定浓度均值/（μg/L）	加标回收率范围/%	加标回收率平均值/%
6	氯丁二烯	生活污水	ND	10.0	10	85.0～109	101
		生活污水	ND	100	103	96.0～118	103
		海水	ND	10.0	12	109～128	118
		海水	ND	100	111	108～118	111
7	顺-1,2-二氯乙烯	生活污水	0.2	10.0	12	99.0～133	117
		生活污水	0.2	100	110	103～117	110
		海水	ND	10.0	12	111～129	119
		海水	ND	100	113	107～117	113
8	溴氯甲烷	生活污水	ND	10.0	13	125～135	129
		生活污水	ND	100	108	99.0～119	108
		海水	ND	10.0	12	108～132	120
		海水	ND	100	113	102～129	113
9	氯仿	生活污水	2.8	10.0	14	103～128	116
		生活污水	2.8	100	112	96.0～118	109
		海水	ND	10.0	13	109～137	125
		海水	ND	100	111	101～119	111
10	2,2-二氯丙烷	生活污水	ND	10.0	11	101～121	111
		生活污水	ND	100	109	100～117	109
		海水	ND	10.0	11	107～121	113
		海水	ND	100	116	108～123	116
11	1,2-二氯乙烷	生活污水	0.3	10.0	13	114～134	127
		生活污水	0.3	100	108	99.0～122	108
		海水	0.3	10.0	12	109～131	118
		海水	0.3	100	114	101～119	114
12	1,1,1-二氯乙烷	生活污水	ND	10.0	12	106～125	116
		生活污水	ND	100	109	103～119	109
		海水	ND	10.0	12	107～125	118
		海水	ND	100	114	105～121	114
13	1,1-三氯丙烯	生活污水	ND	10.0	10	95.0～112	103
		生活污水	ND	100	99	88.0～103	98.9
		海水	ND	10.0	11	109～118	113
		海水	ND	100	111	101～120	111
14	苯	生活污水	ND	10.0	11	105～112	108
		生活污水	ND	100	104	100～108	104
		海水	ND	10.0	11	108～121	114
		海水	ND	100	107	96.0～117	107
15	四氯化碳	生活污水	ND	10.0	11	105～119	111
		生活污水	ND	100	106	101～110	106
		海水	ND	10.0	12	113～125	120
		海水	ND	100	109	100～119	109

序号	化合物	样品类型	样品浓度/（μg/L）	加标浓度/（μg/L）	测定浓度均值/（μg/L）	加标回收率范围/%	加标回收率平均值/%
16	二溴甲烷	生活污水	ND	10.0	12	109～130	122
		生活污水	ND	100	104	94.0～110	104
		海水	ND	10.0	12	99.0～131	119
		海水	ND	100	111	99.0～122	111
17	1,2-二氯丙烷	生活污水	2.7	10.0	12	80.0～111	96.0
		生活污水	2.7	100	105	96.0～108	102
		海水	ND	10.0	12	112～124	117
		海水	ND	100	112	101～124	112
18	一溴二氯甲烷	生活污水	ND	10.0	12	115～133	124
		生活污水	ND	100	107	99.0～114	107
		海水	ND	10.0	12	101～131	118
		海水	ND	100	107	89.0～120	107
19	三氯乙烯	生活污水	ND	10.0	12	105～131	118
		生活污水	ND	100	110	99.0～122	110
		海水	ND	10.0	11	105～129	114
		海水	ND	100	110	100～119	110
20	顺-1,3-二氯丙烯	生活污水	ND	10.0	12	110～122	116
		生活污水	ND	100	108	99.0～126	108
		海水	ND	10.0	12	117～124	118
		海水	ND	100	115	103～124	115
21	反-1,3-二氯丙烯	生活污水	ND	10.0	12	103～121	115
		生活污水	ND	100	103	96.0～109	103
		海水	ND	10.0	11	98.0～123	114
		海水	ND	100	111	99.0～130	111
22	1,1,2-三氯乙烷	生活污水	ND	10.0	12	108～124	116
		生活污水	ND	100	100	88.0～126	100
		海水	ND	10.0	13	124～130	126
		海水	ND	100	106	90.0～119	106
23	甲苯	生活污水	ND	10.0	10	89.0～110	104
		生活污水	ND	100	101	89.0～110	101
		海水	ND	10.0	12	108～123	116
		海水	ND	100	104	99.0～111	104
24	1,3-二氯丙烷	生活污水	ND	10.0	12	103～128	118
		生活污水	ND	100	100	92.0～109	99.5
		海水	ND	10.0	12	103～121	115
		海水	ND	100	109	97.0～120	109
25	二溴氯甲烷	生活污水	ND	10.0	12	108～128	115
		生活污水	ND	100	103	93.0～117	103
		海水	ND	10.0	11	101～128	114
		海水	ND	100	111	107～120	111

序号	化合物	样品类型	样品浓度/（μg/L）	加标浓度/（μg/L）	测定浓度均值/（μg/L）	加标回收率范围/%	加标回收率平均值/%
26	1,2-二溴乙烷	生活污水	ND	10.0	12	103～125	119
		生活污水	ND	100	101	94.0～108	101
		海水	ND	10.0	12	109～131	118
		海水	ND	100	112	108～122	112
27	四氯乙烯	生活污水	ND	10.0	11	100～126	113
		生活污水	ND	100	99	90.0～108	98.9
		海水	ND	10.0	12	109～127	120
		海水	ND	100	111	100～125	111
28	1,1,1,2-四氯乙烷	生活污水	ND	10.0	12	107～137	122
		生活污水	ND	100	104	99.0～110	104
		海水	ND	10.0	12	112～127	122
		海水	ND	100	110	99.0～120	110
29	氯苯	生活污水	ND	10.0	11	97.0～128	110
		生活污水	ND	100	99	93.0～113	98.7
		海水	ND	10.0	12	107～126	117
		海水	ND	100	113	98.0～119	113
30	乙苯	生活污水	ND	10.0	11	97.0～115	106
		生活污水	ND	100	93	89.0～102	93.2
		海水	ND	10.0	11	105～124	114
		海水	ND	100	108	98.0～119	109
31 32	间-二甲苯 对-二甲苯	生活污水	ND	10.0	20	91.0～106	100
		生活污水	ND	100	187	90.0～96.0	93.5
		海水	ND	10.0	23	109～124	115
		海水	ND	100	208	96.0～112	104
33	溴仿	生活污水	ND	10.0	12	108～131	120
		生活污水	ND	100	92	83.0～99.0	92.4
		海水	ND	10.0	12	116～129	120
		海水	ND	100	99	91.0～108	98.7
34	苯乙烯	生活污水	ND	10.0	9	88.0～98.0	93.0
		生活污水	ND	100	88	80.0～94.0	88.3
		海水	ND	10.0	11	105～124	113
		海水	ND	100	100	86.0～109	99.9
35	邻-二甲苯	生活污水	ND	10.0	10	86.0～117	102
		生活污水	ND	100	94	89.0～100	94.2
		海水	ND	10.0	12	111～121	116
		海水	ND	100	101	99.0～104	101
36	1,1,2,2-四氯乙烷	生活污水	ND	10.0	12	108～122	115
		生活污水	ND	100	92	83.0～99.0	92.4
		海水	ND	10.0	12	112～127	121
		海水	ND	100	102	98.0～109	102

序号	化合物	样品类型	样品浓度/（μg/L）	加标浓度/（μg/L）	测定浓度均值/（μg/L）	加标回收率范围/%	加标回收率平均值/%
37	1,2,3-三氯丙烷	生活污水	ND	10.0	12	109～138	124
		生活污水	ND	100	92	89.0～104	92.2
		海水	ND	10.0	11	108～119	114
		海水	ND	100	104	91.0～119	104
38	异丙苯	生活污水	ND	10.0	11	99.0～114	108
		生活污水	ND	100	90	78.0～95.0	89.7
		海水	ND	10.0	11	98.0～124	108
		海水	ND	100	106	100～110	106
39	溴苯	生活污水	ND	10.0	10	92.0～119	103
		生活污水	ND	100	97	92.0～102	96.7
		海水	ND	10.0	11	104～123	112
		海水	ND	100	106	99.0～119	106
40	2-氯甲苯	生活污水	ND	10.0	11	103～111	107
		生活污水	ND	100	92	88.0～104	91.6
		海水	ND	10.0	12	104～125	115
		海水	ND	100	101	87.0～109	101
41	4-氯甲苯	生活污水	ND	10.0	11	97.0～119	109
		生活污水	ND	100	93	87.0～106	93.4
		海水	ND	10.0	12	108～124	116
		海水	ND	100	105	101～111	105
42	正丙苯	生活污水	ND	10.0	10	91.0～107	100
		生活污水	ND	100	96	86.0～103	95.5
		海水	ND	10.0	11	106～124	113
		海水	ND	100	106	96.0～110	106
43	1,3,5-三甲基苯	生活污水	ND	10.0	9	79.0～96.0	89.0
		生活污水	ND	100	94	80.0～99.0	93.6
		海水	ND	10.0	11	98.0～125	111
		海水	ND	100	110	103～119	110
44	叔丁基苯	生活污水	ND	10.0	10	89.0～105	96
		生活污水	ND	100	96	85.0～116	95.6
		海水	ND	10.0	11	97.0～128	113
		海水	ND	100	102	98.0～109	102
45	1,2,4-三甲基苯	生活污水	ND	10.0	11	96.0～118	108
		生活污水	ND	100	95	88.0～100	94.9
		海水	ND	10.0	11	98.0～126	114
		海水	ND	100	101	90.0～109	101
46	1,3-二氯苯	生活污水	ND	10.0	11	101～122	110
		生活污水	ND	100	91	79.0～100	91.1
		海水	ND	10.0	12	103～128	116
		海水	ND	100	102	92.0～110	102

序号	化合物	样品类型	样品浓度/（μg/L）	加标浓度/（μg/L）	测定浓度均值/（μg/L）	加标回收率范围/%	加标回收率平均值/%
47	1,4-二氯苯	生活污水	ND	10.0	11	98.0～125	110
		生活污水	ND	100	92	89.0～98.0	92
		海水	ND	10.0	11	108～121	114
		海水	ND	100	101	97.0～109	101
48	仲丁基苯	生活污水	ND	10.0	10	88.0～105	99.0
		生活污水	ND	100	93	88.0～102	92.5
		海水	ND	10.0	12	101～123	115
		海水	ND	100	98	88.0～109	98.2
49	4-异丙基甲苯	生活污水	ND	10.0	11	95.0～123	108
		生活污水	ND	100	94	89.0～99.0	94.1
		海水	ND	10.0	11	89.0～132	112
		海水	ND	100	99	96.0～103	99.1
50	1,2-二氯苯	生活污水	ND	10.0	12	100～125	118
		生活污水	ND	100	95	92.0～99.0	94.6
		海水	ND	10.0	12	113～134	121
		海水	ND	100	96	93.0～101	96.1
51	正丁基苯	生活污水	ND	10.0	9	89.0～102	93
		生活污水	ND	100	91	87.0～94.0	90.6
		海水	ND	10.0	12	101～127	115
		海水	ND	100	94	89.0～101	94.4
52	1,2-二溴-3-氯丙烷	生活污水	ND	10.0	12	105～130	117
		生活污水	ND	100	93	88.0～101	93.2
		海水	ND	10.0	12	105～127	116
		海水	ND	100	97	84.0～109	97.4
53	1,2,4-三氯苯	生活污水	ND	10.0	11	99.0～124	110
		生活污水	ND	100	93	79.0～109	92.6
		海水	ND	10.0	11	92.0～128	110
		海水	ND	100	101	93.0～110	101
54	萘	生活污水	ND	10.0	10	95.0～118	103
		生活污水	ND	100	92	75.0～110	92.3
		海水	ND	10.0	11	102～127	114
		海水	ND	100	98	89.0～108	98.3
55	1,2,3-三氯苯	生活污水	ND	10.0	11	99.0～121	113
		生活污水	ND	100	90	80.0～99.0	90.4
		海水	ND	10.0	11	107～128	114
		海水	ND	100	102	95.0～112	102
56	六氯丁二烯	生活污水	ND	10.0	10	95.0～113	103
		生活污水	ND	100	89	83.0～92.0	88.6
		海水	ND	10.0	12	102～121	115
		海水	ND	100	96	92.0～100	96.3

注：ND 表示样品浓度值低于方法检出限。

水质　氨氮的测定　现场快速监测分光光度法（试行）

1　适用范围

本方法规定了测定水中氨氮的现场快速分光光度法。

本方法适用于地表水、地下水、生活污水、工业废水和海水中氨氮的现场快速定量分析。

在 30 mm 光程下，当取样体积 1.0 ml 时，检出限为 0.03 mg/L，测定下限为 0.12 mg/L，测定上限为 2.00 mg/L。当样品浓度大于测定上限时，应适当减少取样体积或稀释水样。

2　规范性引用文件

本方法引用了下列文件或其中的条款。凡是不注日期的引用文件，其有效版本适用于本方法。

GB/T 6682　分析实验室用水规格和试验方法

GB 17378　海洋监测规范

HJ/T 91　地表水和污水监测技术规范

HJ 91.1　污水监测技术规范

HJ/T 164　地下水环境监测技术规范

HJ 536　水质　氨氮的测定　水杨酸分光光度法

HJ 589　突发环境事件应急监测技术规范

HY/T 147　海洋监测技术规程

3　术语与定义

预蒸馏（Pre Distillation）：在一定加热温度下采用载气（氮气、空气）将样品中的待测组分从基底吹脱至吸收液中。

4　方法原理

仪器将试样和试剂按比例顺序注射自动载入前处理装置中，水样中的氨和铵在碱性条件下通过加热蒸馏，可将待测组分自动快速吹脱至吸收液中，在亚硝基铁氰化钠存在下，铵与水杨酸盐和次氯酸离子反应生成蓝色化合物，在 655 nm 波长处测量吸光度。在一定浓度范围内，试样中待测物浓度与吸光度呈线性关系，仪器根据工作曲线计算氨氮测试结果。

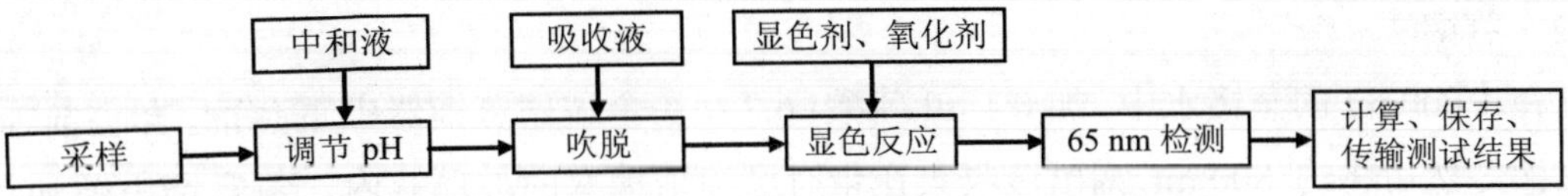

图 1　方法原理

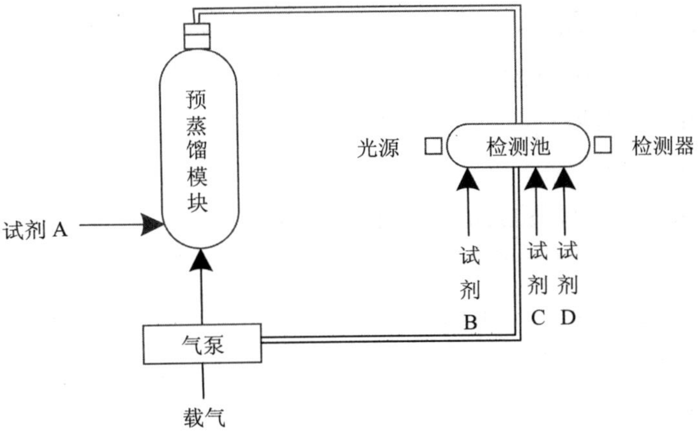

试剂 A—中和液（6.13）；试剂 B—吸收液（6.14）；试剂 C—氧化剂（6.15）；试剂 D—显色剂（6.16）

图 2　工作原理

5　干扰和消除

本方法采用预蒸馏自动前处理方式，水样中浊度、色度对测定不会产生干扰。

钙离子、镁离子、氯离子分别不大于 5 000 mg/L、2 000 mg/L、80 000 mg/L 时，对测试无影响；铁离子、锰离子浓度分别不大于 100 mg/L、4 mg/L 时，对测试无影响。

样品中的余氯会形成氯胺干扰测定，可加入硫代硫酸钠溶液除去。

6　试剂和材料

分析时，盐酸、硫酸使用优级纯试剂，其余均使用符合国家标准的分析纯试剂；在制备时要注意环境的通风，在不影响测定结果的条件下进行。

6.1　实验用水

实验用水为新鲜制备、电阻率大于 10 MΩ·cm 的无氨水，在无氨环境中用下述方法之一制备。

6.1.1　离子交换法

蒸馏水通过强酸性阳离子交换树脂（氢型）柱，将流出液收集在带有磨口玻璃塞的玻璃瓶内。每升流出液加 10 g 同样的树脂，以利于保存。

6.1.2 蒸馏法

在 1 000 ml 的蒸馏水中，加 0.1 ml 硫酸（6.2），在全玻璃蒸馏器中重蒸馏，弃去前 50 ml 馏出液，然后将约 800 ml 馏出液收集在带有磨口玻璃塞的玻璃瓶内。每升馏出液加 10 g 强酸性阳离子交换树脂（氢型）。

6.1.3 纯水器法

用市售纯水器临用前制备。

6.2 硫酸：ρ（H_2SO_4）=1.84 g/ml（参照 HJ 535—2009、HJ 536—2012，优级纯）。

6.3 盐酸（HCl）：优级纯。

6.4 氢氧化钠（NaOH）。

6.5 乙二胺四乙酸二钠（Na_2EDTA，$C_{10}H_{14}O_8N_2Na_2$）。

6.6 氯化钾（KCl）。

6.7 酒石酸钾钠（$NaKC_4H_4O_6 \cdot 4H_2O$）。

6.8 水杨酸钠（$C_7H_5O_3Na$）。

6.9 酒石酸（$C_4H_6O_6$）。

6.10 二氯异氰尿酸钠（$C_3O_3N_3Cl_2Na$）。

6.11 亚硝基铁氰化钠（$Na_2Fe(CN)_5NO \cdot 2H_2O$）。

6.12 氯化铵（NH_4Cl）。

6.13 中和液

往 400 ml 水中加入 15 g 氢氧化钠和 5 g 乙二胺四乙酸二钠，使之完全溶解，定容至 500 ml，密闭贮存于塑料瓶中。30 g/L 的氢氧化钠和 10 g/L 乙二胺四乙酸二钠可混合为一种试剂使用，也可单独作为两种试剂，测试过程中自动混合。该溶液常温下保存，可稳定 2 个月。

注：海水等高盐度水样测定时中和液采用如下配方：往 400 ml 水中加入 50 g 氢氧化钠、110 g 氯化钾和 10 g 酒石酸钾钠，使之完全溶解，定容至 500 ml，密闭贮存于塑料瓶中。每次消耗 1.5 ml。50 g 氢氧化钠、110 g 氯化钾和 10 g 酒石酸钾钠可混合为一种试剂使用，也可单独作为三种试剂，测试过程中自动混合。

6.14 吸收液

称取 30 g 水杨酸钠至 1 L 烧杯中，加 300 ml 水搅拌溶解后，再加入 0.5 g 酒石酸，溶解完全后，定容至 500 ml，密闭贮存于塑料瓶中。该溶液常温下保存，可稳定 2 个月。

注：60 g/L 的水杨酸钠和 1 g/L 酒石酸可混合为一种试剂使用，也可单独作为两种试剂，测试过程中自动混合。酒石酸也可用酒石酸钾或酒石酸钠代替，但要保证吸收液 pH 在 3.5 ~ 4.5。

6.15 氧化剂

称取 20 g 氢氧化钠于 1 L 烧杯中，溶于 200 ml 水后加入 1.5 g 二氯异氰尿酸钠，搅拌溶解后，定容至 500 ml，密闭贮存于黑色塑料瓶中。配制过程有氯气释放，需在通风柜中配制。该溶液常温下保存，可稳定 2 个月。

6.16 显色剂

称取 5.0 g 亚硝基铁氰化钠溶于 500 ml 水中，密闭储存于黑色塑料瓶中。该溶液常温下保存，可稳定 2 个月。

6.17 氨氮贮备液（1 000 mg/L）

称取 3.819 0 g 氯化铵（NH_4Cl，优级纯，在 100～105℃干燥 2 h，参照 HJ 536—2009），用 200 ml 水溶解后，转入 1 000 ml 容量瓶中，加入 5 ml 盐酸，用水稀释至标线，密闭、低温贮存于塑料瓶中。该溶液在 4℃下保存，可稳定 6 个月，或直接购买国家有证标准物质。

6.18 标准使用液

各浓度标液通过稀释氨氮贮备液（6.17）来配制。每次稀释不要超过 100 倍。

7 仪器和设备

7.1 氨氮现场快速监测仪：进样管路（标样管、水样管及试剂管路）、进样计量单元（电磁阀组、液位管、泵等组成）、预蒸馏单元（加热单元、冷凝装置）、检测单元（光源、检测器、石英检测池）、流路控制模块、数据处理、显示及存储单元等。

7.2 一般实验室常用仪器和设备。

8 样品

8.1 样品的采集与保存

当样品含有肉眼可见的固体或悬浮物时，测试前应采用 0.45 μm 滤网/滤膜过滤。

在采样前，用水冲洗所有接触样品的器皿，样品采集于清洗过的聚乙烯或玻璃瓶中。样品应尽快现场测定，不需要添加固定剂。样品如需保存，可加入硫酸至 pH≤2，常温可保存 24 h。可于-20℃冷冻，保存期 1 个月。

8.2 样品的准备

样品上机测试前，应充分摇匀。

根据仪器测量范围 0.12～2.00 mg/L，如超出范围可人工进行稀释或仪器自动稀释。

9 分析步骤

9.1 仪器参考条件

9.1.1 预蒸馏条件

加热温度：60℃；吹脱时间：10 min。

9.1.2 载气流量

载气流量：（350±50）mL/min。

9.1.3 显色条件

显色温度：45℃；显色时间：3 min。

9.1.4 检测波长

λ=655 nm。

9.2 仪器预备及开启

将仪器各管路外壁用实验用水清洗好并用洁净滤纸擦干。按照仪器流路标识，将各管路依次插入对应试剂、废液，连接好实验用水。开启仪器，仪器进入自检程序，必要时会进行初始化以保证仪器正常待机。

9.3 工作曲线的建立

按照氨氮标准使用液（6.18）的配制方法，配制 6 个浓度点的标准系列溶液，浓度依次为 0.00 mg/L、0.40 mg/L、0.80 mg/L、1.2 mg/L、1.60 mg/L、2.00 mg/L。将配制好的标准系列样品混匀，按照仪器参考条件（9.1），在仪器的校准工作曲线界面，输入标准系列浓度，并启动仪器完成测试，依次完成所有标准系列的测试。仪器自动生成校准工作曲线及相应的曲线方程和线性相关系数。

9.4 样品的测定

根据样品预估浓度，如需稀释应选择合适的稀释倍数，通过人工稀释或仪器自动稀释后进行测定，计算结果乘以稀释倍数或仪器自动计算测试结果。如待测水样 pH＜4，需调节水样 pH 至中性后再进行测试。

9.5 空白试验

用实验用水代替样品，按照与样品的测定（9.4）相同的仪器条件进行空白样品的测定。

10 结果计算与表示

10.1 结果计算

样品中氨氮的质量浓度（mg/L）按照式（1）进行计算。

$$\rho=(\rho_1-\rho_0)\times F \quad (1)$$

式中：ρ——样品中氨氮质量浓度，mg/L；

ρ_1——仪器测定样品计算出的氨氮浓度，mg/L；

ρ_0——仪器测定空白计算出的氨氮浓度，mg/L；

F——样品稀释倍数。

10.2 结果表示

测定结果的小数点后位数的保留与方法检出限一致，最多保留三位有效数字。

11 精密度和准确度

11.1 精密度

6 家实验室对氨氮有证标准溶液三种不同浓度（0.422 mg/L、1.0 mg/L、1.49 mg/L）的统一样品进行了 6 次重复测定：实验室内相对标准偏差分别为 0.4%～3.8%、0.3%～1.2%和 0.3%～1.3%；实验室间相对标准偏差分别为 2.7%、1.9%和 1.5%；重复性限分别为 0.029 mg/L、0.022 mg/L 和 0.035 mg/L；再现性限分别为 0.042 mg/L、0.058 mg/L 和 0.071 mg/L。

11.2 准确度

6 家实验室分别对氨氮浓度为 0.422 mg/L、1.0 mg/L、1.49 mg/L 的有证标准物质进行测定：相对误差分别为−4.5%～2.2%、−1.8%～3.5%、−2.1%～2.5%，相对误差最终值分别为（−1.6±5.6）%、（0.2±3.8）%、（0.5±3.0）%。

6 家实验室分别对 5 种不同类型的实际样品（工业废水、生活污水、地表水、海水、地下水）进行加标分析测定，加标回收率分别为 98.3%～105.4%、101.5%～106.4%、94.4%～103.8%、92.6%～111.2%、97.4%～101.8%，加标回收率最终值：（101.8±5.8）%、（104.4±4.0）%、（99.5±6.6）%、（101.3±13.0）%、（99.7±3.0）%。

12 质量保证和质量控制

12.1 每批次应分析一个空白样，空白样测定结果应低于检出限，试剂空白的吸光度应不超过 0.030（光程 10 mm 比色皿）。

12.2 每批样品至少测定 10%的平行双样，样品数量少于 10 个时，至少测定一个平行双样，水样测定结果等于或低于测定下限（0.12 mg/L）时，相对偏差应在±20%以内，测定结果大于测定下限时，相对偏差应在±10%以内。

12.3 每次监测应采用有证标准样品对分析结果准确性进行质量控制，其测定结果的相对偏差应在±5%以内，或每批次样品应至少测定 10%的加标样品，样品数量少于 10 个时，应至少测定一个加标样品，加标回收率应在 80%～120%。若超出范围，应重新绘制标准曲线。

12.4 各工作曲线应至少包括 6 个浓度点（含零浓度点），相关系数≥0.995。

13 废物处理

现场实验中产生的有害废液和废物应集中收集，带回实验室，委托有资质的单位进行处理。

14 注意事项

14.1 现场分析应保证通风，在不影响测定结果的条件下进行监测。

14.2 为防止通过采样工具污染，采样工具在使用前要用实验用水充分洗净。在采集其他样品时，要注意更换采样工具和清洗采样工具，以防止交叉污染。

14.3 不同型号的仪器可参考本方法选择合适的仪器条件。

水质　总磷的测定　现场快速监测分光光度法（试行）

1　适用范围

本方法规定了测定水中总磷的现场快速分光光度法。

本方法适用于地表水、地下水、生活污水和工业废水中总磷的现场快速定量分析。

当取样体积为 10.0 ml，光程为 30 mm 时，总磷的检出限为 0.006 mg/L，测定下限为 0.024 mg/L，测定上限为 0.500 mg/L。当样品浓度大于测定上限时，应适当减少取样体积或稀释水样。

2　规范性引用文件

本方法引用了下列文件或其中的条款。凡是不注日期的引用文件，其有效版本适用于本方法。

HJ 91　地表水和污水监测技术规范

HJ/T 91.1　污水监测技术规范

HJ/T 164　地下水环境监测技术规范

HJ 589　突发环境事件应急监测技术规范

3　方法原理

3.1　仪器工作原理

仪器将试样和试剂按比例通过顺序注射自动注入消解反应池混合，在密闭高温高压条件下进行消解反应后加速冷却，注入试剂显色，最后进行光度检测计算结果，整个分析过程全自动完成。参考工作流程见图 1。

3.2　化学反应原理

样品在 125℃，0.12～0.15 MPa 压力条件下经过硫酸钾消解后，样品中的含磷化合物转变为正磷酸盐。在酸性介质中，锑盐存在下，正磷酸盐与钼酸铵反应，生成磷钼杂多酸，并立即被抗坏血酸还原，生成蓝色化合物。在 880 nm 波长处测量吸光度。在一定浓度范围内，试样待测物浓度与吸光度呈线性关系，仪器根据工作曲线计算总磷测试结果。

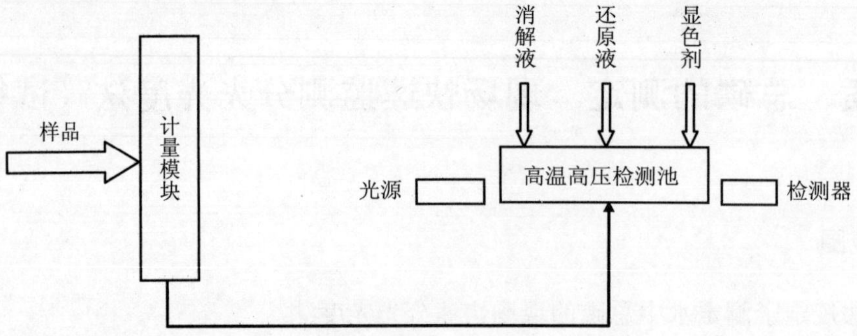

图 1 参考工作流程

4 干扰和消除

4.1 样品中一定浓度的砷、铬、硫对总磷的测定产生干扰。具体消除方法：砷大于 2 mg/L 干扰测定，用硫代硫酸钠去除。硫化物大于 2 mg/L 干扰测定，通氮气去除。铬大于 50 mg/L 干扰测定，用亚硫酸钠去除。

4.2 样品的浊度或色度干扰，可通过补偿测量进行校正。具体消除方法：用浊度-色度补偿液（5.16）替换显色剂（5.15），对试样进行分析，测得校正值。试样的测量值减去校正值，得到校正后的测量值。

5 试剂和材料

除非另有说明，分析时均使用符合国家标准的分析纯试剂。实验用水为新鲜制备的超纯水、蒸馏水和同等纯度的水。

5.1 硫酸：ρ（H_2SO_4）=1.84 g/ml，优级纯。

5.2 乙酸：ρ（CH_3COOH）=1.05 g/ml，优级纯。

5.3 钼酸铵［$(NH_4)_6Mo_7O_{24}\cdot 4H_2O$］。

5.4 酒石酸锑钾［$K(SbO)C_4H_4O_6\cdot 1/2H_2O$］。

5.5 抗坏血酸（$C_6H_8O_6$）。

5.6 过硫酸钾（$K_2S_2O_8$）。

5.7 乙二胺四乙酸二钠（Na_2EDTA，$C_{10}H_{14}O_8N_2Na_2$）。

5.8 硫酸溶液Ⅰ：（1+1）

量取 150 ml 硫酸（5.1），缓缓加入 150 ml 水中，边加边搅拌，冷却至室温。

5.9 硫酸溶液Ⅱ：c（H_2SO_4）=0.028 mol/L

将 1.5 ml 硫酸（5.1）加至 1 000 ml 水中。

5.10 钼酸铵溶液

准确称取 13 g 钼酸铵溶于 100 ml 水中。该溶液 4℃下保存，可稳定 2 个月。

5.11　酒石酸锑钾溶液：ρ=3.5 g/L

准确称取 0.35 g 酒石酸锑钾溶于 100 ml 水中。该溶液 4℃下保存，可稳定 2 个月。

5.12　抗坏血酸溶液：ρ=100 g/L

准确称取 10 g 抗坏血酸溶于 100 ml 水中。此溶液贮于棕色的试剂瓶中，该溶液在 4℃下避光保存，可稳定 2 周。

5.13　消解液（过硫酸钾溶液：ρ=20 g/L）

准确称取 10 g 过硫酸钾溶于 200 ml 水中，搅拌溶解后转移至 500 ml 容量瓶中，混匀，用水稀释至刻度，贮存于高密度聚乙烯塑料瓶中。该溶液室温避光保存，可稳定 1 个月。

5.14　还原液

准确称取 12.5 g 抗坏血酸，0.05 g 乙二胺四乙酸二钠溶于约 250 ml 水中，完全溶解后加入 10 ml 乙酸（5.2），转移至 500 ml 容量瓶中，混匀，用水稀释至刻度，贮存于高密度聚乙烯塑料瓶中。该溶液在 4℃下避光保存，可稳定 2 周。

5.15　显色剂

在不断搅拌下，将 100 ml 钼酸铵溶液（5.10）缓慢加入 300 ml 硫酸溶液Ⅰ（5.8）中，再缓慢加入 100 ml 酒石酸锑钾溶液（5.11）并混匀，贮存于高密度聚乙烯塑料瓶中。该溶液在 4℃下避光保存，可稳定 1 个月。

5.16　浊度-色度补偿液

混合两个体积硫酸溶液Ⅰ（5.8）和一个体积抗坏血酸溶液（5.12），使用当天配制。

5.17　总磷标准贮备液：ρ（P）=1 000 mg/L

称取 4.394 g 磷酸二氢钾溶于水中，溶解后转移至 1 000 ml 容量瓶中，加入 2.5 ml 硫酸（5.1），用水定容并混匀。贮存于具塞玻璃瓶中，该溶液在 4℃下保存，可稳定 6 个月。或直接购买市售有证标准溶液。

5.18　总磷标准使用溶液：ρ（P）=5.00 mg/L

量取适量总磷标准贮备液（5.17），用水逐级稀释制备。该溶液在 4℃下，可贮存 1 个月。

6　仪器和设备

6.1　总磷现场快速监测仪：进样管路（样品管及试剂管路）、计量进样单元（电磁阀组、液位管、泵等组成）、消解单元（加热单元、加压单元、冷凝装置）、检测单元（光源、检测器、光程 30 mm 石英检测池）、流路控制模块、数据处理、显示及存储单元等。

6.2　天平：精度为 0.001 g。

6.3　一般实验室常用仪器和设备。

7 样品

7.1 样品采集与保存

按照 HJ 91、HJ/T 91.1 和 HJ/T 164 的相关规定采集和保存样品。

在采样前，用水冲洗所有接触样品的器皿，样品采集于清洗过的聚乙烯或玻璃瓶中。当样品含有肉眼可见的固体或悬浮物时，应采用 63 μm 滤网/滤膜过滤。样品应尽快现场测定，不需要添加固定剂，自动完成单个样品分析所需时间为 30 min。样品如需保存，可加入硫酸（5.1）至 pH≤2，常温可保存 24 h。可于−20℃冷冻，保存期 1 个月。

注 1：含磷量较少的样品（总磷浓度≤0.1 mg/L），不宜用聚乙烯瓶贮存，冷冻保存状态除外。

7.2 样品准备

样品上机测试前，应充分摇匀后取适量的样品置于进样器样品瓶中。

8 分析步骤

8.1 仪器参考条件

消解条件：消解温度 125℃，消解压力 0.12～0.15 MPa，消解时间 5 min。

显色条件：显色温度 60℃，显色时间 5 min。

检测条件：检测波长 λ=880 nm，检测池光程 30 mm。

8.2 仪器的调试

按仪器说明书安装分析系统软件、设定工作参数、操作仪器。开机使仪器预热稳定 30 min，再进行 8.3～8.5 操作步骤。

8.3 工作曲线的建立

分别移取 0 ml、1.00 ml、2.00 ml、4.00 ml、6.00 ml 和 10.00 ml 总磷标准使用溶液（5.18），用水稀释定容至 100 ml，制备 6 个浓度点的标准系列。总磷质量浓度分别为 0 mg/L、0.050 mg/L、0.100 mg/L、0.200 mg/L、0.300 mg/L 和 0.500 mg/L。量取适量上述标准系列，置于样品瓶中，仪器依次从低浓度到高浓度取样、测定。以测定吸光度为横坐标，对应的总磷质量浓度（以 P 计，mg/L）为纵坐标，建立工作曲线。

8.4 样品的测定

按照与工作曲线的建立相同的条件，进行试样（7.2）的测定。

注 2：若样品总磷含量超出工作曲线范围，应取适量试样稀释后上机测定。

8.5 空白试验

用纯水代替样品，按照与样品的测定（8.4）相同的仪器条件进行空白样品的测定。

9 结果计算与表示

9.1 结果计算

样品中总磷的质量浓度（mg/L）按照式（1）进行计算。

$$\rho=(\rho_1-\rho_0)\times F \tag{1}$$

式中：ρ——样品中总磷质量浓度，mg/L；

ρ_1——仪器测定样品计算出的总磷浓度，mg/L；

ρ_0——仪器测定空白计算出的总磷浓度，mg/L；

F——样品稀释倍数。

9.2 结果表示

测定结果小数点位数保留与方法检出限保持一致，最多保留 3 位有效数字。

10 精密度和准确度

10.1 精密度

6 家实验室分别对总磷浓度为 0.020 mg/L、0.325 mg/L、1.37 mg/L 的标准样品测定，实验室内相对标准偏差分别为 2.4%～9.6%、0.2%～1.4%、0.2%～1.2%；实验室间相对标准偏差分别为 8.4%、1.4%、2.2%；重复性限分别为 0.003 mg/L、0.008 mg/L、0.027 mg/L；再现性限分别为 0.006 mg/L、0.014 mg/L、0.088 mg/L。

6 家实验室分别对总磷浓度为 0.136～1.57 mg/L 的 3 种不同类型的实际样品（地表水、生活污水、工业废水）进行测定，实验室内相对标准偏差分别为 0.4%～3.5%、0.2%～4.0%、1.0%～7.5%；实验室间相对标准偏差分别为 10.6%、2.2%、7.1%；重复性限分别为 0.007 mg/L、0.048 mg/L、0.008 mg/L；再现性限分别为 0.041 mg/L、0.107 mg/L、0.013 mg/L。

10.2 准确度

6 家实验室分别对总磷浓度为 0.325±0.013 mg/L、1.37±0.06 mg/L 的国家有证标准样品进行测定：相对误差分别为-1.8%～1.8%，-4.1%～1.8%；相对误差最终值分别为 0.085%±2.7%，-0.34%±4.4%。

6 家实验室分别对总磷浓度为 0.136～1.57 mg/L 的 3 种不同类型的实际样品（地表水、生活污水、工业废水）进行加标回收测定，加标回收率分别为 87.3%～118.5%、98.2%～103.2%、96.3%～102.9%；加标回收率最终值分别为 98.3%±23.2%，100.2%±3.8%，99.9%±5.7%。

11 质量保证和质量控制

11.1 空白试验

每批样品至少测定一个空白样品，空白值不得超出方法检出限。否则应查明原因，重新分析。

11.2 校准有效性检查

每批样品分析均须建立工作曲线，各工作曲线应至少包括5个浓度点(不含零浓度点)，工作曲线的相关系数 $\gamma \geqslant 0.995$。

每批次样品（≤20个）需用一个工作曲线的中间浓度溶液进行校准核查，其测定结果的相对偏差应≤10%，否则应重新建立工作曲线。

11.3 精密度控制

每批样品应至少测定10%的平行双样，样品数量少于10个时，应至少测定一个平行双样。当总磷浓度≤定量下限时，平行样的相对偏差应在±25%以内；当总磷浓度＞定量下限mg/L时，平行样的相对偏差应在±10%以内。

11.4 准确度控制

每批样品应至少测定10%的加标样品，样品数量少于10个时，应至少测定一个加标样品，加标回收率应在75%～125%。

必要时，每批样品至少带一个已知浓度的质控样品，测定结果应在其给出的不确定范围内。

12 废物处理

现场实验中产生的废液和废物应集中收集，带回实验室，委托有资质的单位进行处理。

13 注意事项

13.1 试剂温度影响分析结果，冰箱贮存的试剂应放置至室温（20±5）℃后再使用。

13.2 每次分析完毕后，用纯水对分析管路进行清洗。

13.3 不同型号的总磷现场快速监测仪可参考本方法选择合适的仪器条件。

水质 总氮的测定 现场快速监测分光光度法（试行）

警告：实验中使用的盐酸、硫酸和氢氧化钠等试剂具有强烈的腐蚀性和刺激性，试剂配制过程应在通风橱内进行，操作时应按要求佩戴防护器具，避免吸入呼吸道或接触皮肤和衣物。

1 适用范围

本方法规定了测定水中总氮的现场快速分光光度法。

本方法适用于地表水、地下水、生活污水和工业废水中总氮的现场快速定量分析。

当检测光程为 30 mm，取样体积为 10.0 ml 时，本方法检出限为 0.07 mg/L（以 N 计），测定下限为 0.28 mg/L，测定上限为 5.00 mg/L。当样品浓度大于测定上限时，应适当减少取样体积或稀释水样。

2 规范性引用文件

本方法引用了下列文件或其中的条款。凡是未注明日期的引用文件，其有效版本适用于本方法。

HJ 91 地表水和污水监测技术规范

HJ/T 91.1 污水监测技术规范

HJ 164 地下水环境监测技术规范

HJ 493 水质 样品的保存和管理技术规范

HJ 589 突发环境事件应急监测技术规范

3 方法原理

仪器将试样和试剂按比例顺序自动载入前处理装置，在 120～125℃的碱性介质条件下，过硫酸钾将水样中的氨氮和亚硝酸盐氮氧化为硝酸盐，同时将大部分有机氮化合物氧化为硝酸盐。用紫外分光光度法分别于波长 220 nm 与 275 nm 处测定吸光度，按 $A=A_{220}-2A_{275}$ 计算硝酸盐氮的吸光度值。在一定浓度范围内，试样中待测物浓度与吸光度呈线性关系，仪器根据工作曲线计算总氮测试结果。

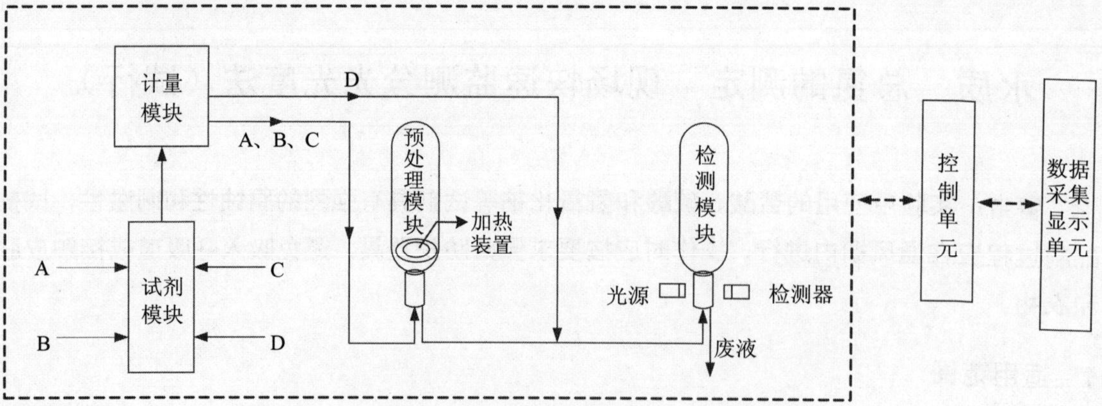

A—试样；B—中和流；C—消解液；D—调节液

图 1　工作原理

4　试剂和材料

除非另有说明，分析时均应使用符合国家标准的分析纯试剂。实验用水为新鲜制备的超纯水。

4.1　氢氧化钠（NaOH）优级纯

含氮量应小于 0.000 5%。

4.2　过硫酸钾（$K_2S_2O_8$）分析纯

含氮量应小于 0.000 5%。

4.3　硝酸钾（KNO_3）：基准试剂或优级纯

在 105～110℃下烘干 2 h，在干燥器中冷却至室温。

4.4　浓盐酸：ρ（HCl）=1.19 g/ml。

4.5　浓硫酸：ρ（H_2SO_4）=1.84 g/ml。

4.6　三氯甲烷：优级纯。

4.7　调节液：（1+4）盐酸溶液。

4.8　盐酸溶液：1+9。

4.9　中和液

称取 20.0 g 氢氧化钠（4.1）溶于少量水中，稀释至 500 ml，存放于聚乙烯瓶中，可保存 30 天。

4.10　消解液

称取 10.0 g 过硫酸钾（4.2）溶于少量水中（在 50℃水浴中加热至全部溶解），稀释至 500 ml，存放于玻璃瓶，可保存 30 天。

4.11 总氮标准贮备液：ρ（N）=100 mg/L

称取 0.721 8 g 硝酸钾（4.3）溶于适量水中，移至 1 000 ml 容量瓶中，用水稀释至标线，混匀。加入 1～2 ml 三氯甲烷（4.6）作为保护剂，在 0～10℃暗处保存，可稳定 6 个月。也可直接购买市售有证标准溶液。

4.12 总氮标准使用液：ρ（N）=25.0 mg/L

量取 25.00 ml 总氮标准贮备液（4.11）至 100 ml 容量瓶中，用水稀释至标线，混匀，临用现配。

5 干扰和消除

5.1 当样品中六价铬离子不大于 2.0 mg/L，对总氮的测定无影响。超过浓度时，可加入 5%盐酸羟胺溶液 1～2 ml 以消除其对测定的影响。

5.2 碘离子及溴离子对测定有干扰。测定 2.00 mg/L 总氮时，碘离子含量相对于总氮含量的 0.1 倍时无干扰；溴离子含量相对于总氮含量的 10 倍时无干扰。

5.3 浊度对测定有干扰，但样品浊度不大于 200 NTU，对总氮的测定无影响。

6 仪器设备

6.1 总氮现场快速监测仪：进样管路（标样管、水样管及试剂管路）、计量进样单元（电磁阀组、液位管、柱塞泵等组成）、检测单元（高压阀、加热丝、光源、检测器、光程 30 mm 石英检测池）、流路控制模块、数据处理、显示及存储单元等。

6.2 一般实验室常用仪器和设备。

7 样品

7.1 样品的采集和保存

样品采集和保存按照 HJ/T 91、HJ 91.1、HJ/T 164、HJ 589 和 HJ 493 的相关规定采集样品。

样品采集在聚乙烯瓶中内，尽快在现场直接测定，自动完成单个样品分析所需时间为 30 min。如需保存，应加入硫酸（4.5）至 pH≤2，常温可保存 7 天，或于−18℃冷冻保存 1 个月。

7.2 试样准备

7.2.1 需对保存的样品调节 pH 至 5～9，待测。

7.2.2 样品上机测试前，应充分摇匀后取适量的样品置于样品瓶中待测。

8 分析步骤

8.1 仪器调试

按仪器说明书打开仪器预热，设定工作参数，采用实验用水代替试剂，检查整个分析流路的密闭性及液体流动的通畅性。参考测量条件见表 1。

表 1 参考测量条件

消解温度	消解时间	检测池光程	检测波长	
120～125℃	5 min	30 mm	第一路 220 nm	第二路 275 nm

8.2 工作曲线的绘制

8.2.1 校准系列的制备

准确移取 0 ml、0.50 ml、1.00 ml、2.00 ml、5.00 ml 和 10.0 ml 总氮标准使用液（4.12）于 50 ml 容量瓶中，用水稀释至标线，混匀。其对应总氮质量浓度分别为 0.00 mg/L、0.25 mg/L、0.50 mg/L、1.00 mg/L、2.50 mg/L、5.00 mg/L。

8.2.2 工作曲线的绘制

量取适量标准系列（8.2.1）置于进样器样品瓶，仪器按程序依次从低浓度到高浓度取样、测定。以测定吸光度为横坐标，对应的总氮质量浓度为纵坐标，建立工作曲线。

8.3 测定

按照与绘制工作曲线相同的条件，进行样品的测定。若样品中总氮含量超出工作曲线，应取适量试样稀释后上机测定。

8.4 空白试验

用实验用水代替试样，按照与样品测定（8.3）相同的条件进行空白样品的测定。

9 结果计算与表示

9.1 结果计算

样品中总氮的质量浓度（mg/L）按照式（1）进行计算。

$$\rho = (\rho_1 - \rho_0) \times F \tag{1}$$

式中：ρ——样品中总氮质量浓度，mg/L；

ρ_1——仪器测定样品计算出的总氮浓度，mg/L；

ρ_0——仪器测定空白计算出的总氮浓度，mg/L；

F——样品稀释倍数。

9.2 结果表示

测定结果小数点位数保留与方法检出限保持一致，最多保留 3 位有效数字。

10 精密度和准确度

10.1 精密度

6 家实验室对浓度为（0.805±0.060）mg/L、（2.18±0.14）mg/L 和 4.00 mg/L 的总氮标准样品进行 6 次重复测定，实验室内相对标准偏差范围分别为 0.93%～4.7%、0.52%～1.78%、0.49%～2.4%；实验室间相对标准偏差分别为 1.3%、0.52%、0.64%；重复性限分别为 0.05 mg/L、0.07 mg/L、0.13 mg/L，再现性限分别为 0.07 mg/L、0.10 mg/L、0.20 mg/L。

6 家实验室对地表水、地下水、生活污水、工业废水等 4 种不同来源的实际样品，进行 6 次重复测定，实验室内相对标准偏差范围分别为 0.42%～4.9%、2.6%～5.5%、0.56%～1.6%、1.0%～7.1%；实验室间相对标准偏差分别为 1.9%、1.1%、0.48%、2.0%；重复性限分别为 0.33 mg/L、0.06 mg/L、0.14 mg/L、0.98 mg/L；再现性限分别为 0.81 mg/L、0.13 mg/L、0.98 mg/L、1.82 mg/L。

10.2 准确度

6 家实验室分别对浓度为（0.805±0.060）mg/L、（2.18±0.14）mg/L 和 4.00 mg/L 的有证标准样品进行 6 次重复测定，实验室内相对误差范围分别为−6.2%～0.8%、−5.6%～−2.7%、−4.0%～0；相对误差最终值（$\overline{RE} \pm 2S_{\overline{RE}}$）分别为−1.4%±5.5%、−4.0%±2.7%、−1.2%±2.9%。

6 家实验室对地表水、地下水、生活污水、工业废水等 4 种不同来源的实际样品，进行加标分析测定，实验室内加标回收率范围分别为 100%～119%、80.0%～98.0%、84.0%～99.9%、90.8%～105%；加标回收最终值分别为 109%±13.3%、86.3%±14.2%、95.5%±11.9%、98.4%±11.0%。

11 质量保证和质量控制

11.1 校准有效性检查

各工作曲线应至少包括 6 个浓度点（含零浓度点），相关系数≥0.995。

每批次样品（≤20 个）需用一个工作曲线的中间浓度标准溶液进行标样校准。进行标样校准时，其测定结果与标准曲线该点浓度的相对误差应≤10%。否则需重新绘制标准曲线或重新调试仪器。

11.2 空白试验

每批样品至少测定 1 个空白样品，其测定结果应小于等于方法检出限。

11.3 精密度控制

每批样品至少测定 10%的平行双样，样品数量少于 10 个时，至少测定 1 个平行双样。

平行样测定结果相对偏差应≤10%。

11.4 准确度控制

每批样品（≤20 个）至少测定 1 个加标样品，加标回收率应为 80%～120%。也可采用有证标准样品对分析结果准确性进行质量控制，其测定结果应在其给出的不确定度范围内。

12 废物处理

现场实验中产生的废液应集中分类收集，统一保管，并做好相应标识，委托有资质的单位进行处理。

13 注意事项

13.1 现场测试环境应保证通风，在无氨环境下进行监测。

13.2 实验中所用的玻璃器皿应用盐酸溶液（4.8）浸泡，经自来水冲洗后再用超纯水冲洗数次。

水质　氰化物的测定　现场快速监测分光光度法（试行）

警告：实验中使用的硫酸具有强烈的腐蚀性，氰化物属于剧毒物质，试剂配制应在通风橱内进行；操作时应按要求佩戴防护器具，避免吸入呼吸道或接触皮肤和衣物，检测后的残渣残液应作妥善的安全处理。

1　适用范围

本方法规定了水中氰化物的现场快速分光光度法。

本方法中的氰化物，如无特殊说明，特指总氰化物。

本方法适用于地表水、地下水、生活污水和工业废水中氰化物的现场快速定量分析。

当取样体积为 5.0 ml 时，本方法测定氰化物的方法检出限为 0.002 mg/L，测定下限为 0.008 mg/L，测定上限为 0.2 mg/L。当样品浓度大于测定上限时，应适当减少取样体积或稀释水样。

2　规范性引用文件

本方法引用了下列文件或其中的条款。凡是不注日期的引用文件，其有效版本适用于本方法。

HJ 91.1　污水监测技术规范

HJ/T 91　地表水和污水监测技术规范

HJ/T 164　地下水环境监测技术规范

HJ 484　水质　氰化物的测定　容量法和分光光度法

HJ 493　水质　样品的保存和管理技术规定

HJ 589　突发环境事件应急监测技术规范

3　术语和定义

下列术语和定义适用于本标准。

3.1　总氰化物　total cyanide

在 pH<2 介质中，磷酸和 EDTA 存在下，加热蒸馏，形成氰化氢的氰化物，包括全部简单氰化物（多为碱金属和碱土金属的氰化物，铵的氰化物）和绝大部分络合氰化物（锌氰络合物、铁氰络合物、镍氰络合物、铜氰络合物等），不包括钴氰络合物。

4 方法原理

在酸性条件下，水样经加热蒸馏，释放出的氰化氢气体被碱性溶液吸收。试液中的氰离子与氯胺 T 反应生成氯化氰，然后与异烟酸反应水解生成戊烯二醛，再与巴比妥酸作用生成蓝紫色化合物，于波长 610 nm 处测量吸光度。在一定浓度范围内，试样中氰化物的浓度与其对应的吸光度呈线性关系。

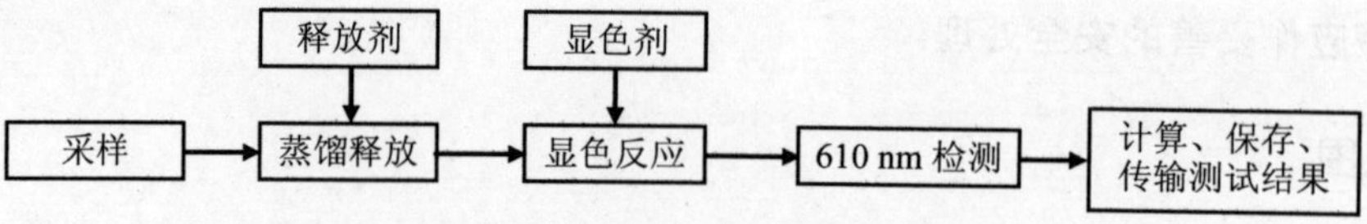

图 1 现场快速监测分光光度法测定氰化物参考工作流程

5 干扰和消除

当水样中硫化物、亚硝酸盐均不大于 2.0 mg/L 时，对测试无影响。

6 试剂和材料

除非另有说明，分析时均使用符合国家标准的分析纯试剂，实验用水为新制备的去离子水或同等纯度的水。

6.1 硫酸：ρ（H_2SO_4）=1.84 g/ml。

6.2 磷酸：ρ（H_3PO_4）=1.69 g/ml。

6.3 氯胺 T（$C_7H_7ClNNaO_2S$）。

6.4 无水磷酸二氢钾（KH_2PO_4）。

6.5 氢氧化钠（NaOH），优级纯。

6.6 EDTA 二钠（$C_{10}H_{14}N_2O_3Na_2 \cdot 2H_2O$）。

6.7 异烟酸（$C_6H_5NO_2$）。

6.8 巴比妥酸（$C_4H_4N_2O_3$）。

6.9 缓冲液

称取 68.0 g 无水磷酸二氢钾（6.4）于 400 ml 水中，搅拌溶解后，加入 5.0 ml 硫酸（6.1），加水至 500 ml，混匀，密闭贮存于聚乙烯瓶中，可保存 90 天。

6.10 释放剂

称取 12.5 g EDTA 二钠（6.6）于 250 ml 水中，搅拌溶解后，加入 250 ml 磷酸（6.2），密闭贮存于聚乙烯瓶中，可保存 90 天。

6.11 氧化剂

称取 1.0 g 氯胺 T（6.3）溶于适量水中，稀释定容至 100 ml，摇匀，贮于棕色瓶中，临用现配。

注：氯胺 T 也可用等效氯浓度的次氯酸钠溶液代替。

6.12 显色剂

称取 19 g 氢氧化钠（6.5）溶于适量水中，加入 12.5 g 巴比妥酸（6.8），完全溶解后加入 25 g 异烟酸（6.7），溶解后加水至 500 ml，避光贮存于聚乙烯中，4～10℃可保存 60 天。

6.13 氢氧化钠溶液：ρ（NaOH）=1 g/L

称取 1 g 氢氧化钠（6.5）溶于适量水中，用水稀释至 1 000 ml，混匀。

6.14 氰化物标准贮备液：ρ（CN^-）=1 000 mg/L

建议购买有证标准物质。

6.15 氰化物标准中间液：ρ（CN^-）=10.0 mg/L

准确移取 5.00 ml 氰化物标准贮备液（6.14）于 500 ml 棕色容量瓶中，用氢氧化钠溶液（6.13）稀释至标线，摇匀，避光，临用现配。

6.16 氰化物标准使用液：ρ（CN^-）=1.00 mg/L

准确移取 10.00 ml 氰化物标准中间液（6.15）于 100 ml 棕色容量瓶中，用氢氧化钠溶液（6.13）稀释至标线，摇匀，避光，临用现配。

7 仪器和设备

7.1 氰化物现场快速监测仪。包括计量进样单元、预蒸馏单元、检测单元、流路控制模块、数据处理系统等。

7.2 一般实验室常用仪器和设备。

8 样品

按照 HJ 91.1、HJ/T 91 和 HJ/T 164 的相关规定采集与保存样品。样品应采集在密闭的塑料样品瓶中，并立即加入氢氧化钠（6.5）固定，一般每升水样加 0.5 g 固体氢氧化钠。当水样酸度高时，应多加固体氢氧化钠，使样品的 pH＞12。采集的样品尽快测定，否则，应将样品贮存于 4℃以下，并在采样后 24 h 内进行测定。

9 分析步骤

9.1 仪器参考测量条件

预蒸馏加热温度：95℃；吹脱时间：10 min；载气（空气即可）流速：（20±10）ml/min；

显色温度：45℃；显色时间：5 min。

检测波长：610 nm。

检测池光程：30 mm。

9.2 仪器调试

按仪器说明书安装分析系统，设定工作参数，操作仪器。将仪器各管路用蒸馏水清洗好外壁并用洁净滤纸擦干。按照仪器流路标识，将各管路依次插入对应试剂、废液，连接好纯净水。开启仪器。

9.3 工作曲线的建立

分别移取适量氰化物标准使用液（6.16）于一组 100 ml 容量瓶中，用氢氧化钠溶液（6.13）定容至标线并混匀，配制 6 个浓度点的标准系列，氰化物质量浓度（以 CN^-计）依次为 0 mg/L、0.020 mg/L、0.050 mg/L、0.100 mg/L、0.150 mg/L、0.200 mg/L。量取适量标准系列溶液，分别置于样品管中，按设定的仪器条件（9.1），从低浓度至高浓度依次进行测定，得到不同浓度氰化物的吸光度。以氰化物的质量浓度（mg/L）为横坐标，以对应的吸光度为纵坐标，建立工作曲线。

9.4 样品测定

按照与工作曲线的建立（9.3）相同的仪器条件进行样品的测定。

9.5 空白试验

按照与样品测定（9.4）相同的步骤，以纯水代替水样进行空白试验。

10 结果计算与表示

10.1 结果计算

样品中氰化物的质量浓度（mg/L）按照式（1）进行计算。

$$\rho = (\rho_1 - \rho_0) \times F \tag{1}$$

式中：ρ——样品中氰化物质量浓度，mg/L；

ρ_1——仪器测定样品计算出的氰化物浓度，mg/L；

ρ_0——仪器测定空白计算出的氰化物浓度，mg/L；

F——样品稀释倍数。

10.2 结果表示

分析结果有效数字所能达到的小数点后位数，与方法检出限保持一致，有效位数不超过 3 位。

11 精密度和准确度

11.1 精密度

六家实验室对氰化物浓度为 0.020 mg/L、0.100 mg/L 和（0.164±0.014）mg/L 的标准样品进行了 6 次重复测定：实验室内相对标准偏差范围分别为 2.4%～6.7%、0.56%～7.2%和 0.67%～3.0%；实验室间相对标准偏差分别为 6.1%、2.9%和 1.8%；重复性限分别为

0.003 mg/L、0.009 mg/L 和 0.009 mg/L；再现性限分别为 0.004 mg/L、0.011 mg/L 和 0.012 mg/L。

六家实验室分别对地表水、地下水、生活污水和工业废水等 4 种不同来源的实际样品进行 6 次重复测定：实验室内相对标准偏差分别为 3.6%～11%、1.2%～8.6%、1.7%～6.0%和 0.77%～2.7%；实验室间相对标准偏差分别为 1.7%、2.5%、4.1%和 5.2%；重复性限分别为 0.004 mg/L、0.004 mg/L、0.002 mg/L 和 0.003 mg/L；再现性限分别为 0.004 mg/L、0.004 mg/L、0.003 mg/L 和 0.010 mg/L。

11.2　准确度

六家实验室对氰化物浓度为 0.020 mg/L、0.100 mg/L 和（0.164±0.014）mg/L 标准样品进行了 6 次重复测定：相对误差分别为−8.9%～6.9%、−2.5%～5.4%和−7.1%～−2.8%；相对误差最终值分别为−4.5%±12.0%、0.8%±5.7%和−5.0%±3.4%。

六家实验室分别对地表水、地下水、生活污水和工业废水等 4 种不同来源的实际样品，进行了加标分析测定，加标浓度分别为 0.020 mg/L、0.020 mg/L、0.020 mg/L 和 0.040 mg/L：加标回收率分别为 91.8%～95.8%、94.3%～99.2%、101.0%～112.0%和 94.0%～114.0%；加标回收率的最终值为 94.0%±3.0%、96.8%±4.1%、105%±9.3%和 104%±13.4%。

12　质量保证和质量控制

12.1　每批至少测定 1 个实验室空白，测定值不应高于检出限。

12.2　工作曲线至少包括 6 个浓度点（含零浓度点），相关系数应≥0.995。

12.3　每批次样品（≤20 个）应分析一个工作曲线的中间浓度点标准溶液，其测定结果与该点浓度的相对误差应在±10%以内。否则，应进行校准或建立新的工作曲线。

12.4　每批次样品（≤20 个）应至少测定一个平行样，测定结果相对偏差应≤20%。

12.5　每批次样品（≤20 个）应至少测定一个基体加标样品，加标回收率应为 80%～120%，也可采用有证标准样品控制测量的准确性。

13　废物处理

实验中产生的废液应集中收集，并做好相应标识，委托有资质的单位进行处理。

14　注意事项

14.1　现场分析环境应保证通风，在不影响测定结果的条件下进行监测。

14.2　为防止通过采样工具污染，采样工具在使用前要用实验用水充分洗净。在采集其他样品时，要注意更换采样工具和清洗采样工具，以防止交叉污染。

水质 硫化物的测定 现场快速监测分光光度法（试行）

1 适用范围

本方法规定了测定水中硫化物的现场快速分光光度法。

本方法适用于地表水、地下水、生活污水和工业废水中硫化物的现场快速定量分析。

当取样体积 10.0 ml 时，检出限为 0.025 mg/L，测定下限为 0.10 mg/L，测定上限为 1.0 mg/L。当样品浓度大于测定上限时，应适当减少取样体积或稀释水样。

2 规范性引用文件

本方法引用了下列文件或其中的条款。凡是不注日期的引用文件，其有效版本适用于本方法。

GB/T 17133 水质 硫化物的测定 直接显色分光光度法

HJ/T 91 地表水和污水监测技术规范

HJ 91.1 污水监测技术规范

HJ/T 164 地下水环境监测技术规范

HJ 589 突发环境事件应急监测技术规范

HJ 824 水质 硫化物的测定 流动注射-亚甲基蓝分光光度法

3 方法原理

仪器将试样和试剂按比例通过顺序注射自动载入前处理装置中，水样中的硫化物在酸化条件下以硫化氢形式通过加热吹气的方式自动快速吹脱至显色剂中，硫离子与其反应生成黄色络合物，在 410 nm 波长处测量吸光度。在一定浓度范围内，试样待测物浓度与吸光度呈线性关系。

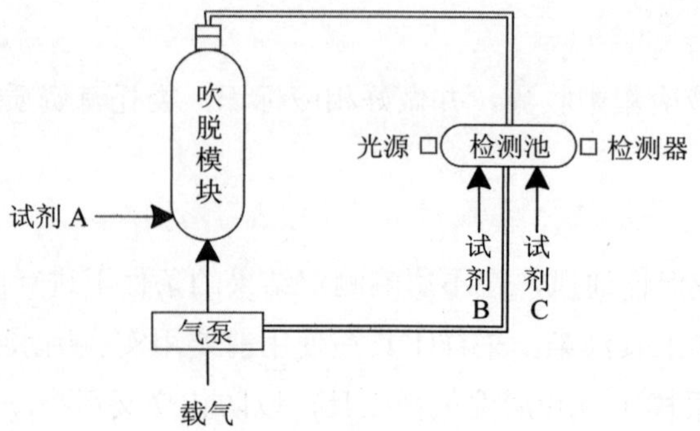

试剂 A—释放剂（5.7）；试剂 B—显色剂（5.8）；试剂 C—清洗液（5.6）

图 3.1 方法原理示意

4　干扰和消除

本方法采用加热吹脱自动前处理方式，水样中浊度、色度对测定不会产生干扰。

亚硫酸根离子、硫代硫酸根离子、亚硝酸根离子、氰离子及汞离子分别不大于 100 mg/L、250 mg/L、100 mg/L、10 mg/L 及 5 mg/L，对测试无影响。

5　试剂和材料

除非另有说明，分析时均应使用符合国家标准的分析纯试剂。实验用水为新鲜制备的超纯水。载气为空气或其他不干扰测定的气体。

5.1　硝酸：ρ（HNO_3）=1.42 g/ml，优级纯。

5.2　磷酸：ρ（H_3PO_4）=1.69 g/ml，优级纯。

5.3　丙三醇，分析纯。

5.4　乙酸银，分析纯。

5.5　氢氧化钠（NaOH），优级纯。

5.6　清洗液

于 500 ml 烧杯中加入 350 ml 水，后加入 150 ml 浓硝酸（5.1），混匀，密闭储存于玻璃瓶中。

5.7　释放剂

于 500 ml 烧杯中加入 250 ml 水，后加入 250 ml 浓磷酸（5.2），混匀，密闭储存于玻璃瓶中。

5.8　显色剂

称取 0.240 0 g 乙酸银（5.4）于 1 000 ml 烧杯中，用 1.0 ml 浓硝酸（5.1）溶解，溶解后加入 570 ml 水，再用移液管精确取 32.0 ml 稳定剂［稳定剂：往 3 L 水中加入 50 g 氢氧化钠（5.5）混匀即可］，再加入 400 ml 丙三醇（5.3），搅拌混匀，如仍有颗粒物，可用滤纸过滤或沉降取上清液使用，密闭储存于棕色玻璃瓶中。

5.9　硫化物标准贮备液（ρ=100 mg/L）

购买市售有证的标准物质。

5.10　硫化物标准使用液（ρ=10.0 mg/L）

量取 10.00 ml 硫化物标准贮备液（5.9）至 100 ml 容量瓶中，用水稀释至标线，混匀，临用现配。

6　仪器和设备

6.1　硫化物现场快速监测仪：进样管路、计量进样单元、加热吹扫单元（加热单元、吹气装置）、检测单元（光源、检测器、光程 30 mm 检测池）、流路控制单元、数据处理、显示及存储单元等。

6.2 天平：感量为 0.000 1 g。

6.3 一般实验室常用仪器和设备。

7 样品

7.1 样品的采集和保存

样品使用棕色具塞磨口玻璃采样瓶，按照 HJ 493、GB/T 14581、HJ/T 91、HJ/T 91.1 和 HJ/T 164 的相关规定进行样品的采集。

采样时，在现场及时固定，并防止曝气。采样前，先向采样瓶中加入固定液，再加水样近满瓶，然后加氢氧化钠调至弱碱性，最后加抗氧化剂，盖盖后不留液上空间。5℃以下避光冷藏，固定后样品于 24 h 内测定。

7.2 样品的准备

当样品含有固体或悬浮物时，应采用 63 μm 滤网/滤膜过滤。

根据仪器测量范围 0.10～1.0 mg/L，如超出范围可进行稀释。

8 分析步骤

8.1 仪器参考条件

8.1.1 加热吹脱

加热温度：60℃；吹脱时间：5 min。

8.1.2 载气流量

载气流量：（200±20）ml/min。

8.1.3 检测波长

λ=410 nm。

8.1.4 检测池光程

30 mm。

8.2 校准

8.2.1 仪器预备及开启

将仪器各管路用蒸馏水清洗好外壁并用洁净滤纸擦干。按照仪器流路标识，将各管路依次插入对应试剂、废液，连接好纯净水。开启仪器，仪器将会自动进入自检程序，必要时会进行初始化以保证仪器正常待机。

8.2.2 工作曲线的建立

准确移取 0 ml、1.00 ml、2.00 ml、3.00 ml、4.00 ml 和 5.00 ml 硫化物标准使用液（5.10）于 50 ml 容量瓶中，用水稀释至标线，混匀。其对应硫化物质量浓度分别为 0.00 mg/L、0.20 mg/L、0.40 mg/L、0.60 mg/L、0.80 mg/L、1.00 mg/L。量取适量上述标准系列，置于

样品瓶中，仪器依次从低浓度到高浓度取样、测定。以测定吸光度为横坐标，对应的硫化物质量浓度（以 S^{2-}计，mg/L）为纵坐标，建立工作曲线。

8.3 样品的测定

按照与绘制工作曲线相同的条件，进行样品的测定。若样品中硫化物含量超出工作曲线，应取适量试样稀释后上机测定。

8.4 空白试验

用实验用水代替样品，按照与样品的测定（8.3）相同的仪器条件进行空白样品的测定。

9 结果计算与表示

9.1 结果计算

样品中硫化物的质量浓度（mg/L）按照式（1）进行计算。

$$\rho=(\rho_1-\rho_0)\times F \tag{1}$$

式中：ρ——样品中硫化物质量浓度，mg/L；

ρ_1——仪器测定样品计算出的硫化物浓度，mg/L；

ρ_0——仪器测定空白计算出的硫化物浓度，mg/L；

F——样品稀释倍数。

9.2 结果表示

测定结果小数点后位数与检出限一致，最多保留三位有效数字。

10 精密度和准确度

10.1 精密度

6 家实验室对硫化物有证标准溶液三种不同浓度（0.100 mg/L、0.500 mg/L、0.800 mg/L）的统一样品进行了 6 次重复测定：实验室内相对标准偏差分别为 2.2%～7.3%、0.9%～2.6% 和 0.8%～2.4%；实验室间相对标准偏差分别为 7.2%、4.4%和 2.1%；重复性限分别为 0.013 mg/L、0.029 mg/L 和 0.037 mg/L；再现性限分别为 0.023 mg/L、0.067 mg/L 和 0.060 mg/L。

6 家实验室对硫化物加标浓度为 0.100 mg/L 四种不同水样（地表水样品、生活污水样品、工业废水样品、地下水样品）进行了 6 次重复测定：实验室内相对标准偏差分别为 2.0%～9.0%、3.3%～9.7%、3.4%～11%和 2.9%～6.2%；实验室间相对标准偏差分别为 7.1%、8.6%、9.4%和 12.0%；重复性限分别为 0.016 mg/L、0.019 mg/L、0.020 mg/L 和 0.016 mg/L；再现性限分别为 0.026 mg/L、0.031 mg/L、0.032 mg/L 和 0.040 mg/L。

10.2 准确度

6 家实验室分别对硫化物浓度为 0.100 mg/L、0.500 mg/L、0.800 mg/L 的有证标准物质进行 6 次重复测定：相对误差分别为-9.3%～4.4%、-4.1%～7.5%和 0.8%～8.1%；相对误差最终值分别为-2.92%±11.4%、0.77%±8.6%和-4.58%±6.2%。

6 家实验室对地表水、生活污水、工业废水、地下水等 4 种不同来源的实际样品，进行加标分析测定，实验室内加标回收率范围分别为 97.0%～111.7%、92.8%～114.7%、95.0%～111.0%和 87.2%～127.0%；加标回收最终值分别为 102.9%±14.2%、101.9%±19.4%、98.0%±14.4%、106.1%±29.8%。

11 质量保证和质量控制

11.1 每批次（≤20 个）应分析一个平行样，水样测定结果等于或低于测定下限（0.10 mg/L）时，绝对偏差应小于测定下限，测定结果大于测定下限时，相对偏差应在±15%以内。

11.2 各工作曲线应至少包括 6 个浓度点（含零浓度点），相关系数≥0.995。

11.3 每批次（≤20 个）需用一个工作曲线的中间浓度校准溶液进行校准核查，相对误差应在±15%以内，否则应进行校准或重新建立工作曲线。

11.4 每批样品（≤20 个）至少测定一个加标样品，加标回收率应为 80%～120%。也可采用有证标准样品对分析结果准确性进行质量控制，其测定值应在保证值范围内或达到规定的质量控制要求，确保样品测定结果的准确性。

12 废物处理

现场实验中产生的废液和废物应集中收集，带回实验室，委托有资质的单位进行处理。

13 注意事项

13.1 现场分析环境应保证通风。

13.2 为防止通过采样工具污染，采样工具在使用前要用实验用水充分洗净。在采集其他样品时，要注意更换采样工具和清洗采样工具，以防止交叉污染。

水质 挥发酚的测定 现场快速监测分光光度法（试行）

1 适用范围

本方法规定了测定水中挥发酚的现场快速分光光度法。

本方法适用于地表水、地下水、生活污水和工业废水中挥发酚的现场快速定量分析。

当检测光程为 10 mm，检出限为 0.002 mg/L，测定下限为 0.008 mg/L，测定上限为 0.1 mg/L。当样品浓度大于测定上限时，应适当减少取样体积或稀释水样。

2 规范性引用文件

本方法引用了下列文件或其中的条款。凡是不注日期的引用文件，其有效版本适用于本方法。

HJ/T 91 地表水和污水监测技术规范

HJ/T 91.1 污水监测技术规范

HJ/T 164 地下水环境监测技术规范

HJ/T 168 环境监测 分析方法标准制修订技术导则

HJ 503 水质 挥发酚的测定 4-氨基比林分光光度法

HJ 589 突发环境事件应急监测技术规范

HJ 825 水质 挥发酚的测定 流动注射-4-氨基安替比林分光光度法

3 方法原理

仪器将试样和试剂按比例通过顺序注射自动载入前处理装置中，在 102℃±4℃酸性条件下收集酚类化合物的蒸馏液 15 ml。被蒸馏出的酚类化合物，于 pH 为 10.0±0.2 介质中，在铁氰化钾存在下，与 4-氨基安替比林反应生成橙红色的安替比林染料，用三氯甲烷萃取后，在 460 nm 波长下测定吸光度。试样待测物浓度与吸光度呈线性关系，仪器根据工作曲线计算挥发酚测试结果。具体工作流程见图 1。

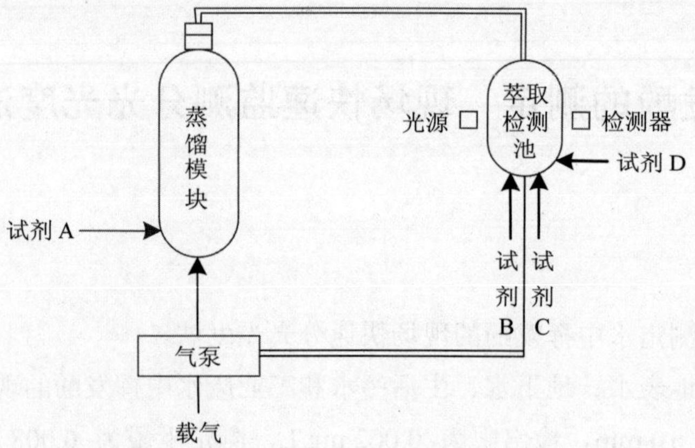

试剂 A—释放剂（5.10）；试剂 B—缓冲液（5.11）；试剂 C—萃取剂（5.12）；试剂 D—显色剂（5.9）

图 1 现场快速监测分光光度法测定挥发酚参考工作流程

4 干扰与消除

本方法采用预蒸馏自动前处理方式，水样中浊度、色度对检测不会产生干扰。

氧化剂、油类、硫化物、有机或无机还原性物质和苯胺类干扰酚的测定。但硫化物、亚硝酸盐、苯胺类及氧化剂（如次氯酸盐）分别不大于 20.0 mg/L、10.0 mg/L、0.100 mg/L 及 0.400 mg/L 时，对测试无影响。

4.1 氧化剂（如游离氯）的消除

样品滴于淀粉-碘化钾试纸（5.4）上出现蓝色，说明存在氧化剂，可加入过量的硫酸亚铁（5.5）去除。

4.2 硫化物的消除

当样品中有黑色沉淀时，可取一滴样品放在乙酸铅试纸（5.6）上，若试纸变黑色，说明有硫化物存在。此时样品继续加磷酸酸化，置通风橱内进行搅拌曝气，直至生成的硫化氢完全逸出。

4.3 甲醛、亚硫酸盐等有机或无机还原性物质的消除

可分取适量样品于分液漏斗中，加硫酸溶液（5.7）使呈酸性，分次加入 50 ml、30 ml、30 ml 乙醚（5.8）以萃取酚，合并乙醚层于另一分液漏斗，分次加入 4 ml、3 ml、3 ml 氢氧化钠溶液（5.3）进行反萃取，使酚类转入氢氧化钠溶液中。合并碱萃取液，移入烧杯中，置水浴上加温，以除去残余乙醚，然后用纯水（5.1）将碱萃取液稀释到原分取样品的体积。同时应以纯水（5.1）做空白试验。

4.4 油类的消除

样品静置分离出浮油后，按照 4.3 操作步骤进行。

4.5 苯胺类的消除

苯胺类可与 4-氨基安替比林发生显色反应而干扰酚的测定，一般在酸性（pH<0.5）条件下，可以通过预蒸馏分离。

5 试剂和材料

除非另有说明，分析时均应使用符合国家标准的分析纯试剂。实验用水为新鲜制备的超纯水；在制备时要注意环境通风。

5.1 纯水

新鲜制备的超纯水或蒸馏水。

5.2 磷酸溶液：1+9。

5.3 氢氧化钠：100 g/L。称取氢氧化钠 10 g 溶于水，稀释至 100 ml。

5.4 淀粉-碘化钾试纸：称取 1.5 g 可溶性淀粉，用少量水搅成糊状，加入 200 ml 沸水，混匀，放冷，加 0.5 g 碘化钾和 0.5 g 碳酸钠，用水稀释至 250 ml，将滤纸条浸渍后，取出晾干，盛于棕色瓶中，密塞保存。

5.5 硫酸亚铁（$FeSO_4 \cdot 7H_2O$）

5.6 乙酸铅试纸：称取乙酸铅 5 g，溶于水中，并稀释至 100 ml。将滤纸条浸入上述溶液中，1 h 后取出晾干，盛于广口瓶中，密塞保存。

5.7 硫酸溶液：1+4。

5.8 乙醚（$C_4H_{10}O$）。

5.9 显色剂

称取 1.5 g 4-氨基安替比林溶于 500 ml 水中，密闭储存于黑色塑料瓶中。若固体试剂已潮解、氧化，在配置过程中溶液会出现明显黄色，应参照《水质 挥发酚的测定 4-氨基比林分光光度法》（HJ 503—2009）附录 B 对显色剂进行提纯处理。

5.10 释放剂

用量筒量取 800 ml 蒸馏水于 1 L 烧杯中，缓慢加入 100 ml 磷酸，搅拌冷却后，密闭储存于塑料瓶中。

5.11 缓冲液

称取 43 g 氯化钾溶于 800 ml 蒸馏水中，然后加入 34.4 g 铁氰化钾，再加入 12.2 g 氢氧化钾及 12.9 g 硼酸，搅拌溶解后加去离子水至 1 L，摇匀，密闭储存于塑料瓶中。

5.12 萃取剂

三氯甲烷（$CHCl_3$），密闭储存于棕色玻璃瓶中。

5.13 清洗液

无水乙醇，密闭储存于塑料瓶中。

5.14　0.1%氢氧化钠溶液

称取 1.0 g 氢氧化钠，溶于 1 L 水中。

5.15　挥发酚贮备液（1 000 mg/L）

称取 1.00 g 精制苯酚（方法见 HJ 503—2009），用 0.1%的氢氧化钠溶液（5.14）定容于 1 000 ml 容量瓶中。按照 HJ 503—2009 附录 A 方法标定；也可购买国家有证标准物质，用 0.1%的氢氧化钠溶液（5.14）稀释定容。置冰箱内冷藏，可稳定保存 1 个月。

5.16　酚标准中间液：ρ=10.0 mg/L

量取 1.00 ml 挥发酚贮备液（5.15）用 0.1%的氢氧化钠溶液（5.14）稀释至 100 ml 容量瓶中，使用时当天配制。

5.17　酚标准使用液：ρ=1.00 mg/L

量取 10.00 ml 酚标准中间溶液（5.16）于 100 ml 容量瓶中，用 0.1%的氢氧化钠溶液（5.14）稀释至标线。

5.18　63 μm 尼龙滤网/滤膜

6　仪器和设备

6.1　挥发酚现场快速监测仪：进样及计量单元、预蒸馏单元、检测单元、流路控制单元、数据处理及存储单元等。

6.2　电子天平：精度为 0.001 g。

6.3　一般实验室常用仪器和设备。

7　样品

7.1　样品采集

按 HJ 589 的相关规定进行现场快速监测，应用玻璃样品瓶采集水样，样品采集后如果不能直接上机分析，用磷酸调至 pH＜2，或用 0.01～0.02 g 抗坏血酸去除残余氯，用氢氧化钠固定，使样品 pH≥12，一般每升水样加入 0.5 g 固体氢氧化钠，当水样酸度较高时，适当增加固体氢氧化钠的加入量。样品在 4℃下避光保存，24 h 内进行测定。当样品含有固体或悬浮物时，测试前应采用 63 μm 尼龙滤网/滤膜过滤。

7.2　样品制备

根据所选仪器量程准备样品体积。

仪器测量范围 0.008～0.100 mg/L，如超出范围可人工进行稀释或仪器自动稀释。

8　分析步骤

8.1　测试参考条件

8.1.1　馏出液体积：15 ml。

8.1.2　显色剂浓度：0.3%。

8.1.3　萃取剂用量：0.5 ml。

8.1.4　检测波长：λ =460 nm。

8.1.5　检测池光程：10 mm。

8.2　校准

8.2.1　仪器预备及开启

按照仪器流路标识，将各管路依次插入对应试剂、废液，连接好纯净水。开启仪器，仪器将会自动进入自检程序，必要时进行初始化以保证仪器正常待机。

8.2.2　工作曲线的建立

准确移取 0 ml、0.50 ml、1.00 ml、2.50 ml、4.00 ml 和 5.00 ml 酚标准使用液（5.17）于 50 ml 容量瓶中，用水稀释至标线，混匀。其对应挥发酚质量浓度分别为 0.000 mg/L、0.010 mg/L、0.020 mg/L、0.050 mg/L、0.080 mg/L、0.100 mg/L。量取适量标准系列置于样品瓶，仪器按程序依次从低浓度到高浓度取样、测定。以测定吸光度为横坐标，对应的挥发酚质量浓度为纵坐标，建立工作曲线。

8.3　样品的测定

按照与绘制工作曲线相同的条件，进行样品的测定。若样品中挥发酚含量超出工作曲线，应取适量试样稀释后上机测定。

8.4　空白试验

用纯水（5.1）代替样品，按照与样品测定（8.3）相同的仪器条件进行空白样品的测定。

9　结果计算与表示

9.1　挥发酚浓度的结果计算

样品中挥发酚（以苯酚计）的质量浓度（mg/L）按照式（1）进行计算。

$$\rho = (\rho_1 - \rho_0) \times F \tag{1}$$

式中：ρ——样品中挥发酚质量浓度，mg/L；

ρ_1——仪器测定样品计算出的挥发酚浓度，mg/L；

ρ_0——仪器测定空白计算出的挥发酚浓度，mg/L；

F——样品稀释倍数。

9.2　结果表示

小数点位数与检出限保持一致，最多不超过小数点后 3 位。

10 精密度和准确度

10.1 精密度

6 家实验室对挥发酚有证标准物质/标准样品三种不同浓度 0.020 0 mg/L、（30.5±2.1）μg/L、（91.9±5.3）μg/L 的统一样品进行了 6 次重复测定，实验室内相对标准偏差分别为 2.6%～8.1%、2.1%～5.7%、1.1%～5.2%。实验室间相对标准偏差分别为 4.7%、3.8%、3.2%；重复性限为 0.003 mg/L、0.004 mg/L、0.009 mg/L。再现性限为 0.004 mg/L、0.005 mg/L、0.011 mg/L。

6 家实验室对地表水、地下水、生活污水、工业废水等 4 种不同来源的实际样品，进行加标分析测定，按全程序每种样品平行测定 6 次，实验室内相对标准偏差分别为 5.4%～11%、1.9%～7.5%、5.8%～9.4%、2.0%～6.4%。实验室间相对标准偏差分别为 7.5%、2.3%、4.8%、7.1%；重复性限为 0.002 mg/L、0.003 mg/L、0.002 mg/L、0.001 mg/L。再现性限为 0.003 mg/L、0.003 mg/L、0.003 mg/L、0.002 mg/L。

10.2 准确度

6 家实验室分别对挥发酚浓度为 0.020 0 mg/L、（0.030 5±0.002 1）mg/L、（0.091 9±0.005 3）mg/L 的有证标准物质/标准样品进行测定，相对误差分别为−6.0%～5.0%、−6.2%～3.0%、−5.1%～3.5%。相对误差最终值分别为（0.25±9.6）%、（−1.4±7.6）%、（−1.5±6.2）%。

6 家实验室分别对地表水、生活污水、工业废水、地下水统一样品进行了 6 次重复加标分析测定，加标量为 0.010 0 mg/L，加标回收率分别为 89.0%～111%、89.0%～107%、83.0%～98.0%、79.0%～100%。加标回收率最终值为（97.2±16.3）%、（98.2±13.0）%、（90.2±10.2）%、（88.2±15.3）%。

11 质量保证和质量控制

11.1 每批次（≤20 个）应分析一个空白样，空白样测定结果应低于检出限。

11.2 每批次（≤20 个）应分析一个平行样，水样测定结果等于或低于测定下限（0.008 mg/L）时，相对偏差应在±20%以内，测定结果大于测定下限时，相对偏差应在±10%以内。

11.3 各工作曲线应至少包括 6 个浓度点（含零浓度点），相关系数≥0.995。

11.4 每批次（≤20 个）需用一个工作曲线的中间浓度校准溶液进行校准核查，相对误差应在±10%以内，否则应进行校准或重新绘制工作曲线。

11.5 每批样品至少分析一个有证标准物质，有证标准物质测定结果应在其给出的不确定范围内。

12 废物处理

现场实验中产生的三氯甲烷废液和普通废液应分开收集，带回实验室，委托有资质的单位进行处理。

13 注意事项

实验中使用的标准物质为易挥发的有毒化合物，配制过程应在通风良好的情况下进行；操作时应按要求佩戴防护器具，避免接触皮肤和衣物。

水质　铁的测定　现场快速监测分光光度法（试行）

警告：实验中使用的盐酸具有强烈的腐蚀性，试剂配制应在通风橱内进行；操作时应按要求佩戴防护器具，避免吸入呼吸道或接触皮肤和衣物。

1　适用范围

本方法规定了测定水中铁的现场快速分光光度法。

本方法适用于地表水、地下水、生活污水和工业废水中铁的现场快速定量分析。

当取样体积为 10.0 ml 时，本标准测定的铁的方法检出限为 0.02 mg/L，测定下限为 0.08 mg/L，测定上限为 2.0 mg/L。当样品浓度大于测定上限时，应适当减少取样体积或稀释水样。

2　规范性引用文件

本方法引用了下列文件或其中的条款。凡是不注日期的引用文件，其有效版本适用于本方法。

HJ/T 91　地表水和污水监测技术规范

HJ 91.1　污水监测技术规范

HJ/T 164　地下水环境监测技术规范

HJ 589　突发环境事件应急监测技术规范

3　方法原理

将试样和试剂按比例顺序载入密闭消解模块中，在高温酸性条件下，试样中的三价铁被盐酸羟胺还原为亚铁离子。在 pH 为 3～9 条件下，亚铁离子与邻菲啰啉生成稳定的橙红色络合物，进入检测池，于波长 510 nm 处测量吸光度。在一定浓度范围内，试样中铁的浓度与其对应的吸光度呈线性关系。

4　干扰和消除

4.1　氰化物、亚硝酸盐会干扰测定，经过加酸煮沸可除去氰化物及亚硝酸盐，小于 0.5 mg/L 的氰化物及小于 1.0 mg/L 的亚硝酸盐对铁不会产生干扰。

4.2　邻菲啰啉能与某些金属离子形成有色络合物而干扰测定。但在乙酸-乙酸钠的缓冲溶液中，不大于铁浓度 10 倍的铜、锌、钴、铬，小于 1 mg/L 的镉及小于 2 mg/L 的镍，不干扰测定，当浓度再高时，可加入过量显色剂予以消除。

5 试剂和材料

除非另有说明，分析时均使用符合国家标准的分析纯试剂，实验用水为新制备的去离子水或同等纯度的水。

5.1 盐酸：ρ（HCl）=1.18 g/ml。

5.2 硝酸：ρ（HNO_3）=1.42 g/ml。

5.3 冰乙酸（CH_3COOH）。

5.4 无水乙酸钠（CH_3COONa）。

5.5 氢氧化钠（NaOH）。

5.6 邻菲啰啉（1,10-phenanthroline）。

5.7 盐酸羟胺（$NH_2OH\cdot HCl$）。

5.8 金属铁（Fe）：$w\geqslant 99.99\%$，光谱纯。

5.9 盐酸溶液：1+1。

5.10 缓冲液

称取 60 g 无水乙酸钠（5.4）加入 50 ml 冰乙酸（5.3），用玻璃棒搅拌成糊状，加入 100 ml 水使其完全溶解，冷却至室温。

称取 120 g 氢氧化钠（5.5）溶于 900 ml 水中，冷却后与上述乙酸-乙酸钠溶液混合，贮存于聚乙烯瓶中。

5.11 消解液

取 100 ml 盐酸（5.1）加入 570 ml 水中，混匀，低温贮存于玻璃瓶中。

5.12 显色剂

称取 2.5 g 邻菲啰啉（5.6）加入 500 ml 水，加几滴浓盐酸（5.1）搅拌至完全溶解，低温贮存于棕色玻璃瓶中。

5.13 还原剂

称取 50 g 盐酸羟胺（5.7）溶于 500 ml 水中，贮存于聚乙烯瓶中。

5.14 铁标准贮备液：ρ（Fe）=1 000 mg/L

准确称取 1.0 g（精确到 0.000 1 g）金属铁（5.8），用 150 ml 盐酸溶液（5.9）溶解，冷却后定容至 1 000 ml，贮存于聚乙烯瓶中。或使用市售有证铁标准溶液。

5.15 铁标准使用液：ρ（Fe）=100 mg/L

准确移取 10.00 ml 铁标准贮备液（5.14），用水稀释定容至 100 ml，贮存于聚乙烯瓶中。

5.16 水系微孔滤膜：孔径 0.45 μm 的醋酸纤维或聚氯乙烯滤膜。

6 仪器和设备

6.1 铁现场快速监测仪。包括计量进样单元、检测单元、流路控制模块、数据处理系统等。

6.2 微孔滤膜过滤器：装有 0.45 μm 水系微孔滤膜（5.16）。

6.3 一般实验室常用仪器和设备。

7 样品

按照 HJ 589 的相关规定进行现场快速监测，测定可溶性铁时，样品采集后立即用 0.45 μm 水系微孔滤膜（5.16）过滤进样分析，测定总铁时直接进样分析。

若无法立即分析，按照 HJ 91.1、HJ/T 91 和 HJ/T 164 的相关规定采集与保存样品。若测定可溶性铁，样品采集后立即用 0.45 μm 水系微孔滤膜（5.16）过滤，弃去初始的 50 ml 滤液，收集所需体积的滤液于采样瓶中，加入适量硝酸（5.2）至 pH＜2。如测定总铁，样品采集后立即加入适量硝酸（5.2）至 pH＜2。样品采集在聚乙烯或玻璃瓶内，酸化样品 5 ℃以下冷藏可保存 7 d。

8 分析步骤

8.1 仪器参考测量条件

消解加热温度：125℃；加热时间：5 min。

显色温度：40℃；显色时间：5 min。

检测波长：510 nm。

检测池光程：30 mm。

8.2 仪器调试

按仪器说明书安装分析系统，设定工作参数，操作仪器。将仪器各管路用蒸馏水清洗好外壁并用洁净滤纸擦干。按照仪器流路标识，将各管路依次插入对应试剂、废液，连接好纯净水。开启仪器。

8.3 工作曲线的建立

分别移取适量铁标准使用液（5.15）至一组 100 ml 容量瓶中，用水定容至标线并摇匀，配制 6 个浓度点（含零浓度点）的标准系列。量取适量标准系列溶液，分别置于样品管中，按设定的仪器条件（8.1），从低浓度至高浓度依次进行测定，得到不同浓度铁的吸光度。以铁的质量浓度（mg/L）为横坐标，以对应的吸光度为纵坐标，建立工作曲线。

8.4 样品测定

按照与工作曲线的建立（8.3）相同的仪器条件进行样品的测定。

8.5 空白试验

按照与样品测定（8.4）相同的步骤，以纯水代替水样进行空白试验。

9 结果计算与表示

9.1 结果计算

样品中铁的质量浓度（mg/L）按照式（1）进行计算。

$$\rho = (\rho_1 - \rho_0) \times F \tag{1}$$

式中：ρ——样品中铁质量浓度，mg/L；

ρ_1——仪器测定样品计算出的铁浓度，mg/L；

ρ_0——仪器测定空白计算出的铁浓度，mg/L；

F——样品稀释倍数。

9.2 结果表示

分析结果有效数字所能达到的小数点后位数，与方法检出限保持一致，有效位数不超过 3 位。

10 精密度和准确度

10.1 精密度

六家实验室对含铁浓度为 0.40 mg/L、（1.19±0.05）mg/L 和 1.60 mg/L 的标准样品进行了 6 次重复测定：实验室内相对标准偏差分别为 0.25%～2.2%、0.32%～1.4%和 0.20%～0.94%；实验室间相对标准偏差分别为 3.9%、1.2%和 0.34%；重复性限为 0.015 mg/L、0.029 mg/L 和 0.025 mg/L；再现性限为 0.046 mg/L、0.049 mg/L 和 0.027 mg/L。

六家实验室分别对地表水、地下水、生活污水和工业废水等 4 种不同来源的实际样品进行了 6 次重复测定：实验室内相对标准偏差分别为 1.1%～2.8%、1.2%～6.7%、3.6%～9.3%和 1.4%～5.9%；实验室间相对标准偏差分别为 3.6%、7.2%、14%和 11%；重复性限为 0.043 mg/L、0.070 mg/L、0.035 mg/L 和 0.019 mg/L；再现性限为 0.085 mg/L、0.149 mg/L、0.079 mg/L 和 0.057 mg/L。

10.2 准确度

六家实验室对含铁浓度为 0.40 mg/L、（1.19±0.05）mg/L 和 1.60 mg/L 的标准样品进行了 6 次重复测定：相对误差分别为−6.7%～4.4%、2.4%～5.3%和 0.1%～1.1%；相对误差最终值为 0.7%±7.8%、4.0%±2.5%和 0.5%±0.7%。

六家实验室分别对地表水、地下水、生活污水和工业废水等 4 种不同来源的实际样品进行了加标分析测定，加标浓度分别为 0.500 mg/L、0.500 mg/L、0.100 mg/L 和 0.100 mg/L；加标回收率分别为 97.5%～116%、86.3%～104%、89.7%～105%和 98.2%～120%；加标回收率最终值为 106%±12.1%、96.1%±17.5%、98.1%±13.5%和 107%±17.1%。

11 质量保证和质量控制

11.1 每批至少测定 1 个实验室空白，测定值不应高于检出限。

11.2 工作曲线至少包括 6 个浓度点（含零浓度点），相关系数应≥0.995。

11.3 每批次样品（≤20 个）应分析一个工作曲线的中间浓度点标准溶液，其测定结果与该点浓度的相对误差应在±10%以内。否则，应进行校准或建立新的工作曲线。

11.4 每批次样品（≤20 个）应至少测定一个平行样，水样测定结果等于或低于测定下限（0.08 mg/L）时，绝对偏差应小于测定下限，测定结果大于测定下限时，测定结果相对偏差应≤10%。

11.5 每批次样品（≤20 个）应至少分析一个有证标准样品或质控样品，其测定值应在保证值范围内或达到规定的质量控制要求。每批次样品（≤20 个）应至少测定一个基体加标样品，加标回收率应为 80%～120%，或使用有证标准溶液控制测量的准确性。

12 废物处理

实验中产生的废液应集中收集，并做好相应标识，委托有资质的单位进行处理。

13 注意事项

13.1 现场分析环境应保证通风。

13.2 为防止通过采样工具污染，采样工具在使用前要用实验用水充分洗净。在采集其他样品时，要注意更换采样工具和清洗采样工具，以防止交叉污染。

水质　镍的测定　现场监测分光光度法（试行）

1　适用范围

本方法规定了测定水中镍的现场快速分光光度法。

本方法适用于地表水、地下水、生活污水和工业废水中镍的现场快速定量分析。

当检测池光程为 30 mm，取样体积为 10.0 ml 时，检出限为 0.01 mg/L，测定下限为 0.04 mg/L，测定上限为 2.00 mg/L。当样品浓度大于测定上限时，应适当减少取样体积或稀释水样。

2　规范性引用文件

本方法引用了下列文件或其中的条款。凡是不注日期的引用文件，其有效版本适用于本方法。

GB/T 6682　分析实验室用水规格和试验方法

GB 11910　水质　镍的测定　丁二酮肟分光光度法

HJ/T 91　地表水和污水监测技术规范

HJ 91.1　污水监测技术规范

HJ/T 164　地下水环境监测技术规范

HJ 589　突发环境事件应急监测技术规范

3　方法原理

仪器将试样和试剂按比例通过顺序注射载入检测池中，经过高温消解后，在碱性条件中，碘存在下，镍与丁二酮肟作用，形成组成比为 1∶4 的酒红色可溶性络合物，在波长 525 nm 处有较大吸收，在此波长下测量吸光度 A，由吸光度 A 值查询标准工作曲线，计算出镍的浓度。

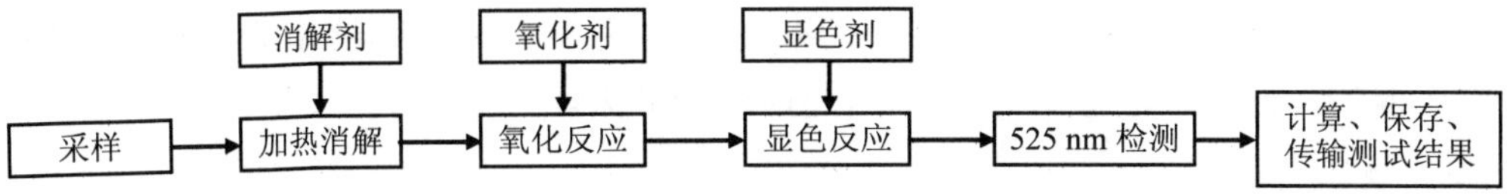

图 1　方法原理图

4 干扰和消除

本方法采用高温消解前处理方式，破坏水样中的有机物，使待测元素转换成易于分解的无机化合物。

样品中的锰离子、铁离子、铜离子、钴离子、铅离子、锌离子会形成络合物干扰测定，可加入乙二胺四乙酸二钠溶液（5.4），可消除 1.50 mg/L 锰、4.00 mg/L 铁、5.00 mg/L 铜、20.0 mg/L 钴、50.0 mg/L 铅、50.0 mg/L 锌对 1.00 mg/L 镍的干扰。

5 试剂和材料

分析时，标准溶液的配制应使用基准物质，氢氧化钠、硝酸应采用优级纯试剂，其余均使用符合国家标准的分析纯试剂。在制备时要注意环境的通风，全程不应有影响测定结果的污染。

5.1 氢氧化钠（NaOH）：优级纯。

5.2 硝酸：ρ（HNO_3）=1.40 g/ml，优级纯。

5.3 纯水：市售或纯水机制备，符合国家标准 GB/T 6682 中二级水要求。

5.4 掩蔽剂

往 500 ml 纯水中加入 25 g 乙二胺四乙酸二钠二水合物，搅拌使之溶解，密闭贮存于塑料瓶中，保存期限 90 天。

5.5 氧化剂

①称取 6.25 g 碘化钾于 50 ml 小烧杯中，加入约 10 ml 纯水，倒入 3.2 g 碘，用玻璃棒轻轻碾压颗粒物并搅拌，至颗粒物完全溶解；②500 ml 烧杯中加入约 300 ml 纯水和 100 g 柠檬酸三铵，搅拌溶解。再将上述碘-碘化钾溶液转入，搅拌混匀后加水至 500 ml 刻度，密闭贮存于棕色玻璃瓶中，保存期限 60 天。

5.6 显色剂

往 500 ml 烧杯中加入约 250 ml 纯水，加入 2.5 g 氢氧化钠和 1.25 g 丁二酮肟，搅拌使之完全溶解后，再加入 200 ml 无水乙醇，加水稀释至 500 ml 刻度，密闭贮存于塑料瓶中，保存期限 60 天。

5.7 消解液

用量筒准确量取 600 ml 纯水倒入 1 000 ml 烧杯中，量取 100 ml 硝酸（5.2）缓慢倒入烧杯中，混匀，密闭贮存于塑料瓶中，保存期限 90 天。

5.8 中和液

称取 112.5 g 氢氧化钠（5.1）溶于 400 ml 纯水中，使之完全溶解，冷却后，用容量瓶定容至 500 ml，贮存于塑料瓶中，保存期限 90 天。

5.9　镍标准贮备液（100 mg/L）

购买国家有证标准物质。

5.10　镍标准中间液（10 mg/L）

镍标准中间液通过纯水稀释镍标准贮备液（5.9）来配制。

5.11　镍标准使用液

各浓度标准使用液通过纯水稀释镍标准贮备液（5.10）来配制，每次稀释倍数不超过100倍。

6　仪器和设备

6.1　镍现场快速监测仪：具有进样、消解、检测、数据处理等功能。

6.2　一般实验室常用仪器和设备。

7　样品采集

按 HJ 589 的相关规定进行现场快速监测，测定可溶性镍时，水样尽快用 0.45 μm 滤膜过滤后进样分析，测定镍总量时消解后进样分析。

若无法立刻分析，按 HJ 91.1、HJ/T 91 及 HJ/T 164 的相关规定采集和保存样品。

需根据仪器准备足量样品用于润洗及分析。如超出范围可人工进行稀释或仪器自动稀释。

8　分析步骤

8.1　仪器参考条件

8.1.1　消解条件

消解温度：90℃；消解时间：5 min。对于有机物含量较高水样，消解温度可适当提高，消解时间可适当延长。

8.1.2　显色条件

显色温度：40℃；显色时间：5 min。

8.1.3　检测波长

λ =525 nm。

8.2　校准

8.2.1　仪器预备及开启

将仪器各管路用纯水清洗好，并用洁净滤纸擦干。按照仪器流路标识，将各管路依次插入对应试剂瓶、废液瓶。开启仪器，仪器将会自动进入自检程序，必要时会进行初始化以保证仪器正常待机。

8.2.2 校准曲线的建立

按照镍标准使用液（5.10）的配制方法，配制 6 个浓度点标准系列溶液，浓度依次为 0.00 mg/L、0.05 mg/L、0.20 mg/L、1.00 mg/L、1.60 mg/L、2.00 mg/L。将配制好的标准系列样品混匀，按照仪器参考条件（8.1），在仪器的校准工作曲线界面，输入标准系列浓度，并启动仪器完成测试，依次完成所有标准系列的测试。仪器自动生成校准工作曲线及相应的曲线方程和线性相关系数。

8.3 样品的测定

根据样品预估浓度，如需稀释应选择合适的稀释倍数，通过人工稀释或仪器自动稀释后给仪器进行测定，计算结果乘以稀释倍数或仪器自动计算测试结果。

8.4 空白试验和空白校准试验

用纯水（5.3）代替样品，按照与样品测定（8.3）相同的仪器条件进行空白样品的测定，当仪器更换试剂或者不符合 11 质量保证和质量控制要求时，需进行空白校准试验，降低仪器测试误差。

9 结果计算与表示

9.1 结果计算

样品中镍的质量浓度（mg/L）按照式（1）进行计算。

$$\rho=(\rho_1-\rho_0)\times F \tag{1}$$

式中：ρ——样品中镍质量浓度，mg/L；

ρ_1——仪器测定样品计算出的镍浓度，mg/L；

ρ_0——仪器测定空白计算出的镍浓度，mg/L；

F——样品稀释倍数。

9.2 结果表示

测定结果的小数点后位数的保留与方法检出限一致，最多保留三位有效数字。

10 精密度和准确度

10.1 精密度

6 家实验室对镍浓度为 0.627 mg/L、1.38 mg/L 和 1.80 mg/L 的统一样品（用镍有证标准物质/标准样品配制）进行了 6 次重复测定：实验室内相对标准偏差分别为 0.7%～2.3%、0.7%～3.6%和 0.2%～4.4%；实验室间相对标准偏差分别为 1.1%、1.2%和 4.2%；重复性限分别为 0.026 mg/L、0.090 mg/L 和 0.105 mg/L；再现性限分别为 0.031 mg/L、0.094 mg/L 和 0.235 mg/L。

10.2 准确度

6 家实验室分别对三种不同浓度的镍有证标准物质/标准样品进行测定：相对误差分别为−4.0%～−0.8%、−3.6%～−0.6%、−6.4%～4.7%；相对误差最终值为（−2.3±2.2）%、（−1.8±2.4）%、（1.4±8.4）%。

6 家实验室分别对 4 种不同类型的实际样品（工业废水、生活污水、地表水、地下水）进行加标分析测定，加标回收率分别为 92.4%～107.5%、95.2%～101.2%、94.2%～103.8%、92.%～104.6%；加标回收率最终值为 101.3±11.0%、97.3±4.2%、97.5±7.4%、100.0±4.6%。

11 质量保证和质量控制

11.1 空白试验

每批次应至少分析一个空白样，空白样测定结果应低于检出限。

11.2 校准有效性检查

校准曲线应至少包括 6 个浓度点（含零浓度点），相关系数≥0.995，每 20 个样品或每批次样品（＜20 个样品/批）分析结束后，需用一个校准曲线的中间浓度溶液进行校准核查，其测定结果的相对偏差应≤10%。

11.3 精密度控制

每 20 个样品或每批次样品（＜20 个样品/批）应做 10%的平行样。若样品数少于 10 个，应至少做一个平行样。平行样测定时，水样测定结果等于或低于测定下限（0.04 mg/L）时，相对偏差应在±30%以内，测定结果大于测定下限，相对偏差应在±15%以内。

11.4 准确度控制

每 20 个样品或每批次样品（＜20 个样品/批）应进行 1 个实际样品加标测定，加标回收率应为 80%～120%。

必要时，每次监测采用有证标准物质对分析结果准确性进行质量控制，其测定结果应在其给出的不确定范围内。

12 废物处理

现场实验中产生的有害废液和废物应统一分类收集，带回实验室，委托有资质的单位进行处理。

13 注意事项

13.1 现场分析环境应保证通风，在不影响测定结果的条件下进行监测。

13.2 为防止通过采样工具污染，采样工具在使用前要用纯水（5.3）充分洗净。在采集其他样品时，要注意更换采样工具和清洗采样工具，以防止交叉污染。

13.3 不同型号的仪器可参考本方法选择合适的仪器条件。

水质 锌、镉、铅、铜的测定 现场快速监测阳极溶出伏安法（试行）

警告：氯化汞属于剧毒化学品，操作时应按规定要求佩戴防护器具，避免接触皮肤和衣服，在通风橱内进行操作；检测后的残渣残液应做妥善的安全处理。

1 适用范围

本方法规定了测定水中锌、镉、铅、铜的现场快速阳极溶出伏安法。

本方法适用于地表水、地下水、生活污水、工业废水和海水中锌、镉、铅、铜的现场快速定量分析。

本方法中，锌、镉、铅、铜的检出限分别为 0.010 mg/L、0.001 mg/L、0.001 mg/L 和 0.005 mg/L，测定下限分别为 0.040 mg/L、0.004 mg/L、0.004 mg/L 和 0.020 mg/L，测定上限分别为锌 1.0 mg/L、镉 0.1 mg/L、铅 0.1 mg/L、铜 0.5 mg/L。当样品浓度大于测定上限时，可适当减少取样体积或稀释水样。

2 规范性引用文件

本方法引用了下列文件或其中的条款。凡是不注日期的引用文件，其有效版本适用于本方法。

GB/T 6682 分析实验室用水规格和试验方法

GB 17378.4 海洋监测规范

HJ/T 91 地表水和污水监测技术规范

HJ 91.1 污水监测技术规范

HJ/T 164 地下水环境监测技术规范

HJ 589 突发环境事件应急监测技术规范

《水和废水监测分析方法》（第四版增补版）

3 术语和定义

下列术语与定义适用于本标准

3.1 富集电压 preconcentration potential

指元素富集阶段工作电极相对于参比电极的电压，一般比目标金属元素的平衡电位更负，使其能在工作电极上还原富集。

3.2 富集时间 preconcentration time

指仪器持续提供富集电压的时间。

3.3 自动维护周期 automatic maintenance cycle

指仪器自动对工作电极进行清洗与镀膜的间歇期。

4 方法原理

按设定的顺序和比例，将试样或消解后的试样，与试剂注入到反应检测池中，混合均匀。检测池由三电极体系构成，可程序控制工作电极电压信号，实现目标元素的富集和溶出。弱酸性缓冲体系中，在给定的富集电压下，待测金属离子按比例部分地还原成零价态，析出于电极的表面。析出的量与富集电压的持续时间正相关。通过向电极施加反向扫描电压，电极上富集的金属元素依据电极电位按顺序氧化产生氧化电流。仪器实时监测并记录溶出过程的电流响应，自动识别目标元素的响应峰高。在一定浓度范围内，待测元素浓度与电流响应峰高呈正比例关系，由标准比较法可定量计算锌、镉、铅、铜测试结果。

5 干扰和消除

对于浓度分别为 0.5 mg/L、0.05 mg/L、0.05 mg/L、0.25 mg/L 的锌、镉、铅、铜，0.5 mg/L 的砷、镍及 1.0 mg/L 铬不干扰测定，100 mg/L 的氯化物亦不干扰测定。

同一测试条件下，锌和铜存在互相干扰。通过控制富集电压≥−1 000 mV，可避免锌的富集，从而避免锌对铜的干扰；而加入掩蔽剂（6.11）1.0 ml，使镓的浓度高于铜，则可避免铜对锌的干扰。

6 试剂和材料

除非另有说明，分析时均使用符合国家标准的优级纯化学试剂，实验室用水为电导率≤0.1 mS/m（25℃）的去离子水或市售纯水。

6.1 硝酸：ρ（HNO_3）=1.42 g/ml。

6.2 乙酸：ρ（CH_3COOH）=1.05 g/ml。

6.3 乙酸钠（CH_3COONa）。

6.4 氯化汞（$HgCl_2$），分析纯。

6.5 硝酸钾（KNO_3），分析纯。

6.6 氢氧化钠溶液，ρ（NaOH）=40 g/L。

6.7 硝酸镓［$Ga(NO_3)_3$］，分析纯。

6.8 镀膜液：ρ（Hg^{2+}）=0.001 mol/L。

称取 0.27 g 氯化汞（6.4）溶于适量水中，加入 1 ml 硝酸（6.1）和 2.5 g 硝酸钾（6.5）。搅拌待全部溶解后，用水定容至 1 000 ml。

6.9 电解液

称取 50 g 乙酸钠（6.3）溶于适量水中，加入 35 ml 乙酸（6.2），稀释至 1 000 ml。

6.10 消解液

取 30 ml 硝酸（6.1）溶于 1 000 ml 水。

6.11 掩蔽剂

称取 0.001 g 硝酸镓（6.7）溶于适量水中，稀释至 100 ml。

6.12 锌、镉、铅、铜标准溶液

可直接购买相应元素国家有证的标准物质。

6.13 锌、镉、铅、铜标准中间液

将各标准溶液（6.12）混合并逐级稀释至锌 10 mg/L，镉 1 mg/L，铅 1 mg/L，铜 5 mg/L。

6.14 锌、镉、铅、铜标准使用液

将标准中间液（6.13）逐级稀释至锌 0.2 mg/L，镉 0.02 mg/L，铅 0.02 mg/L，铜 0.1 mg/L。

7 仪器和设备

7.1 现场快速监测仪：由进样管路、计量进样单元、消解单元、自动镀膜单元、检测单元、流路控制模块、电化学信号模块、数据处理、显示及存储单元等组成。

7.2 天平：感量为 0.000 1 g。

7.3 一般实验室常用仪器和设备。

8 样品

8.1 样品采集与保存

按照 HJ 91.1、HJ/T 91 和 HJ/T 164 的相关规定进行水样的采集。样品采集在聚乙烯瓶内，应尽快分析。若需保存，应加硝酸（6.1）使其含量达到 1%，常温条件可保存 14 d；酸化样品分析前用氢氧化钠溶液（6.6）将 pH 调至中性。

8.2 样品准备

按 HJ 589 的相关规定进行现场快速监测，测定可溶性锌、镉、铅、铜时，水样尽快用 0.45 μm 滤膜过滤后进样分析，测定锌、镉、铅、铜总量时直接进样并自动消解后分析。当样品含有固体或悬浮物时，测试前应采用 63 μm 滤网/滤膜过滤。

9 分析步骤

9.1 仪器参考条件

9.1.1 电机搅拌速度

搅拌速度设 1 500 rpm。

9.1.2 富集电压

镉、铅、铜富集电压设-1 000 mV，锌富集电压设-1 350 mV。

9.1.3 富集时间

镉、铅、铜富集时间设 80 s，锌富集时间设 40 s。可根据使用标准溶液的浓度适当调整。

9.2 仪器校验

9.2.1 仪器预备及开启

将仪器各管路用纯水清洗好外壁并用洁净滤纸擦干。按照仪器流路标识，将各管路依次插入对应试剂、废液，连接好纯水。开启仪器，仪器将会自动进入自检程序，必要时会进行初始化和自动镀膜以保证仪器正常待机。

9.2.2 标准检验

测试锌、镉、铅、铜浓度分别为 0.2 mg/L、0.02 mg/L、0.02 mg/L 和 0.1 mg/L 的标准混合使用液（6.14）进行检验核查，应保证 0.02 mg/L 镉的响应峰高＞1.0 μA，否则应启动自动镀膜程序；−1 000～0 mV 的基线漂移量＞10 μA 时，应维护清洁或更换工作电极（14.3）。核查结果误差范围在±20%内则通过检验，可进行样品测试；否则应调整仪器，使检验合格。

9.3 样品的测定

样品管接入样品，仪器自动抽取样品测试。如样品呈酸性，应先调节 pH 至中性。

仪器采用标准比较法测试，比较标准为校核标样。测试步骤一般包括校核标样镉、铅、铜的测试，校核标样锌的测试，试样镉、铅、铜的测试，以及试样锌的测试。若测定锌、镉、铅、铜总量，试样需先经自动消解。

执行测试流程后获得样品中特定电位处电流响应峰高，与标准液电流峰高比较，计算得到样品目标元素浓度。

若超出测定上限，应选择合适的稀释倍数，通过人工稀释或仪器自动稀释后给仪器进行测定，计算结果乘以稀释倍数或仪器自动计算测试结果。

9.4 空白试验

用纯水代替样品，按照与样品测定（9.3）相同的仪器条件进行空白样品的测定。

10 结果计算与表示

10.1 结果计算

通过标准比较法计算结果。直接测定的样品，仪器自动将待测元素电流响应峰高与已知浓度的标准液电流峰高比较，自动计算锌、镉、铅、铜浓度。经过人工稀释的样品，应将仪器测试结果乘以稀释倍数；如是仪器自动完成稀释的，仪器直接读出测量结果。

$$C_h = \frac{h}{H} \cdot C_H \cdot F \tag{1}$$

式中：h——未知样品目标元素峰高，μA；

H——校核标样目标元素峰高，μA；

C_h——未知样品目标元素浓度，mg/L；

C_H——已知标样目标元素浓度，mg/L；

F——稀释倍数。

10.2　结果表示

分析结果有效数字所能达到的小数点后位数，与方法检出限保持一致，有效位数不超过 3 位。

11　精密度和准确度

11.1　精密度

11.1.1　空白加标精密度

6 家实验室对锌的 0.2 mg/L、0.5 mg/L、0.8 mg/L 三个浓度精密度进行测定，实验室内相对标准偏差分别为 0.3%～4.2%、0.9%～5.3%、1.1%～5.9%；实验室间相对标准偏差分别为 2.6%、5.1%、5.0%；重复性限分别为 0.007 7 mg/L、0.025 4 mg/L、0.036 1 mg/L；再现性限分别为 0.015 6 mg/L、0.074 7 mg/L、0.115 5 mg/L。

6 家实验室对镉的 0.02 mg/L、0.05 mg/L、0.08 mg/L 三个浓度精密度进行测定，实验室内相对标准偏差分别为 0.3%～4.0%、0.8%～6.4%、1.4%～6.1%；实验室间相对标准偏差分别为 1.9%、3.5%、4.7%；重复性限分别为 0.000 9 mg/L、0.003 3 mg/L、0.004 2 mg/L；再现性限分别为 0.001 3 mg/L、0.005 9 mg/L、0.011 2 mg/L。

6 家实验室对铅的 0.02 mg/L、0.05 mg/L、0.08 mg/L 三个浓度精密度进行测定，实验室内相对标准偏差分别为 0.9%～3.9%、1.0%～6.1%、1.2%～6.6%；实验室间相对标准偏差分别为 4.2%、6.0%、3.3%；重复性限分别为 0.000 7 mg/L、0.002 6 mg/L、0.004 6 mg/L；再现性限分别为 0.002 5 mg/L、0.008 7 mg/L、0.008 3 mg/L。

6 家实验室对铜的 0.1 mg/L、0.25 mg/L、0.4 mg/L 三个浓度精密度进行测定，实验室内相对标准偏差分别为 0.5%～4.3%、0.8%～5.4%、1.6%～7.5%；实验室间相对标准偏差分别为 2.9%、5.5%、5.2%；重复性限分别为 0.004 2 mg/L、0.012 5 mg/L、0.024 5 mg/L；再现性限分别为 0.009 2 mg/L、0.041 7 mg/L、0.061 1 mg/L。

11.1.2　实际样品加标精密度

6 家实验室对地表水样品加标、生活污水样品加标、工业废水样品加标、地下水样品加标的精密度进行测定，其中锌实验室内相对标准偏差分别为 1.7%～5.0%、0.5%～8.5%、0.9%～6.0%、0.6%～3.9%；锌的实验室间相对标准偏差分别为 6.5%、7.4%、2.4%、1.4%；

重复性限分别为 0.002 6 mg/L、0.006 9 mg/L、0.006 0 mg/L、0.008 2 mg/L；再现性限分别为 0.023 8 mg/L、0.039 1 mg/L、0.014 9 mg/L、0.008 5 mg/L。

6 家实验室对地表水样品加标、生活污水样品加标、工业废水样品加标、地下水样品加标的精密度进行测定，镉实验室内相对标准偏差分别为 0.8%～4.7%、0.5%～5.8%、1.9%～5.1%、0.8%～4.9%；镉的实验室间相对标准偏差分别为 2.5%、5.2%、3.1%、7.0%；重复性限分别为 0.000 4 mg/L、0.000 5 mg/L、0.000 5 mg/L、0.000 3 mg/L；再现性限分别为 0.000 8 mg/L、0.001 5 mg/L、0.001 4 mg/L、0.002 0 mg/L。

6 家实验室对地表水样品加标、生活污水样品加标、工业废水样品加标、地下水样品加标的精密度进行测定，铅的实验室内相对标准偏差分别为 1.4%～4.0%、0.9%～5.7%、1.7%～10.9%、1.4%～6.1%；铅的实验室间相对标准偏差分别为 6.8%、10.3%、19.7%、10.1%；重复性限分别为 0.000 3 mg/L、0.000 5 mg/L、0.001 3 mg/L、0.000 5 mg/L；再现性限分别为 0.001 9 mg/L、0.003 0 mg/L、0.007 4 mg/L、0.002 5 mg/L。

6 家实验室对地表水样品加标、生活污水样品加标、工业废水样品加标、地下水样品加标的精密度进行测定，铜实验室内相对标准偏差分别为 0.8%～5.1%、1.2%～6.8%、0.6%～7.6%、0.5%～7.3%；铜的实验室间相对标准偏差分别为 4.2%、6.8%、5.0%、4.7%；重复性限分别为 0.001 8 mg/L、0.003 1 mg/L、0.008 5 mg/L、0.003 2 mg/L；再现性限分别为 0.005 6 mg/L、0.009 5 mg/L、0.017 8 mg/L、0.007 0 mg/L。

11.2　准确度

11.2.1　空白加标准确度

6 家实验室对锌的 0.2 mg/L、0.5 mg/L、0.8 mg/L 三个浓度准确度进行测定，锌的相对误差分别为−4.7%～1.0%、−9.1%～4.0%、−6.2%～5.4%；相对误差最终值分别为−2.47%±5.00%、−1.33%±10.12%、−1.40%±9.84%。

6 家实验室对镉的 0.02 mg/L、0.05 mg/L、0.08 mg/L 三个浓度准确度进行测定，镉的相对误差分别为 0.0%～5.5%、−2.7%～7.1%、−4.5%～6.9%；相对误差最终值分别为 2.72%±3.78%、3.32%±7.18%、−0.03%±9.38%。

6 家实验室对铅的 0.02 mg/L、0.05 mg/L、0.08 mg/L 三个浓度准确度进行测定，铅的相对误差分别为−3.1%～7.4%、−10.0%～6.0%、−6.3%～2.3%；相对误差最终值分别为 3.55%±8.80%、0.50%±12.00%、−2.40%±6.38%。

6 家实验室对铜的 0.1 mg/L、0.25 mg/L、0.4 mg/L 三个浓度准确度进行测定，铜的相对误差分别为−1.3%～5.8%、−2.6%～10.0%、−7.9%～2.8%；相对误差最终值分别为 3.27%±5.96%、3.57%±11.44%、−2.23%±10.14%。

11.2.2　实际样品加标回收率

6 家实验室对地表水样品加标、生活污水样品加标、工业废水样品加标、地下水样品加标的加标回收率进行测定，锌的加标回收率分别为 96.1%～115.8%、89.2%～105.0%、

86.6%～108.6%、91.7%～101.2%；加标回收率最终值分别为 105.7%±18.2%、95.4%±12.4%、96.5%±18.5%、96.7%±7.7%。

6 家实验室对地表水样品加标、生活污水样品加标、工业废水样品加标、地下水样品加标的加标回收率进行测定，镉的加标回收率分别为 97.0%～103.2%、93.0%～103.0%、91.5%～111.8%、97.8%～117.2%；加标回收率最终值分别为 99.9%±4.8%、98.3%±6.9%、102.7%±16.1%、107.1%±13.7%。

6 家实验室对地表水样品加标、生活污水样品加标、工业废水样品加标、地下水样品加标的加标回收率进行测定，铅的加标回收率分别为 89.7%～107.3%、95.7%～104.8%、83.7%～100.7%、86.0%～118.5%；加标回收率最终值分别为 99.8%±13.8%、99.1%±6.6%、92.7%±12.8%、97.1%±22.1%。

6 家实验室对地表水样品加标、生活污水样品加标、工业废水样品加标、地下水样品加标的加标回收率进行测定，铜的加标回收率分别为 87.2%～98.4%、89.0%～97.7%、81.7%～118.2%、90.3%～105.7%；加标回收率最终值分别为 91.9%±7.7%、92.6%±6.4%、96.9%±25.8%、98.8%±11.6%。

12 质量保证和质量控制

12.1 每批样品（≤20 个）至少测定 10%的平行样，样品数小于 10 个时，至少测定一个平行样。水样测定结果等于或低于测定下限时，相对偏差应在±30%以内，测定结果大于测定下限时，相对偏差应在±20%以内。

12.2 可采用有证标准样品对分析结果准确性进行质量控制。

12.3 仪器应记录检测过程条件实现情况。

13 废物处理

现场实验中产生的废液和废物应集中收集，带回实验室，委托有资质的单位进行处理。

14 注意事项

14.1 为防止通过采样工具、采样容器污染，采样工具、采样容器在使用前要用纯水充分洗净。在采集其他样品时，要注意更换采样工具和清洗采样工具，以防止交叉污染。

14.2 不同型号的仪器可参考本方法选择合适的仪器条件。

14.3 工作电极与参比电极应定期维护，建议维护周期不超过 1 个月。工作电极用绒布或鹿皮小心擦拭并冲洗干净，必要时可用 0.05 μm 粒径的氧化铝抛光粉辅助清洁；参比电极更换内参比溶液即可，一般为 3 mol/L 或饱和氯化钾溶液。

水质　锰的测定　现场快速监测分光光度法（试行）

1　适用范围

本方法规定了测定水中锰的现场快速分光光度法。

本方法适用于地表水、地下水、生活污水和工业废水中锰的现场快速定量分析。

当取样体积为 10.0 ml 时，锰的方法检出限为 0.006 mg/L，测定下限为 0.024 mg/L，测定上限为 2.0 mg/L。当样品浓度大于测定上限时，应适当减少取样体积或稀释水样。

2　规范性引用文件

本方法引用了下列文件或其中的条款。凡是不注日期的引用文件，其有效版本适用于本方法。

HJ/T 91　地表水和污水监测技术规范

HJ 91.1　污水监测技术规范

HJ/T 164　地下水环境监测技术规范

HJ 589　突发环境事件应急监测技术规范

3　方法原理

3.1　仪器工作原理

仪器将试样和试剂按比例顺序注射自动注入消解反应池混合，复杂样品在密闭高温条件下消解反应，等待特定时间后加速冷却，注入试剂显色；清洁水样则直接注入试剂显色。最后进行光度检测计算结果，整个分析过程全自动完成。

3.2　化学反应原理

Mn^{2+}在 pH 为 9.0～10.0 的碱性溶液中被氧化为 Mn^{4+}，并与甲醛肟生成棕色络合物。该络合物在 470 nm 波长处测量吸光度。在一定浓度范围内，试样待测物浓度与吸光度呈线性关系，仪器根据工作曲线计算锰测试结果。

反应式为：$Mn^{4+}+6H_2C{=\!=}NOH \longrightarrow [Mn(H_2C{=\!=}NO)_6]^{2-}+6H^+$

4　干扰和消除

当离子浓度等于或低于以下浓度：1 000 mg/L 的 Na^+，1 000 mg/L 的 K^+、500 mg/L 的 Ca^{2+}、50 mg/L 的 Mg^{2+}、20 mg/L 的 Ba^{2+}、20 mg/L 的 Ce^{2+}、20 mg/L 的 Mo^{2+}、20 mg/L 的 Al^{3+}、5 mg/L 的 Cd^{2+}、20 mg/L 的 Cr^{6+}、20 mg/L 的 Cu^{2+}、0.3 mg/L 的 Ni^{2+}、3 mg/L 的 Co^{2+}、

5 mg/L 的 V^{5+}、0.4 mg/L 的 Fe^{2+}/Fe^{3+}时，对锰的测定无干扰。

5 试剂和材料

分析时，标准溶液的配制应使用基准物质，均使用符合国家标准的分析纯试剂；实验用水为新鲜制备的超纯水。

5.1 消解液

取 100 ml 浓硝酸，加入到 600 ml 水中，搅拌均匀，密闭贮存于塑料瓶中。

5.2 显色剂

称取 20 g 盐酸羟胺（$HONH_3Cl$）溶解在 200 ml 水中，加 10 ml[35%（*m*/*V*）]甲醛（HCHO）溶液（p_{20}=1.08 g/ml），用水稀释至 400 ml，混匀，密闭贮存于玻璃瓶中。

5.3 中和液

称取 80 g 氢氧化钠（NaOH）溶于 500 ml 水中，再向其中加入乙二胺四乙酸二钠二水合物（$C_{10}H_{14}N_2O_8Na_2 \cdot 2H_2O$）25 g，溶解、混匀，密闭贮存于塑料瓶中。

注：复杂水样需要消解的，中和液为：称取 120 g 氢氧化钠于 500 ml 水中，再向其中加入 25 g 乙二胺四乙酸二钠二水合物，溶解、混匀，密闭贮存于塑料瓶中。

5.4 掩蔽剂

称取 25 g 氢氧化钠（NaOH）溶于 500 ml 水中，待溶液完全冷却后，再加入 50 g 盐酸羟胺（$HONH_3Cl$），溶解、混匀，密闭、低温、避光贮存于塑料瓶中。

5.5 锰贮备液（1 000 mg/L）

称取 3.072 7 g 一水合硫酸锰（$MnSO_4 \cdot H_2O$）溶于水中，1 000 ml 容量瓶定容。也可购买有证标准物质。常温密闭保存，保质期一年。

5.6 锰标准中间液（500 mg/L）

通过稀释 5.5 锰贮备液来配制。

5.7 锰标准使用液（100 mg/L）

各浓度标液通过稀释 5.6 锰标准中间液来配制。

6 仪器和设备

6.1 锰现场快速监测仪：进样管路（标样管、水样管及试剂管路）、计量进样单元（电磁阀组、液位管、柱塞泵等组成）、消解单元、检测单元（光源、光敏、光程 30 mm 石英检测池）、流路控制模块、数据处理、显示及存储单元等。

6.2 天平：感量为 0.000 1 g。

6.3 一般实验室常用仪器和设备。

7 样品

7.1 样品采集与保存

按照 HJ/T 91、HJ 91.1 和 HJ/T 164 的相关规定采集和保存样品。

在采样前，用纯水冲洗所有接触样品的器皿并晾干，样品采集于清洗过的聚乙烯或玻璃瓶中。样品采集后可按仪器使用说明于现场直接测定，如需保存样品，加入 1%浓硝酸。

7.2 样品准备

样品上机测试前，使样品的 pH 范围在 1～9。应充分摇匀后取适量的样品置于样品瓶中。

8 分析步骤

8.1 仪器参考条件

消解条件：消解温度 125℃，消解时间 5 min。

显色条件：显色温度 40℃，显色时间 5 min。

检测条件：检测波长λ=470 nm，检测池光程 30 mm。

8.2 仪器的调试

按照说明书设定工作参数，操作仪器。开机后，先让仪器预热稳定，再进行 8.2～8.3 操作步骤。

8.3 工作曲线的建立

分别准确移取 0.00 ml、0.10 ml、0.20 ml、0.50 ml、1.00 ml、1.50 ml、2.00 ml 锰标准使用液（5.7）于 100 ml 容量瓶中，用纯水定容至刻度线，摇匀，使锰的质量浓度分别为 0.00 mg/L、0.10 mg/L、0.20 mg/L、0.50 mg/L、1.00 mg/L、1.50 mg/L、2.00 mg/L。按仪器测量条件由低到高质量浓度顺序测定标准溶液的吸光度。以锰标准系列质量浓度为横坐标，相应的吸光度为纵坐标，建立工作曲线。

注：可根据仪器灵敏度或试样的浓度范围配制成其他浓度水平的标准系列，至少配制 6 个浓度点（含零浓度点）。

8.4 样品的测定

按照与工作曲线的建立相同的条件，进行试样（7.2）的测定。

注：若样品锰含量超出工作曲线范围，应取适量试样稀释后上机测定。

8.5 空白试验

用纯水代替样品，按照与样品的测定（8.2）相同的仪器条件进行空白样品的测定。

9 结果计算与表示

9.1 结果计算

样品中锰的质量浓度（mg/L）按照式（1）进行计算。

$$\rho = (\rho_1 - \rho_0) \times F \tag{1}$$

式中：ρ——样品中锰质量浓度，mg/L；

ρ_1——仪器测定样品计算出的锰浓度，mg/L；

ρ_0——仪器测定空白计算出的锰浓度，mg/L；

F——样品稀释倍数。

9.2　结果表示

测定结果小数点位数保留与方法检出限保持一致，最多保留 3 位有效数字。

10　精密度和准确度

10.1　精密度

六家实验室分别对三种不同浓度实际样品（地表水、工业废水 1、工业废水 2）的实验室内相对标准偏差分别为 3.0%～5.2%、1.1%～2.9%、0.6%～2.1%；实验室间相对标准偏差分别为 7.5%、9.0%、4.9%；重复性限（r）分别为 0.012 mg/L、0.009 mg/L、0.015 mg/L；再现性限（R）分别为 0.026 mg/L、0.041 mg/L、0.049 mg/L。

10.2　准确度

六家实验室对两个浓度分别为 1.52 mg/L、0.354 mg/L 的标准样品进行分析测试，相对误差分别为−2.2%～0、−2.6%～3.8%，相对误差最终值分别为−0.9%±1.6%、0.5%±4.4%。

六个实验室测定湖泊水和工业废水加标回收率分别为 90.0%～103.0%、93.3%～102.7%，加标回收率最终值为 96.7%±11.8%、100.0%±6.8%。

11　质量保证和质量控制

11.1　每批样品（少于 20 个样品/批）至少做 1 个空白试样，空白值应低于方法检出限。

11.2　每次测定应建立标准曲线，其线性相关系数应≥0.995。每 20 个样品或每批次（少于 20 个样品/批）分析结束后，需进行标准系列零浓度点和中间浓度点核查。零浓度点测定值应低于方法检出限，中间浓度测定值与该点浓度的相对偏差应≤10%，否则应重新建立标准曲线。

11.3　每 20 个样品或每批次（少于 20 个样品/批）应进行 1 次平行双样测定，单次平行样测定结果的相对偏差应≤10%。

11.4　每 20 个样品或每批样品同时测定 1 个有证标准样品，其测定结果与保证值的相对误差应在±10%以内。或每批次（少于 20 个样品/批）应进行 1 个实际样品加标测定，加标回收率应为 80%～120%。

12 废物处理

现场实验中产生的废液和废物应集中收集，带回实验室，委托有资质的单位进行处理。

13 注意事项

13.1 每天分析完毕后，用纯水对分析管路进行清洗。

13.2 不同型号的锰现场快速监测仪可参考本方法选择合适的仪器条件。

13.3 为防止通过采样工具污染，采样工具在使用前要用纯净水充分洗净。在采集其他样品时，要注意更换采样工具和清洗采样工具，以防止交叉污染。

水质　砷的测定　现场快速监测分光光度法（试行）

警告：实验中使用的盐酸、硫酸、氢氧化钠等试剂具有强烈的腐蚀性和刺激性，试剂配制过程应在通风橱内进行，操作时应按要求佩戴防护器具，避免吸入呼吸道或接触皮肤和衣物。三氧化二砷高毒，为致癌物，具刺激性，操作时应按要求戴防尘面具（全面罩），穿防毒服、防护手套、工作鞋。

1　适用范围

本方法规定了测定水中砷的现场快速监测分光光度法。

本方法适用于测定地表水、地下水、生活污水和工业废水中砷的现场快速定量分析。

当检测光程 30 mm，取样体积为 25.0 ml，方法检出限为 0.002 mg/L，测定下限为 0.008 mg/L，测定范围为 0.008～0.100 mg/L。当样品浓度大于测定上限时，应适当减少取样体积或稀释水样。

2　规范性引用文件

本方法引用了下列文件或其中的条款。凡是未注明日期的引用文件，其有效版本适用于本方法。

HJ 91　地表水和污水监测技术规范

HJ/T 91.1　污水监测技术规范

HJ/T 164　地下水环境监测技术规范

HJ 493　水质　样品的保存和管理技术规定

HJ 589　突发环境事件应急监测技术规范

3　方法原理

仪器将试样和试剂按比例顺序自动载入前处理装置中，水样中的无机砷和硼氢化钾在酸性条件下通过加热，可将待测组分自动快速吹脱至吸收液中，砷化氢将起其中银离子还原成单质胶态银，使溶液呈黄色，在 400 nm 波长处测定吸光度。在一定浓度范围内，试样中待测物浓度与吸光度呈线性关系，仪器根据工作曲线计算砷测试结果。

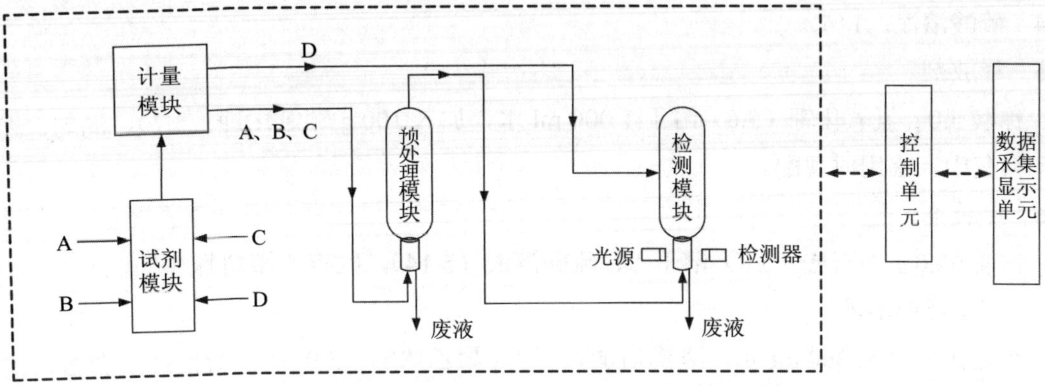

A—试样；B—释放剂；C—掩蔽剂；D—吸收液

图 1　工作原理

4　干扰和消除

4.1　高于一定浓度的铜等金属元素可能对测定有干扰，加入掩蔽剂（5.16）可消除绝大部分干扰。在本标准的实验条件下，样品中含有 2.0 mg/L 以下的铜离子、5.0 mg/L 以下的钴离子、0.01 mg/L 以下的锡离子、20 mg/L 以下的硫离子时不影响测定。

4.2　样品中镍对砷的测定产生负干扰。

5　试剂和材料

除非另有说明，分析时均应使用符合国家标准的分析纯试剂。实验用水为新制备的超纯水。

5.1　硝酸（HNO_3）：ρ=1.40 g/ml。

5.2　硫酸（H_2SO_4）：ρ=1.84 g/ml。

5.3　盐酸（HCl）：ρ=1.19 g/ml。

5.4　乙醇（C_2H_6O），无水或 95%。

5.5　氢氧化钠（NaOH），优级纯。

5.6　氢氧化钾（KOH）。

5.7　硼氢化钾（KBH_4）。

5.8　酒石酸（$C_4H_6O_6$），优级纯。

5.9　聚乙烯醇［$(C_2H_4O)_n$］，平均聚合度 1 750±50。

5.10　硝酸银（$AgNO_3$）。

5.11　三氧化二砷（As_2O_3），优级纯。

5.12　盐酸溶液：1+1。

5.13　硝酸溶液：1+9。

5.14　硫酸溶液：1+4。

5.15　释放剂

称取 5.0 g 氢氧化钾（5.6）溶于 1 000 ml 水，加入 100 g 硼氢化钾（5.7），混匀。贮存于塑料瓶中，临用时现配。

5.16　掩蔽剂

称取 60.0 g 酒石酸（5.8）溶于 1 L 硫酸溶液（5.14），贮存于塑料瓶中。

5.17　聚乙烯醇溶液

在烧杯中加入 300 ml 水，煮沸后加入 1.0 g 聚乙烯醇（5.9），不断搅拌至全溶，盖上表面皿微沸 10 min，冷却后转入 500 ml 容量瓶，定容至刻度线。

5.18　硝酸-硝酸银溶液

称取 0.80 g 硝酸银（5.10）于烧杯中，加 100 ml 水溶解，加入 10 ml 硝酸（5.1），用水稀释至 500 ml。

5.19　吸收液

将硝酸-硝酸银溶液（5.18）、聚乙烯醇溶液（5.17）、乙醇（5.4）三种试剂按 1∶1∶2 的体积比混合，充分摇匀。

注：配制吸收液时，先将聚乙烯醇溶液加到硝酸-硝酸银溶液混匀后，再加入无水乙醇，注意一定不要让聚乙烯醇溶液与乙醇直接混合。

5.20　砷标准溶液

5.20.1　砷标准贮备液：ρ=100 mg/L

称取 0.132 0 g 于 105℃干燥 2 h 的三氧化二砷（5.11）溶解于 5 ml 1 mol/L 氢氧化钠溶液中，用 1 mol/L 盐酸溶液中和至酚酞红色褪去，移入 1 000 ml 容量瓶中，用水稀释至标线，混匀，贮存于玻璃瓶中，4℃下可存放 2 年。也可直接购买市售有证标准溶液。

5.20.2　砷标准使用液：ρ=1.00 mg/L

移取 5.00 ml 砷标准贮备液（5.20.1）于 500 ml 容量瓶中，加入 100 ml 盐酸（5.12），用水稀释至标线，混匀，4℃下可存放 1 年。

6　仪器和设备

6.1　砷现场快速监测仪：进样管路（标样管、水样管及试剂管路）、计量进样单元（电磁阀组、液位管、泵等组成）、反应单元（加热单元、冷凝装置）、检测单元（光源、检测器、光程 30 mm 石英检测池）、流路控制模块、数据处理、显示及存储单元等。

6.2　一般实验室常用仪器和设备。

7 样品

7.1 样品的采集和保存

样品采集和保存按照 HJ/T 91、HJ 91.1、HJ/T 164、HJ 589 和 HJ 493 的相关规定采集样品。

样品采集在聚乙烯瓶或玻璃瓶中，尽快在现场直接测定，自动完成单个样品分析所需时间为 40 min。如需保存，1 L 水样中加 10 ml 硝酸（5.1），常温下可保存 14 d。

7.2 试样的制备

样品上机测试前，应充分摇匀后取适量的样品置于样品瓶中。如超出测量范围可人工稀释或仪器自动稀释。

8 分析步骤

8.1 仪器调试

按仪器说明书打开仪器预热，设定工作参数，采用实验用水代替试剂，检查整个分析流路的密闭性及液体流动的通畅性。参考测量条件见表 1。

表 1 参考测量条件

显色温度	显色时间	检测波长	检测池光程
40℃	5 min	λ=400 nm	30 mm

8.2 校准

8.2.1 校准系列的制备

分别准确移取 0 ml、1.00 ml、2.00 ml、4.00 ml、8.00 ml、10.00 ml 砷标准使用液（5.20.2）于 100 ml 容量瓶中，用水稀释至刻度线，混匀，使砷的质量浓度分别为 0.00 mg/L、0.01 mg/L、0.02 mg/L、0.04 mg/L、0.08 mg/L、0.10 mg/L。

8.2.2 工作曲线的绘制

量取适量标准系列（8.2.1）至样品瓶，仪器按程序依次从低浓度到高浓度取样、测定。以测定吸光度为横坐标，对应的砷浓度为纵坐标，建立工作曲线。

8.3 测定

按照与绘制工作曲线相同的条件，进行样品的测定。若样品中砷含量超出工作曲线，应取适量试样稀释后上机测定。

8.4 空白试验

用实验用水代替试样，按照与样品测定（8.3）相同的条件进行空白样品的测定。

注：如使用储存于仪器内的工作曲线，需标样校准合格后方可进行空白和样品测试。

9 结果计算与表示

9.1 样品中砷的质量浓度（mg/L）按照式（1）进行计算。

$$\rho=(\rho_1-\rho_0)\times F \tag{1}$$

式中：ρ——样品中砷质量浓度，mg/L；

ρ_1——仪器测定样品计算出的砷浓度，mg/L；

ρ_0——仪器测定空白计算出的砷浓度，mg/L；

F——样品稀释倍数。

9.2 测定结果小数点位数保留与方法检出限保持一致，最多保留 3 位有效数字。

10 精密度和准确度

10.1 精密度

6 家实验室分别对浓度为（0.029 7±0.002 4）mg/L、（0.043 9±0.003 5）mg/L 和（0.070 2±0.003 5）mg/L 的 3 种砷标准样品进行 6 次重复测定，实验室内相对标准偏差范围分别为 1.3%～4.4%、1.6%～3.5%、1.0%～1.8%；实验室间相对标准偏差分别为 1.4%、0.8%、0.3%；重复性限分别为 0.003 mg/L、0.003 mg/L、0.003 mg/L；再现性限分别为 0.004 mg/L、0.003 mg/L、0.006 mg/L。

6 家实验室分别对地表水、地下水、生活污水和工业废水等 4 种不同来源的实际样品进行加标测定，实验室内相对标准偏差分别为 1.1%～3.7%、1.7%～2.9%、1.4%～5.2%、0.9%～2.1%；实验室间相对标准偏差分别为 0.8%、0.5%、1.5%和 0.4%；重复性限分别为 0.002 mg/L、0.001 mg/L、0.002 mg/L 和 0.004 mg/L；再现性限分别为 0.005 mg/L、0.005 mg/L、0.005 mg/L 和 0.006 mg/L。

10.2 准确度

6 家实验室分别对浓度为（0.029 7±0.002 4）mg/L、（0.043 9±0.003 5）mg/L 和（0.070 2±0.003 5）mg/L 的 3 种国家有证砷标准样品进行 6 次重复测定，相对误差范围分别为 −5.7%～4.1%、−5.4%～0.0%、−4.7%～3.9%；相对误差最终值分别为 0±7.0%、−2.2%±3.7%、−2.0%±6.0%。

6 家实验室分别对地表水、地下水、生活污水和工业废水等 4 种不同来源的实际样品进行加标测定，实验室内加标回收率范围分别为 92.8%～108%、91.4%～113%、95.6%～113%、88.8%～98.1%；加标回收率的最终值（$\overline{P}\pm 2S_{\overline{P}}$）分别为 101%±12.5%、103%±15.4%、104%±13.0、93.8%±6.6%。

11 质量保证和质量控制

11.1 校准有效性检查

各工作曲线应至少包括 6 个浓度点（含零浓度点），相关系数≥0.995。

每批样品（≤20 个）需用一个工作曲线的中间浓度标准溶液进行标样校准。使用工作曲线中间点浓度进行标样校准时，其测定结果与校准点浓度的相对误差应≤10%，否则需重新绘制标准曲线。

11.2 空白试验

每批样品至少做一个空白试验，空白试验的测试结果应小于方法检出限。

11.3 精密度控制

每批样品应做 10%的平行样。若样品数少于 10 个，应至少做一个平行样。其相对偏差不超过±20%。

11.4 准确度控制

每批样品（≤20 个）至少测定一个加标样品，加标回收率应为 80%～120%。也可采用有证标准样品对分析结果准确性进行质量控制，其测定值应在保证值范围内或达到规定的质量控制要求，确保样品测定结果的准确性。

12 废物处理

现场实验中产生的废液应集中收集，带回实验室，委托有资质的单位进行处理。

13 注意事项

13.1 实验中所用的玻璃器皿应用硝酸溶液（5.13）浸泡，用自来水冲洗后再用超纯水冲洗数次。

13.2 实验中所用的三氧化二砷为剧毒物质，使用时应避免吸入呼吸道或接触皮肤和衣物，妥善保存。

水质　六价铬的测定　现场快速监测分光光度法（试行）

1 适用范围

本方法规定了测定水中六价铬的现场快速分光光度法。

本方法适用于地表水、地下水、生活污水、工业废水和海水中六价铬的现场快速定量分析。

当取样体积为 10 ml 时，本方法检出限为 0.004 mg/L，测定下限为 0.016 mg/L，测定上限为 0.5 mg/L。当样品浓度大于测定上限时，应适当减少取样体积或稀释水样。

2 规范性引用文件

本方法引用了下列文件或其中的条款。凡是不注日期的引用文件，其有效版本适用于本方法。

GB/T 7467　水质　六价铬的测定　二苯碳酰二肼分光光度法

GB 17378.3　海洋监测规范　第 3 部分：样品采集、贮存与运输

HJ/T 91　地表水和污水监测技术规范

HJ/T 164　地下水环境监测技术规范

HJ 493　水质　样品的保存和管理技术规定

HJ 589　突发环境事件应急监测技术规范

HY/T 147　海洋监测技术规程

3 方法原理

在酸性溶液中，六价铬离子与二苯碳酰二肼（DPC）反应生成紫红色化合物，于波长 540 nm 处进行分光光度测定。上述步骤由现场快速分析仪自动控制完成从水样采集至结果计算全过程，从而实现六价铬的现场快速监测。

4 干扰与消除

4.1　样品存在浊度或色度干扰六价铬测定时，可采用锌盐沉淀分离法预处理后测定。如锌盐沉淀分离后仍存在色度干扰，则应进行色度校正。

4.2　低于以下浓度的物质：2 mg/L 的镍、0.2 mg/L 的镉、2 mg/L 的铅、2 mg/L 的铜、10 mg/L 的锌、10 mg/L 的三价铁、10 mg/L 的铝、10 mg/L 的锰不干扰浓度为 0.2 mg/L 的六价铬的测定。

5 试剂和材料

除非另有说明，分析时均使用符合国家标准的分析纯试剂，实验用水为新制备的去离子水或蒸馏水。

5.1 二苯碳酰二肼（$C_{13}H_{14}N_4O$）。

5.2 氢氧化钠（NaOH）。

5.3 硫酸锌（$ZnSO_4 \cdot 7H_2O$）。

5.4 无水乙醇（C_2H_6O）。

5.5 邻苯二甲酸酐（$C_8H_4O_3$）。

5.6 尿素（CH_4N_2O）。

5.7 亚硝酸钠（$NaNO_2$）。

5.8 硫酸：ρ（H_2SO_4）=1.84 g/ml，优级纯。

5.9 磷酸：ρ（H_3PO_4）=1.69 g/ml，优级纯。

5.10 重铬酸钾（$K_2Cr_2O_7$）：优级纯

于 110℃烘干 2 h 后，置于干燥器中冷却备用。

5.11 六价铬标准贮备液：ρ=100 mg/L

准确称取（0.282 9±0.000 5）g 重铬酸钾（5.10），溶于适量水中，溶解后移至 1 000 ml 容量瓶中，用水定容至标线，摇匀。该溶液于 1～5℃密闭冷藏保存。或直接购买市售有证标准溶液。

5.12 六价铬标准使用液：ρ=1.00 mg/L

准确量取 5.00 ml 标准贮备液（5.11）于 500 ml 容量瓶中，再用水定容。其余各浓度标液由标准使用液逐级稀释得到。每次稀释不超过 100 倍。使用时当天配制。

5.13 调节液

将 100 ml 磷酸（5.9）缓慢加入 200 ml 水中，边加边搅拌，加毕磷酸后，再缓慢加入 100 ml 硫酸（5.8），边加边搅拌，冷却待用，每次消耗 0.5 ml。

5.14 显色剂

称取 20 g 邻苯二甲酸酐（5.5）溶于 500 ml 无水乙醇（5.4）中，搅拌直至完全溶解，待完全溶解后加入 1.0 g 二苯碳酰二肼，搅拌使二苯碳酰二肼完全溶解，贮于棕色瓶中，每次消耗 0.5 ml。该溶液于 1～5℃密闭冷藏保存，变色后不能使用。

5.15 掩蔽剂

称取 100 g 尿素（5.6）溶于 400 ml 水中，完全溶解后，加水定容至 500 ml，密闭低温贮存于塑料瓶中。

5.16 还原液

称取 5 g 亚硝酸钠（5.7）、2 g 氢氧化钠（5.2）溶于 500 ml 水中，溶解，密闭低温贮存于塑料瓶中。

5.17 氢氧化钠溶液：ρ（NaOH）=4 g/L

称取 4.0 g 的氢氧化钠（5.2）溶解至 1 L 水中。

5.18 氢氧化钠溶液：2%（*m*/*V*）

称取 2.4 g 的氢氧化钠（5.2）溶解至 120 ml 水中。

5.19 硫酸锌溶液：ρ（$ZnSO_4 \cdot 7H_2O$）≈100 g/L

称取硫酸锌（$ZnSO_4 \cdot 7H_2O$）10 g，溶于 100 ml 水中。

5.20 氢氧化锌共沉淀剂

用时现配，将 5.18 和 5.19 两溶液混合。

6 仪器和设备

6.1 六价铬现场快速分析仪：进样管路（标样管、水样管及试剂管路）、计量进样单元（电磁阀组、液位管、泵等组成）、检测单元（光源、检测器、光程 30 mm 检测池）、流路控制模块、数据处理、显示及存储单元等。

6.2 塑料瓶：500 ml 或 1 L。

6.3 天平：精度为 0.000 1 g。

6.4 其他常用器皿和设备。

7 样品

7.1 样品采集与保存

样品采集在内壁光洁的玻璃瓶内，应尽快分析。若需留样保存，应加氢氧化钠使 pH 约为 8，样品可留存 24 h。

7.2 样品准备

样品不含悬浮物且色度较低时，可以直接进样测定，如样品含有悬浮物或色度较高时，需对水样进行预处理后再进样测定，采用锌盐沉淀分离法，取适量样品于 150 ml 烧杯中，加水至 50 ml，滴加氢氧化钠溶液（5.17），调节 pH 为 7～8，在不断搅拌下，滴加氢氧化锌共沉淀剂（5.20）至溶液 pH 为 8～9，将此溶液转移至 100 ml 容量瓶中，用水稀释至标线，用慢速滤纸过滤，弃去 10～20 ml 初滤液，取其中 50.0 ml 滤液供测定。

8 分析步骤

8.1 仪器参考条件

8.1.1 显色条件

显色温度：40℃；显色时间：5 min。

8.1.2 检测波长

λ=540 nm。

8.1.3 检测池光程

30 mm。

8.2 校准

8.2.1 仪器预备及开启

将仪器启动，选择管路清洗模式运行，将仪器各管路用蒸馏水清洗干净。按照仪器提示要求，将清水管插入蒸馏水桶中，再将其余所有试剂管插入废液桶中，然后确认执行清洗管路程序。管路清洗完成后，仪器将会自动进入自检程序，必要时会进行初始化以保证仪器正常待机。在开始样品测量前，测定一次实验用水，检查其运输、保存过程是否符合要求。

8.2.2 工作曲线的建立

按照六价铬标准使用液（5.12）的配制方法，配制6个浓度点（0.00 mg/L、0.10 mg/L、0.20 mg/L、0.30 mg/L、0.40 mg/L、0.50 mg/L）标准溶液，按浓度从低到高的顺序依次进行测试。测试过程：选择标样管路进样，启动测试程序，仪器通过标样管路泵取 10.0 ml 标准溶液于比色池中，再通过调节液管路泵取2.0 ml调节液于比色池中与标准溶液混匀，最后通过显色剂管路泵取2.0 ml显色剂于比色池中与标准溶液和调节液充分搅拌混匀后，于40℃环境中显色5 min，然后在540 nm波长处，用30 mm的比色皿，测定吸光度，保存测试结果（响应值），测试结束后将仪器测试结果（响应值）与标准溶液浓度进行线性拟合，获取标准曲线方程和线性相关系数。

8.2.3 样品的测定

根据样品预估浓度，选择直接进样或是稀释后进样，测试过程与工作曲线的建立（8.2.2）相同，测试结果在仪器标准曲线最大值的20%～80%时，则为样品的测试结果。

8.3 空白试验

用实验用水代替样品，按照与样品测定（8.2.3）相同的仪器条件进行空白样品的测定。

9 结果计算与表示

9.1 六价铬浓度的结果计算

样品中六价铬的质量浓度（mg/L）按照式（1）进行计算。

$$\rho = (\rho_1 - \rho_0) \times F \qquad (1)$$

式中：ρ——样品中六价铬质量浓度，mg/L；

ρ_1——仪器测定样品计算出的六价铬浓度，mg/L；

ρ_0——仪器测定空白计算出的六价铬浓度，mg/L；

F——样品稀释倍数。

9.2 结果表示

测定结果的小数点位数与检出限保持一致，保留到小数点后3位。

10 精密度和准确度

10.1 精密度

6家实验室分别对三个不同浓度的标准样品（0.04 mg/L、0.253 mg/L±0.011 mg/L、0.4 mg/L）以及实际样品（地表水、地下水、海水、生活污水）加标0.1 mg/L的水样进行了6次重复测定。三个不同浓度标准样品的实验室内相对标准偏差分别为0.5%～4.1%、0.3%～2.7%、0.1%～1.5%；实验室间相对标准偏差分别为5.2%、1.4%、1.5%；重复性限（r）分别为0.002 mg/L、0.012 mg/L、0.011 mg/L；再现性限（R）分别为0.006 mg/L、0.015 mg/L、0.019 mg/L。地表水、地下水、海水、生活污水加标0.1 mg/L样品的实验室内相对标准偏差分别为0.5%～1.5%、0.4%～2.2%、0.6%～2.7%、0.4%～3.4%；实验室间相对标准偏差分别为3.1%、2.8%、2.1%、2.1%；重复性限（r）分别为0.002 mg/L、0.003 mg/L、0.005 mg/L、0.005 mg/L；再现性限（R）分别为0.009 mg/L、0.008 mg/L、0.006 mg/L、0.007 mg/L。

两家实验室对加标浓度分别为0.1 mg/L、0.2 mg/L、0.3 mg/L的工业废水样品进行了6次重复测定，三个不同加标浓度样品的实验室内相对标准偏差分别为2.2%～5.6%、2.1%～4.0%、3.5%～3.9%。

10.2 准确度

6家实验室对三个不同浓度的标准样品（0.04 mg/L、0.253 mg/L±0.011 mg/L、0.40 mg/L）进行了6次重复测定，测定的相对误差分别为-1.3%、-0.7%、-0.05%，相对误差最终值分别为-1.3%±10.2%、-0.7%±2.8%、-0.05%±3.0%。6家实验室对地表水、地下水、海水、生活污水样品加标0.1 mg/L的水样进行了6次重复测定，地表水加标回收率为95.5%～102%，标准偏差为3.0%，加标回收率最终值为98.2%±6.0%；地下水加标回收率为96.2%～103%，标准偏差为2.7%，加标回收率最终值为99.7%±5.4%；海水加标回收率为80.5%～84.3%，标准偏差为1.7%，加标回收率最终值为82.7%±3.4%；生活污水水加标回收率为90.3%～101%，标准偏差为3.5%，加标回收率最终值为96.4%±7.0%。

两家实验室加标浓度分别为0.1 mg/L、0.2 mg/L、0.3 mg/L的工业废水样品进行了6次重复测定，三个不同加标浓度样品的加标回收率分别为83.7%～85.3%、82.9%～86.0%、89.3%～95.8%。

11 质量保证和质量控制

11.1 每20个样品或每批次（少于20个样品/批）应分析1个平行样，水样测定结果等于或低于测定下限（0.016 mg/L）时，绝对偏差应小于测定下限；测定结果大于测定下限时，相对偏差应在±10%以内。

11.2　各工作曲线应至少包括 6 个浓度点（含零浓度点），相关系数 $r \geqslant 0.995$。

11.3　可采用有证标准样品对分析结果准确性进行质量控制。

11.4　仪器应记录检测过程条件实现情况。

12　废物处理

现场实验中产生的废液和废物应集中收集，带回实验室，委托有资质的单位进行处理。

13　注意事项

13.1　每次分析完毕后，用纯水对管路进行清洗。

13.2　废液桶要密封，防止乙醇挥发。

水质　综合毒性的测定　现场快速监测发光细菌法（试行）

1　适用范围

本方法规定了测定水质综合毒性的现场快速监测发光细菌法。

本方法适用于对地表水、地下水、生活污水和工业废水综合毒性的快速测定。

2　规范性引用文件

本方法引用了下列文件或其中的条款。凡是注日期的引用文件，仅所注日期的版本适用于本文件。凡是不注日期的引用文件，其最新版本（包括所有的修改单）适用于本文件。

ISO 11348-3　水质检测-水样对费氏弧菌发光的抑制效应的测定

ISO 5667-16　水质-样品的生物测试指南

GB/T 15441　水质急性毒性的测定发光细菌法

SN/T 5103　国境口岸饮用水生物毒性发光细菌检测方法

HJ/T 91　地表水和污水监测技术规范

HJ/T 91.1　污水监测技术规范

HJ/T 164　地下水环境监测技术规范

HJ 589　突发环境事件应急监测技术规范

3　术语和定义

3.1　发光细菌　luminescent bacteria

发光细菌是一类非致病的革兰氏兼性厌氧微生物，在适当条件下能发射出肉眼可见的蓝绿色光，且发光强度与其接触的毒物浓度在一定的浓度范围内有对应关系。常用的菌种有明亮发光杆菌、费氏弧菌等。

3.2　相对发光强度　relative luminous intensity

加入样品的受试发光细菌发光强度与对照发光强度的比值，单位为%。

3.3　抑制率　inhibition rate

加入样品的受试发光细菌发光强度相对于对照发光强度的衰减百分比，数值上等于“1-相对发光强度”，单位为%。本方法使用抑制率表征毒性。

4　方法原理

利用发光细菌（明亮发光杆菌、费氏弧菌等）与样品有毒物质接触反应一定的时间后，可影响或干扰细菌的新陈代谢，使细菌的发光强度下降，其对发光强度的抑制程度与所受有毒有害物质的毒性及浓度有对应关系，光强度的变化可以用生物发光检测仪检测。

5 干扰和消除

5.1 挥发性物质、与稀释水反应的物质或者测试过程中状态发生改变的物质，可能会影响测试结果或者导致重复性结果差异增大。对于含不可溶解、微溶物质的样品或者悬浮溶液，通过离心或者过滤去除干扰。

5.2 由于光吸收或者光散射导致的光损失可能在高色度或者混浊溶液中发生，浊度较高的样品应该进行 1 个小时的沉淀处理。本方法只能测定包括色度影响在内的综合毒性。

5.3 因为生物发光需要溶解氧浓度大于 0.5 mg/L，高需氧量或低溶解氧浓度的样品可能导致溶解氧不足，并产生抑制作用。因此，本方法只能测定包括溶解氧影响在内的综合毒性。

5.4 易于生物降解的有机营养物质污染会导致生物发光的减弱或升高。因此，本方法只能测定包括有机营养物质在内的综合毒性。

5.5 经消毒处理的生活污水或饮用水中含有余氯，余氯对发光细菌杀灭作用明显，因此在测定不包含氯影响的毒性效应时，应通过加入浓度为 0.8 mg/L 的硫代硫酸钠除氯后再测定毒性。

5.6 在初始样品中，加上实验中需要加入的盐之后，含盐浓度超过 30 g/L 氯化钠或者形成同样渗透压的其他成分，会导致高渗透压。为避免此类干扰，调节渗透压后的样品不应该超过相当于 35 g/L 氯化钠的渗透压。

5.7 对于抑制率较高的高毒或剧毒样品，可进行稀释后再次测定其毒性，并记录和报告其稀释倍数和稀释后毒性。

6 试剂和材料

6.1 发光细菌

费氏弧菌冻干粉或者明亮发光杆菌冻干粉，毒性测量所用细菌悬浮物来自商业化冻干细菌，可在−20℃储存。细菌在复活以后立即开始生长，并且可以用于测试。使用时需用复苏液将菌种冻干粉复苏活化，置于 2～5℃环境中保存，并按照厂家使用说明书使用。发光细菌使用前应先进行质量控制。

6.2 参比用水

蒸馏水或超纯水或经验证过的瓶装水。

6.3 氯化钠溶液

30%（*m*/*V*）的 NaCl 溶液，配制时将 30 g NaCl 固体溶解于 100 ml 的去离子水或由超纯水机制备符合国家标准或行业标准的纯水中。

注：NaCl 溶液浓度可根据所用发光菌不同进行调整。

6.4 七水硫酸锌

6.4.1 七水硫酸锌母液（ρ=1 000 mg/L，以 Zn^{2+}计）

用万分之一分析天平准确称取密封保存良好的七水硫酸锌 4.415 4 g 移入 1 000 ml 容量瓶，定容至刻度，置于 2～5℃冰箱备用，保存期 6 个月。

6.4.2 七水硫酸锌使用液（ρ=2 mg/L，以 Zn^{2+}计）

移取 2 ml 七水硫酸锌母液（6.4.1）于 1 000 ml 容量瓶，定容至刻度。

7 仪器和设备

7.1 毒性测定仪。

7.2 测试管（与毒性测定仪可配套使用）。

7.3 精密移液器，200 µl 和 1 000 µl。

7.4 天平：精度为 0.000 1 g。

8 样品采集和处理

8.1 样品的采集和保存

取样应该在符合 ISO 5667-16 标准的化学惰性，洁净容器中进行。完全充满容器并且密封。毒性测定应在采样后 6 h 内进行。应在 2～5℃下保存样品，但不得超过 24 h，报告中应写明水样采集时间和测定时间。不要使用化学物质保存样品，进行必要的 pH 调节并且在测试之前加入盐。

8.2 样品预处理

测量所有样品的 pH。如果 pH 在 6～8.5，一般没有必要调节。pH 的调节可能改变样品的性质。如果有必要，通过加入盐酸或者氢氧化钠将样品的 pH 调节到 7.0±0.2；选择盐酸或者氢氧化钠的浓度，以限制加入的体积不多于总体积的 5%。若进行 pH 调节，在报告里写明水样的原始 pH。对于含固体悬浮物的样品须离心或过滤去除，以免干扰测定。

9 分析步骤

9.1 测定条件

环境温度：10～28℃，最佳温度为（20±5）℃，若仪器自带控温可放宽至仪器测试所需温度范围。

相对湿度：≤90%RH。

所有测试器皿及试剂、溶液应提前达到测试所需温度要求。

电源：电池供电或 AC（220±22）V 直插。

电源频率：50 Hz±1 Hz。

9.2 测定模式

9.2.1 国标测试模式

a）打开毒性仪电源，静置等待仪器预热完成。

b）根据不同毒性仪规格按照厂家说明书设定仪器，使适用于国标测试模式。

c）测试管加入盐溶液，用移液器在检测管中加入 200 μl 氯化钠溶液（6.3）。

d）测试管中加入样品，根据测试需求，用 1 000 μl 精确移液器向不同的检测管中加入 1 800 μl 参比水、水样。

e）用 200 μl 移液器移取 50 μl 发光细菌（6.1），加入到各个检测管中，迅速将检测管放置于仪器中，利用计时器，读取参比水、水样检测管 15 min 后的发光强度。

注：具体反应体积根据不同厂家要求可变化。

9.2.2 ISO 测试模式

a）打开毒性仪电源，静置等待仪器预热完成。

b）根据不同毒性仪规格，按照厂家说明书设定仪器，使其适用于 ISO 测试模式。

c）用移液器在检测管中加入 100 μl 氯化钠溶液（6.3）。

d)测试管中加入样品，根据测试需求，用 1 000 μl 移液器向不同的检测管中加入 900 μl 参比水、水样。

e）另取干净烘干的测试管，置于毒性仪检测位置，用 200 μl 移液器取 100 μl 发光菌种菌悬液(6.1)悬浮液打入测试管中，根据仪器说明检测菌种悬浮液的初始发光强度(I_0/I_1)。

f）将通过步骤 c）和 d）调节好盐浓度的参比水、水样，用 1 000 μl 移液器加入 900 μl 到检测管中，与 100 μl 菌种悬浮液混合均匀。根据实际测试需要，用毒性测定仪读取参比水、水样与菌悬液反应时间 5 min、15 min 或 30 min 的发光强度。

注：具体反应体积根据不同厂家要求可变化。

10 结果计算与表示

10.1 国标测试模式

使用式（1）计算样品的相对发光强度，使用式（2）计算样品的毒性（抑制率）。

$$\text{相对发光强度（\%）}=\frac{\text{测试样品15 min后的发光强度}}{\text{参比样15 min后的发光强度}} \quad (1)$$

$$\text{抑制率（\%）}=1-\text{相对发光强度（\%）} \quad (2)$$

10.2 ISO 测试模式

使用式（3）计算校正因子。

$$f_t = I_{kt} / I_0 \quad (3)$$

式中：f_t——反应时间为 5 min、15 min 或 30 min 的校正因子，如有多个参比水，则取 f_t 的平均值 $\overline{f_t}$；

I_{kt}——参比样与菌种悬浮液反应时间 5 min、15 min 或 30 min 的发光强度；

I_0——参比样与菌种悬浮液反应时间 0 min 的发光强度。

使用式（4）计算样品与菌种悬浮液反应时间为 0 min 时发光强度的校正值 I_{ct}。

$$I_{ct} = \overline{f_t} \times I_1 \tag{4}$$

式中：I_0——标样或样品与菌种悬浮液反应时间 0 min 的发光强度；

I_{ct}——标样或样品与菌种悬浮液反应时间为 0 min 时发光强度的校正值。

使用式（5）计算样品的毒性。

$$H_t = \frac{I_{ct} - I_{Tt}}{I_{ct}} \times 100 \tag{5}$$

式中：H_t——标样或样品与菌种悬浮液反应时间为 5 min、15 min 或 30 min 时的毒性；

I_{ct}——标样或样品与菌种悬浮液反应时间为 0 min 时发光强度的校正值；

I_{Tt}——标样或水样与菌种悬浮液反应时间为 5 min、15 min 或 30 min 时的发光强度值。

10.3 结果表示

报告样品毒性值时应同时报告使用菌种和测试模式，并参考表 1 判断毒性级别。地表水和地下水的毒性预警级别应为低毒以下，经过处理的生活污水排放标准毒性级别应为低毒以下，工业废水的排放标准毒性级别应为中毒以下。

表 1 水样毒性级别

抑制率（H_t）/%	毒性级别
抑制率（H_t）≤10	无毒
10≤抑制率（H_t）<30	低毒
30≤抑制率（H_t）<50	中毒
50≤抑制率（H_t）<70	重毒
70≤抑制率（H_t）<100	高毒
抑制率（H_t）=100	剧毒

11 精密度

使用 Zn^{2+} 的终浓度为 2 mg/L 的 $ZnSO_4 \cdot 7H_2O$ 标准样品，连续测定 6 次，测试数据的相对标准偏差≤10%。

实际水样测定时，6 组有毒水样毒性相对偏差的绝对值≤±15%，6 组无毒水样毒性极差≤15%。

12 质量保证和质量控制

暗计数和水样测试的精密度质量控制应现场进行，每个样点测试均应进行。菌种冻干粉的质量控制、阴性质控和阳性质控为水样检测当天在现场进行一次测试。

12.1 菌种冻干粉的质量控制

a）菌种冻干粉为乳白色的蓬松轻质固体，能迅速溶解于复苏液中，液体呈均匀乳白色，若发现冻干粉发黄，不溶解等现象请勿使用。

b）菌种冻干粉需冷冻保存，复苏后的菌液要冷藏保存并尽快使用，因为冻干粉和菌液在高温环境中容易失效。

c）菌种冻干粉在运输过程中需全程冷冻，添加足量的干冰或冰袋来保质，采用隔温材料进行包装。到达目的地后尽快放置于−20℃环境中保存。

d）将菌种冻干粉按照操作说明书复苏后，在首次使用前对复苏的菌悬液使用光亮直读模式进行测定，若光子量不小于 50 000 $^{s-1}$ 则视为质量合格。

12.2 暗计数

a）仪器开机预热。

b）设置仪器测试模式为待使用的测试模式。

c）测试仪器在暗室情况下的读值，连续读取 36 个值，测试值均不得大于 300 $^{s-1}$。

12.3 阴性质控

12.3.1 国标测试模式

a）准备测试用的参比样和阴性质控样，实验进行 6 个平行。

b）根据不同毒性仪规格按照厂家说明书设定仪器，使适用于国标测试模式。

c）确定测试所需测试管数量，置于平面上，用 200 μl 移液器向各测试中加入 200 μl 氯化钠溶液（6.3），用 1 000 μl 移液器向测试管中加入两次共计 1 800 μl 的参比样和阴性质控样，总体积为 2 ml。

d）用 200 μl 移液器抽取 50 μl 菌种悬浮液，分别加入到 c（含 3%氯化钠的参比样和阴性质控样）中，轻微摇晃后，迅速放入对应毒性仪检测室孔位中进行测试。

e）15 min 后读取毒性值，阴性质控毒性的绝对值应不超过 5%。

注：具体反应体积根据不同厂家要求可变化。

12.3.2 ISO 测试模式

a）配制含 3%氯化钠的参比样、阴性质控样各 1 ml。确定所需测试管数量，置于平面上，用 200 μl 移液器向各测试管中加入 100 μl 氯化钠溶液（6.3），然后用 1 000 μl 移液器向测试管中分别加入 900 μl 参比样和阴性质控样，实验进行 6 个平行。

b）根据不同毒性仪规格，按照厂家说明书设定仪器，使其适用于 ISO 测试模式。

c）取干净测试管置于仪器检测室内，用 200 μl 移液器向每个测试管中加入 100 μl 的菌种悬浮液，轻轻摇晃，使菌液平铺在底部。操作仪器读取初始发光强度值。

d）初始发光强度值读取完成后，用 1 000 μl 移液器抽取 900 μl 含 3%氯化钠的参比样和阴性质控样，按照顺序加入到检测室中的测试管中与菌种进行反应。

e）根据实际测试需求，读取 5 min、15 min 或 30 min 后的毒性值，阴性质控毒性的绝对值不应超过 5%。

注：具体反应体积根据不同厂家要求可变化。

12.4 阳性质控

12.4.1 国标测试模式

a）准备测试用的参比样和阳性质控样，实验进行 6 个平行。

b）根据不同毒性仪规格按照厂家说明书设定仪器，使适用于国标测试模式。

c）确定测试所需测试管数量，置于平面上，用 200 μl 移液器向各测试管中加入 200 μl 氯化钠溶液（6.3），用 1 000 μl 移液器向测试管中加入两次共计 1 800 μl 的参比样和阳性质控样，总体积为 2 ml。

d）用 200 μl 移液器抽取 50 μl 菌种悬浮液，分别加入到 c（含 3%氯化钠的参比样和阳性质控样）中，轻微摇晃后，迅速放入对应毒性仪检测室孔位中进行测试。

e）15 min 后读取毒性值，阳性质控毒性应大于等于 60%。

注：具体反应体积根据不同厂家要求可变化。

12.4.2 ISO 测试模式

a）配制含 3%氯化钠的参比样，阳性质控样各 1 ml。确定所需测试管数量，置于平面上，用 200 μl 移液器向各测试管中加入 100 μl 的氯化钠溶液（6.3），然后用 1 000 μl 移液器向测试管中分别加入 900 μl 参比样和阳性质控样，实验进行 6 个平行。

b）根据不同毒性仪规格，按照厂家说明书设定仪器，使其适用于 ISO 测试模式。

c）测试初始光子值，取干净测试管置于仪器检测室内，用 200 μl 移液器向每个测试管中加入 100 μl 的菌种悬浮液，轻轻摇晃，使菌液平铺在底部。操作仪器读取初始发光强度。

d）初始发光强度值读取完成后，用 1 000 μl 移液器抽取 900 μl 含 3%氯化钠的参比样和阳性质控样，按照顺序加入到检测室中的测试管中与菌种进行反应。

e）根据实际需求，读取 5 min、15 min 或 30 min 后的毒性值，阳性质控毒性应大于等于 60%。

注：具体反应体积根据不同厂家要求可变化。

水质 22 种元素的测定 现场快速监测车载电感耦合等离子体质谱法（试行）

警告：配制及测定铍、砷、镉等剧毒致癌物质的标准溶液时，应避免与皮肤直接接触。实验中使用的硝酸、盐酸等具有强烈的腐蚀性和刺激性，试剂配制和样品前处理过程应在通风环境下进行；操作时应按要求佩戴防护器具，避免吸入呼吸道或接触皮肤和衣物。

1 适用范围

本标准规定了测定水中 22 种元素的现场车载式电感耦合等离子体质谱法。

本标准适用于地表水、地下水、生活污水和工业废水中铍、硼、铝、钛、钒、铬、锰、铁、钴、镍、铜、锌、砷、硒、钼、银、镉、锑、钡、汞、铊、铅等元素的现场快速定量分析。

本标准测定 22 种元素的方法检出限为 0.010 3～0.496 μg/L，测定下限为 0.041～1.98 μg/L，22 种元素的方法检出限与定量下限详见附录 B。

2 规范性引用文件

本标准引用了下列文件或其中的条款。凡是不注日期的引用文件，其有效版本适用于本标准。

GB 3838 地表水环境质量标准

GB/T 6682 分析实验室用水规格和试验方法

HJ/T 91 地表水与污水监测技术规范

HJ/T 164 地下水环境监测及技术规范

HJ 493 水质 样品的保存和管理技术规定

HJ 589 突发环境事件应急监测技术规范

HJ 677 水质金属总量的消解硝酸消解法

HJ 678 水质金属总量的消解微波消解法

HJ 700 水质 65 种元素的测定电感耦合等离子体质谱法

3 术语和定义

下列术语和定义适用于本标准。

3.1 可溶性元素

指未经酸化的样品，经 0.45 μm 滤膜过滤后测得的元素含量。

3.2 元素总量

指未经过滤的样品，经消解后测得的元素含量。

3.3 抽真空时间

移动监测车到达现场后，开机抽真空达到点火分析标准所需的时间。

3.4 同位素精密度

质谱仪在较短时间内连续测量同一样品某种元素的一种同位素与该元素另一种同位素丰度比值的稳定程度，一般以连续 10 次测定结果的相对标准偏差表示。

3.5 灵敏度

单位浓度的元素在质谱仪检测器上得到的信号响应。

3.6 短期稳定性

质谱仪在较短时间内连续测量同一样品结果的稳定程度。一般以 20 min 内所测得结果的相对标准偏差表示。

4 仪器和设备

4.1 车载电感耦合等离子体质谱分析系统

车载电感耦合等离子体质谱分析系统由车载电感耦合等离子体质谱分析仪（以下简称“分析仪器”）和车载改装两部分组成。

车辆改装为分析仪提供全面的操作功能区间以及完善的水、电、气、空调系统等实验室保障条件，独立配置分体式冷却循环水机，制冷功率需大于 2 500 W，满足仪器制冷要求，散热器需要放置在车外良好散热部位，防止水机热量排在车厢内，影响车厢温度控制。

分析仪器需要具有专门减震设计，满足路谱振动测试要求，应对四级公路以上路况行驶要求；为保障应急现场快速使用；进样系统配置氩气自动稀释功能，稀释范围 1～100 倍，满足不同水体中不同浓度范围的分析需求。

4.2 进样方式

车载电感耦合等离子体质谱分析系统配置自动采水预处理单元，实现从应急现场自动采水预处理之后连续分析，同时也支持手动采水处理分析。自动采水预处理单元由样品预处理模块、自动过滤模块、高温全自动消解模块组成。

样品预处理模块采用沉降、初过滤的方式去除水中的大颗粒物质，自动过滤模块金属烧结过滤器过滤，并配备超声波清洗装置防止过滤器堵塞，高温全自动消解模块最高工作温度 260℃，最高工作压力 20 MPa。可实现水质重金属元素全元素可溶态和元素总量的测定。

4.3 分析模式

软件支持实验室分析模式、在线分析模式和全自动分析模式，软件应具有污染物快速筛查功能。

4.4　供电模式

移动监测车可提供选择使用高容量锂电池、静音发电机和市电多种供电方式，以应对现场检测可能存在电力短缺的状况。

5　方法原理

水样经自动采水预处理单元处理后，采用电感耦合等离子体质谱仪检测，根据元素的质谱图或者特征离子进行定性，内标法定量。样品由载气带入雾化系统进行雾化后，以气溶胶的形式进入等离子体轴向通道，在高温和惰性气体中被充分去溶、蒸发、原子化、激发和电离化，转化成带电荷的正离子经离子采集系统进入质谱仪，质谱仪根据离子的质荷比即元素的质量数进行分离并定性、定量分析。

6　环境适应性

6.1　温度和湿度

仪器设备至少应保证车内环境温度在 18～24℃内正常工作；仪器设备应保证在车内相对湿度 20%～60%的环境下能够正常工作。

6.2　移动稳定性

移动监测车可在四级公路以上路况行驶 100 km 以上距离后到达指定地点，仪器开机真空可在 15 min 内达到分析标准，且各项性能指标达到分析要求，如表 1 所示。

表 1　仪器主要性能指标

序号	性能指标		要求	测试方法
1	开机抽真空时间		≤3×10^{-6} mbar（15 min）	附录 A.1
2	同位数精密度（$^{235}U/^{238}U$）		≤0.2%	附录 A.2
3	灵敏度	Li	≥10 M cps（mg/L）	附录 A.3
		Co	≥20 M cps（mg/L）	
		In	≥60 M cps（mg/L）	
		U	≥80 M cps（mg/L）	
4	短期稳定性（RSD）	Li	≤3%（20 min）	附录 A.4
		Co		
		In		
		U		

7　试剂和材料

除非另有说明，分析时均使用符合国家标准的分析纯试剂。

7.1 去离子水：电阻率≥18 MΩ·cm，其余指标满足 GB/T 6682 中的一级标准。

7.2 硝酸：ρ（HNO_3）=1.42 g/ml，优级纯或优级纯以上，必要时经纯化处理。

7.3 盐酸：ρ（HCl）=1.19 g/ml，优级纯或优级纯以上，必要时经纯化处理。

7.4 硝酸溶液：1+99。

7.5 硝酸溶液：2+98。

7.6 硝酸溶液：1+1。

7.7 盐酸溶液：1+1。

7.8 标准溶液。

7.8.1 单元素标准储备溶液：ρ=1.00 mg/ml。

可用光谱纯金属（纯度大于 99.99%）或其他标准物质配成浓度为 1.00 mg/ml 的标准储备溶液，根据各元素的性质选用合适的介质（参见附录表 C.3 混合标准储备溶液分组推荐的保存介质），也可购买有证标准溶液，4℃下可存放一年。

7.8.2 混合标准储备溶液

可购买有证混合标准溶液，也可根据元素间相互干扰的情况、标准溶液的性质以及待测元素的含量，将元素分组配制成混合标准储备溶液（参见附录表 C.3 混合标准储备溶液分组推荐的保存介质），4℃下可存放半年。

注 1：所有元素的标准储备溶液配制后均应在密封的聚乙烯或聚丙烯瓶中保存。

注 2：包含元素 Ag 的溶液需要避光保存。

7.8.3 混合标准使用溶液

可购买有证混合标准溶液，也可根据元素间相互干扰的情况、标准溶液的性质以及待测元素的含量，用硝酸溶液（7.5）稀释元素标准储备液（7.8.1 或 7.8.2），将元素分组配制成混合标准使用溶液，元素混合使用溶液浓度为 1 mg/L，4℃下可存放 90 d。

7.9 内标标准储备溶液ρ=100 μg/L

宜选用 ^{6}Li、^{72}Ge、^{89}Y、^{103}Rh、^{115}In、^{185}Re、^{209}Bi 为内标元素（内标元素的选取可参考附录表 B.4）。可直接购买有证标准溶液，用硝酸溶液（7.4）稀释至 100μg/L，4℃下可存放半年。

7.10 内标标准使用溶液

用硝酸溶液（7.4）稀释内标储备液（7.9），配制内标标准使用溶液。由于不同仪器采用不同内径蠕动泵管在线加入内标，致使内标进入样品中的溶度不同，故配制内标使用液浓度时考虑使内标元素在样液中的浓度为 5～50 μg/L，4℃下可存放 90 d。

7.11 质谱仪调谐溶液：ρ=100 μg/L。

宜选用含有 Li、Co、In、U 元素为质谱仪的调谐溶液。可直接购买有证标准溶液，加入 0.5%盐酸溶液（7.3），用硝酸溶液（7.4）稀释至 10μg/L，4℃下可存放 90 d。

8　样品

8.1　样品采集

样品的采集参照 HJ/T 91 和 HJ/T 164 的相关规定执行，可溶性元素样品和元素总量样品分别采集。

8.2　样品保存

可溶性元素样品采集后立即用 0.45 μm 滤膜过滤，弃去初始的滤液 50 ml，用少量滤液清洗采样瓶，收集所需体积的滤液于采样瓶中，加入适量硝酸（7.2）将酸度调至 pH＜2。

元素总量样品的保存参照 HJ 493 的相关规定进行，样品采集后，加入适量硝酸（7.2）将酸度调至 pH＜2。

8.3　试样的制备

8.3.1　可溶性元素

样品处理方法见 8.2。

8.3.2　元素总量

准确量取 45 ml 摇匀后的样品（8.2）于消解罐中，加入 4.0 ml 浓硝酸（7.2）和 1.0 ml 浓盐酸（7.3）（可根据微波消解罐的体积等比例减少取样量和加入的酸），在 170℃下微波消解 10 min。消解完毕，冷却至室温后，将消解液移至 100 ml 容量瓶中。

注 1：消解测定 Hg 元素，可加入一定浓度金溶液。

注 2：对于有机物含量较高的样品，酌情加入适量的过氧化氢。

8.4　空白试样的制备

用去离子水代替样品，按照与试样的制备（8.3）相同的步骤进行实验室空白试样的制备。

9　分析步骤

9.1　测量条件

9.1.1　参考操作条件

不同型号的仪器其最佳工作条件不同，标准模式、碰撞/反应模式等应按照仪器使用说明书进行操作。

9.1.2　开机准备

移动监测车到达应急监测现场后，首先接通电源，启动支撑腿，保证车体平稳；启动车载电感耦合等离子体质谱仪，15 min 内抽真空达到分析标准，然后点燃等离子体，进行简单调谐稳定，即可进行样品分析。

9.1.3　校准曲线的建立

依次配制一系列待测元素标准溶液，可根据测量需要调整校准曲线的浓度范围。在容量瓶中取一定体积的标准使用液（7.8.3），使用硝酸溶液（7.4）配制系列标准曲线，建议浓度如下。

表 1 各元素浓度梯度配制

单位：μg/L

元素		标准 1	标准 2	标准 3	标准 4	标准 5	标准 6
铍	Be	0	0.5	1.0	2	5	20
硼	B	0	25	50	100	250	1 000
铝	Al	0	25	50	100	250	1 000
钛	Ti	0	5	10	20	50	200
钒	V	0	5	10	20	50	200
铬	Cr	0	5	10	20	50	200
铁	Fe	0	25	50	100	250	1 000
锰	Mn	0	5	10	20	50	200
钴	Co	0	25	50	100	250	1 000
镍	Ni	0	5	10	20	50	200
铜	Cu	0	25	50	100	250	1 000
锌	Zn	0	25	50	100	250	1 000
砷	As	0	5	10	20	50	200
硒	Se	0	2.5	5	10	25	100
钼	Mo	0	5	10	20	50	200
银	Ag	0	5	10	20	50	200
镉	Cd	0	1	2	4	10	40
锑	Sb	0	1	2	4	10	40
钡	Ba	0	25	50	100	250	1 000
汞	Hg	0	0.1	0.2	0.4	1	4
铊	Tl	0	0.1	0.2	0.4	1	4
铅	Pb	0	5	10	20	50	200

内标元素标准使用溶液（7.10）可直接加入工作溶液中，也可在样品雾化之前通过蠕动泵自动加入。内标的浓度应远高于样品自身所含内标元素的浓度，常用的内标元素及浓度范围见 7.10。用 ICP-MS 测定标准溶液，以标准溶液浓度为横坐标，以样品信号与内标信号的比值为纵坐标建立校准曲线。用线性回归分析方法求得其斜率用于样品含量计算试样测定。

9.2 试样测定

按照与校准曲线的建立（9.1）相同的步骤（或者：相同的仪器条件）进行试样（8.3）的测定。

每个试样测定前，先用硝酸溶液（7.5）冲洗系统直到信号降至最低，待分析信号稳定后才可开始测定。试样测定时应加入与绘制校准曲线时相同量的内标元素标准使用溶液（7.10）。若样品中待测元素浓度超出校准曲线范围，需用硝酸溶液（7.4）稀释后重新测定，

稀释倍数为 f。试样溶液基体复杂，多原子离子干扰严重时，可通过附录 C.2 所列的校正方程进行校正，也可根据各仪器厂家推荐的条件，通过碰撞/反应池模式技术进行校正。

9.3 空白试验

按照与试样测定（9.2）相同的步骤（或者：相同的仪器条件）进行（实验室）空白试样（8.4）的测定。

10 结果计算与表示

10.1 结果计算

样品中元素含量，按照式（1）进行计算：

$$\rho=(\rho_1-\rho_2)\times f \tag{1}$$

式中：ρ——样品中元素的浓度，μg/L 或 mg/L；

ρ_1——稀释后样品中元素的质量浓度，μg/L 或 mg/L；

ρ_2——稀释后实验室空白样品中元素的质量浓度，μg/L 或 mg/L；

f——稀释倍数。

10.2 结果表示

测定结果小数位数与方法检出限保持一致，最多保留 3 位有效数字。

11 精密度和准确度

11.1 精密度

六家实验室对含 22 种元素浓度为 0.08～20.0 μg/L、0.80～200 μg/L 和 2.0～500 μg/L 的标准溶液进行了直接测定：

实验室内相对标准偏差分别为 0.3%～5.2%、0.1%～2.2%和 0.1～8.6%。

实验室间相对标准偏差分别为 2.8%～9.3%、1.1%～6.1%和 1.2%～6.0%。

重复性限为 0.003～1.5 μg/L、0.02～7.1 μg/L 和 0.04～15 μg/L。

再现性限为 0.01～5.2 μg/L、0.04～26 μg/L 和 0.1～82 μg/L。

11.2 准确度

六家实验室对地表水样品进行可溶性元素的加标回收实验，地表水可溶性元素的加标回收率范围为 95.0%～104%，加标回收率最终值为 95.0%±10.2%～104%±14.8%。

水处理设施出水进行可溶性元素的加标回收实验，水处理设施出水可溶性元素加标回收率范围为 93.8%～103%，加标回收率最终值为 93.8%±22.0%～103%±5.5%。

地表水样品进行元素总量的加标回收实验，地表水元素总量的加标回收率范围为 93.2%～103%，加标回收率最终值为 93.2%±6.9%～103%±4.2%。

水处理设施出水样品进行元素总量的加标回收实验，水处理设施出水元素总量的加标回收率范围为 87.6%～104%，加标回收率最终值为 87.6%±7.5%～104%±11.3%。

精密度和准确度结果统计见附录 D.1～D.3。

12 质量保证和质量控制

12.1 标准曲线：每次分析样品均应绘制校准曲线。通常情况下，校准曲线的相关系数应达到 0.999 以上。

12.2 内标：在每次分析中必须监测内标的强度，试样中内标的响应值应介于校准曲线响应值的 70%～130%，否则说明仪器发生漂移或有干扰产生，应查找原因后重新分析。如果发现基体干扰，需要进行稀释后测定：如果发现样品中含有内标元素，需要更换内标或提高内标元素浓度。

12.3 空白：每批样品应至少做一个全程序空白及实验室空白。空白值应符合下列的情况之才能被认为是可接受的：（1）空白值应低于方法检出限；（2）低于标准限值的 10%；（3）低于每一批样品最低测定值的 10%。否则须查找原因，重新分析直至合格之后才能分析样品。

12.4 实验室控制样品：在每批样品中，应在试剂空自中加入每种分析物质，其加标回收率应为 80%～120%；也可以使用有证标准样品代替加标，其测定值应在标准要求的范围。

12.5 基体加标和基体重复加标：每批样品应至少测定一个基体加标和一个基体重复加标，测定的加标回收率应为 70%～130%；两个基体重复加标样品测定值的偏差在 20%以内若不在范围内，应考虑存在基体干扰，可采用稀释样品或增大内标浓度的方法消除干扰。

12.6 平行样：每批样品应至少测定 10%的平行双样，样品数量少于 10 个时，应测定一个平行双样；做平行样时，两个平行样品测定结果的相对偏差应小于等于 20%。

13 废物处理

实验中产生的废液应集中收集，并清楚地做好标记贴上标签，如“有毒废液（重金属）”，委托有资质的单位进行处理。

14 注意事项

14.1 实验所用器皿，在使用前须用硝酸溶液（6.6）浸泡至少 12 h 后，用去离子水冲洗干净后方可使用。

14.2 现场监测记录应按照格式规范记录，保证信息完整，包括环境条件、分析方法、分析日期、样品类型、仪器名称、仪器型号、仪器编号、测定结果、分析人员、校核人员、审核人员签名等。

14.3 丰度较大的同位素会产生拖尾峰，影响相邻质量峰的测定。可调整质谱仪的分辨率以减少这种干扰。

14.4 在连续分析浓度差异较大的样品或标准品时，样品中待测元素（如硼等元素）易沉积并滞留在真空界面、喷雾腔和雾化器上会导致记忆干扰，可通过延长样品间的洗涤时间来避免这类干扰的发生。

14.5 配制汞标准溶液，加入 1.0 mg/L 金溶液，形成金汞齐，增加汞稳定性；采用 1.0 mg/L 金溶液，冲洗进样系统，消除汞记忆效益。

14.6 车辆运行过程中，仪器需要断电，真空泵停止运行，进样系统拆卸，包装好，防止运输过程中碰撞；仪器自带真空维持技术，到达现场，真空开启 30 min 可满足分析要求。

14.7 应急监测仪表应定期进行检定/校准或核查，并进行日常维护、保养，确保仪器设备始终保持良好的技术性能。

14.8 应定期开展现场快速检测与实验室测定结果比对，以确保现场应急检测数据的准确性。

附录 A
（资料性附录）
性能指标测试

1 抽真空时间

移动监测车经长途开赴现场后，开机抽真空达到分析标准所需时间。

2 同位素精密度

仪器现场开机点火稳定后，以 10 μg/L U 标准溶液进样，用跳峰法检测 $^{235}U/^{238}U$，测量 10 个数据，计算测量结果的相对标准偏差 RSD（%）。

3 灵敏度

仪器现场开机点火稳定后，以 10 μg/L Li、Co、In、U 混合标准溶液进样，测量质量数 7，59，115，238 处的离子计数，驻留时间为 10 ms，通道数为 3，扫描次数为 1，分别测量 20 个数据，取平均值，分别扣除背景噪声后，将结果转换成 Mcps/（mg/L）。

4 短期稳定性

以 10 ug/L Li、Co、In、U 标准溶液混合溶液进样，测量质量数 7，59，115，238 处的离子计数，驻留时间为 10 ms，通道数为 3，扫描次数为 10，在 20 min 内，每 2 min 取一个数据，共计 10 个数据，计算其相对标准偏差 RSD（%）。

$$RSD = \frac{1}{\overline{x}}\sqrt{\frac{\sum_{i=1}^{n}(x_i - \overline{x})^2}{n-1}} \tag{1}$$

式中：RSD——相对标准偏差，%；

x_i——单次测量值；

$\overline{x}$——10 个数据测量平均值；

n——测量次数，n=10。

附录 B
（规范性附录）
方法检出限和测定下限

本方法的检出限和测定下限见表 B。

表 B　方法检出限和测定下限

单位：μg/L

元素	检出限	测定下限	元素	检出限	测定下限
Be	0.010 3	0.041	Zn	0.270	1.08
B	0.496	1.98	As	0.072 9	0.292
Al	0.480	1.92	Se	0.094 6	0.378
Ti	0.108	0.432	Mo	0.024 0	0.096
V	0.035	0.140	Cd	0.016 2	0.065
Cr	0.036	0.144	Sb	0.045 8	0.183
Mn	0.047 1	0.188	Ba	0.077 8	0.311
Fe	0.416	1.66	Tl	0.007 7	0.031
Co	0.014 5	0.058	Pb	0.035 1	0.140
Ni	0.031 1	0.124	Ag	0.020 8	0.083
Cu	0.038 4	0.154	Hg	0.020 5	0.082

附录 C
（资料性附录）
多原子离子的干扰、干扰校正方程、推荐的混合标准储备溶液分组及保存介质、分析物质量与内标物

本方法列出 ICP-MS 测定中常见的多原子离子干扰见表 C.1，常用的干扰校正方程见表 C.2，推荐的混合标准储备溶液分组、分析物质量与内标物分别见表 C.3 和表 C.4。

表 C.1　ICP-MS 测定中常见的多原子离子干扰

分子离子	质量	受干扰元素	分子离子	质量	受干扰元素
$^{31}P^{16}O^+$	47	Ti	$^{40}Ar^{35}Cl^+$	75	As
$^{32}S^{16}O^+$	48	Ti	$^{12}C^{16}O_2{}^+H$	45	Se
$^{32}S^{16}O^1H^+$	49	Ti	$^{40}Ar^{36}Ar^+$	76	Se
$^{31}P^{17}O^1H^+$	49	Ti	$^{40}Ar^{37}Cl^+$	77	Se
$^{35}Cl^{16}O^+$	51	V	$^{40}Ar^{38}Ar^+$	78	Se
$^{34}S^{16}O^1H^+$	51	V	$^{40}Ar^{2+}$	80	Se
$^{34}S^{16}O^+$	50	V，Cr	$^{40}Ar^{40}Ca^{++}$	80	Se
$^{35}Cl^{16}O^1H^+$	52	Cr	$^{81}BrH^+$	82	Se
$^{40}Ar^{12}C^+$，$^{36}Ar^{16}O^+$	52	Cr	$^{79}Br^{16}O^+$	95	Mo
$^{37}Cl^{16}O^+$	53	Cr	$^{81}Br^{16}O^+$	97	Mo
$^{37}Cl^{16}O^1H^+$	54	Cr	$^{81}Br^{16}O^1H^+$	98	Mo
$^{40}Ar^{14}N^+$	54	Cr，Fe	$^{93}Nb^{16}O$	109	Ag
$^{40}Ar^{14}N^1H^+$	55	Mn	ZrO	106～112	Ag，Cd
$^{40}Ar^{16}O^+$	56	Fe	MoO	108～116	Cd
$^{40}Ar^{16}O^1H^+$	57	Fe	$^{40}Ar^{81}Br^+$	121	Sb
TiO	62～66	Ni，Cu，Zn	$^{12}C^{16}O_2{}^+H$	45	Se
$^{40}Ar^{23}Na^+$	63	Cu	$^{40}Ar^{36}Ar^+$	76	Se
$^{31}P^{16}O_2{}^+$	63	Cu	$^{40}Ar^{37}Cl^+$	77	Se
$^{130}Ba^{2+}$	65	Cu	$^{40}Ar^{38}Ar^+$	78	Se
$^{132}Ba^{2+}$	66	Cu	$^{40}Ar^{2+}$	80	Se
$^{134}Ba^{2+}$	67	Cu	$^{40}Ar^{40}Ca^{++}$	80	Se
$^{34}S^{16}O_2{}^+$，$^{32}S_2{}^+$	64	Zn	$^{81}BrH^+$	82	Se

表 C.2　ICP-MS 测定中常用的干扰校正方程

同位素	干扰校正方程
^{51}V	51 M−3.127×（53 M−0.113×52 M）
^{75}As	75 M−3.127×（77 M−0.815×82 M）
^{82}Se	82 M−1.009×83 M
^{98}Mo	98 M−0.146×99 M
^{111}Cd	111 M−1.073×108 M−0.712×106 M
^{114}Cd	114 M−0.027×118 M−1.63×108 M
^{208}Pb	206 M+207 M+208 M

注：1. “M”为元素通用符号。

2. 选用碰撞反应池技术消除干扰时，可忽略上述干扰校正方程。

表 C.3　推荐的混合标准储备溶液分组及保存介质

元素	介质
Al，As，Ba，Be，Cd，Cr，Co，Cu，In，Fe，Pb，Li，Mn，Ni，Se，Ag，Tl，V，Zn，In，Hg	5%硝酸
Rh	10%盐酸及 1%硝酸
B，Ge，Mo，Re，Ti	水及痕量硝酸、痕量氢氟酸

表 C.4 推荐的分析物质量与内标物

元素	质量数	内标	元素	质量数	内标	元素	质量数	内标
银	107	Rh	铜	63/65	Ge	锌	66	Ge
铝	27	^{6}Li	铁	57	Ge	硼	11	^{6}Li
砷	75	Ge	铅	208	Bi	汞	202	Bi
钡	135	Re	锰	55	Ge	钼	95/98	Y
铍	9	^{6}Li	镍	60	Ge	锑	121	Re
镉	111	In	硒	77	Ge	钛	48	Ge
铬	52	Ge	铊	205	Bi			
钴	59	Ge	钒	51	Ge			

附录 D

（资料性附录）

方法的精密度和准确度

六家实验室的精密度、准确度汇总结果见表 D.1、表 D.2 和表 D.3。

表 D.1 精密度汇总

元素	浓度水平	平均浓度/（μg/L）	实验室内相对标准偏差/%	实验室间相对标准偏差/%	重复性 *r*/（μg/L）	再现性 *R*/（μg/L）
Be	低	0.408	1.0～2.1	5.5	0.02	0.07
	中	4.01	0.65～2.1	3.0	0.15	0.36
	高	10.1	0.45～1.7	4.0	0.26	1.2
B	低	19.9	0.59～1.9	5.4	0.60	3.0
	中	193	0.33～2.2	2.1	7.0	13
	高	501	0.26～1.8	2.9	15	43
Al	低	19.9	0.61～1.9	9.3	0.63	5.2
	中	196	0.48～1.4	4.6	7.1	26
	高	486	0.35～1.5	6.0	12	82
Ti	低	3.94	0.26～3.0	4.2	0.20	0.50
	中	39.3	0.39～1.3	4.4	0.84	4.9
	高	98.8	0.54～1.2	4.9	2.52	14
V	低	4.02	0.55～0.7	4.1	0.07	0.46
	中	39.3	0.35～1.1	3.8	0.83	4.3
	高	99.3	0.38～1.2	4.2	2.1	12
Cr	低	4.04	0.26～1.4	6.6	0.08	0.75
	中	39.3	0.38～1.0	4.1	0.74	4.6
	高	99.7	0.46～0.94	4.8	2.1	14
Mn	低	4.06	0.33～1.1	9.8	0.08	1.1
	中	40.0	0.44～0.78	2.7	0.71	3.1
	高	103	0.61～0.86	2.6	2.1	7.6

元素	浓度水平	平均浓度/（μg/L）	实验室内相对标准偏差/%	实验室间相对标准偏差/%	重复性 *r*/（μg/L）	再现性 *R*/（μg/L）
Fe	低	21.1	0.34～4.9	5.0	1.5	3.3
	中	209	0.5～1.0	6.1	4.5	36
	高	504	0.44～0.75	2.3	9.4	34
Co	低	20.0	0.25～1.1	5.6	0.38	3.1
	中	200	0.19～1.3	1.9	3.9	11
	高	510	0.46～0.83	2.5	10	37
Ni	低	4.14	0.62～1.6	3.8	0.12	0.46
	中	40.3	0.41～1.4	2.0	0.93	2.4
	高	100	0.24～0.97	2.1	2.3	6.3
Cu	低	20.2	0.33～1.0	5.1	0.36	2.9
	中	203	0.7～1.4	2.3	5.5	14
	高	508	0.46～1.2	1.8	12	28
Zn	低	21.1	0.39～1.2	7.1	0.46	4.2
	中	205	0.38～1.4	2.8	4.7	16
	高	523	0.55～0.9	3.0	11	45
As	低	4.01	0.85～1.1	4.6	0.10	0.52
	中	40.4	0.26～0.91	2.1	0.78	2.4
	高	102	0.38～0.85	2.1	1.9	6.1
Se	低	2.03	1.55～2.8	6.2	0.18	0.39
	中	20.6	0.31～1.6	2.2	0.66	1.4
	高	52.3	0.52～1.4	3.7	1.3	5.6
Mo	低	3.94	0.65～1.6	5.3	0.11	0.60
	中	39.5	0.49～0.91	2.5	0.88	2.9
	高	100	0.31～0.9	2.7	2.0	7.9
Cd	低	0.812	0.78～1.5	4.1	0.03	0.10
	中	8.16	0.28～1.4	2.4	0.25	0.59
	高	20.6	0.44～0.91	2.4	0.41	1.4
Sb	低	0.821	0.49～2.1	4.0	0.03	0.10
	中	8.02	0.44～1.3	3.5	0.20	0.80
	高	20.1	0.4～0.96	4.0	0.41	2.3
Ba	低	19.8	0.32～1.1	5.2	0.45	2.9
	中	199	0.36～1.1	3.1	4.5	18
	高	496	0.34～1.2	2.1	11	30
Tl	低	0.081	0.56～1.6	3.5	0.003	0.008
	中	0.800	0.32～1.6	2.5	0.021	0.058
	高	2.00	0.35～0.96	2.3	0.038	0.13
Pb	低	4.11	0.28～1.67	2.8	0.11	0.33
	中	39.8	0.18～0.9	1.1	0.68	1.4
	高	101	0.34～1.2	2.0	2.1	6.0
Ag	低	3.73	0.28～1.6	7.5	0.10	0.79
	中	40.9	0.26～0.81	4.1	0.57	4.8
	高	101	0.42～0.84	1.2	1.8	3.7

元素	浓度水平	平均浓度/(μg/L)	实验室内相对标准偏差/%	实验室间相对标准偏差/%	重复性 *r*/(μg/L)	再现性 *R*/(μg/L)
Hg	低	0.078	0.3～3.0	3.9	0.005	0.010
	中	0.800	0.1～1.9	1.5	0.026	0.040
	高	2.02	0.1～1.2	1.6	0.057	0.10

表 D.2　准确度汇总（可溶性元素）

元素	样品	实验室间加标回收率/%	实验室间加标回收率相对标准偏差/%	实验室间加标回收率最终值/%
Be	地表水	103	2.4	103±4.8
	水处理设施出水	101	6.1	101±12.3
B	地表水	97.6	5.4	97.6±20.7
	水处理设施出水	96.8	9.4	96.8±18.8
Al	地表水	104	7.4	104±14.8
	水处理设施出水	95.3	6.4	95.3±12.8
Ti	地表水	99.3	7.2	99.3±14.4
	水处理设施出水	101	5.9	101±11.7
V	地表水	99.5	5.2	99.5±10.4
	水处理设施出水	101	3.7	101±7.5
Cr	地表水	97.3	2.8	97.3±5.7
	水处理设施出水	97.3	2.7	97.3±5.3
Mn	地表水	99.4	2.6	99.4±5.3
	水处理设施出水	100	3.4	100±6.7
Fe	地表水	97.6	2.8	97.6±5.7
	水处理设施出水	96.5	5.4	96.5±10.8
Co	地表水	96.1	5.0	96.1±10.1
	水处理设施出水	96.7	7.0	96.7±13.9
Ni	地表水	97.4	1.0	97.4±2.0
	水处理设施出水	96.7	3.4	96.7±6.8
Cu	地表水	96.3	3.4	96.3±6.8
	水处理设施出水	95.4	5.7	95.4±11.4
Zn	地表水	96.8	7.5	96.8±15.0
	水处理设施出水	93.8	11	93.8±22.0
As	地表水	103	2.4	103±4.9
	水处理设施出水	103	2.8	103±5.5
Se	地表水	103	2.4	103±4.8
	水处理设施出水	101	4.8	101±9.6
Mo	地表水	99.9	3.5	99.9±7.0
	水处理设施出水	101	4.0	101±8.0
Cd	地表水	99.2	3.7	99.2±7.4
	水处理设施出水	97.1	4.9	97.1±9.8
Sb	地表水	100	3.5	100±7.0
	水处理设施出水	97.3	3.6	97.3±7.2

元素	样品	实验室间加标回收率/%	实验室间加标回收率相对标准偏差/%	实验室间加标回收率最终值/%
Ba	地表水	101	6.8	101±13.7
	水处理设施出水	98.3	6.6	98.3±13.3
Tl	地表水	98.5	1.1	98.5±2.2
	水处理设施出水	98.1	2.7	98.1±2.69
Pb	地表水	97.2	2.4	97.2±4.8
	水处理设施出水	96.5	3.7	96.5±7.4
Hg	地表水	95.9	7.3	95.9±14.6
	水处理设施出水	97.3	3.5	97.3±7.0
Ag	地表水	95.0	5.1	95.0±10.2
	水处理设施出水	95.8	6.4	95.8±12.8

表 D.3 准确度汇总（元素总量）

元素	样品	实验室间加标回收率/%	实验室间加标回收率相对标准偏差/%	实验室间加标回收率最终值/%
Be	地表水	93.7	4.5	93.7±9.1
	水处理设施出水	90.4	6.2	90.4±12.5
B	地表水	95.9	5.3	95.9±10.5
	水处理设施出水	94.7	8.5	94.7±17.0
Al	地表水	102	7.9	102±15.8
	水处理设施出水	100	13	100±26.4
Ti	地表水	101	6.0	101±12.0
	水处理设施出水	106	6.2	106±12.3
V	地表水	101	4.0	101±8.0
	水处理设施出水	105	3.4	105±6.9
Cr	地表水	99.5	2.4	99.5±4.8
	水处理设施出水	103	2.1	103±4.2
Mn	地表水	102	2.7	102±5.5
	水处理设施出水	105	2.9	105±5.7
Fe	地表水	98.4	6.6	98.4±13.3
	水处理设施出水	97.5	6.1	97.5±12.1
Co	地表水	100	5.5	100±5.49
	水处理设施出水	104	6.4	104±12.8
Ni	地表水	98.2	3.4	98.2±6.8
	水处理设施出水	101	4.2	101±8.4
Cu	地表水	96.1	6.3	96.1±12.6
	水处理设施出水	97.8	6.2	97.8±12.3
Zn	地表水	93.9	4.6	93.9±4.59
	水处理设施出水	95.3	6.4	95.3±12.9
As	地表水	94.1	4.4	94.1±8.8
	水处理设施出水	92.0	3.2	92.0±6.5
Se	地表水	93.2	3.5	93.2±6.9
	水处理设施出水	96.6	6.6	96.6±13.2

元素	样品	实验室间加标回收率/%	实验室间加标回收率相对标准偏差/%	实验室间加标回收率最终值/%
Mo	地表水	101	4.0	101±7.9
	水处理设施出水	104	5.6	104±11.3
Cd	地表水	91.4	6.3	91.4±12.6
	水处理设施出水	87.6	3.8	87.6±7.5
Sb	地表水	93.7	2.1	93.7±4.3
	水处理设施出水	92.0	5.3	92.0±10.6
Ba	地表水	100	5.8	100±11.5
	水处理设施出水	102	5.7	102±11.3
Tl	地表水	99.3	2.6	99.3±5.1
	水处理设施出水	102	6.0	102±12.1
Pb	地表水	97.9	3.7	97.9±3.75
	水处理设施出水	101	6.1	101±12.2
Hg	地表水	95.2	9.9	95.2±19.7
	水处理设施出水	94.3	4.3	94.3±8.6
Ag	地表水	97.0	4.9	97.0±9.8
	水处理设施出水	96.0	5.5	96.0±10.9

水质　化学需氧量的测定　现场快速监测分光光度法（试行）

警告：本方法所用试剂硫酸汞有剧毒，实验人员应避免与其直接接触。样品前处理过程应在空旷通风的地方进行。

1　适用范围

本标准规定了现场快速监测水中 COD_{Cr} 的分光光度法。

本标准适用于地表水、地下水、生活污水和工业废水中 COD_{Cr} 的现场应急监测，以及筛查、普查等先期调查工作。

当取样体积 5 ml 时，参考条件下 COD_{Cr} 的方法检出限为 4 mg/L，测定下限为 16 mg/L，测定上限 150 mg/L，超出测定上限的样品可减少取样体积后经人工或仪器自动稀释后进行测试。

2　规范性引用文件

本标准引用了下列文件或其中的条款。凡是不注日期的引用文件，其有效版本适用于本标准。

HJ/T 91　地表水和污水监测技术规范

HJ 91.1　污水监测技术规范

HJ 164　地下水环境监测技术规范

HJ 828　水质　化学需氧量的测定　重铬酸盐法

3　术语与定义

3.1　密闭消解

样品在密闭消解池内进行高温高压消解。

3.2　化学需氧量 Chemical Oxygen Demand（COD_{Cr}）

在一定条件下，经重铬酸钾氧化处理时，水样中的溶解性物质和悬浮物所消耗的重铬酸盐相对应的氧的质量浓度，以 mg/L 表示。

4　方法原理

仪器将试样和试剂按比例通过顺序注射自动载入前处理装置中，水样在强酸介质中，以重铬酸钾作为氧化剂，以硫酸银作为催化剂，经高温消解后，在 450 nm±20 nm 波长处测量吸光度。仪器根据工作曲线计算 COD_{Cr} 测试结果。

注 1：在酸性重铬酸钾条件下，芳烃和吡啶难以被氧化，其氧化率较低。在硫酸银催化作用下，直链脂肪族化合物可有效地被氧化。

注 2：无机还原性物质如亚硝酸盐、硫化物和二价铁盐等将使测定结果增大，其需氧量也是 COD_{Cr} 的一部分。

注 3：若选用其他样品体积分析，需控制样品与催化剂（6.4）按照近 1∶1 比例关系加入，建议样品取样体积控制在 2～5 ml。

5 干扰与消除

本方法主要干扰是氯离子，加入硫酸汞溶液，使氯离子与硫酸汞结合，形成可溶性氯汞配合物。本方法可掩蔽水样中氯离子 600 mg/L（稀释后）。若氯离子浓度超过 600 mg/L，可加大硫酸汞的量或稀释水样。水样中氯离子浓度快速判断可参考 HJ 828。

6 试剂和材料

分析时，标准溶液的配制应使用基准物质，硫酸应采用优级纯试剂，其余均使用符合国家标准的分析纯试剂；在制备时要注意环境的通风。

6.1 纯水

由超纯水机制备符合国家标准或行业标准等纯度纯水。

6.2 硫酸：ρ（H_2SO_4）=1.84 g/ml。

6.3 硫酸汞（$HgSO_4$）。

6.4 硫酸银（Ag_2SO_4）。

6.5 重铬酸钾：基准试剂，取适量重铬酸钾在 120℃±2℃烘箱中干燥 2 h 至恒重。

6.6 掩蔽剂

在 1 000 ml 烧杯中注入 800 ml 纯水（6.1），加入 20.0 g 硫酸汞（6.3），沿烧杯壁缓慢加入 200 ml 浓硫酸（6.2），并不断用玻璃棒搅拌，直至硫酸汞全部溶解为止，溶解冷却后，移入 1 000 ml 容量瓶中，加水至刻度标线，摇匀。密闭贮存于棕色玻璃瓶中。

注：当硫酸汞浓度为 2%时，可掩蔽 600 mg/L 氯离子，样品中氯离子浓度超过 600 mg/L 时，需提高掩蔽剂中硫酸汞浓度。按照硫酸汞浓度每加大 1%可多掩蔽 300 mg/L 氯离子比例关系，选择合适的硫酸汞浓度，最高浓度不超过 10%。

6.7 氧化剂

在 1 000 ml 烧杯中注入 900 ml 纯水（6.1），加入 3.300 0 g 重铬酸钾（6.5），用玻璃棒搅拌至全部溶解，然后沿烧杯壁缓慢加入 100 ml 浓硫酸（6.2），并用玻璃棒搅拌充分混匀，待溶液冷却后，移入 1 000 ml 容量瓶中，加水至刻度标线，摇匀。密闭贮存于棕色玻璃瓶中。

6.8 催化剂

称取 8.0 g 硫酸银（6.4）加入 1 000 ml 浓硫酸（6.2）中，静置 1～2 d，搅拌，使其溶解。密闭贮存于棕色玻璃瓶中。

6.9 COD_{Cr}贮备液（5 000.0 mg/L）

将邻苯二甲酸氢钾在 105～110℃下干燥至恒重后，称取 2.127 4 g 邻苯二甲酸氢钾溶于 250 ml 纯水中（6.1）转移此溶液于 500 ml 容量瓶中，用纯水（6.1）稀释至标线，摇匀。此溶液在 2～8℃下贮存，后再定容前加入约 10 ml 浓硫酸（6.2），常温贮存，可稳定保存 1 个月。

6.10 标准使用液

各浓度标液通过稀释（6.9）贮备液来配制。每次稀释不要超过 100 倍。

7 仪器和设备

7.1 COD_{Cr}现场快速监测仪：进样管路（标样管、水样管及试剂管路）、计量进样单元（电磁阀组、液位管、动力装置等组成）、消解单元（加热单元、加压单元、风扇）、检测单元（光源、光敏、检测池）、流路控制模块、数据处理、显示及存储单元等。

7.2 塑料瓶：500 ml～1 L。

7.3 棕色玻璃瓶：500 ml～1 L。

7.4 天平：感量为 0.000 1 g。

7.5 一般实验室常用仪器和设备。

8 样品

8.1 样品采集与保存

按照 HJ 91.1、HJ/T 91 和 HJ 164 的相关规定进行样品的采集和保存，采集水样体积不得少于 100 ml。

样品采集在聚乙烯或玻璃瓶内，应在 24 小时内分析。若需保存，应加硫酸至 pH≤2，在 0～4℃保存，可保存 7 d。

9 分析步骤

9.1 仪器参考条件

9.1.1 密闭消解条件

消解温度：175℃；消解时间：15 min。

9.1.2 检测波长

λ=450 nm±20 nm。

9.1.3 检测池光程

推荐 20 mm。

9.2 校准

9.2.1 仪器预备及开启

将仪器各管路用纯净水清洗好外壁并用洁净滤纸擦干。按照仪器流路标识，将各管路依次插入对应试剂、废液，连接好纯净水。开启仪器，仪器将会自动进入自检程序，必要时会进行初始化以保证仪器正常待机。最后进入仪器主界面。先将仪器样品管插入到纯水中，用仪器出厂时已有的校正曲线进行一次预测试。

9.2.2 校准曲线的建立

按照 COD_{Cr} 标准使用液（6.10）的配制方法，配制 6 个浓度点标准系列溶液，浓度依次为 0.0 mg/L、30.0 mg/L、60.0 mg/L、90.0 mg/L、120.0 mg/L、150.0 mg/L。将配制好的标准系列样品混匀，按照仪器参考条件（9.1），依次完成所有标准系列的测试。仪器自动生成校准工作曲线及相应的曲线方程和线性相关系数。

9.3 样品的测定

按照与绘制校准工作曲线相同的条件，进行样品的测定。若样品中化学需氧量含量超出校准曲线，应取适量试样稀释后上机测定。

9.4 空白试验

用纯水（6.1）代替样品，按照与样品测定（9.3）相同的仪器条件进行空白样品的测定。

10 结果计算与表示

10.1 COD_{Cr} 浓度的结果计算

样品中 COD_{Cr} 的质量浓度（mg/L）按照式（1）进行计算。

$$C = (C_1 - C_0) \times F \tag{1}$$

式中：C——样品中 COD_{Cr} 质量浓度，mg/L；

C_1——仪器测定样品计算出的 COD_{Cr} 质量浓度，mg/L；

C_0——仪器测定空白计算出的 COD_{Cr} 质量浓度，mg/L；

F——样品稀释倍数。

10.2 结果表示

测定结果位数与方法检出限保持一致，最多保留 3 位有效数字。

11 准确度

11.1 精密度

六家实验室分别对浓度为 30.0 mg/L、90.3 mg/L±5.9 mg/L 和 120.0 mg/L 的 3 种化学

需氧量标准样品进行 6 次重复测定，实验室内相对标准偏差范围分别为 1.7%～3.4%、0.6%～1.9%、0.5%～1.4%；实验室间相对标准偏差分别为 4.4%、2.0%、1.9%；重复性限分别为 2.164 mg/L、2.906 mg/L、2.606 mg/L；再现性限分别为 4.115 mg/L、5.622 mg/L、6.653 mg/L。

11.2 正确度

六家实验室分别对浓度为 30.0 mg/L、90.3 mg/L±5.9 mg/L 和 120.0 mg/L 的 3 种化学需氧量国家有证标准溶液或标准样品进行 6 次重复测定，相对误差范围分别为−7.3%～3.0%、−4.6%～1.0%、−3.6%～1.8%；相对误差最终值分别为−1.9%±8.6%，−0.9%±4.0%，−0.4%±3.6%。

六家实验室分别对地表水、生活污水、地下水、工业废水等 4 种不同来源的实际样品，进行加标分析测定，实验室内加标回收率范围分别为 95.3%～99.3%，89.3%～114.3%，96.5%～104.5%，94.1%～103.1%；加标回收率的最终值分别为 96.4%±3.2%，103.4%±17.6%，99.0%±6.4%，97.2%±6.2%。

12 质量保证和质量控制

12.1 每 20 样品或每批次（少于 20 个样品）应分析一个平行样，水样测定结果等于或低于 30 mg/L 时，绝对误差在±5 mg/L；水样测定结果大于 30 mg/L 时，相对偏差应在±30%以内。

12.2 各校准曲线应至少包括 6 个浓度点（含零浓度点），相关系数≥0.995。

12.3 每分析 20 个样品需用一个校准曲线的中间浓度校准溶液进行校准核查，其测定结果相对误差应≤±10%，否则应校准曲线或重新绘制校准曲线。

12.4 仪器应记录检测过程条件实现情况。

13 废物处理

现场实验中产生的废液和废物应集中收集，带回实验室，委托有资质的单位进行处理。

14 注意事项

14.1 现场分析环境应保证可平稳放置仪器。

14.2 在采集其他样品时，要注意更换采样工具和清洗采样工具，以防止交叉污染。

水质　总汞的测定　便携式冷原子吸收分光光度法（试行）

警告：重铬酸钾、汞及其化合物毒性很强，操作时应加强通风，操作人员应佩戴防护器具，避免接触皮肤和衣物。

1　适用范围

本方法规定了测定地表水、地下水、生活污水和工业废水中总汞的冷原子吸收分光光度法。

本方法适用于水中总汞的现场应急监测，以及筛查、普查等先期调查工作。

当取样体积为 50 ml 时，方法检出限为 0.005 μg/L，测定下限为 0.020 μg/L。

2　规范性引用文件

本方法引用了下列文件或其中的条款。凡是不注日期的引用文件，其有效版本适用于本方法。

HJ/T 91　地表水和污水监测技术规范

HJ 91.1　污水监测技术规范

HJ/T 164　地下水环境监测技术规范

HJ 589　突发环境事件应急监测技术规范

3　术语和定义

总汞（total mercury）：指未经过滤的样品，经消解后测得的汞，包括无机汞和有机汞。

4　方法原理

用溴酸钾-溴化钾混合剂在酸性介质中消解样品，消解后的样品中所含汞全部转化为二价汞，用盐酸羟胺将过剩的氧化剂还原，再用氯化亚锡将二价汞还原成金属汞。在室温下通入空气或氮气，将金属汞气化，载入便携式冷原子吸收测汞仪，于 253.7 nm 波长处测定响应值，汞的含量与响应值成正比。

5　干扰和消除

采用高频赛曼背景校正技术、酸雾捕集器或全氟磺酸膜技术能有效去除氯气、水汽和有机物等干扰，选择性吸收汞蒸气，在大多数情况下，不干扰测定结果。

当洗净剂质量浓度大于等于 0.1 mg/L 时，汞的回收率小于 67.7%。

6 试剂和材料

除非另有说明，分析时均使用符合国家标准的分析纯化学试剂，实验用水为无汞水。

6.1 无汞水：一般为二次重蒸水或去离子水，或同等纯度的实验用水。

6.2 浓盐酸（HCl），ρ（HCl）=1.19 g/ml，优级纯。

6.3 浓硝酸（HNO_3），ρ（HNO_3）=1.42 g/ml，优级纯。

6.4 浓硫酸（H_2SO_4），ρ（H_2SO_4）=1.84 g/ml，优级纯。

6.5 重铬酸钾溶液：ρ（$K_2Cr_2O_7$）=0.5 g/L

称取 0.5 g 重铬酸钾溶于 900 ml 水（6.1）中，再加入 50 ml 浓硝酸（6.3），用水（6.1）稀释至 1 000 ml。该溶液应储存在棕色磨口玻璃瓶中，可稳定 1 个月。

6.6 溴酸钾-溴化钾溶液（简称溴化剂）：c（$KBrO_3$）=0.1 mol/L，ρ（KBr）=10 g/L

称取 2.784 g 溴酸钾（优级纯）溶于少量水（6.1）中，加入 10 g 溴化钾。溶解后用水（6.1）定容至 1 000 ml，置于棕色试剂瓶中保存。若见溴释出，应重新配制。

6.7 盐酸羟胺溶液：ρ（$NH_2OH \cdot HCl$）=200 g/L

称取 20 g 盐酸羟胺溶于适量水（6.1）中，然后用水（6.1）定容至 100 ml。该溶液若含有汞应进行提纯。当汞含量较低时，采用巯基棉纤维管除汞法。

6.8 氯化亚锡溶液：ρ（$SnCl_2$）=200 g/L

称取 20 g 氯化亚锡（$SnCl_2 \cdot 2H_2O$）于干燥的烧杯中，加入 20 ml 浓盐酸（6.2），微微加热，待完全溶解后，冷却，再用水（6.1）稀释至 100 ml。若含有汞，可通入氮气或空气去除。

6.9 汞标准贮备液：ρ（Hg）=100 mg/L

称取置于硅胶干燥器中充分干燥的 0.135 4 g 氯化汞（$HgCl_2$），用重铬酸钾溶液（6.5）溶解后，转移至 1 000 ml 容量瓶，再用重铬酸钾溶液（6.5）稀释至标线，摇匀。也可购买有证标准溶液。

6.10 汞标准中间液：ρ（Hg）=10.0 mg/L

量取 10.00 ml 汞标准贮备液（6.9）至 100 ml 容量瓶中，用重铬酸钾溶液（6.5）稀释至标线，混匀。

6.11 汞标准使用液：ρ（Hg）=0.1 mg/L

量取 10.00 ml 汞标准中间液（6.10）至 1 000 ml 容量瓶中。用重铬酸钾溶液（6.5）稀释至标线，混匀。

7 仪器和设备

7.1 便携式冷原子吸收测汞仪。

7.2 样品瓶或与仪器匹配的反应装置。

7.3 一般实验室常用仪器和设备。

8 样品

8.1 样品采集和保存

8.1.1 按照 HJ/T 91、HJ 91.1、HJ/T 164 和 HJ 589 的相关规定采集和保存样品于硼硅玻璃瓶或高密度聚乙烯塑料瓶中。

8.1.2 若样品现场测定，则不需添加固定剂。若样品需保存，采样后应立即以每升水样中加入 10 ml 浓盐酸（6.2）的比例对水样进行固定，固定后水样的 pH 应小于 1，否则应适当增加浓盐酸（6.2）的加入量，然后加入 0.5 g 重铬酸钾固体，若橙色消失，应适当补加重铬酸钾固体，使水样呈持久的淡橙色，密塞，摇匀。在室温阴凉处放置，可保存 1 个月。

注：根据仪器扣背景原理的不同，可选择不添加重铬酸钾固体保存样品。以每升水样中加入 10 ml 浓硫酸（6.4）的比例对水样进行固定，室温下可保存 1 个月。

8.2 样品的制备

样品摇匀后，量取 50 ml 样品于 50 ml 比色管中。若样品中汞含量较高，可减少取样量并稀释至 50 ml。加入 2.5 ml 浓硫酸（6.4）或 2.5 ml 浓盐酸（6.2）或 2.5 ml 浓硝酸（6.3），再加入 2.5 ml 溴化剂（6.6），加塞，摇匀，20℃以上室温放置 5 min 以上。试液中应有橙黄色溴释出，否则可适当补加溴化剂（6.6）。但每 50 ml 样品中最大用量不应超过 8 ml。测定前，边摇边滴加盐酸羟胺溶液（6.7）还原过剩的溴，直至刚好使过剩的溴全部褪色为止，待测。

样品上机测试前，应充分摇匀。

注：采用浓盐酸或浓硝酸制备试样时，待测液可保存 7 d，采用浓硫酸制备试样时，待测液可保存 3 d。

8.3 空白试样的制备

用实验用水（6.1）代替样品，按照 8.2 步骤制备空白试样。

9 分析步骤

9.1 仪器与调试

仪器性能指标参考表 1。按照仪器说明书进行调试。仪器测试条件：建议参照仪器说明，选择最佳条件。表 2 仪器测试条件可作参考。

表 1 仪器性能指标

条件	参数
单个样品响应时间	≤2 min
体积	≤0.1 m^3
重量	≤10 kg
适用环境条件	1～40℃

表 2 仪器测试参考条件

条件	参数
气体流量/（L/min）	0.1～4
定量方式	峰面积

9.2 校准曲线的建立

分别准确移取 0.00 ml、0.10 ml、0.20 ml、0.50 ml、1.00 ml、1.50 ml 和 2.00 ml 汞标准使用液（6.11）于 100 ml 容量瓶中，用水（6.1）定容至标线，摇匀，汞的质量浓度分别为 0.00 μg/L、0.10 μg/L、0.20 μg/L、0.50 μg/L、1.00 μg/L、1.50 μg/L 和 2.00 μg/L。按照仪器参考条件由低到高质量浓度顺序测定标准溶液的吸光度。以汞标准系列质量浓度为横坐标，相应的响应值为纵坐标，建立标准曲线。

注：可根据仪器灵敏度或样品的浓度范围配制成其他浓度水平的标准系列，至少配制 6 个浓度点（含零浓度点）。

9.3 样品的测定

按照与绘制校准曲线相同的条件，进行样品的测定。若样品汞含量超出校准曲线范围，应取适量样品稀释后上机测定。

注：当分析一个高浓度样品后，应分析一个或多个空白样品避交叉污染。

9.4 空白试验

用实验用水代替样品，按照与样品的测定（9.3）相同的仪器条件进行空白样品的测定。

10 结果计算与表示

10.1 结果计算

样品中总汞的质量浓度（μg/L）按照式（1）进行计算。

$$\rho = \frac{(\rho_1 - \rho_0) \times V_0}{V} \times f \qquad (1)$$

式中：ρ——样品中总汞的质量浓度，μg/L；

ρ_1——由校准曲线计算出试样中总汞的质量浓度，μg/L；

ρ_0——由校准曲线计算出空白试样中总汞的质量浓度，μg/L；

V_0——样品取样经过处理后的总体积，ml；

V——样品取样体积，ml；

f——样品的稀释倍数。

10.2 结果表示

测定结果的小数点后位数的保留与方法检出限保持一致，最多保留 3 位有效数字。

11 准确度

11.1 精密度

6 家实验室对汞浓度为 0.05 μg/L、0.5 μg/L、2.0 μg/L 的模拟水样进行了 6 次重复测定，实验室内相对标准偏差分别为 1.0%～4.2%、1.2%～2.4%、0.6%～2.0%；实验室间相对标准偏差分别为 8.6%、3.1%、6.4%；重复性限分别为 0.004 μg/L、0.03 μg/L、0.08 μg/L；再现性限分别为 0.01 μg/L、0.05 μg/L、0.36 μg/L。

6 家实验室对汞浓度约为 0.06 μg/L、0.06 μg/L、2.6 μg/L、1.0 μg/L 的地表水、地下水、生活污水、工业废水样品进行了 6 次重复测定，实验室内相对标准偏差分别为 2.3%～4.4%、1.9%～3.5%、0.3%～2.9%、1.4%～2.8%；实验室间相对标准偏差分别为 9.4%、13%、7.2%、11%；重复性限分别为 0.02 μg/L、0.03 μg/L、0.13 μg/L、0.06 μg/L；再现性限分别为 0.03 μg/L、0.04 μg/L、0.55 μg/L、0.31 μg/L。

11.2 正确度

6 家实验室对汞浓度为 1.1 μg/L、4.23 μg/L、10.0 μg/L 的有证标准物质进行测定：相对误差分别为−2.7%～4.9%、−4.6%～8.6%、−0.8%～3.7%；相对误差最终值分别为 1.9%±6.0%、2.0%±8.4%、1.2%±3.2%。

6 家实验室对四种不同类型的实际样品（地表水、地下水、生活污水、工业废水）进行加标分析测定，地表水加标 0.05 μg/L 和 0.50 μg/L 的加标回收率分别为 84.0%～109%、90.0%～103%；地下水加标 0.05 μg/L 和 0.50 μg/L 加标回收率分别 88.0%～108%、95.8%～103%；生活污水加标 1.00 μg/L、3.00 μg/L 和 5.00 μg/L 的加标回收率分别为 92.0%～107%、93.7%～104%、92.0%～102%；工业废水加标 1.00 μg/L、3.00 μg/L 和 5.00 μg/L 的加标回收率分别为 91.3%～109%、97.3%～108%、96.0%～105%。地表水加标 0.05 μg/L 和 0.50 μg/L 的加标回收率最终值分别为 95.5%±21.6%、95.2%±12.0%；地下水加标 0.05 μg/L 和 0.50 μg/L 加标回收率最终值分别为 100%±19.4%、99.3%±6.0%；生活污水加标 1.00 μg/L、3.00 μg/L 和 5.00 μg/L 的加标回收率最终值分别 99.8%±13.4%、98.4%±8.6%、97.0%±9.8%；工业废水水加标 1.00 μg/L、3.00 μg/L 和 5.00 μg/L 的加标回收率最终值分别 100%±12%、101%±8%、100%±6%。

12 质量保证和质量控制

12.1 每批样品应至少测定 1 个实验室空白，空白值不得超过方法检出限。否则应查明原因，重新分析直至合格之后才能测定样品。

12.2 在应急监测时，可使用预制标准曲线，但需在现场测定有证标准物质，有证标准物质测定结果应在其给出的不确定范围内，否则应重新绘制标准曲线。标准曲线相关系数≥0.995。

12.3 每批样品应至少测定 1 个平行样，其相对偏差应≤20%。

12.4 每批样品应至少测定 1 个有证标准物质，有证标准物质测定结果应在其给出的不确定范围内，或做 1 个加标样品，加标回收率应为 70%～120%。

13 废物处理

分析过程中产生的废液，应集中收集，并做好相应标识，委托有资质的单位进行处理。

14 注意事项

14.1 试验所用试剂中的汞含量对空白试验测定值影响较大。因此，试验中应选择汞含量尽可能低的试剂。

14.2 水蒸气对汞的测定有影响，应注意保持连接管路及吸收池干燥。

14.3 废气需进行吸附处理，防止污染环境。

14.4 每次测定后，用无汞空气对管路及吸收池进行吹扫，使仪器示数归零，避免汞残留。

14.5 每个样品测定后，清洗消解还原装置，去除可能残留的二价锡。

14.6 氯化亚锡遇水易水解，配制时，应先将其溶解于盐酸中，再用无汞水定容。

14.7 应定期维护便携式冷原子吸收测汞仪，保证仪器性能正常稳定。

水质　阴离子表面活性剂的测定　现场快速监测分光光度法（试行）

警告：实验中使用的氯仿试剂具有强烈的腐蚀性和刺激性，配制过程应在通风橱内进行，操作时应按要求佩戴防护器具，避免吸入呼吸道或接触皮肤和衣物。

1　适用范围

本方法规定了测定水中阴离子表面活性剂（LAS）的现场快速监测分光光度法。

本方法适用于地表水、地下水、工业废水和生活污水中阴离子表面活性剂的现场应急监测，以及筛查、普查等先期调查工作。

当检测光程为 10 mm，取样体积为 5.0 ml 时，方法检出限为 0.04 mg/L，测定下限为 0.16 mg/L，测定范围为 0.16～1.0 mg/L（以 LAS 计）。当样品浓度大于测定上限时，应适当减少取样体积或稀释水样。

2　规范性引用文件

本方法引用了下列文件或其中的条款。凡是未注明日期的引用文件，其有效版本适用于本方法。

GB 7494　水质　阴离子表面活性剂的测定　亚甲蓝分光光度法

HJ/T 91　地表水和污水监测技术规范

HJ 91.1　污水监测技术规范

HJ/T 164　地下水环境监测技术规范

HJ 493　水质　样品的保存和管理技术规定

HJ 589　突发环境事件应急监测技术规范

HJ 826　水质　阴离子表面活性剂的测定　流动注射-亚甲基蓝分光光度法

3　方法原理

样品中的阴离子表面活性剂与阳离子中的亚甲蓝作用，生成蓝色的离子对化合物，这类能与亚甲蓝发生反应的物质统称为亚甲蓝活性物质（MBAS），生成的显色物可被氯仿萃取，其色度与浓度成比例关系，于波长 650 nm 处测量有机相的吸光度。

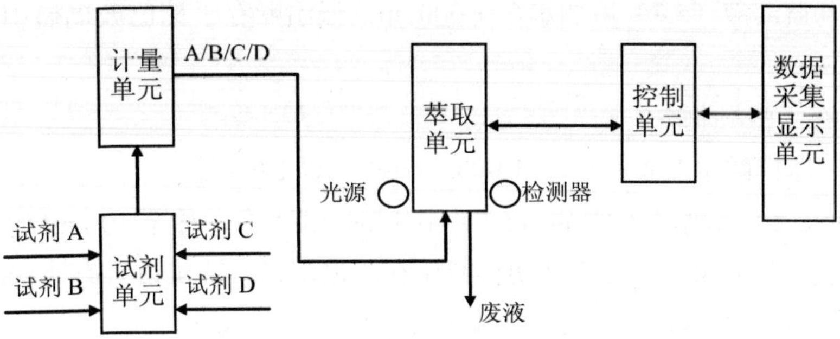

A—试样；B—萃取剂；C—显色剂；D—清洗液

图 1　工作原理

4　干扰和消除

4.1　在本方法实验条件下，一般待测水样中的浊度不干扰测定，硫化物、硫酸根离子浓度不大于 10 mg/L、硝酸根浓度不大于 20 mg/L 对测试无影响。

4.2　污水中的硫化物浓度＞10 mg/L 时，会对本方法的测量结果产生负干扰，可将试样调至碱性，滴加适量的过氧化氢，消除干扰。具体参见 GB 7494。

4.3　蛋白质和 4-氨基类化合物等这些阳离子会对本方法的测量结果产生负干扰，这些阳离子类物质在适当条件下可采用阳离子交换树脂去除。具体参见 GB 7494。

5　试剂和材料

除非另有说明，分析时均应使用符合国家标准的分析纯试剂。实验用水为新鲜制备的超纯水或蒸馏水。

5.1　亚甲基蓝（$C_{16}H_{18}ClN_3S \cdot 3H_2O$）

5.2　磷酸二氢钠（NaH_2PO_4）

5.3　浓硫酸：ρ（H_2SO_4）=1.84 g/ml，优级纯

5.4　盐酸溶液：1+9

5.5　十二烷基苯磺酸钠（$C_{18}H_{29}NaO_3S$）

5.6　萃取剂

三氯甲烷，贮存于棕色玻璃瓶中。

5.7　亚甲基蓝溶液：ρ=3.0 g/L

称取 3.0 g 亚甲基蓝（5.1）溶解至 1 000 ml 水中，得到 3.0 g/L 亚甲基蓝溶液，低温贮存于棕色玻璃瓶中。

5.8　显色剂

称取 50.0 g 无水磷酸二氢钠溶解至 600 ml 左右水中，加入 6.8 ml 硫酸，搅拌溶解，加

入 10 ml 亚甲基蓝溶液（5.7）后加水至 1 000 ml，低温贮存于棕色玻璃瓶中。

5.9 清洗液

乙醇，贮存于塑料瓶中。

5.10 十二烷基苯磺酸钠贮备液：ρ=1 000.0 mg/L（以 LAS 计）

称取 0.100 g 十二烷基苯磺酸钠（5.5）溶于 50 ml 水中，移至 100 ml 容量瓶中，用水稀释至标线，混匀。在 0～10℃暗处塑料瓶保存。也可直接购买市售有证标准溶液。

5.11 十二烷基苯磺酸钠标准溶液：ρ=100.0 mg/L（以 LAS 计）

量取 10.0 ml 十二烷基苯磺酸钠贮备液（5.10）至 100 ml 容量瓶中，用水稀释至标线，混匀，临用现配。

6 仪器设备

6.1 阴离子表面活性剂现场快速监测仪：进样管路（标样管、水样管及试剂管路）、计量进样单元（电磁阀组、液位管、柱塞泵等组成）、检测单元（搅拌电机、萃取池、光源、检测器、检测池）、流路控制模块、数据处理、显示及存储单元等。

6.2 一般实验室常用仪器和设备。

7 样品

7.1 样品的采集

样品采集按照 HJ/T 91、HJ 91.1、HJ/T 164、HJ 589 的相关规定采集样品。

7.2 样品的保存

样品采集后应按仪器使用说明直接测定。如需保存，应按照 HJ 493 的相关规定进行。

7.3 试样准备

7.3.1 需对保存的样品调节 pH 至 5～9，待测。

7.3.2 样品上机测试前，应充分摇匀后取适量的样品置于样品瓶中待测。

8 分析步骤

8.1 仪器调试

8.1.1 仪器预备及开启

按仪器说明书打开仪器预热，设定工作参数，采用实验用水代替试剂，检查整个分析流路的密闭性及液体流动的通畅性。

8.1.2 仪器测试条件

检测波长：650 nm。

检测池光程：10 mm。

8.2 校准曲线的绘制

8.2.1 校准系列的制备

准确移取 0 ml、0.1 ml、0.2 ml、0.4 ml、0.8 ml 和 1.0 ml 十二烷基苯磺酸钠使用液（5.11）于 100 ml 容量瓶中，用水稀释至标线，混匀。其对应阴离子表面活性剂质量浓度（以 LAS 计）分别为 0.00 mg/L、0.1 mg/L、0.2 mg/L、0.4 mg/L、0.8 mg/L、1.0 mg/L。

8.2.2 工作曲线的绘制

量取适量标准系列（8.2.1）置于样品瓶内，仪器按程序依次从低浓度到高浓度取样、测定。以测定吸光度为横坐标，对应的阴离子表面活性剂质量浓度为纵坐标，建立工作曲线。

8.3 测定

按照与绘制工作曲线相同的条件，进行样品的测定。若样品中阴离子表面活性剂含量超出工作曲线，应取适量试样稀释后上机测定。

8.4 空白试验

用实验用水代替试样，按照与样品测定（8.3）相同的条件进行空白样品的测定。

9 结果计算与表示

9.1 结果计算

样品中阴离子表面活性剂（LAS）的质量浓度（mg/L）按照式（1）进行计算。

$$\rho = \left(\rho_1 - \rho_0\right) \times F \qquad (1)$$

式中：ρ——样品中 LAS 质量浓度，mg/L；

ρ_1——仪器测定样品计算出的 LAS 质量浓度，mg/L；

ρ_0——仪器测定空白计算出的 LAS 质量浓度，mg/L；

F——样品稀释倍数。

9.2 结果表示

当测定结果小于 1 mg/L 时，保留小数点后两位，测定结果大于等于 1 mg/L 时，保留 3 位有效数字。

10 准确度

10.1 精密度

六家实验室分别对浓度为 0.40 mg/L、0.53 mg/L 和 0.80 mg/L 的 3 种阴离子表面活性剂标准样品进行 6 次重复测定，实验室内相对标准偏差范围分别为 0.7%～2.6%、1.1%～4.8%、0.5%～4.7%；实验室间相对标准偏差分别为 5.2%、5.4%、4.6%；重复性限分别为 0.013 mg/L、0.043 mg/L、0.044 mg/L；再现性限分别为 0.058 mg/L、0.082 mg/L、0.107 mg/L。

六家实验室分别对地表水、生活污水、地下水、工业废水等 4 种不同来源的实际样品进行 6 次重复测定，实验室内相对标准偏差分别为 1.1%～4.1%、3.0%～5.8%、2.3%～4.1%、0.8%～2.7%；实验室间相对标准偏差分别为 7.6%、5.4%、4.6%和 3.7%；重复性限分别为 0.026 mg/L、0.046 mg/L、0.021 mg/L 和 0.011 mg/L；再现性限分别为 0.073 mg/L、0.073 mg/L、0.036 mg/L 和 0.027 mg/L。

10.2 正确度

六家实验室分别对浓度为 0.40 mg/L、0.53 mg/L 和 0.80 mg/L 的 3 种阴离子表面活性剂国家有证标准溶液或标准样品进行 6 次重复测定，相对误差范围分别为−7.3%～−0.8%、−8.3%～−1.7%、−5.7%～5.9%；相对误差最终值分别为 3.3%±10.2%、−6.7%±5.0%、−3.1%±8.8%。

六家实验室分别对地表水、生活污水、地下水、工业废水等 4 种不同来源的实际样品，进行加标分析测定，实验室内加标回收率范围分别为 98.5%～104.7%、86.2%～96.4%、93.6%～112.3%、87.1%～94.0%；加标回收率的最终值分别为 101.2%±4.6%、92.1%±9.2%、103.6%±12.4%、90.5%±6.4%。

11 质量保证和质量控制

11.1 各工作曲线应至少包括 6 个浓度点（含零浓度点），相关系数≥0.995。每批次样品（≤20 个）需用一个工作曲线的中间浓度标准溶液进行标样校准。进行标样校准时，其测定结果与标准曲线该点浓度的相对误差应≤10%。否则需重新绘制标准曲线或重新调试仪器。

11.2 每批样品至少测定 1 个空白样品，其测定结果应小于等于方法检出限。

11.3 每批样品至少测定 10%的平行双样，样品数量少于 10 个时，至少测定 1 个平行双样。平行样测定结果相对偏差应≤10%。

11.4 每批样品（≤20 个）至少测定 1 个加标样品，加标回收率应为 70%～130%。也可采用有证标准样品对分析结果准确性进行质量控制，其测定结果应在其给出的不确定度范围内。

12 废物处理

现场实验中产生的废液应集中分类收集，统一保管，并做好相应标识，委托有资质的单位进行处理。

13 注意事项

13.1 现场测试环境应保证通风。

13.2 实验中所用的玻璃器皿应用盐酸溶液（5.4）浸泡，经自来水冲洗后再用超纯水冲洗数次。不宜用合成洗涤剂清洗。

水质　锑的测定　现场快速监测分光光度法（试行）

警告：实验中使用的苯试剂具有强烈的挥发性和刺激性，使用过程应在通风良好环境进行，操作时应按要求佩戴防护器具，避免吸入呼吸道或接触皮肤和衣物。

1　适用范围

本方法规定了水中锑的现场快速监测分光光度法。

本方法适用于地表水、地下水、生活污水和工业废水中锑的现场应急监测，以及筛查、普查等先期调查工作。

当取样体积为 20.0 ml，光程为 10 mm 时，锑的方法检出限为 0.003 mg/L，测定下限为 0.012 mg/L，测定上限为 0.1 mg/L。

2　规范性引用文件

本方法引用了下列文件或其中的条款。凡是不注日期的引用文件，其有效版本适用于本标准。

HJ/T 91　地表水和污水监测技术规范

HJ 91.1　污水监测技术规范

HJ/T 164　地下水环境监测技术规范

HJ 493　水质　样品的保存和管理技术规定

HJ 589　突发环境事件应急监测技术规范

3　方法原理

仪器将试样和试剂按比例通过顺序注射自动载入前处理装置中，水样中的锑（III）在酸性介质中，碘化钾存在下，与 5-Br-PADAP 生成紫红色络合物，通过苯的萃取分层后，萃取液层在 600 nm 波长处测量吸光度。在一定浓度范围内，试样待测物浓度与吸光度呈线性关系，仪器根据工作曲线计算锑的测试结果。

4　干扰与消除

样品中存在 2 000 mg/L F^-；400 mg/L Al^{3+}；100 mg/L K^+、Na^+、Cl^-；20 mg/L Mn^{2+}、Zn^{2+}；10 mg/L NH_4^+；4 mg/L Ca^{2+}；2 mg/L NO_3^-、SO_4^{2-}；0.5 mg/L Cd^{2+}、Hg^{2+}、Pb^{2+}、PO_4^{2-}、AsO_3^{2-}不干扰测试。样品中 Fe^{3+}、Cu^{2+}、Cr^{3+}不超过 25 mg/L 和 Sn^{2+}、Co^{2+}不超过 20 mg/L 对测试不产生干扰。

5 试剂和材料

除非另有说明，分析时均使用符合国家标准的分析纯试剂，实验用水为不含目标化合物的蒸馏水或通过纯水设备制备的纯水。

5.1 盐酸：ρ（HCl）=1.19 g/ml，优级纯。

5.2 硫酸：ρ（H_2SO_4）=1.84 g/ml，优级纯。

5.3 硝酸：ρ（HNO_3）=1.42 g/ml，优级纯。

5.4 无水乙醇（C_2H_6O）。

5.5 氢氧化钠（NaOH）。

5.6 硫脲（CN_2H_4S）。

5.7 碘化钾（KI）。

5.8 2-（5-溴-2-吡啶偶氮）-5-乙氨基酚（5-Br-PADAP）。

5.9 苯：ρ（C_6H_6）=0.87 g/ml。

5.10 酒石酸（$C_4H_6O_6$）：w≥99.5%。

5.11 硝酸溶液：1+1。

5.12 硝酸溶液：1+99。

5.13 消解液

量取 300 ml 硫酸（5.2）缓慢倒入装有 150 ml 纯水的烧杯中，冷却、混匀。临用现配。

5.14 掩蔽剂

称取 25.0 g 硫脲（5.6）和 25.0 g 碘化钾（5.7）溶解于 500 ml 纯水中，混匀，密闭、避光贮存于聚乙烯试剂瓶中，可保存 60 天。

5.15 显色剂

称取 0.50 g 2-（5-溴-2-吡啶偶氮）-5-乙氨基酚（5.8）溶于 500 ml 无水乙醇（5.4）中，充分溶解后底部可能会出现少许不溶物，缓慢转移上清液至聚乙烯试剂瓶中，密闭、避光，可低温保存 30 天。

5.16 中和液

称取 2.5 g 氢氧化钠（5.5）溶解于 500 ml 纯水中，混匀，密闭贮存于聚乙烯试剂瓶中。

5.17 金属锑（Sb）：w≥99.99%，光谱纯。

5.18 锑标准贮备液：ρ（Sb）=1 000 mg/L

称取 1.0 g（精准到 0.000 1 g）纯金属锑（5.17）置于烧杯中，加入 10 ml 盐酸（5.1）和 20 ml 硝酸溶液（5.11）；再加入 100 ml 水和 1.5 g 酒石酸（5.10）温热使其完全溶解。冷却后转移至 1 000 ml 容量瓶中，用水稀释定容至标线，摇匀，转入聚乙烯塑料瓶密封，可保存 12 个月。或购买国家有证标准溶液。

5.19 锑标准中间使用液：ρ（Sb）=100.0 mg/L

移取 10.00 ml 锑标准贮备液（5.18）至 100 ml 容量瓶中，用硝酸溶液（5.12）定容至刻度线，摇匀，转入聚乙烯塑料瓶密封，可保存 6 个月。

5.20 锑标准使用液：ρ（Sb）=1.0 mg/L

移取 10.00 ml 锑标准中间使用液（5.19）至 1 000 ml 容量瓶中，用硝酸溶液（5.12）定容至刻度线，摇匀，转入聚乙烯塑料瓶密封，可保存 1 个月。

6 仪器和设备

6.1 锑现场快速监测仪：进样管路（标样管、水样管及试剂管路）、计量进样单元（电磁阀组、液位管、柱塞泵等组成）、检测单元（光源、光敏、光程 10 mm 石英检测池）、流路控制模块、数据处理、显示及存储单元等。

6.2 聚乙烯塑料瓶：500 ml～1 L。

6.3 玻璃瓶：500 ml～1 L。

6.4 天平：感量为 0.000 1 g。

6.5 一般实验室常用仪器和设备。

7 样品

7.1 样品采集与保存

按照 HJ/T 91、HJ 91.1、HJ/T 164、HJ 493 和 HJ 589 相关规定进行样品的采集，测定总锑样品，样品采集后，每 100 ml 样品中加入 1 ml 下硝酸酸化，14 天内测定。

8 分析步骤

8.1 仪器参考条件

8.1.1 萃取剂选择

纯苯溶液。

8.1.2 检测波长

λ=600 nm。

8.1.3 检测池光程

10 mm。

8.2 校准

8.2.1 仪器调试

按仪器说明书安装分析系统、设定工作参数、操作仪器。将仪器各管路用纯水清洗好外壁并用洁净滤纸擦干。按照仪器流路标识，将各管路依次插入对应试剂、废液，连接好纯水，开启仪器。

8.2.2 校准曲线的建立

分别移取 0.00 ml、2.00 ml、4.00 ml、6.00 ml、8.00 ml、10.00 ml 锑标准使用液（5.20）于 100 ml 容量瓶中，用 1%盐酸溶液（5.11）定容至刻度线，摇匀。按照仪器参考条件（8.1），从低浓度至高浓度依次进样完成所有标准系列测试，以吸光度为纵坐标，对应的锑浓度（mg/L）为横坐标，仪器自动生成标准工作曲线及相应的曲线方程和线性相关系数。

8.3 样品的测定

按照与绘制校准曲线（8.2.2）相同的测定条件，进行样品测试。如果浓度高于校准曲线最高点，应选择合适的稀释倍数，通过人工稀释或仪器自动稀释后给仪器进行测定，计算结果乘以稀释倍数或仪器自动计算测试结果。

8.4 空白试验

用纯水代替样品，按照与样品测定（8.3）相同的仪器条件进行空白样品的测定。

9 结果计算与表示

9.1 锑浓度的结果计算

样品中的锑质量浓度（mg/L）按照式（1）进行计算：

$$C=\left(C_1-C_0\right)\times f \tag{1}$$

式中：C——样品中锑的质量浓度，mg/L；

C_1——仪器测试样品计算出的锑质量浓度，mg/L；

C_0——仪器测试空白计算出的锑质量浓度，mg/L；

f——样品稀释倍数。

9.2 结果表示

测定结果小数点位数与方法检出限保持一致，最多保留 3 位有效数字。

10 准确度

10.1 精密度

六家实验室分别对浓度为 0.020 0 mg/L、（0.039 8±0.002 4）mg/L 和 0.080 0 mg/L 的 3 种锑标准样品进行 6 次重复测定，实验室内相对标准偏差范围分别为 0.7%～4.9%、1.5%～2.5%、0.9%～1.8%；实验室间相对标准偏差分别为 2.5%、1.9%、1.9%；重复性限分别为 0.002 mg/L、0.002 mg/L、0.003 mg/L；再现性限分别为 0.002 mg/L、0.003 mg/L、0.005 mg/L。

六家实验室分别对地表水、生活污水、地下水、工业废水等 4 种不同来源的实际样品进行 6 次重复测定，实验室内相对标准偏差分别为 2.8%～4.4%、3.3%～5.0%、2.8%～4.2%、2.5%～4.0%；实验室间相对标准偏差分别为 3.9%、1.9%、4.6%和 3.6%；重复性限分别为 0.002 mg/L、0.002 mg/L、0.002 mg/L 和 0.003 mg/L；再现性限分别为 0.003 mg/L、0.000 mg/L、0.003 mg/L 和 0.004 mg/L。

10.2 正确度

六家实验室分别对浓度为 0.020 0 mg/L、(0.039 8±0.002 4) mg/L 和 0.080 0 mg/L 的 3 种锑国家有证标准溶液或标准样品进行 6 次重复测定，相对误差范围分别为−0.1%~7.5%、−1.3%～4.1%、2.4%～7.3%；相对误差最终值分别为 4.0%±5.2%、2.5%±3.8%、5.2%±4.0%。

六家实验室分别对地表水、地下水、工业废水等 4 种不同来源的实际样品，进行加标分析测定，实验室内加标回收率范围分别为 100.1%～108.0%、92.8%～105.7%、94.5%～106.8%、85.2%～92.8%；加标回收率的最终值分别为 104.4%±5.6%、99.3%±9.4%、100.6%±8.0%、88.5%±6.6%。

11 质量保证和质量控制

11.1 每批样品至少测定 1 个实验室空白，测定值不应高于检出限。

11.2 校准曲线至少包括 6 个浓度点（含零浓度点），相关系数应≥0.995。

11.3 每批次样品（≤20 个）应分析一个校准曲线的中间浓度点标准溶液，其测定结果与该点浓度的相对误差应在±10%以内。否则，应进行校准或建立新的校准曲线。

11.4 每批次样品（≤20 个）应至少测定一个平行样，测定结果相对偏差应≤20%。

11.5 每批次样品（≤20 个）应至少测定一个基体加标样品，加标回收率应为 80%～120%，也可采用有证标准样品控制测量的准确性。

12 废物处理

实验中产生的废液应集中收集，并做好相应标识，委托有资质的单位进行处理。

13 注意事项

13.1 现场分析环境应保证通风。

13.2 为防止通过采样工具污染，采样工具在使用前要用实验用水充分洗净。在采集其他样品时，要注意更换采样工具和清洗采样工具，以防止交叉污染。

水质 汞的测定 现场快速监测分光光度法（试行）

警告：汞及其化合物毒性很强，操作时应注意通风，操作人员应佩戴防护器具，避免吸入呼吸道和接触皮肤、衣物。

1 适用范围

本方法规定了水中汞的现场快速监测分光光度法。

本方法适用于地表水、地下水、生活污水和工业废水中汞的现场应急监测，以及筛查、普查等先期调查工作。

当取样体积 25.0 ml 时，检出限为 0.020 μg/L，测定下限为 0.080 μg/L，测定上限为 4.0 μg/L。

2 规范性引用文件

本方法引用了下列文件或其中的条款。凡是不注日期的引用文件，其有效版本适用于本标准。

HJ/T 91 地表水和污水监测技术规范

HJ 91.1 污水监测技术规范

HJ/T 164 地下水环境监测技术规范

HJ 493 水质 样品的保存和管理技术规定

HJ 589 突发环境事件应急监测技术规范

3 方法原理

在加热条件下，用高锰酸钾在硫酸介质中消解样品；消解后的样品中所含汞全部转化为二价汞，用盐酸羟胺将过剩的氧化剂还原，再用次磷酸钠将二价汞还原成汞蒸气，在 75℃下，通入干燥空气载入检测池，于 253.7 nm 波长处测定吸光度，汞的含量与吸光度成正比，仪器根据工作曲线计算汞的测试结果。

4 干扰与消除

当样品滴于淀粉-碘化钾试纸上出现蓝色，说明样品中氧化剂较高，可通过适当增加盐酸羟胺来消除氧化剂的干扰。当样品中含大量有机物时，可通过加入氧化剂后于 40℃吹脱 5 min，挥发性有机物则可以消除，难挥发或不挥发有机物对测试结果无干扰。

5 试剂和材料

除非另有说明，分析时均使用符合国家标准的分析纯试剂，实验用水为新鲜制备的超纯水。

5.1 浓硫酸：ρ（H_2SO_4）=1.84 g/ml，优级纯。

5.2 硫酸溶液（1+9）。

5.3 消解液：硫酸溶液（1+19）。

5.4 淀粉-碘化钾试纸

称取 1.5 g 可溶性淀粉，用少量水搅成糊状，加入 200 ml 沸水，搅拌混匀放冷。加入 0.5 g 碘化钾和 0.5 g 碳酸钠，用水稀释至 250 ml，将滤纸条浸渍后，取出晾干，于棕色试剂瓶中密封保存。

5.5 氧化剂：5%高锰酸钾溶液

称取 25.0 g 高锰酸钾（$KMnO_4$，优级纯）溶于少量水中，用水稀释至 500 ml，存于棕色试剂瓶中。

5.6 还原剂：2%盐酸羟胺溶液

称取 10.0 g 盐酸羟胺（$NH_2OH \cdot HCl$ 优级纯）溶于少量水中，用水稀释至 500 ml，存于聚四氟乙烯瓶中。

5.7 释放剂：5%次磷酸钠溶液

称取 25.0 g 次磷酸钠（NaH_2PO_2，优级纯）溶于少量水中，用水稀释至 500 ml，存于聚四氟乙烯瓶中，置于冰箱内冷藏，可稳定保存 2 个月。

5.8 吸收液

量取 250 ml 5%高锰酸钾溶液（5.5）与 250 ml 硫酸溶液（5.2）混合，密封保存于棕色试剂瓶中。

5.9 汞贮备液：ρ（Hg）=100.0 mg/L

称取 0.135 4 g 在硅胶干燥器中充分干燥过的氯化汞（$HgCl_2$）溶解于 500 ml 水中，加入 30 ml 浓硫酸（5.1），转移至 1 000 ml 容量瓶，用水稀释至标线，混匀，转入硼硅玻璃瓶中。也可购买有证标准溶液。

5.10 汞标准中间使用液：ρ（Hg）=1.0 mg/L

量取 1.0 ml 汞贮备液（5.9）于 100 ml 容量瓶中，加入 3 ml 浓硫酸（5.1），用水稀释至标线，混匀，置冰箱内冷藏，可稳定保存 1 个月。

5.11 汞标准使用液：ρ（Hg）=0.1 mg/L

量取 10.00 ml 汞标准中间使用液（5.10）于 100 ml 容量瓶中，加入 3 ml 浓硫酸（5.1），用水稀释至标线，混匀，置冰箱内冷藏，可稳定保存 1 个月。

6 仪器和设备

6.1 汞现场快速监测仪：包括进样管路、计量进样单元、检测单元、流路控制模块、数据处理、显示及存储单元等。

6.2 电子天平：精度为 0.001 g。

6.3 一般实验室常用仪器和设备。

6.4 样品瓶：500 ml、1 000 ml，硼硅玻璃或高密度聚乙烯材质。

7 样品

7.1 样品采集和保存

按照 HJ/T 91、HJ 91.1、HJ/T 164、HJ 493 和 HJ 589 的相关规定采集和保存样品。

样品采集在硼硅玻璃或高密度聚乙烯瓶内，应尽快分析。

若需保存，采集后应立即以每升水中加入 10 ml 浓硫酸（5.1）的比例对水样进行固定，固定后水样 pH 应小于 1，否则应适当增加浓硫酸（5.1）的加入量。然后加入 0.5 g 重铬酸钾，若橙色消失，应适当补加重铬酸钾，使水样呈持久的淡橙色，密塞，摇匀，在低温条件下保存。

8 分析步骤

8.1 仪器参考条件

8.1.1 消解条件

消解温度：80℃，消解时间：3 min。

8.1.2 吹脱条件

吹脱温度：75℃，吹脱气量：20 ml/min。

8.1.3 检测波长

λ=253.7 nm。

8.1.4 检测池光程

300 mm。

8.2 校准

8.2.1 仪器调试

按照仪器流路标识，将各管路依次插入对应试剂、废液，连接好纯水，设定工作参数，开启仪器。

8.2.2 校准曲线的建立

分别移取 0.00 ml、0.50 ml、1.00 ml、2.00 ml、3.00 ml 和 4.00 ml 汞标准使用液（5.11）于 100 ml 容量瓶中，用 3%硫酸溶液稀释至标线，混匀，汞质量浓度分别为 0.00 μg/L、

0.50 μg/L、1.00 μg/L、2.00 μg/L、3.00 μg/L 和 4.00 μg/L，按照仪器参考条件（8.1），从低浓度至高浓度依次进样，完成所有标准系列测试，以吸光度为纵坐标，对应的汞浓度（μg/L）为横坐标，仪器自动生成标准工作曲线。

8.3　样品的测定

按照与绘制校准曲线（8.2.2）相同的条件，进行样品的测定。如果浓度高于校准曲线最高点，稀释后测定。

8.4　空白试验

用纯水代替样品，按照与样品测定（8.3）相同的仪器条件进行空白样品的测定。

9　结果计算与表示

9.1　结果计算

样品中汞的质量浓度（μg/L）按照式（1）进行计算。

$$\rho=(\rho_1-\rho_0)\times f \tag{1}$$

式中：ρ——样品中汞的质量浓度，μg/L；

ρ_1——仪器测试样品计算出汞的质量浓度，μg/L；

ρ_0——仪器测试空白计算出汞的质量浓度，μg/L；

f——样品稀释倍数。

9.2　结果表示

测定结果小数点后保留位数与方法检出限一致，最多保留 3 位有效数字。

10　准确度

10.1　精密度

6 家实验室分别对汞质量浓度为（1.1±0.13）μg/L、2.0 μg/L 和 3.2 μg/L 的标准样品进行 6 次重复测定，实验室内相对标准偏差范围分别为 0.4%～2.1%、1.1%～2.3%、0.7%～3.6%；实验室间相对标准偏差分别为 5.9%、3.6%、4.0%；重复性限分别为 0.040 μg/L、0.096 μg/L 和 0.159 μg/L；再现性限分别为 0.198 μg/L、0.220 μg/L 和 0.383 μg/L。

6 家实验室分别对地表水、生活污水、地下水、工业废水 4 种不同来源的实际样品进行 6 次重复测定，实验室内相对标准偏差分别为 3.4%～6.3%、2.0%～8.8%、3.3%～7.3%、1.0%～4.4%；实验室间相对标准偏差分别为 9.3%、10.1%、14.1%和 10.0%；重复性限分别为 0.021 μg/L、0.020 μg/L、0.017 μg/L 和 0.035 μg/L；再现性限分别为 0.044 μg/L、0.040 μg/L、0.051 μg/L 和 0.134 μg/L。

10.2　正确度

6 家实验室分别对汞质量浓度为（1.1±0.13）μg/L、2.0 μg/L 和 3.2 μg/L 的标准样品进行 6 次重复测定，相对误差范围分别为−6.9%～11%、−2.4%～6.3%、−7.0%～4.6%；相对误差最终值分别为 3.8%±13%、2.4%±7.2%、−0.9%±8.0%。

6 家实验室分别对地表水、生活污水、地下水、工业废水等 4 种不同来源的实际样品，进行加标分析测定，实验室内加标回收率范围分别为 84.8%～111.8%、85.0%～119%、84.8%～94.7%、87.7%～108%；加标回收率的最终值分别为 97.7%±20.4%、101%±27.4%、88.8%±8.6%、96.4%±17.0%。

11 质量保证和质量控制

11.1 每批次（≤20 个）应分析一个空白样，空白样测定结果应低于检出限。

11.2 每批次（≤20 个）应分析一个平行样，相对偏差应在 20%以内。

11.3 校准曲线应至少包括 6 个浓度点（含零浓度点），相关系数≥0.995。

11.4 每批次（≤20 个）需用一个校准曲线的中间浓度校准溶液进行校准核查，相对误差应在±10%以内，否则应重新绘制校准曲线。

12 废物处理

现场实验中产生的废液和废物应集中收集，带回实验室，委托有资质的单位进行处理。

13 注意事项

实验中使用的标准样品为易挥发的有毒化合物，试剂配制过程应在通风环境进行；操作时应按要求佩戴防护器具，避免接触皮肤和衣物。

水质 硫化物的测定 现场快速监测

气相分子吸收光谱法（试行）

1 适用范围

本方法规定了测定水中硫化物的现场快速监测气相分子吸收光谱法。

本方法适用于地表水、地下水、工业废水和生活污水中硫化物的现场应急监测，以及筛查、普查等先期调查工作。

当取样体积为 50.0 ml 时，硫化物的方法检出限为 0.006 mg/L，测定下限为 0.024 mg/L，测定上限为 4.00 mg/L。

2 规范性引用文件

本方法引用了下列文件或其中的条款。凡是不注日期的引用文件，其有效版本适用于本方法。

HJ/T 91 地表水和污水监测技术规范

HJ 91.1 污水监测技术规范

HJ/T 164 地下水环境监测技术规范

HJ 493 水质 样品的保存和管理技术规定

HJ 589 突发环境事件应急监测技术规范

3 方法原理

仪器将试样和载流液按比例自动载入化学反应盘管中混合、反应，用载气将硫化氢（H_2S）气体载入光电检测系统中进行检测，在 202.6 nm 波长处测定。一定浓度范围内，试样待测物浓度与吸光度呈线性关系，仪器根据工作曲线计算硫化物浓度。

4 干扰与消除

4.1 SO_3^{2-}浓度大于硫化物浓度的 4 倍、$S_2O_3^{2-}$浓度大于硫化物浓度的 500 倍、乙醇浓度大于硫化物浓度的 10% 时，铜离子、汞离子分别大于 0.2 mg/L、1.5 mg/L 时，对测试结果产生干扰。可采用絮凝沉淀分离法消除干扰。

4.2 絮凝沉淀分离法：取适量水样至 50.0 ml 比色管中，加入 2～10 ml 碳酸锌絮凝剂，充分摇匀静置 3～10 min 至分层后，弃去上层水相，用纯水定容至 50.0 ml，上机进行测定。

5 试剂和材料

除非另有说明，分析时均使用符合国家标准的分析纯试剂，实验用水为不含目标化合物的蒸馏水或通过纯水设备制备的纯水。

5.1 盐酸：ρ（HCl）=1.19 g/ml，优级纯。

5.2 氢氧化钠（NaOH）。

5.3 乙酸锌（$ZnAc_2 \cdot 2H_2O$）。

5.4 乙酸钠（$NaAc \cdot 3H_2O$）。

5.5 碳酸钠（Na_2CO_3）。

5.6 硝酸锌［$Zn(NO_3)_2 \cdot 6H_2O$］。

5.7 载流液：c（HCl）=3 mol/L

取 250 ml 盐酸（5.1），加入 750 ml 水中，摇匀，贮存于玻璃瓶中。

5.8 氢氧化钠溶液：ρ（NaOH）= 0.4 g/ml

取 40.0 g 氢氧化钠（5.2）溶于少量水中，稀释至 100 ml。

5.9 固定剂

取 50.0 g 乙酸锌（5.3）和 12.5 g 乙酸钠（5.4），溶于少量水中，稀释至 1 L。

5.10 硝酸锌溶液：$\omega[Zn(NO_3)_2 \cdot 6H_2O]=3\%$

取 3.0 g 硝酸锌（5.6），溶于少量水中，稀释至 100 ml。

5.11 碳酸钠溶液：ω（Na_2CO_3）=1.5%

取 1.5 g 碳酸钠（5.5），溶于少量水中，稀释至 100 ml。

5.12 碳酸锌絮凝剂

将硝酸锌溶液（5.10）和碳酸钠溶液（5.11）等体积混合，临用现配。

5.13 硫化钠标准贮备液：ρ=100 mg/L

购买市售有证标准溶液。

5.14 硫化钠标准使用液：ρ=4.00 mg/L

以新配制的氢氧化钠溶液（5.8）调节纯水 pH=10～12。在 100 ml 棕色容量瓶中加入少量已调节 pH=10～12 的水，量取 4.00 ml 硫化物标准贮备液（5.13），用已调节 pH=10～12 的水稀释至标线，摇匀，临用现配。

如需保存，取少量水加入 100 ml 棕色容量瓶中，加 0.4 ml 固定剂（5.9），摇匀，吸取 4.00 ml 硫化物标准贮备液（5.13）于上述棕色容量瓶中，再加入 0.2 ml 氢氧化钠溶液（5.8），定容至 100 ml。每次使用时，应充分摇匀后取用。

6 仪器和设备

6.1 采样瓶：250 ml 或 500 ml 具磨口塞的棕色玻璃细口瓶。

6.2 硫化物现场快速监测仪。由进样系统、气源系统、化学反应与气液分离系统、光源系统、光电检测系统、电控系统和数据处理系统组成。

6.3 天平：精度为 0.01 g。

6.4 一般实验室常用仪器和设备。

7 样品

7.1 样品的采集与保存

水样的采集执行 HJ/T 91、HJ 91.1、HJ/T 164、HJ 493 和 HJ 589 的相关规定。

采样时，先加固定剂（5.9），再加水样近满瓶，然后加氢氧化钠溶液（5.8）调至 pH=10～12，加盖后不留液上空间。通常固定剂的加入量为每升水样加 4 ml 固定剂（5.9），2 ml 氢氧化钠溶液（5.8）。硫化物含量较高时应酌情增加固定剂（5.9）和氢氧化钠用量，直至沉淀完全。固定后样品于 3 d 内测定。

7.2 样品准备

测试前，应取适量的样品，充分摇匀后置于样品管中上机测定。

8 分析步骤

8.1 仪器参考条件

8.1.1 光源：氘灯光源。

8.1.2 工作条件：检测波长λ=202.6 nm。

8.1.3 测定方式：峰高或峰面积。

8.1.4 载气：空气或氮气。载气流量：0.1～0.5 L/min。

8.2 仪器的调试

按仪器说明书打开分析系统软件、设定工作参数、操作仪器。开机使仪器预热稳定 15～30 min，再进行 8.3～8.5 操作步骤。

8.3 工作曲线的建立

使用硫化钠标准使用液（5.14），由仪器自动稀释配制成 6 个浓度点的标准系列溶液，浓度依次为 0.00 mg/L、0.20 mg/L、0.40 mg/L、1.00 mg/L、2.00 mg/L、4.00 mg/L。仪器自动生成工作曲线及相应的曲线方程和线性相关系数。

8.4 样品的测定

按照与工作曲线的建立相同的条件，进行试样的测定。如果浓度高于校准曲线最高点，应选择合适的稀释倍数，通过人工稀释或仪器自动稀释后上机进行测定，计算结果乘以稀释倍数或仪器自动计算测试结果。

8.5 空白试验

用纯水代替样品，按照与样品的测定（8.4）相同的仪器条件进行空白样品的测定。

9 结果计算与表示

9.1 结果计算

样品中硫化物的质量浓度（mg/L）按照式（1）进行计算。

$$\rho = (\rho_1 - \rho_0) \times F \tag{1}$$

式中：ρ——样品硫化物的质量浓度，mg/L；

ρ_1——仪器测定样品计算出的硫化物质量浓度，mg/L；

ρ_0——仪器测定空白计算出的硫化物质量浓度，mg/L；

F——样品稀释倍数。

9.2 结果表示

测定结果小数点位数保留与方法检出限保持一致，最多保留 3 位有效数字。

10 准确度

10.1 精密度

6 家实验室分别对硫化物浓度为 0.04 mg/L、（1.72±0.13）mg/L、（3.22±0.27）mg/L 的标准样品/标准溶液进行测定，实验室内相对标准偏差分别为 2.2%～8.0%、0.40%～3.5%、2.0%～3.6%；实验室间相对标准偏差分别为 6.8%、1.7%、2.8%；重复性限分别为 0.007 mg/L、0.077 mg/L、0.238 mg/L；再现性限分别为 0.010 mg/L、0.105 mg/L、0.333 mg/L。

6 家实验室分别对 4 种不同类型的实际样品（地表水、钢铁废水、焦化废水、生活污水）进行测定，实验室内相对标准偏差分别为 5.1%～19%、0.93%～21%、2.0%～6.3%、2.1%～7.0%。实验室间相对标准偏差分别为 17%、16%、13%、10%；重复性限分别为 0.008 mg/L、0.033 mg/L、0.090 mg/L、2.2 mg/L；再现性限分别为 0.012 mg/L、0.052 mg/L、0.280 mg/L、5.4 mg/L。

10.2 正确度

6 家实验室分别对含硫化物浓度为 0.04 mg/L、（1.72±0.13）mg/L、（3.22±0.27）mg/L 的标准样品/标准溶液进行测定：相对误差分别为−5.8%～14%、−4.9%～−0.39%、−3.0%～3.8%。相对误差最终值分别为（2.4±14）%、（−2.8±9.8）%、（0.8±5.6）%。

6 家实验室分别对 4 种不同类型的实际样品（地表水、生活污水、焦化废水、钢铁废水）进行加标回收测定，加标回收率分别为 82.2%～103%、86.3%～107%、82.8%～101%、87.5%～107%；加标回收率最终值为（92.8±14）%、（96.3±14）%、（93.0±14）%、（93.4±15）%。

11 质量保证和质量控制

11.1 每批样品（≤20 个样品）至少测定一个空白样品，空白值不得超出方法检出限。否则应查明原因，重新分析。

11.2　工作曲线应至少包括 5 个浓度点（不含零浓度点），工作曲线的相关系数≥0.995。每批样品（≤20 个样品）应分析一个校准曲线的中间浓度点标准溶液，其测定结果的相对误差应在±10%以内，否则应重新绘制工作曲线。

11.3　每批样品（≤20 个样品）应至少测定一个平行样。样品测定结果等于或低于测定下限时，绝对偏差应小于测定下限；测定结果大于测定下限时，相对偏差应在±20%以内。

11.4　可采用有证标准物质，其测定值应在其测量不确定范围内。或每批样品（≤20 个样品）应至少测定一个加标样品，加标回收率应为 80%～120%。

12　废物处理

现场实验中产生的废液和废物应集中收集，带回实验室，委托有资质的单位进行处理。

13　注意事项

13.1　现场分析环境应保证通风。

13.2　测定样品时，可根据样品的絮状物沉淀情况酌情开启均质吹扫功能，保证进样均质性。

13.3　每次分析完毕后，用载流液（5.7）对仪器管路进行清洗。

水质　二氧化氯的测定　现场快速监测电化学法（试行）

1　适用范围

本方法规定了测定水中二氧化氯的现场快速测定电化学法。

本方法适用于地表水和生活污水中二氧化氯的现场应急监测，以及筛查、普查等先期调查工作。

方法检出限为 0.05 mg/L，测定下限为 0.20 mg/L，测定上限为 50 mg/L。

2　规范性引用文件

本方法引用了下列文件或其中的条款。凡是不注日期的引用文件，其有效版本适用于本标准。

GB/T 5750.11　生活饮用水标准检验方法　消毒剂指标

HJ/T 91　地表水和污水监测技术规范

HJ 91.1　污水监测技术规范

HJ 551　水质　二氧化氯和亚氯酸盐的测定　连续滴定碘量法

HJ 589　突发环境事件应急监测技术规范

3　术语和定义

下列术语和定义适用于本标准。

3.1　二氧化氯工作电极 chlorine dioxide working electrode

用于在固定电压下使二氧化氯发生还原反应的电极。

3.2　参比电极 reference electrode

用于在检测过程中提供精确已知电极电势的电极。

3.3　对电极 counter electrode

用于与工作电极组成回路使电流通过的电极。

3.4　工作电极组 working electrode group

包含二氧化氯工作电极、参比电极和对电极。

4　方法原理

将试样放入检测盒中，通过向工作电极施加一个固定的工作电压，并检测产生电流与时间的变化。电流的变化与工作电极表面待测物质扩散层的增减有关。待测物质扩散层等同于电极一个表面区域，其浓度与待测溶液主体存在浓度差。通过向系统之施加一个合适的电压，本地待测物质浓度会降到 0 mg/L，在此条件下，会产生一个浓度梯度，使得待测物质从浓度高的部分（待测溶液主体）向电极表面扩散。通过检测固定电压下待测物质发生还原反应产生的电流强度，由校准曲线计算得到待测物质浓度。

5　试剂和材料

除非另有说明，分析时均使用符合国家标准的分析纯试剂或国家有证标准物质，实验用水为无氯纯水。

5.1　无氯纯水

使用不含氯和还原性物质的无氯纯水。

5.2　二氧化氯标准储备液：c（Cl_2）=1 000 mg/L

二氧化氯标准物质采用纯度准确定值的二氧化氯为溶质，以无氯纯水为溶剂，采用重量-容量法配制而成。

5.3　二氧化氯标准使用液

准确移取二氧化氯标准储备液 10.00 ml 置于 100 ml 容量瓶中，并用无氯纯水稀释至标线。临用前配制。

6　仪器和设备

6.1　便携式电化学法二氧化氯分析仪：电化学方法，安培电流法原理。一般包括分析仪、供电装置、样品分析杯、数据传输线等。仪器可在环境温度 0～50℃、环境湿度≤90%进行分析检测。

6.2　一般实验室常用仪器和设备。

7　样品

7.1　样品采集和保存

二氧化氯因具有较强的氧化性和易挥发性，在水中不能长期稳定存在。采样后应尽快测定。应用硬质玻璃瓶或聚乙烯瓶采集样品，水样应充满采样瓶，勿留空间和气泡，避免受热、光照和剧烈震动，样品不易运输和保存，应在采样后 30 min 内进行检测。

7.2　样品要求

用于测定的样品对浊度和色度没有特殊要求，采集的地表水和污水样品，在进行检测前无须进行过滤或稀释处理，可直接检测。

7.3　校准设备

将仪器的检测单元和传感器用无氯纯水清洗干净，并用洁净滤纸擦干，保持仪器清洁干燥，保持仪器水平放置，防止震动，分别插入电流校准工作电极，待全部校准工作电极通过测试后，校准通过。

8 试样测定

分析前，按照 7.3 校准仪器。用待测水样润洗测量杯，再取待测水样至测量杯刻度线。正确连接工作电极组和测量仪，并在仪器上选择二氧化氯测量项目。将电极组插入待测水样，等待仪器完成检测过程并显示测量结果。完成测定后，将水样合理处置并清洗测量杯，关机断电，结束测定。

9 结果计算与表示

9.1 结果计算

仪器内产生的电流强度与水样中的二氧化氯浓度成比例，按照式（1）进行计算：

$$C_0 = \frac{i_t \pi^{\frac{1}{2}} t^{\frac{1}{2}}}{nFAD_0^{\frac{1}{2}}} \cdot K \tag{1}$$

式中：C_0——待测样品中的二氧化氯浓度，mg/L；

i_t——极限电流强度，A；

t——通电时间，s；

n——还原反应中转移的电子数；

F——法拉第常数，96 485 C/moL；

D_0——工作电极表面积，cm^2；

K——与化学反应速率常数有关的内置浓度转换系数。

9.2 结果表示

测定结果的小数点后位数的保留与方法检出限一致，最多保留 3 位有效数字。

10 准确度

10.1 精密度

六家实验室对含二氧化氯浓度为高（1.00 mg/L）、中（0.20 mg/L）、低（0.05 mg/L）的标准样品进行了 6 次重复测定：实验室内相对标准偏差分别为 0.8%～8.2%、2.1%～9.5%和 10.0%～25.0%；实验室间相对标准偏差分别为 3.3%、6.3%和 16.6%；重复性限为 0.120 mg/L、0.040 mg/L 和 0.023 mg/L；再现性限为 0.142 mg/L、0.049 mg/L 和 0.030 mg/L。

10.2 正确度

六家实验室对含二氧化氯浓度为高（1.00 mg/L）、中（0.20 mg/L）、低（0.05 mg/L）的标准样品进行了 6 次重复测定：相对误差分别为−8.0%～3.0%、−10.0%～0 和−20.0%～0；相对误差最终值为−1.2%±8.6%、−5.8%±7.6%和−6.7%±20.6%。

六家实验室对含二氧化氯浓度为高（1.00 mg/L）、中（0.20 mg/L）、低（0.05 mg/L）的标准样品进行了加标分析测定，加标回收率分别为 96.0%～103.0%、90.0%～100.0%和80.0%～100.0%；加标回收率最终值为 99.7%±6.0%、95.0%±9.0%和 93.3%±20.6%。

11 质量保证和质量控制

11.1 每批样品（≤20 个）至少测定 1 个空白样品，其测定结果应小于等于方法检出限。

11.2 应进行校正系数的检验，使用时根据所需浓度，取适量二氧化氯标准使用液配制适当浓度的二氧化氯标准系列进行测定。如果测定值与标准值的相对误差在±20%以内，则仪器可用。

11.3 每批样品（≤20 个）至少测定 1 个平行样，平行样相对偏差应≤±20%。

11.4 每批样品（≤20 个）至少测定 1 个加标样，加标回收率应为 80%～120%。

12 废物处理

实验中产生的废物应集中收集，并做好相应标识，委托有资质的单位进行处理。

13 注意事项

现场分析环境应保证通风，仪器使用前，检查电极连接插槽内是否有水或污渍，确保电池电量不低于满电量 10%，测量结束后应对仪器设备进行杀菌消毒处理；废水检测时，相关操作人员应做好自身防护。

水质　锰的测定　现场快速监测分光光度法（试行）

警告：实验中使用的硫酸具有强烈的腐蚀性，试剂配制和样品前处理过程应在通风橱内进行；操作时应按要求佩戴防护器具，避免吸入呼吸道或接触皮肤和衣物。

1　适用范围

本方法规定了测定水中锰的现场快速监测分光光度计法。

本方法适用于地表水、地下水、生活污水和工业废水中锰的现场应急监测，以及筛查、普查等先期调查工作。

当取样体积为 10.0 ml 时，方法检出限为 0.05 mg/L，测定下限为 0.20 mg/L，测定上限为 5 mg/L。

2　规范性引用文件

本方法引用了下列文件或其中的条款。凡是不注日期的引用文件，其有效版本适用于本标准。

HJ/T 91　地表水和污水监测技术规范

HJ 91.1　污水监测技术规范

HJ/T 164　地下水环境监测技术规范

HJ 589　突发环境事件应急监测技术规范

3　方法原理

二价锰在碱性溶液中被溶解氧氧化为四价锰，并与甲醛肟反应生成橙红色化合物，在 550 nm 波长处测量吸光度。在一定浓度范围内，显色反应与锰浓度成正比。

4　干扰和消除

二价锰和三价锰会干扰测定，造成监测结果偏高。铜也会导致检测结果偏高，如果检测过程中样品变蓝色，则说明存在铜的干扰。

5　试剂和材料

除非另有说明，分析时均使用符合国家标准的分析纯试剂或国家有证标准物质，实验用水为新制备的去离子水或同等纯度的水。

5.1 甲醛肟盐酸盐试剂

准确称量 10.73 mg，或使用预制式试剂。

5.2 氢氧化锂

准确称量 10.88 mg，或使用预制式试剂。

5.3 锰标准贮备液

准确称取 0.170 2 g 一级硫酸锰（$MnSO_4 \cdot 2H_2O$），溶于水中，加入 5 ml 硫酸，转移此溶液于 500 ml 容量瓶中，用水稀释至标线。溶液每毫升含锰 100 μg。或使用市售有证锰标准溶液。

5.4 锰标准使用液

准确移取锰标准贮存液（5.3）10.00 ml 置 100 ml 容量瓶中，加水至标线，摇匀。此溶液每毫升含 10.0 μg 锰。

6 仪器和设备

6.1 光度计：工作波长 550 nm；精密度为±1%T；分辨率为 0.001 AU。

6.2 比色光：10 ml。

6.3 微孔滤膜过滤器：装有 0.22 μm 微孔滤膜。

7 样品

7.1 样品采集和保存

按照 HJ 91.1、HJ/T 91 和 HJ/T 164 的相关规定采集与保存样品。

如需保存样品，加入 1%浓硝酸。在 5℃以下可以冷藏保存 7 天。

7.2 试样的制备

一般地表水、地下水、饮用水等无明显颗粒物的样品，可直接用于测定。对于含有悬浮颗粒物的浑浊水样，可采取离心或用孔径为 0.22 μm 滤膜过滤方式去除悬浮物后再进行测量。如果色度过高（铂钴色度值＞25 度），需采取稀释的方式处理。

7.3 空白试样的制备

用实验用水代替样品，按照与试样的制备（7.2）相同的步骤进行实验室空白试样的制备。

8 分析步骤

8.1 测量条件

显色条件：室温下，显色时间为 5 min。

检测条件：检测波长λ=550 nm。

8.2 校准曲线的建立

分别移取 0 ml、0.50 ml、1.00 ml、2.00 ml、5.00 ml、10.00 ml 锰标准使用液于 100 ml

容量瓶中，用纯水定容至标线，摇匀，使锰的质量浓度分别为 0 mg/L、0.050 mg/L、0.10 mg/L、0.20 mg/L、0.50 mg/L、1.00 mg/L，分别置于比色管中。将上述比色试管先加入甲醛肟盐酸盐试剂，摇匀使其充分溶解后，再加入氢氧化锂试剂，摇匀使其充分溶解，静置反应 5 min。在 550 nm 波长处，从低浓度至高浓度依次进行标准曲线的测定，得到不同浓度锰的吸光度。以浓度对应吸光度建立回归方程，获得校准曲线。

8.2.1 试样测定

按照与校准曲线的建立相同的仪器条件进行试样的测定。

8.2.2 空白试验

按照与试样测定相同的仪器条件进行（实验室）空白试样的测定。

9 结果计算与表示

9.1 结果计算

样品中，按照式（1）进行计算：

$$\begin{aligned} A &= \lg(1/T) = Kbc \\ c &= A/Kb = \lg(1/T)/Kb \end{aligned} \quad (1)$$

式中：c——待测物质浓度，mg/L；

A——吸光度；

T——透光度，%；

K——摩尔吸光系数；

b——光程，cm。

9.2 结果表示

测定结果的小数点后位数的保留与方法检出限一致，最多保留 3 位有效数字。

10 准确度

10.1 精密度

六家实验室对含锰浓度为高（1.79 mg/L）、中（0.162 mg/L）、低（0.081 mg/L）的标准样品进行了 6 次重复测定：实验室内相对标准偏差分别为 0.3%～2.8%、3.5%～7.6%和 5.0%～8.6%；实验室间相对标准偏差分别为 3.8%、5.5%和 5.1%；重复性限为 0.076 mg/L、0.023 mg/L 和 0.014 mg/L；再现性限为 0.199 mg/L、0.031 mg/L 和 0.017 mg/L。

10.2 正确度

六家实验室对含锰浓度为高（1.79 mg/L）、中（0.162 mg/L）、低（0.081 mg/L）的标准样品进行了 6 次重复测定：相对误差分别为−6.7%～2.2%、−7.4%～4.9%和−13.6%～0；相对误差最终值为−0.3%±6.4%、0.8%±10.0%和−3.1%±10.4%。

11 质量保证和质量控制

11.1 每批样品（≤20 个）至少测定 1 个空白样品，其测定结果应小于等于方法检出限。

11.2 每批样品均应进行校正系数的检验，使用时根据所需浓度，取适量锰标准使用液配制适当浓度的标准系列，与试样的制备相同的步骤进行测定，按照式（1）计算标准溶液的浓度。如果测定值与标准值的相对误差在±10%以内，则校正系数可采用，否则重新测定校正系数并检验，直至符合条件位置。

11.3 每批样品（≤20 个）至少测定 1 个平行样，平行样相对偏差应≤±5%。

11.4 每批样品（≤20 个）至少测定 1 个加标样，加标回收率应为 80%～120%。

12 废物处理

实验中产生的废液应集中存放于密闭容器中，并做好相应标识，委托有资质的单位进行处理。

13 注意事项

13.1 现场分析环境应保证通风。

13.2 锰很容易吸附到采样容器上，采样后应尽快进行分析。

13.3 锰很容采样及分析过程中使用的器皿应确保绝对干净，所有用到的玻璃器皿均需要用（1+10）的盐酸进行清洗后才可使用。

水质 钼的测定 现场快速监测分光光度法（试行）

警告：实验中使用的硝酸具有强烈的腐蚀性，试剂配制和样品前处理过程应在通风橱内进行；操作时应按要求佩戴防护器具，避免吸入呼吸道或接触皮肤和衣物。

1 适用范围

本方法规定了测定水中钼的现场快速监测分光光度法。

本方法适用于地表水、地下水、生活污水和工业废水中钼的现场应急监测，以及筛查、普查等先期调查工作。

当取样体积为 10.0 ml 时，方法检出限为 0.05 mg/L，测定下限为 0.20 mg/L，测定上限为 12 mg/L。

2 规范性引用文件

本方法引用了下列文件或其中的条款。凡是不注日期的引用文件，其有效版本适用于本标准。

HJ/T 91 地表水和污水监测技术规范

HJ 91.1 污水监测技术规范

HJ/T 164 地下水环境监测技术规范

HJ 589 突发环境事件应急监测技术规范

3 方法原理

钼在弱酸性条件下与二羟基苯二磺酸盐反应生成黄色络合物，显色反应与钼在溶液中的浓度成正比，在 450 nm 波长下进行检测。

4 干扰和消除

大于 5 mg/L 的二价铁对钼会产生干扰。

5 试剂和材料

除非另有说明，分析时均使用符合国家标准的分析纯试剂或国家有证标准物质，实验用水为新制备的去离子水或同等纯度的水。

5.1 二羟基苯二磺酸盐试剂

准确称量 20.00 mg，或使用预制式试剂。

5.2 硫酸氢钾试剂

准确称量 20.72 mg，或使用预制式试剂。

5.3 EDTA 试剂

准确称量 18.78 mg，或使用预制式试剂。

5.4 钼标准贮备液

称取 1.839 8 g 钼酸铵{$(NH_4)_6[Mo_7O_{24}]_4H_2O$}，用（1+99）氨水溶解，并定容至 1 000 ml，摇匀。此溶液每毫升含 1 000 μg 钼，或使用市售有证钼标准溶液。

5.5 钼标准中间液

取钼标准储备液（5.4）5.00 ml 于 100 ml 容量瓶中，用（1+99）硝酸溶液稀释至刻度线，摇匀。此溶液每毫升含 50 μg 钼。

5.6 钼标准使用液

取钼标准储备液（5.5）20.00 ml 于 100 ml 容量瓶中，用（1+99）硝酸溶液稀释至刻度线，摇匀。此溶液每毫升含 50 μg 钼。

6 仪器和设备

6.1 光度计：工作波长 450 nm；精密度为±1%T；分辨率为 0.001 AU。

6.2 比色光：10 ml。

6.3 微孔滤膜过滤器：装有 0.22 μm 微孔滤膜。

7 样品

7.1 样品采集和保存

按照 HJ 91.1、HJ/T 91 和 HJ/T 164 的相关规定采集与保存样品。

如需保存样品，加入 1%浓硝酸，pH 调至 1.0～2.0。在 5℃以下可以冷藏保存 7 d。

7.2 试样的制备

一般地表水、地下水、饮用水等无明显颗粒物的样品，可直接用于测定。对于含有悬浮颗粒物的浑浊水样，可采取离心或用孔径为 0.22 μm 滤膜过滤方式去除悬浮物后再进行测量。如果色度过高（铂钴色度值＞25 度），需采取稀释的方式处理。

7.3 空白试样的制备

用实验用水代替样品，按照与试样的制备（7.2）相同的步骤进行实验室空白试样的制备。

8 分析步骤

8.1 测量条件

显色条件：室温下，显色时间 2 min。

检测条件：检测波长λ=450 nm。

8.2 校准曲线的建立

分别移取 0.00 ml、1.00 ml、2.00 ml、5.00 ml、10.00 ml、20.00 ml 和 50.00 ml 钼标准使用液（5.6）于 100 ml 容量瓶中，用纯水定容至标线，摇匀，使钼的质量浓度分别为 0.00 mg/L、0.10 mg/L、0.20 mg/L、0.50 mg/L、1.00 mg/L、2.00 mg/L、5.00 mg/L，分别取 10 ml 置于比色管中。将上述比色试管先加入硫酸氢钾试剂和 EDTA 试剂，摇匀使其充分溶解，再加入二羟基苯二磺酸盐试剂，摇匀使其充分溶解，静置等待反应 2 min。在 450 nm 波长处，从低浓度至高浓度依次进行标准曲线的测定，得到不同浓度钼的吸光度。以浓度对应吸光度建立回归方程，获得校准曲线。

8.2.1 试样测定

按照与校准曲线的建立相同的仪器条件进行试样的测定。

8.2.2 空白试验

按照与试样测定相同的仪器条件进行（实验室）空白试样的测定。

9 结果计算与表示

9.1 结果计算

样品中，按照式（1）进行计算：

$$A=\lg(1/T)=Kbc$$
$$c=A/Kb=\lg(1/T)/Kb \qquad (1)$$

式中：c——待测物质浓度，mg/L；

A——吸光度；

T——透光度，%；

K——摩尔吸光系数；

b——光程，cm。

9.2 结果表示

测定结果的小数点后位数的保留与方法检出限一致，最多保留 3 位有效数字。

10 准确度

10.1 精密度

六家实验室对含钼浓度为高（5.19 mg/L）、中（0.519 mg/L）、低（0.050 5 mg/L）的标准样品进行了 6 次重复测定：实验室内相对标准偏差分别为 0.3%～1.9%、0.8%～4.3%和 0～10.0%；实验室间相对标准偏差分别为 5.8%、6.9%和 10.0%；重复性限为 0.152 mg/L、0.031 mg/L 和 0.013 mg/L；再现性限为 0.823 mg/L、0.100 mg/L 和 0.019 mg/L。

10.2 正确度

六家实验室对含钼浓度为高（5.19 mg/L）、中（0.519 mg/L）、低（0.050 5 mg/L）的标准样品进行了 6 次重复测定：相对误差分别为−13.5%～1.9%、−9.4%～2.1%和−1.0%～18.8%；相对误差最终值为−3.8%±11.0%、−2.7%±9.4%和 5.6%±20.4%。

11 质量保证和质量控制

11.1 每批样品（≤20 个）至少测定 1 个空白样品，其测定结果应小于等于方法检出限。

11.2 每批样品均应进行校正系数的检验，使用时根据所需浓度，取适量钼标准使用液配制适当浓度的钼标准系列，与试样的制备相同的步骤进行测定，按照式（1）计算钼标准溶液的浓度。如果测定值与标准值的相对误差在±10%以内，则校正系数可采用，否则重新测定校正系数并检验，直至符合条件位置。

11.3 每批样品（≤20 个）至少测定 1 个平行样，平行样相对偏差应≤±5%。

11.4 每批样品（≤20 个）至少测定 1 个加标样，加标回收率应为 80%～120%。

12 废物处理

实验中产生的废液应集中存放于密闭容器中，并做好相应标识，委托有资质的单位进行处理。

13 注意事项

13.1 现场分析环境应保证通风。

13.2 测量完成后，应立即将显色溶液倒入废液缸，并用纯水彻底清洗比色管。

水质　总氯的测定　现场快速监测电化学法（试行）

1　适用范围

本方法规定了测定水中总氯的现场快速测定电化学法。

本方法适用于地表水和污水中总氯的现场应急监测，以及筛查、普查等先期调查工作。

方法检出限为 0.04 mg/L（以 Cl_2 计），测定下限为 0.20 mg/L（以 Cl_2 计），测定上限为 75 mg/L（以 Cl_2 计）。

2　规范性引用文件

本方法引用了下列文件或其中的条款。凡是不注日期的引用文件，其有效版本适用于本标准。

GB/T 5750.11　生活饮用水标准检验方法　消毒剂指标

HJ/T 91　地表水和污水监测技术规范

HJ 91.1　污水监测技术规范

HJ 585　水质　游离氯和总氯的测定　*N,N*-二乙基-1,4-苯二胺滴定法

HJ 589　突发环境事件应急监测技术规范

3　术语和定义

下列术语和定义适用于本标准。

3.1　总氯工作电极 total chlorine working electrode

用于在固定电压下使总氯发生还原反应的电极。电极为玻碳材质，表面涂装有碘化钾，以检测总氯浓度的变化。

3.2　参比电极 reference electrode

用于在检测过程中提供精确已知电极电势的电极。

3.3　对电极 counter electrode

用于与工作电极组成回路使电流通过的电极。

3.4　工作电极组 working electrode group

包含总氯工作电极、参比电极和对电极。

4　方法原理

将试样放入检测盒中，通过向工作电极施加一个固定的工作电压，并检测产生电流与

时间的变化。电流的变化与工作电极表面待测物质扩散层的增减有关。待测物质扩散层等同于电极一个表面区域，其浓度与待测溶液主体存在浓度差。通过向系统之施加一个合适的电压，本地待测物质浓度会降到 0 mg/L，在此条件下，会产生一个浓度梯度，使得待测物质从浓度高的部分（待测溶液主体）向电极表面扩散。通过检测固定电压下待测物质发生还原反应产生的电流强度，由校准曲线计算得到待测物质浓度。

5 干扰和消除

5.1 二氧化氯会在工作电极表面发生与总氯类似的还原反应，对总氯检测产生干扰。二氧化氯本身具有较强挥发性，将吹脱装置连接好。量取 50 ml 待测水样并倒入吹气杯中，调整气泵流量后开始吹气，吹气时间控制在 5 min 以内。

5.2 臭氧也会对总氯检测产生干扰，可利用其强挥发性，通过向水中空气吹脱 5 min 以内去除。

5.3 水样检测时可接受 pH 范围为 4～9，当 pH 过低时，可使用氢氧化钠溶液进行调节；当 pH 过高时，可使用硫酸溶液进行调节。

6 试剂和材料

除非另有说明，分析时均使用符合国家标准的分析纯试剂或国家有证标准物质，实验用水为新制备的三级水或同等纯度的水。

6.1 无氯纯水

使用不含氯和还原性物质的无氯纯水。

6.2 氢氧化钠溶液：c（NaOH）=2.0 mol/L

称取 80.0 g 氢氧化钠，溶解于 500 ml 无氯纯水（6.1）中，待溶液冷却后移入 1 000 ml 容量瓶，加无氯纯水（6.1）至标线，混匀。

6.3 硫酸溶液：c（H_2SO_4）= 1.0 mol/L

取约 200 ml 无氯纯水至大烧杯中，量取 98%浓硫酸 27 ml 缓慢注入烧杯中，同时不断用玻璃棒搅拌散热。等待稀释后的硫酸冷却后，再转移至 500 ml 容量瓶中，并用无氯纯水洗涤烧杯 2～3 次，洗涤液也全部转移到容量瓶中，用无氯纯水稀释至标线，混匀。

6.4 总氯标准储备液：c（Cl_2）=1 000 mg/L

以高纯氯胺 T 和无氯纯水为原料采用重量法准确配制而成。

6.5 总氯标准使用液

准确移取总氯标准储备液 10.00 ml 置于 100 ml 容量瓶中，并用无氯纯水加至标线，混匀（用时现配），此溶液浓度约为 100 mg/L，由于样品浓度不稳定，必要时，配制后的溶液准确浓度可使用 HJ 585 方法进行标定确认。

7 仪器和设备

7.1 便携式电化学法总氯分析仪：电化学方法，安培电流法原理。一般包括分析仪、供电装置、样品分析杯、数据传输线等。仪器可在环境温度 0～50℃、环境湿度≤90%进行分析检测。

7.2 一般实验室常用仪器和设备。

8 样品

8.1 样品采集和保存

总氯因具有较强的氧化性，在水中不能长期稳定存在，易与水中还原性物质发生氧化还原反应而消散。采样后应尽快测定，尽量在现场测定。

如样品不能现场测定，则需对样品加入固定剂保存。如样品不能现场测定，则需对样品加入固定剂保存。预先加入采样体积 1%的 NaOH 溶液到棕色玻璃瓶中确保水样 pH＞12，采集水样使其充满采样瓶，立即加盖塞紧并密封，避免水样接触空气，4℃避光保存，5 d 内测定。

8.2 样品要求

用于测定的样品对浊度和色度没有特殊要求，采集的地表水和污水样品，在进行检测前无须进行过滤或稀释处理，可直接检测。水样检测时可接受 pH 范围为 4～9，当 pH 过低时，可使用氢氧化钠溶液进行调节；当 pH 过高时，可使用硫酸溶液进行调节。

8.3 校准设备

将仪器的检测单元和传感器用无氯纯水清洗干净，并用洁净滤纸擦干，保持仪器清洁干燥，保持仪器水平放置，防止震动，分别插入电流校准工作电极，待全部校准工作电极通过测试后，校准通过。

9 试样测定

分析前，按照（8.3）校准仪器。用待测水样润洗测量杯，再取待测水样至测量杯刻度线。正确连接工作电极组和测量仪，并在仪器上选择总氯测量项目。将电极组插入待测水样，等待仪器完成检测过程并显示测量结果。完成测定后，将水样合理处置并清洗测量杯，关机断电，结束测定。

10 结果计算与表示

10.1 结果计算

仪器内产生的电流强度与水样中的总氯浓度成比例，按照式（1）进行计算：

$$C_0 = \frac{i_t \pi^{\frac{1}{2}} t^{\frac{1}{2}}}{nFAD_0^{\frac{1}{2}}} \cdot K \qquad (1)$$

式中：C_0——待测样品中的总氯浓度，mg/L；

i_t——极限电流强度，A；

t——通电时间，s；

n——还原反应中转移的电子数；

F——法拉第常数，96 485 C/moL；

D_0——工作电极表面积，cm^2；

K——与化学反应速率常数有关的内置浓度转换系数。

10.2　结果表示

测定结果的小数点后位数的保留与方法检出限一致，最多保留三位有效数字。

11　准确度

11.1　精密度

六家实验室对含总氯浓度为高（1.04 mg/L）、中（0.104 mg/L）、低（0.052 mg/L）的标准样品进行了6次重复测定：实验室内相对标准偏差分别为1.2%～8.8%、5.3%～13.7%和9.1%～19.8%；实验室间相对标准偏差分别为14.9%、8.1%和15.5%；重复性限为0.126 mg/L、0.024 mg/L和0.017 mg/L；再现性限为0.408 mg/L、0.030 mg/L和0.026 mg/L。

11.2　正确度

六家实验室对含总氯浓度为高（1.04 mg/L）、中（0.104 mg/L）、低（0.052 mg/L）的标准样品进行了6次重复测定：相对误差分别为−17.3%～10.6%、−23.1%～−3.8%和−23.1%～−3.8%；相对误差最终值为−5.3%±20.4%、−8.6%±16.2%和−7.0%±29.0%。

六家实验室对含总氯浓度为高（1.04 mg/L）、中（0.104 mg/L）、低（0.052 mg/L）的标准样品进行了加标分析测定，加标回收率分别为82.7%～112.5%、76.9%～96.2%和76.9%～115.4%；加标回收率最终值为94.6%±21.6%、89.8%±15.8%和93.0%±29.0%。

12　质量保证和质量控制

12.1　每批样品（≤20个）至少测定1个空白样品，其测定结果应小于等于方法检出限。

12.2　应进行准确度的检验，使用时根据所需浓度，取适量总氯标准使用液配制适当浓度的总氯标准系列，与试样的制备相同的步骤进行测定。测定值与标准值的相对误差在±20%以内，则仪器可用。

12.3　每批样品（≤20个）至少测定1个平行样，平行样相对偏差应≤±20%。

12.4　每批样品（≤20个）至少测定1个加标样，加标回收率应为80%～120%。

13 废物处理

实验中产生的废液、工作电极应集中处置，废水样品及检测的工作电极应做好相应标识，消毒后集中进行处理。

14 注意事项

现场分析环境应保证通风；仪器使用前，检查电极连接插槽内是否有水或污渍，确保电池电量不低于满电量 10%；测量结束后应对仪器设备进行杀菌消毒处理；废水检测时，相关操作人员应做好自身防护。

第三章　突发环境事件土壤监测方法

土壤　总汞的测定　便携式冷原子吸收分光光度法（试行）

警告：汞及其化合物毒性很强，操作时应加强通风，操作人员应佩戴防护器具，避免接触皮肤和衣物。

1　适用范围

本标准规定了土壤中总汞的冷原子吸收分光光度法。

本标准适用于土壤中总汞的现场应急监测，以及筛查、普查等先期调查工作。

当称样量为 0.1 g 时，方法检出限为 0.2 μg/kg，测定下限为 0.8 μg/kg。

2　规范性引用文件

本标准引用了下列文件或其中的条款。凡是不注日期的引用文件，其有效版本适用于本标准。

HJ/T 166　土壤环境监测技规范

HJ 923　土壤和沉积物总汞的测定催化热解-冷原子吸收法

3　术语和定义

下列术语和定义适用于本标准。

总汞　total mercury

指样品经过热裂解后测得的汞，包括无机汞和有机汞。

4　方法原理

将土壤样品放入样品舟定量后插入热解炉，各种形态的汞经高温热裂解被还原成单质汞，被载气直接带入冷原子吸收光谱仪的检测池中进行测定，汞蒸气对 253.7 nm 特征谱线产生吸收，在一定浓度范围内，吸收强度与汞的浓度成正比。

5 干扰和消除

游离氯气和易挥发有机物（主要为酸性卤化物）、硫化物、硝化物、水蒸气等在 253.7 nm 处有吸收而产生干扰，可以采用塞曼背景校正技术、金汞齐吸收等方法有效去除干扰。

6 试剂和材料

除非另有说明，分析时均使用符合国家标准的分析纯试剂，实验用水为新制备的去离子水或蒸馏水。

6.1 硝酸（HNO_3）：ρ=1.42 g/ml，优级纯。

6.2 重铬酸钾（$K_2Cr_2O_7$），优级纯。

6.3 氯化汞（$HgCl_2$）：优级纯，贮存于干燥器中。

6.4 固定液：将 0.5 g 重铬酸钾（6.2）溶于 950 ml 蒸馏水中，再加 50 ml 硝酸（6.1）。也可根据仪器说明书选用其他固定液，经方法验证后也可使用。

6.5 汞标准贮备液：ρ=100 mg/L

可直接购买市售有证标准溶液，或用标准物质配制。

称取充分干燥的氯化汞（6.3）0.135 4 g，用固定液（6.4）溶解后，转移至 1 000 ml 容量瓶，再用固定液（6.4）稀释至标线，摇匀。

6.6 汞标准使用液：ρ=10 mg/L

移取汞标准贮备液（6.5）10.0 ml，置于 100 ml 容量瓶中，用固定液（6.4）定容至标线，混匀。用时现配。

6.7 载气：空气。

6.8 活性炭：粒径 2～3 mm，使用前上机热解一次。

7 仪器和设备

7.1 分析天平：感量 0.1 mg。

7.2 一般实验室常用仪器和设备。

7.3 便携式冷原子吸收测汞仪（配套高温热裂解模块），便携式测汞仪结构示意图如下图所示。

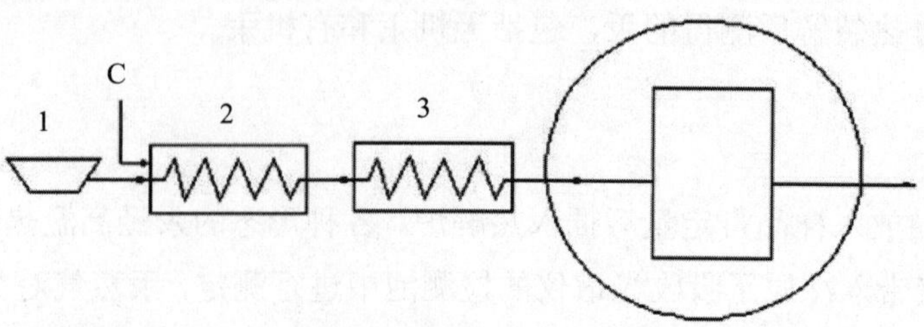

1—样品舟；2—加热单元；3—汞处理单元；4—显示和数据处理单元（信号接收端）

图 1 便携式测汞仪结构示意图

8 样品

8.1 样品采集和保存

土壤样品按照现场应急监测工作要求开展采集，样品保存按照 HJ/T 166 的相关要求执行。

8.2 样品的制备

直接取新鲜土壤进行测定，剩余样品作为留存部分送实验室进行验证分析。

9 分析步骤

9.1 分析条件

仪器参考条件：参照仪器说明，选择最佳条件。推荐仪器测试参考条件见下表。

项目	参数
热裂解温度/℃	680～740
测定波长/nm	253.7

9.2 校准曲线的绘制

分别准确移取 0 μl、50.0 μl、100 μl、200 μl、500 μl、2 000 μl 和 5 000 μl 汞标准使用液（6.6），用固定液定容至 10 ml，配制成当进样量为 100 μl 时汞含量分别为 0 ng、5.0 ng、10.0 ng、20.0 ng、50.0 ng、200.0 ng 和 500.0 ng 的标准系列溶液。按仪器测量条件由低到高质量浓度顺序测定标准溶液的吸光度。以汞标准系列质量浓度为横坐标，相应的响应值为纵坐标，建立标准曲线。推荐的仪器分析条件。

注：可根据仪器灵敏度或试样的浓度范围配制成其他浓度水平的标准系列，至少配制 6 个浓度点（含零浓度点）；标准曲线中各浓度点也可以使用土壤有证标准物质。

9.3 试样的测定

称取 0.1 g（精确到 0.000 1 g，若现场条件受限可放宽至 0.001 g）样品于样品舟中，按与绘制标准曲线相同的仪器条件进行样品的测定。取样量可根据样品浓度适当调整，推荐取样量为 0.1～0.5 g。

9.4 空白试验

用空白样品舟代替样品按照与样品测定相同的测定步骤进行空白试验。

10 结果计算与表示

10.1 结果计算

测得样品的吸光度，由计算机依据标准曲线自动计算出样品中的汞含量。

土壤样品的结果计算：

土壤中总汞的含量ω_1（Hg，μg/kg）按式（1）进行计算：

$$\omega_1 = \frac{m_1}{m} \tag{1}$$

式中：ω_1——样品中总汞的浓度，μg/kg；

m_1——由标准曲线所得样品中的总汞含量，ng；

m——称取样品的质量，g。

10.2 结果表示

测定结果小数点后保留位数与方法检出限一致，最多保留 3 位有效数字。

11 准确度

11.1 精密度

对 3 种不同浓度的样品进行精密度测定。3 种样品的实验室内相对标准偏差分别为 2.1%～7.9%、1.0%～3.3%、1.1%～5.4%，实验室间相对标准偏差分别为 12.0%、4.7%、4.5%；重复性限为 1.9～6.5 μg/kg，再现性现为 4.7～11.9 μg/kg。

11.2 正确度

对低中高 3 种不同浓度的样品进行准确度测定。相对误差分别为−26.0%～−5.2%、−5.0%～6.4%和−4.3%～4.6%。

12 质量保证和质量控制

12.1 空白试验

12.1.1 样品舟空白

每次试验前需对样品舟灼烧进行空白测定，样品舟的空白值应低于方法检出限。否则，将样品舟多次灼烧，再次测定空白值，直至样品舟空白低于方法检出限。

12.1.2 空白试验

空白试验的测定结果应小于方法检出限。

12.2 校准

标准曲线应至少包含 5 个非零浓度点，标准曲线相关系数≥0.995。仪器进行部件更换、仪器维修后，必须重新绘制标准曲线。每次开机后，应按照与绘制标准曲线相同的仪器条件，测定标准曲线浓度范围内的 1 个有证标准样品的汞含量，测量值在证书标准值范围内，则原标准曲线可以使用。否则，应重新绘制标准曲线。

13　废物处理

分析过程中产生的废液，应集中收集，并做好相应标识，委托有资质的单位进行处理。

14　注意事项

14.1　应避免在汞污染的环境中操作。

14.2　每次分析样品前，需检查样品舟的空白值。

土壤和沉积物　挥发性有机物的测定　便携式顶空/气相色谱-质谱法（试行）

警告：实验中使用的内标和标准样品均为易挥发的有毒化合物，试剂配制过程应在通风橱内进行；操作时应按要求佩带防护器具，避免接触皮肤和衣物。

1　适用范围

本方法规定了测定土壤和沉积物中挥发性有机物的便携式顶空/气相色谱-质谱法。

本方法适用于土壤和沉积物中挥发性有机物的现场应急监测，以及筛查、普查等先期调查工作。

本方法规定了土壤和沉积物中挥发性有机物的现场快速定性和 56 种目标化合物的定量分析。其他挥发性有机物经过验证后也可以使用本方法。

当样品量为 2 g 时，56 种挥发性有机物的方法检出限为 2.0～12 μg/kg，测定下限为 8.0～48 μg/kg，详见附录 A。

2　规范性引用文件

本方法引用了下列文件或其中的条款。凡是不注日期的引用文件，其有效版本适用于本标准。

GB 13738.3　海洋监测规范　第 3 部分：样品采集、贮存与运输

GB 17378.5　海洋监测规范　第 5 部分：沉积物分析

GB/T 32210　便携式气相色谱-质谱联用仪技术要求及试验方法

HJ/T 166　土壤环境监测技术规范

3　方法原理

在一定的温度条件下，顶空瓶内样品中挥发性组分向液上空间挥发，产生蒸气压，气液固三相达到热力学平衡后，气相中的挥发性组分被载气带入内置吸附管中富集，经热脱附后进入气相色谱分离，用质谱检测，根据保留时间和质谱图定性，内标法定量。

4　试剂和材料

除非另有说明，分析时均使用符合国家标准的分析纯试剂。

4.1 实验用水：二次蒸馏水或通过纯水设备制备的水

使用前需经过空白检验，确认在目标化合物的保留时间区间内无干扰峰出现或目标化合物浓度低于方法检出限。

4.2 甲醇（CH_3OH）：色谱纯。

4.3 挥发性有机物标准贮备液：ρ=2 000 mg/L

市售有证标准溶液，按照说明书要求保存。

4.4 挥发性有机物标准使用液：200 μg/L

用水（4.1）稀释挥发性有机物标准贮备液（4.3）。临用时配制。

4.5 内标标准贮备液：ρ=2 000 mg/L

选用氟苯和1,4-二氯苯-d_4作为内标。可直接购买有证标准溶液，按照说明书要求保存。

4.6 内标标准使用液：ρ=50 mg/L

用甲醇（4.2）稀释内标标准贮备液（4.5），4℃以下冷藏避光密封，可保存30 d。

4.7 石英砂：20～50目

使用前需通过检验，确认无目标化合物或目标化合物浓度低于方法检出限。

4.8 载气：氮气或氦气，纯度≥99.999%。

5 仪器和设备

5.1 便携式气相色谱-质谱仪：具有温度控制功能的吸附热脱附模块、气相色谱模块（具有程序升温功能），以及四极杆或离子阱质谱模块，具自动加入内标功能。质谱模块具有70 eV电子轰击（EI）离子源，有全扫描/选择离子扫描、自动/手动调谐、谱库检索及定量分析等功能，性能指标应符合GB/T 32210要求。所有样品经过的管路和接头均需进行惰性化处理。

5.2 便携式顶空进样器：能直接连接到色谱部分。顶空瓶带聚四氟乙烯涂层密封垫。

5.3 毛细管色谱柱：15 m×0.25 mm，1.0 μm膜厚（100%甲基聚硅氧烷），也可使用其他等效毛细管色谱柱。

5.4 可调式移液器：10 ml，1.0 ml。

5.5 微量注射器：10 μl。

5.6 顶空瓶：40 ml棕色玻璃瓶，具硅橡胶-聚四氟乙烯衬垫螺旋盖。

5.7 棕色密实瓶：2 ml，具有聚四氟乙烯-硅胶衬垫和实芯螺旋盖。

5.8 便携式土壤采样器：具有质量量程，采样杆为聚四氟乙烯或不锈钢材质。

5.9 涡旋混合器。

5.10 样品采集

土壤和沉积物样品的采集分别参照HJ/T 166和GB 17378.3的相关规定。可在采样现场使用便携式气相色谱质谱联用仪对样品进行目标物含量高低的初筛。现场使用便携式土壤采样器尽快采集适量土壤样品至40 ml顶空瓶（5.6）中，快速清除样品瓶螺纹及外表面上黏附的样品，密封顶空瓶。

注 1：样品采集时切勿搅动土壤及沉积物，以免造成土壤及沉积物中有机物的挥发。

5.11　样品浓度预估

由于实际样品浓度范围宽，所以先采用快速速查分析，估算出浓度范围，再采集适量样品。按仪器快速速查分析方法要求，取 2 g 样品于 40 ml 顶空瓶中，于 60℃加热 5 min，将顶空瓶从顶空加热器上取下，打开瓶盖，将快速速查探头伸入瓶口内分析，得到快速速查的 TIC 响应值。

样品中总的 VOC 的预估浓度，按照式（1）或者式（2）进行计算，根据样品预估浓度，选择合适的土壤样品量。

$$C_e=(\mathrm{TIC}_m-\mathrm{TIC}_b)\times f \tag{1}$$

或者

$$C_e=\frac{\mathrm{TIC}_m\times f}{\mathrm{TIC}_b} \tag{2}$$

式中：C_e——样品中总的 VOC 的预估浓度，μg/kg；

TIC_m——快速速查的最大 TIC 响应值；

TIC_b——快速速查的基线 TIC 响应值；

f——浓度预估系数，参考仪器使用说明。

5.12　空白试样

在采样现场向顶空瓶中加入 2 g 石英砂（4.7）、10 ml 水（4.1）。加入 2.0 μl 内标标准使用液（4.6），立即密封，在涡旋混合器（1.1）上混匀 2 min，待测。

6　分析步骤

6.1　仪器参考条件

6.1.1　顶空进样器参考条件

加热平衡温度 60℃；加热平衡时间 10 min；取样针温度 50℃；传输线温度 60℃。顶空取样体积 10 ml，进样体积 8 ml。

6.1.2　气相色谱参考条件

程序升温：60℃保持 3 min，以 18℃/min 升至 130℃，再以 30℃/min 升温至 200℃，在 200℃保持 1 min。

6.1.3　质谱参考条件

四极杆检测器

扫描范围：41～300 amu。离子化能量：70 eV。离子源温度：230℃。四极杆温度：150℃。扫描方式：全扫描（SCAN）。其余参数按照仪器使用说明书进行设定。

离子阱检测器

扫描范围：40～300 amu。离子化能量：70 eV。离子阱温度：70℃。

扫描方式：全扫描（Scan）。其余参数按照仪器使用说明书进行设定。

6.1.4　热脱附参考条件

热脱附温度：300℃，或按照仪器使用说明书进行设定。

6.2　校准

6.2.1　仪器性能检查

开机启动之后，首先对 GC/MS 系统进行仪器性能检查，根据仪器说明书运行相应检查。为保证检测结果的准确性，开机启动后或连续运行 12 h 后，应进行质谱功能调谐，须达到仪器使用要求。

6.2.2　标准系列的配制和测定

取 40 ml 顶空瓶（5.6），依次加入 2 g 石英砂和 10 ml 水（4.1）。再向各瓶中加入一定量的挥发性有机物标准使用液（4.4），配制成目标化合物浓度为 2.0 μg/L、5.0 μg/L、10.0 μg/L、20.0 μg/L、40.0 μg/L 标准系列溶液，再向每个样品瓶加入 2.0 μl 内标标准使用液（4.6），使样品中内标浓度为 10.0 μg/L，立即密封。将配制好的标准系列样品混匀，按照仪器参考条件（6.1），由低浓度到高浓度依次进样分析，记录标准系列目标化合物和相对应内标的保留时间、定量离子的响应值。

6.2.3　校准曲线的建立

以目标化合物质量浓度与内标质量浓度的比值为横坐标，以目标化合物定量离子响应值与内标定量离子响应值的比值为纵坐标，建立校准曲线。

6.2.4　平均响应因子的计算

也可按照式（3）计算目标物的相对响应因子（RRF），按照式（4）计算目标物全部标准浓度点的平均相对响应因子（$\overline{\text{RRF}}$）。

标准系列第 i 点中目标化合物的相对响应因子（RRF_i），按照式（3）进行计算。

$$\text{RRF}_i = \frac{A_i}{A_{\text{IS}_i}} \times \frac{\rho_{\text{IS}_i}}{\rho_i} \tag{3}$$

式中：RRF_i——标准系列中第 i 点目标化合物的相对响应因子；

A_i——标准系列中第 i 点目标化合物定量离子的响应值；

A_{IS_i}——标准系列中第 i 点与目标化合物相对应内标定量离子的响应值；

ρ_{IS_i}——标准系列中内标物的质量浓度，μg/L；

ρ_i——标准系列中第 i 点目标化合物的质量浓度，μg/L。

目标化合物的平均相对响应因子 $\overline{\text{RRF}}$，按照式（4）进行计算。

$$\overline{\text{RRF}} = \frac{\sum_{i=1}^{n} \text{RRF}_i}{n} \tag{4}$$

式中：$\overline{\text{RRF}}$——目标化合物的平均相对响应因子；

RRF_i——标准系列中第 i 点目标化合物的相对响应因子；

n——标准系列点数。

RRF 的相对标准偏差（RSD），按照式（5）进行计算。

$$RSD = \frac{SD}{\overline{RRF}} \times 100\% \tag{5}$$

式中：RSD——RRF 的相对标准偏差；

SD——RRF_i 的标准偏差；

$\overline{RRF}$——目标化合物的平均相对响应因子。

标准系列目标物相对响应因子（RRF）的相对标准偏差（RSD）应小于等于 30%。

注 2：若标准系列中某个目标物的相对响应因子（RRF）的相对标准偏差（RSD）大于 30%，则此目标物需用最小二乘法建立校准曲线进行校准。

6.3 样品的测定

根据预估样品浓度称取适量样品置于顶空瓶中，迅速向顶空瓶中加入 10 ml 水（4.1）作为试料，用微量注射器（5.5）加入 2.0 μl 内标标准使用液（4.6）密封，按照仪器参考条件（6.1）进行测定。

注 3：若目标物质量浓度超过了标准系列最高点，应适量减少土壤取样量。

注 4：当分析一个高浓度样品后，应分析一个或多个空白水样检查交叉污染。

6.4 空白试验

用 2 g 石英砂（4.7）代替样品，按照样品测定（6.3）相同的操作步骤和仪器条件进行空白样品的测定。

7 结果计算与表示

7.1 目标化合物的定性分析

根据样品中目标化合物与标准系列中目标化合物的保留时间、碎片离子质荷比及其丰度比信息相比较，对目标化合物进行定性。应多次分析标准物质得到目标化合物的保留时间均值，以平均保留时间±3 倍的标准偏差为保留时间窗口，样品中目标化合物的保留时间应在其范围内。

目标化合物的标准质谱图中相对丰度高于 30%的所有离子应在样品质谱图中存在，样品质谱图和标准质谱图中上述特征离子的相对丰度偏差要在±30%以内。如果实际样品存在明显背景干扰，比较时应扣除背景影响。

7.2 目标化合物的定量分析

根据目标化合物和内标第一特征离子的响应值进行计算。当样品中目标化合物的第一特征离子有干扰时，可以使用第二特征离子定量，具体见附录 A。

7.2.1 平均相对响应因子法

采用平均相对响应因子法校准时，样品中目标化合物的质量浓度ρ_x（μg/L）按式（6）

进行计算。

$$\rho_x = \frac{A_x \times \rho_{IS}}{A_{IS} \times \overline{RRF}} \tag{6}$$

式中：ρ_x——样品中目标化合物 x 的质量浓度，μg/L；

A_x——目标化合物 x 定量离子的响应值；

A_{IS}——与目标化合物相对应内标定量离子的响应值；

ρ_{IS}——内标物的质量浓度，μg/L；

$\overline{RRF}$——目标化合物的平均相对响应因子。

7.2.2　校准曲线法

采用线性校准曲线进行校准时，样品中目标化合物质量浓度ρ_x（μg/L）通过校准曲线计算。

7.2.3　样品中挥发性有机物的含量计算

样品（以鲜样计）中挥发性有机物的含量（μg/kg），按照式（7）进行计算。

$$\omega = \frac{\rho_x \times 10}{m} \tag{7}$$

式中：ω——样品中目标化合物的含量，μg/kg；

ρ_x——根据响应因子或校准曲线计算出目标化合物的浓度，μg/L；

10——试料体积，ml；

m——样品量，g。

7.3　结果表示

测定结果小数点后保留位数与方法检出限一致，最多保留 3 位有效数字。

注 5：使用本标准推荐的毛细管色谱柱（5.3），间二甲苯和对二甲苯为合峰，它们的含量为两者之和。

8　准确度

8.1　精密度

实验室对含 56 种挥发性有机物浓度为 20.0 μg/kg、90.0 μg/kg 和 180 μg/kg 土壤样品进行 6 次重复测定。

实验室内相对标准偏差范围分别为：

土壤 GBW07460（ASA-9）：1.0%～20%，1.0%～20%，1.1%～19%。

土壤 GBW07413a（ASA-2a）：1.0%～19%，1.0%～19%，1.8%～21%。

土壤 GBW07414a（ASA-3a）：1.5%～20%，2.0%～19%，1.2%～18%。

沉积物 GBW07359（GSD-16）：1.1%～20%，0.5%～17%，0.6%～20%。

实验室间相对标准偏差范围分别为：

土壤 GBW07460（ASA-9）：2.6%～35%，5.8%～42%，6.0%～42%。

土壤 GBW07413a（ASA-2a）：5.8%～35%，4.3%～31%，5.1%～31%。

土壤 GBW07414a（ASA-3a）：5.7%～33%，5.1%～42%，4.3%～37%。

沉积物 GBW07359（GSD-16）：5.4%～36%，3.7%～41%，5.8%～36%。

重复性限 r 分别为：

土壤 GBW07460（ASA-9）：2.26 ～5.56 μg/kg，9.32 ～28.1 μg/kg，23.2 ～101 μg/kg。

土壤 GBW07413a（ASA-2a）：2.41 ～6.23 μg/kg，9.71 ～37.1 μg/kg，26.7 ～53.7 μg/kg。

土壤 GBW07414a（ASA-3a）：3.03 ～6.63 μg/kg，12.1 ～40.1 μg/kg，17.8 ～55.1 μg/kg。

沉积物 GBW07359（GSD-16）：2.36 ～5.78 μg/kg，6.28 ～26.1 μg/kg，23.3 ～76.8 μg/kg。

再现性限 R 分别为：

土壤 GBW07460（ASA-9）：3.62 ～20.4 μg/kg，15.8 ～105 μg/kg，37.8 ～198 μg/kg。

土壤 GBW07413a（ASA-2a）：3.69 ～18.6 μg/kg，16.2 ～83.0 μg/kg，33.3 ～157 μg/kg。

土壤 GBW07414a（ASA-3a）：4.29 ～18.8 μg/kg，19.4 ～109 μg/kg，40.6 ～202 μg/kg。

沉积物 GBW07359（GSD-16）：3.67 ～21.2 μg/kg，16.3 ～105 μg/kg，40.2 ～164 μg/kg。

8.2 正确度

实验室对 56 种挥发性有机物的加标浓度为 20.0 μg/kg、90.0 μg/kg 和 180 μg/kg 土壤基体样品进行 6 次重复加标分析测定：

土壤 GBW07460（ASA-9）：43.7%～148%，44.9%～156%，43.3%～170%。

土壤 GBW07413a（ASA-2a）：44.2%～138%，41.4%～151%，42.1%～150%。

土壤 GBW07414a（ASA-3a）：44.2%～143%，38.4%～162%，47.8%～167%。

沉积物 GBW07359（GSD-16）：45.2%～155%，46.8%～155%，40.7%～153%。

准确度见附录 D。

9 质量保证和质量控制

9.1 仪器性能检查

开机启动之后，首先根据仪器说明书对便携式气相色谱-质谱仪进行仪器性能检查。为保证检测结果的准确性，开机启动后，应进行质谱功能调谐，调谐物质根据仪器说明书选择，关键离子丰度必须符合表 1 或表 2 的标准，或仪器制造商规定的调谐标准，否则须对质谱仪的参数进行调整。

表 1 全氟三丁胺的关键离子丰度标准

质量数	离子丰度标准	质量数	离子丰度标准
69	基峰，100%相对丰度	100	质量数 69 的 5%～50%
131	质量数 69 的 15%～90%	264	质量数 69 的 1%～50%

表 2　1,3,5-三（三氟甲基）苯与溴五氟苯同时调谐时关键离子丰度标准

质量数	离子丰度标准	质量数	离子丰度标准
50	质量数 117 的 0.5%～2.5%	167	质量数 117 的 50%～70%
55	质量数 117 的 2%～5%	213	质量数 117 的 10%～20%
69	质量数 117 的 8%～16%	246	质量数 117 的 15%～40%
93	质量数 117 的 15%～25%	263	质量数 117 的 5%～15%
117	基峰，100%相对丰度	282	质量数 117 的 5%～15%

9.2　空白测试

每批样品需分析一个现场空白样品。空白样品中目标化合物浓度，应小于方法检出限或样品分析结果的 5%。

9.3　校准

现场测定，应优先使用预制曲线法，时间允许的情况下，测试样品前可使用标准物质进行校准确认，应根据土壤中挥发性有机物的实际浓度水平选取校准点，浓度点测试值与实际浓度偏差应≤30%，超过浓度范围，需要重新绘制标准曲线。

9.4　准确度

每批次样品（最多 20 个）应选择一个样品进行基体加标分析，目标物回收率应在 38.4%～170%。

10　废物处理

现场实验中产生的废液和废物应集中收集，带回实验室，委托有资质的单位进行处理。

11　注意事项

11.1　现场分析环境应远离挥发性有机物污染源。

11.2　为防止通过采样工具污染，采样工具在使用前应充分洁净。在采集其他样品时，要注意更换采样工具或清洗采样工具，以防止交叉污染。

附录 A
（规范性附录）
目标化合物的检出限和测定下限

当取样量为 2 g 时，测定土壤和石英砂中 56 种目标物的检出限和测定下限见表 A。

表A 目标化合物检出限和测定下限

单位：μg/kg

组分名称	四极杆检测器测试结果				离子阱检测器测试结果			
	土壤方法检出限	土壤测定下限	石英砂方法检出限	石英砂测定下限	土壤方法检出限	土壤测定下限	石英砂方法检出限	石英砂测定下限
氯乙烯	4.9	20	7.1	29	9.0	36	10	40
1,1-二氯乙烯	4.9	20	2.8	11	5.0	20	5.0	20
二氯甲烷	7.2	29	5.7	23	5.0	20	4.0	16
反-1,2-二氯乙烯	12	47	3.5	14	3.0	12	3.0	12
1,1-二氯乙烷	12	48	3.0	12	3.0	12	3.0	12
氯丁二烯	7.5	30	4.7	19	2.0	8.0	3.0	12
顺-1,2-二氯乙烯	9.4	38	8.3	33	3.0	12	3.0	12
溴氯甲烷	8.1	32	3.7	15	5.0	20	3.0	12
氯仿	8.2	33	3.5	14	3.0	12	2.0	8.0
2,2-二氯丙烷	7.6	30	9.1	37	6.0	24	4.0	16
1,2-二氯乙烷	6.1	25	4.7	19	4.0	16	2.0	8.0
1,1,1-三氯乙烷	5.0	20	4.9	20	4.0	16	4.0	16
1,1-二氯丙烯	7.9	32	6.6	27	3.0	12	4.0	16
苯	6.1	24	3.5	14	4.0	16	3.0	12
四氯化碳	4.9	20	6.5	26	4.0	16	3.0	12
二溴甲烷	9.4	38	3.5	14	2.0	8.0	4.0	16
1,2-二氯丙烷	11	44	7.0	28	2.0	8.0	3.0	12
一溴二氯甲烷	8.8	35	5.6	22	4.0	16	3.0	12
三氯乙烯	4.9	20	4.0	16	2.0	8.0	3.0	12
顺式-1,3-二氯丙烯	3.8	15	11	43	5.0	20	3.0	12
反式-1,3-二氯丙烯	4.9	20	3.5	14	5.0	20	3.0	12
1,1,2-三氯乙烷	7.5	30	5.3	21	4.0	16	3.0	12
甲苯	3.8	15	3.0	12	4.0	16	3.0	12
1,3-二氯丙烷	4.7	19	3.6	14	5.0	20	5.0	20
二溴氯甲烷	5.3	21	4.6	19	5.0	20	4.0	16
1,2-二溴乙烷	5.4	22	4.0	16	4.0	16	4.0	16
四氯乙烯	4.6	18	6.5	26	3.0	12	3.0	12
1,1,1,2-四氯乙烷	3.9	15	4.8	19	3.0	12	4.0	16
氯苯	3.7	15	6.1	24	4.0	16	3.0	12

组分名称	四极杆检测器测试结果				离子阱检测器测试结果			
	土壤方法检出限	土壤测定下限	石英砂方法检出限	石英砂测定下限	土壤方法检出限	土壤测定下限	石英砂方法检出限	石英砂测定下限
乙苯	3.9	16	3.5	14	2.0	8	5.0	20
间，对二甲苯	6.6	26	6.8	27	3.0	12	5.0	20
三溴甲烷	3.8	15	3.2	13	5.0	20	4.0	16
苯乙烯	9.4	38	7.6	30	3.0	12	7.0	28
1,1,2,2-四氯乙烷	4.6	19	11	44	3.0	12	5.0	20
邻二甲苯	4.3	17	5.6	22	5.0	20	3.0	12
1,2,3-三氯丙烷	7.6	31	6.5	26	5.0	20	4.0	16
异丙苯	3.0	12	5.9	23	2.0	8.0	4.0	16
溴苯	4.3	17	5.0	20	4.0	16	2.0	8.0
1-氯-2-甲苯	3.9	16	6.9	28	4.0	16	4.0	16
1-氯-4-甲苯	3.2	13	4.4	18	3.0	12	3.0	12
丙基苯	4.3	17	5.5	22	6.0	24	5.0	20
1,3,5-三甲基苯	3.2	13	5.2	21	3.0	12	3.0	12
特丁基苯	3.2	13	4.9	20	2.0	8.0	4.0	16
1,2,4-三甲基苯	3.7	15	5.0	20	4.0	16	2.0	8.0
1,3-二氯苯	3.8	15	4.8	19	3.0	12	3.0	12
对二氯苯	3.2	13	6.8	27	5.0	20	5.0	20
仲丁基苯	3.5	14	4.8	19	2.0	8	2.0	8.0
4-异丙基甲苯	6.3	25	6.6	26	3.0	12	5.0	20
邻二氯苯	5.3	21	3.8	15	4.0	16	3.0	12
正丁基苯	3.5	14	3.4	14	3.0	12	2.0	8.0
1,2-二溴-3-氯丙烷	10	42	9.4	38	5.0	20	5.0	20
1,2,3-三氯苯	9.7	39	3.3	13	6.0	24	3.0	12
萘	9.0	36	3.6	14	5.0	20	4.0	16
1,2,4-三氯苯	8.4	34	6.3	25	6.0	24	4.0	16
六氯丁二烯	8.9	36	7.2	29	5.0	20	4.0	16

附录 B

（资料性附录）

目标化合物的总离子流色谱图

附录 B 给出了两种仪器用 15 m×0.25 mm，膜厚 1.0 μm（100%甲基聚硅氧烷）毛细管柱分析，Scan 模式总离子流色谱图。

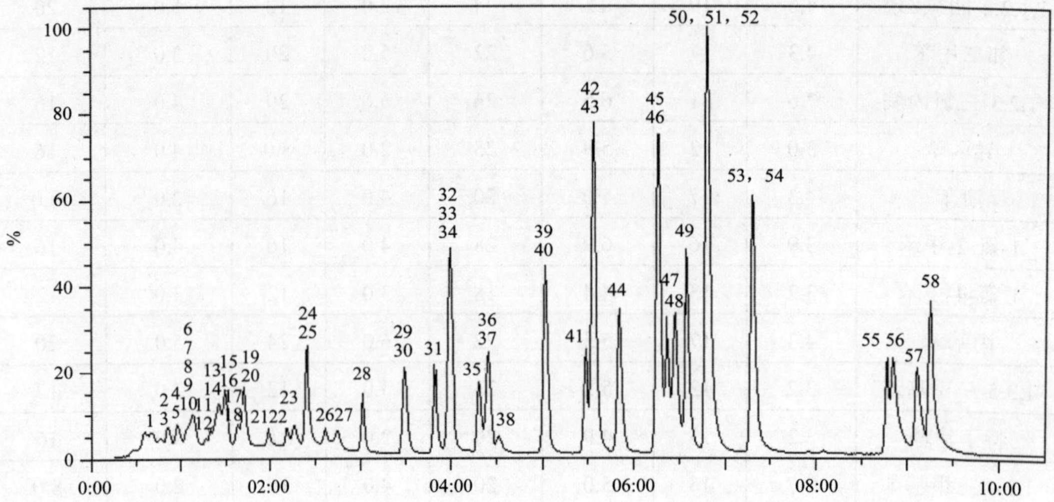

出峰顺序：1—氯乙烯；2—1,1-二氯乙烯；3—二氯甲烷；4—反式-1,2-二氯乙烯；5—1,1-二氯乙烷；6—氯丁二烯；7—顺式-1,2-二氯乙烯；8—溴氯甲烷；9—氯仿；10—2,2-二氯丙烷；11—1,2-二氯乙烷；12—1,1,1-三氯乙烷；13—1,1-二氯丙烯；14—苯；15—四氯化碳；16—氟苯（内标）；17—二溴甲烷；18—1,2-二氯丙烷；19—一溴二氯甲烷；20—三氯乙烯；21—顺式-1,3-二氯丙烯；22—反式-1,3-二氯丙烯；23—1,1,2-三氯乙烷；24—甲苯；25—1,3-二氯丙烷；26—二溴氯甲烷；27—1,2-二溴乙烷；28—四氯乙烯；29—1,1,1,2-四氯乙烷；30—氯苯；31—乙苯；32、33—间/对-二甲苯；34—三溴甲烷；35—苯乙烯；36—1,1,2,2-四氯乙烷；37—邻-二甲苯；38—1,2,3-三氯丙烷；39—异丙苯；40—溴苯；41—1-氯-2-甲苯；42—1-氯-4-甲苯；43—丙基苯；44—1,3,5-三甲基苯；45—特丁基苯；46—1,2,4-三甲基苯；47—1,3-二氯苯；48—对二氯苯；49—仲丁基苯；50—4-异丙基甲苯；51—1,2-二氯苯-d4（内标）；52—邻二氯苯；53—正丁基苯；54—1,2-二溴-3-氯丙烷；55—1,2,3-三氯苯；56—萘；57—1,2,4-三氯苯；58—六氯丁二烯

图 1　四极杆式检测器便携式气相色谱-质谱仪测试 56 种 VOCs 总离子流图

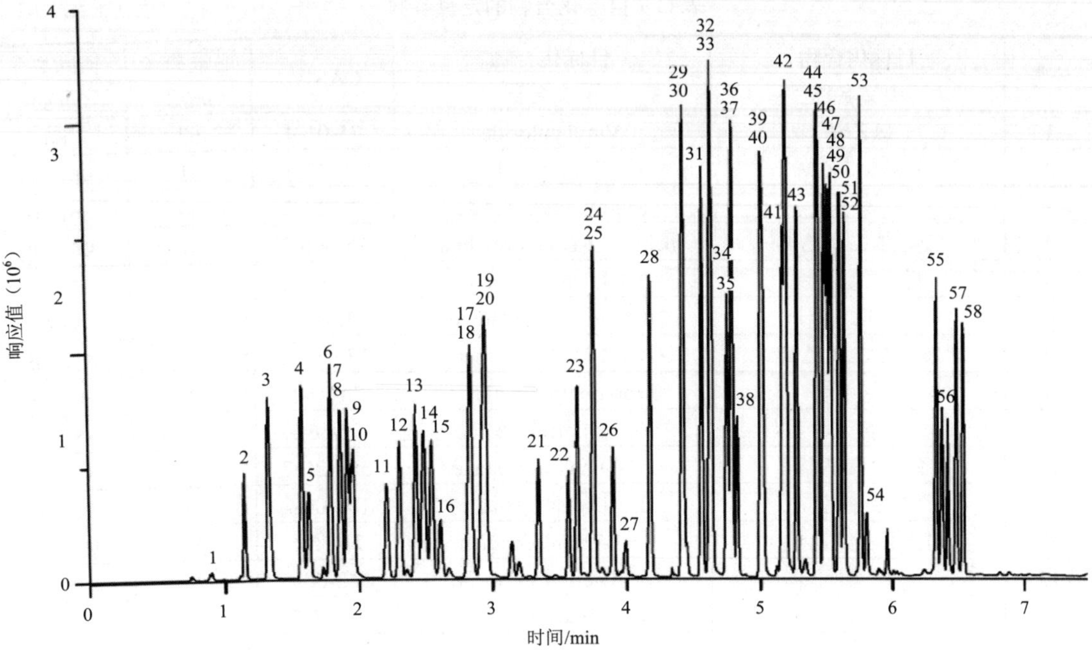

出峰顺序：1—氯乙烯；2—1,1-二氯乙烯；3—二氯甲烷；4—反式-1,2-二氯乙烯；5—1,1-二氯乙烷；6—氯丁二烯；7—顺式-1,2-二氯乙烯；8—溴氯甲烷；9—氯仿；10—2,2-二氯丙烷；11—1,2-二氯乙烷；12—1,1,1-三氯乙烷；13—1,1-二氯丙烯；14—苯；15—四氯化碳；16—氟苯（内标）；17—二溴甲烷；18—1,2-二氯丙烷；19—一溴二氯甲烷；20—三氯乙烯；21—顺-1,3-二氯丙烯；22—反-1,3-二氯丙烯；23—1,1,2-三氯乙烷；24—甲苯；25—1,3-二氯丙烷；26—二溴一氯甲烷；27—1,2-二溴乙烷；28—四氯乙烯；29—1,1,1,2-四氯乙烷；30—氯苯；31—乙苯；32，33—间/对-二甲苯；34—三溴甲烷；35—苯乙烯；36—邻-二甲苯；37—1,1,2,2-四氯乙烷；38—1,2,3-三氯丙烷；39—异丙苯；40—溴苯；41—1-氯-2-甲苯；42—1-氯-4-甲苯；43—丙基苯；44—1,3,5-三甲基苯；45—特丁基苯；46—1,2,4-三甲基苯；47—1,3-二氯苯；48—1,4-二氯苯；49—仲丁基苯；50—4-异丙基甲苯；51—1,2-二氯苯；52—1,2-二氯苯-d4（内标）；53—正丁基苯；54—1,2-二溴-3-氯丙烷；55—1,2,4-三氯苯；56—萘；57—1,2,3-三氯苯；58—六氯丁二烯

图 2 离子阱式检测器便携式气相色谱-质谱仪测试 56 种 VOCs 总离子流图

附录 C
（资料性附录）
目标化合物的测定参考参数

目标化合物的 CAS NO.定量离子、辅助离子等测定参数见表 C。

表 C　目标化合物的定量参数

序号	目标化合物中文名称	目标化合物英文名称	CAS 号	定量离子（m/z）	辅助离子（m/z）
1	氯乙烯	Vinyl chloride	75-01-4	62	64
2	1,1-二氯乙烯	1,1-Dichloroethene	75-35-4	61	96，63
3	二氯甲烷	Methylene chloride	75-09-2	84	86，49
4	反-1,2-二氯乙烯	*trans*-1,2-Dichloroethene	156-60-5	61	96，98
5	1,1-二氯乙烷	1,1-Dichloroethane	75-34-3	63	65，83
6	氯丁二烯	2-Chloro-1,3-butadiene	126-99-8	53	88
7	顺-1,2-二氯乙烯	*cis*-1,2-Dichloroethene	156-59-2	96	61，98
8	溴氯甲烷	Bromochloromethane	74-97-5	130	49，128
9	氯仿	Chloroform	67-66-3	83	85，47
10	2,2-二氯丙烷	2,2-Dichloropropane	594-20-7	77	41，97
11	1,2-二氯乙烷	1,2-Dichloroethane	107-06-2	62	64，98
12	1,1,1-三氯乙烷	1,1,1-Trichloroethane	71-55-6	97	99，61
13	1,1-二氯丙烯	1,1-Dichloropropene	563-58-6	75	110，77
14	苯	Benzene	71-43-2	78	77，51
15	四氯化碳	Carbon tetrachloride	56-23-5	117	119，121
16	二溴甲烷	Dibromomethane	74-95-3	93	95，174
17	1,2-二氯丙烷	1,2-Dichloropropane	78-87-5	63	41，112
18	一溴二氯甲烷	Bromodichloromethane	75-27-4	83	85，127
19	三氯乙烯	Trichloroethylene	79-01-6	130	95，132
20	顺式-1,3-二氯丙烯	*cis*-1,3-Dichloropropene	10061-01-5	75	39，77
21	反式-1,3-二氯丙烯	*trans*-1,3-Dichloropropene	10061-02-6	75	39，77
22	1,1,2-三氯乙烷	1,1,2-Trichloroethane	79-00-5	97	83，85
23	甲苯	Toluene	108-88-3	91	92
24	1,3-二氯丙烷	1,3-Dichloropropane	142-28-9	78	41，76
25	二溴氯甲烷	Dibromochloromethane	124-48-1	129	127，131
26	1,2-二溴乙烷	1,2-Dibromoethane	106-93-4	107	109，188
27	四氯乙烯	Tetrachloroethylene	127-18-4	166	168，129
28	1,1,1,2-四氯乙烷	1,1,1,2-Tetrachloroethane	630-20-6	131	133，119
29	氯苯	Chlorobenzene	108-90-7	112	77，114
30	乙苯	Ethylbenzene	100-41-4	91	106
31、32	间，对二甲苯	*m,p*-Xylene	106-42-3，108-38-3	91	106
33	三溴甲烷	Bromoform	75-25-2	173	175，254
34	苯乙烯	Styrene	100-42-5	104	78，103
35	1,1,2,2-四氯乙烷	1,1,2,2-Tetrachloroethane	79-34-5	83	131，85
36	邻二甲苯	*o*-Xylene	95-47-6	91	106
37	1,2,3-三氯丙烷	1,2,3-Trichloropropane	96-18-4	75	110，77
38	异丙苯	Isopropylbenzene	98-82-8	105	120
39	溴苯	Bromobenzene	108-86-1	156	77，158
40	1-氯-2-甲苯	2-Chlorotoluene	95-49-8	126	91

序号	目标化合物 中文名称	目标化合物 英文名称	CAS 号	定量离子 （*m/z*）	辅助离子 （*m/z*）
41	1-氯-4-甲苯	4-Chlorotoluene	106-43-4	65	120（91）
42	丙基苯	*n*-Propylbenzene	103-65-1	105	78，77
43	1,3,5-三甲基苯	1,3,5-Trimethylbenzene	108-67-8	105	120
44	特丁基苯	*tert*-Butylbenzene	98-06-6	119	91，134
45	1,2,4-三甲基苯	1,2,4-trimethylbenzene	95-63-6	105	120
46	1,3-二氯苯	1,3-Dichlorobenzene	54-73-1	148	111，146
47	对二氯苯	1,4-Dichlorobenzene	106-46-7	146	111，148
48	仲丁基苯	*sec*-Butylbenzene	135-98-8	105	134
49	4 -异丙基甲苯	*p*-Isopropyltoluene	99-87-6	119	134，91
50	邻二氯苯	1,2-Dichlorobenzene	95-50-1	146	111，148
51	正丁基苯	*n*-Butylbenzene	104-51-8	91	92，134
52	1,2-二溴-3-氯丙烷	1,2-Dibromo-3-chloropropane	96-12-8	155	75，157
53	1,2,3-三氯苯	1,2,4-Trichlorobenzene	120-82-1	180	182，145
54	萘	Naphthalene	91-20-3	128	—
55	1,2,4-三氯苯	1,2,3-Trichlorobenzene	87-61-6	180	182，145
56	六氯丁二烯	Hexachlorobutadiene	87-68-3	225	223，227

附录 D
（资料性附录）
目标化合物的准确度

表 D.1 土壤 GBW07460（ASA-9）准确度汇总

组分名称	浓度/ （μg/kg）	实验室内相对 标准偏差/%	实验室间相对 标准偏差/%	重复性限 *r*/ （μg/kg）	再现性限 *R*/ （μg/kg）	$\overline{P} \pm 2S_{\overline{P}}$ /%
氯乙烯	13.3	4.5～20	10	5.26	5.98	66.2±13
	64.5	5.5～20	7.6	28.1	29.1	71.6±11
	123	5.0～19	10	53.3	59.3	68.3±13
1,1-二氯乙烯	16.5	3.3～10	19	3.53	9.43	82.6±32
	76.5	3.0～12	13	16.4	32.1	84.9±23
	145	4.6～12	15	40.9	72.8	79.1±20
二氯甲烷	15.3	4.0～11	7.6	3.46	4.54	76.2±12
	72.3	2.1～10	7.6	15.9	21.1	80.3±12
	136	2.1～15	10	29.8	47.6	75.6±15
反-1,2-二氯乙烯	16.7	3.4～10	12	2.91	6.41	83.3±21
	71.6	2.0～8.0	14	11.5	30.1	79.6±22
	149	2.2～10	11	28.3	52.3	82.4±18
1,1-二氯乙烷	17.4	2.2～13	31	4.41	15.7	86.9±54
	78.9	3.8～9.0	30	17.2	67.6	87.7±52
	165	3.6～9.0	42	37.0	198	91.3±77

组分名称	浓度/（μg/kg）	实验室内相对标准偏差/%	实验室间相对标准偏差/%	重复性限 *r*/（μg/kg）	再现性限 *R*/（μg/kg）	$\overline{P}\pm 2S_{\overline{P}}$ /%
氯丁二烯	15.6	3.6～11	10	2.82	4.91	78.1±15
	72.2	2.1～12	10	14.2	23.2	80.2±15
	145	3.4～14	6.0	31.9	37.8	80.3±10
顺式-1,2-二氯乙烯	17.0	2.4～13	13	4.28	7.47	84.9±23
	72.6	1.5～9.0	16	11.5	33.7	80.6±25
	150	2.9～10	15	30.1	68.7	83.4±25
溴氯甲烷	16.6	2.2～15	12	4.33	6.78	83.0±20
	74.9	1.1～10	18	13.9	40.8	83.2±31
	155	3.7～9.0	16	32.9	73.6	85.8±27
氯仿	16.2	2.9～7.3	11	2.67	5.42	80.7±17
	73.5	2.2～11	9.2	15.1	23.3	81.7±15
	158	2.4～10	16	24.7	75.7	87.5±29
2,2-二氯丙烷	15.0	4.2～14	15	3.86	7.28	74.7±23
	70.8	4.5～12	18	16.1	38.1	78.6±28
	141	3.2～16	19	37.1	81.4	80.0±34
1,2-二氯乙烷	18.5	4.3～10	27	3.60	14.4	92.4±50
	85.2	2.8～12	26	17.0	62.7	94.6±48
	166	6.7～15	31	55.4	153	90.7±56
1,1,1-三氯乙烷	15.9	1.8～13	10	3.57	5.54	79.2±16
	67.6	2.9～13	14	15.7	30.2	75.1±21
	144	4.6～9.0	15	28.4	66.5	83.6±30
1,1-二氯丙烯	15.2	3.3～8.8	12	2.59	5.61	76.1±18
	68.3	1.1～7.9	15	11.8	30.1	75.9±22
	139	3.8～12	12	23.2	51.7	77.4±19
苯	18.9	1.6～7.9	27	2.26	14.3	94.2±51
	82.2	1.8～12	29	14.8	67.2	91.3±52
	172	2.0～11	28	37.0	140	95.6±54
四氯化碳	14.9	1.6～12	12	3.57	6.05	74.6±18
	66.1	1.0～10	11	12.7	23.8	73.5±16
	136	3.0～14	13	31.0	56.0	75.4±19
二溴甲烷	15.9	4.6～14	8.7	4.27	5.50	79.4±14
	72.2	3.3～10	8.0	14.0	20.6	80.2±13
	140	2.5～10	12	27.9	51.9	77.8±18
1,2-二氯丙烷	17.6	2.6～8.5	19	2.80	9.60	87.7±33
	77.1	3.0～12	18	15.8	40.9	85.6±30
	158	3.3～9.0	20	26.9	89.7	87.6±34
一溴二氯甲烷	17.0	2.3～11	14	3.19	7.42	84.7±24
	76.3	2.3～12	11	17.3	28.9	84.7±19
	156	3.2～12	13	32.1	62.4	86.4±22
三氯乙烯	16.1	2.5～11	7.6	2.63	4.16	80.2±12
	70.9	2.5～15	6.5	14.5	18.5	78.7±10
	154	1.1～11	10	26.1	49.9	85.6±17

组分名称	浓度/（μg/kg）	实验室内相对标准偏差/%	实验室间相对标准偏差/%	重复性限 r/（μg/kg）	再现性限 R/（μg/kg）	$\overline{P}\pm 2S_{\overline{P}}$ /%
顺式-1,3-二氯丙烯	16.5	3.6～13	13	3.50	6.84	82.2±22
	71.5	2.6～13	11	17.7	27.6	79.5±18
	150	2.1～14	16	38.8	76.2	83.4±27
反式-1,3-二氯丙烯	16.2	4.1～10	11	3.30	5.69	80.7±17
	71.1	4.4～10	11	14.4	25.3	79.0±17
	153	2.5～15	15	38.1	72.9	86.6±30
1,1,2-三氯乙烷	18.3	4.5～10	23	4.08	12.4	91.2±42
	83.6	5.2～11	20	18.7	49.9	92.8±37
	167	4.4～14	21	38.4	104	92.9±39
甲苯	18.5	2.7～10	14	2.89	7.76	92.4±26
	84.6	1.2～13	11	15.5	28.7	93.9±20
	168	2.3～15	14	42.2	75.8	93.2±26
1,3-二氯丙烷	16.4	4.9～11	11	3.81	5.99	82.0±17
	71.0	3.7～12	7.6	12.5	19.0	78.9±12
	148	3.0～19	7.7	43.7	51.2	82.3±13
二溴氯甲烷	17.4	2.0～10	15	3.55	8.09	86.9±26
	76.2	1.8～13	14	16.4	34.0	84.7±24
	160	3.8～16	16	49.0	84.0	88.7±28
1,2-二溴乙烷	17.4	4.9～11	19	4.36	9.92	86.9±32
	74.4	4.5～15	16	16.4	36.5	82.6±26
	152	3.7～18	20	50.0	97.1	84.2±34
四氯乙烯	15.1	2.9～7.6	10	2.28	4.69	75.2±15
	72.2	2.3～18	7.6	18.8	23.0	80.2±12
	144	2.7～10	12	31.4	55.4	80.1±19
1,1,1,2-四氯乙烷	14.9	1.7～13	13	3.48	6.31	74.2±19
	66.6	3.5～11	15	11.7	29.8	74.0±22
	131	2.3～17	13	34.3	55.9	72.8±18
氯苯	15.3	1.7～15	6.2	3.37	4.07	76.3±10
	69.2	2.1～15	10	15.5	24.7	76.9±16
	143	2.5～16	15	32.4	66.0	79.3±23
乙苯	17.5	1.5～13	17	2.94	8.92	87.3±30
	75.3	2.4～12	17	15.3	39.1	83.7±29
	160	3.1～10	19	28.0	90.1	88.6±34
间，对二甲苯	34.5	1.5～6.2	14	4.28	13.8	85.6±23
	152	1.1～11	13	25.3	61.5	83.6±22
	326	3.8～15	18	101	188	89.7±32
三溴甲烷	15.8	4.5～14	28	4.73	13.0	78.7±44
	67.8	3.2～10	32	13.9	61.2	75.3±48
	139	3.7～13	33	43.4	134	77.1±51
苯乙烯	18.2	1.2～11	21	4.26	11.3	90.9±38
	79.1	1.7～10	13	14.0	32.2	87.9±23
	153	2.6～13	18	35.1	82.0	82.9±24

组分名称	浓度/（μg/kg）	实验室内相对标准偏差/%	实验室间相对标准偏差/%	重复性限 r/（μg/kg）	再现性限 R/（μg/kg）	$\overline{P}\pm2S_{\overline{P}}$/%
1,1,2,2-四氯乙烷	15.7	4.6～11	32	3.84	14.4	78.6±50
	70.4	4.4～14	27	18.4	56.2	78.1±43
	143	2.0～14	32	36.8	133	79.2±51
邻二甲苯	18.2	1.9～13	13	4.08	7.47	90.8±23
	79.4	1.9～11	15	14.1	36.4	88.2±27
	160	3.2～12	17	36.3	82.2	88.9±30
1,2,3-三氯丙烷	15.7	4.5～12	16	3.62	7.91	78.4±26
	71.5	3.9～12	18	17.7	40.2	79.5±29
	149	3.7～16	19	38.9	86.7	82.7±31
异丙苯	16.9	1.0～10	11	3.07	5.80	84.5±18
	71.6	2.3～11	14	13.1	30.4	79.6±22
	154	2.7～12	9.3	32.3	49.8	85.2±16
溴苯	17.1	2.0～11	14	3.63	7.30	85.4±23
	72.4	1.3～12	7.8	14.2	20.4	80.4±13
	146	2.5～14	12	34.3	58.3	81.1±20
1-氯-2-甲苯	20.2	2.5～11	35	4.92	20.4	101±71
	87.9	2.3～9.0	42	19.5	105	97.7±83
	193	4.4～12	34	54.5	193	107±74
1-氯-4-甲苯	17.3	3.9～11	17	3.30	8.83	86.5±30
	76.2	2.1～12	13	15.1	30.1	84.6±21
	157	3.6～11	15	35.3	72.5	87.3±26
丙基苯	16.2	1.5～16	15	4.60	8.12	81.1±25
	75.1	1.7～14	8.6	15.6	23.0	83.5±15
	152	5.4～16	9.7	43.9	57.5	84.2±16
1,3,5-三甲基苯	16.0	2.3～11	7.5	2.96	4.30	79.8±12
	72.1	3.5～12	5.8	18.1	20.3	80.0±9
	148	3.6～12	7.1	31.2	40.8	82.2±12
特丁基苯	18.6	2.2～9.4	23	2.89	12.3	92.9±43
	78.5	2.7～14	26	18.0	59.4	87.2±45
	174	3.8～11	30	36.2	150	96.7±58
1,2,4-三甲基苯	17.7	1.8～12	27	3.81	14.0	88.4±48
	75.4	2.3～10	27	15.3	58.1	83.7±45
	161	3.0～15	32	43.9	148	89.5±57
1,3-二氯苯	15.6	4.3～13	8.6	3.93	5.20	77.8±13
	67.3	2.6～17	8.8	17.8	23.2	74.7±13
	135	3.8～11	13	31.1	56.5	74.9±19
对二氯苯	14.7	2.5～11	12	3.15	5.56	73.6±17
	62.1	2.1～14	12	16.3	26.1	69.0±17
	133	4.8～10	17	30.3	68.7	73.7±25
仲丁基苯	17.4	1.3～16	15	3.60	8.02	86.7±26
	77.4	1.5～14	14	17.8	33.6	86.0±23
	158	3.0～14	14	36.3	71.0	87.6±24

组分名称	浓度/（μg/kg）	实验室内相对标准偏差/%	实验室间相对标准偏差/%	重复性限 r/（μg/kg）	再现性限 R/（μg/kg）	$\overline{P}\pm 2S_{\overline{P}}$/%
4-异丙基苯	16.0	2.2～10	5.1	3.07	3.62	79.9±8
	70.1	2.1～11	6.5	11.1	16.3	77.9±10
	149	2.7～10	8.6	29.6	45.0	82.9±14
邻二氯苯	17.2	3.5～16	15	4.04	8.28	86.1±26
	74.2	2.8～14	16	17.4	36.1	82.4±26
	154	3.7～18	18	48.1	89.2	85.7±31
正丁基苯	17.9	1.3～15	22	5.56	12.3	89.6±40
	81.8	2.1～10	19	14.3	45.7	90.9±35
	166	2.4～11	20	34.6	97.6	92.0±37
1,2-二溴-3-氯丙烷	15.3	3.9～13	7.9	3.58	4.68	76.2±12
	67.5	3.6～10	6.1	11.9	15.8	75.0±9
	139	3.6～9.0	9.8	24.6	44.1	77.1±15
1,2,3-三氯苯	16.0	5.0～14	28	4.59	13.4	79.8±45
	73.9	2.5～13	25	16.2	53.2	82.1±41
	157	2.7～11	34	29.6	152	87.2±59
萘	16.4	5.4～13	29	4.20	13.9	81.8±48
	75.0	2.3～9.0	26	9.32	56.0	83.3±44
	145	1.5～15	29	31.6	120	80.4±46
1,2,4-三氯苯	14.2	2.7～12	17	3.44	7.30	70.9±24
	65.7	2.2～12	12	11.6	24.7	76.8±24
	137	2.8～10	14	25.2	60.0	75.8±22
六氯丁二烯	15.3	6.2～16	2.6	4.33	4.12	76.5±4
	69.4	3.4～12	6.7	13.7	18.1	77.0±10
	137	2.3～13	10	31.9	48.6	75.7±15

表 D.2 土壤 GBW07413a（ASA-2a）准确度汇总

组分名称	浓度/（μg/kg）	实验室内相对标准偏差/%	实验室间相对标准偏差/%	重复性限 r/（μg/kg）	再现性限 R/（μg/kg）	$\overline{P}\pm 2S_{\overline{P}}$/%
氯乙烯	13.0	8.7～19	13	5.15	6.70	65.1±17
	57.5	2.2～19	8.0	21.0	23.1	63.9±10
	114	8.1～19	14	43.3	58.8	63.3±17
1,1-二氯乙烯	15.9	6.9～12	15	4.35	7.80	79.1±24
	72.5	4.3～14	12	21.8	30.8	80.6±19
	137	8.0～14	18	43.7	78.4	75.4±26
二氯甲烷	14.9	6.6～15	7.1	4.08	4.77	74.6±11
	67.5	3.8～11	8.2	15.5	21.0	75.2±12
	131	4.8～13	6.6	34.3	39.5	72.6±10
反-1,2-二氯乙烯	15.6	5.0～13	8.5	3.82	5.08	77.9±13
	74.5	3.4～13	9.8	19.6	27.1	82.5±16
	139	4.8～11	7.7	31.7	41.7	77.3±12

组分名称	浓度/（μg/kg）	实验室内相对标准偏差/%	实验室间相对标准偏差/%	重复性限 r/（μg/kg）	再现性限 R/（μg/kg）	$\overline{P}\pm2S_{\overline{P}}$/%
1,1-二氯乙烷	16.7	8.3～14	31	5.56	15.5	83.3±52
	77.5	2.9～10	26	19.4	59.7	86.2±45
	153	5.8～14	31	48.8	139	85.0±52
氯丁二烯	15.7	3.6～8.0	5.8	2.90	3.69	78.4±9
	67.5	2.9～10	10	12.8	22.4	75.1±15
	138	4.9～18	6.5	40.3	44.4	76.6±10
顺式-1,2-二氯乙烯	16.5	3.5～16	11	4.24	6.56	82.4±19
	76.5	2.8～9.0	9.2	14.7	23.8	84.9±16
	150	5.4～14	9.7	44.7	57.5	83.1±16
溴氯甲烷	17.3	5.5～14	12	4.85	7.35	86.4±21
	77.5	3.1～13	6.5	18.0	21.7	86.1±11
	151	3.9～11	9.8	35.6	52.6	83.5±16
氯仿	17.2	3.2～13	10	4.25	6.11	85.6±17
	74.5	2.6～12	7.1	14.1	19.6	82.6±12
	150	4.3～15	7.7	47.0	53.8	83.0±13
2,2-二氯丙烷	15.9	3.5～14	19	4.60	9.50	79.1±30
	68.0	2.3～9.0	21	12.7	40.9	75.6±31
	141	4.1～21	17	51.9	83.4	81.9±34
1,2-二氯乙烷	19.4	5.8～15	22	5.09	12.8	97.0±42
	84.0	4.3～14	24	22.4	59.2	93.3±44
	169	4.3～15	19	53.7	104	92.5±35
1,1,1-三氯乙烷	16.0	5.6～14	14	4.16	7.24	80.0±22
	69.5	3.2～10	12	11.8	25.6	77.0±18
	139	5.1～14	13	35.2	58.6	83.0±24
1,1-二氯丙烯	14.6	2.5～9.0	14	2.58	6.18	73.0±20
	63.5	2.6～12	14	14.1	27.4	70.5±19
	136	3.1～12	11	31.4	50.2	75.6±16
苯	18.9	3.2～13	25	3.75	13.4	94.2±46
	85.5	2.0～10	23	17.5	57.5	95.0±44
	173	2.4～12	22	43.3	112	95.9±42
四氯化碳	14.9	4.5～12	17	3.41	7.70	74.3±25
	65.0	3.1～12	11	14.7	24.6	72.0±16
	131	3.7～11	11	33.3	50.3	72.5±16
二溴甲烷	15.6	5.7～13	15	3.70	7.46	77.7±24
	70.0	4.5～10	11	15.0	25.7	77.7±17
	137	1.8～14	9.5	38.4	50.5	76.0±14
1,2-二氯丙烷	17.4	4.3～11	18	3.64	9.17	87.0±31
	80.0	2.4～10	16	14.4	37.8	88.7±28
	156	3.8～16	15	43.3	77.8	86.4±27
一溴二氯甲烷	17.0	3.2～13	9.3	4.23	5.88	84.6±16
	76.0	2.6～14	5.5	22.3	23.4	84.4±9
	152	3.5～13	9.3	39.8	53.5	84.1±16

组分名称	浓度/（μg/kg）	实验室内相对标准偏差/%	实验室间相对标准偏差/%	重复性限 r/（μg/kg）	再现性限 R/（μg/kg）	$\overline{P}\pm 2S_{\overline{P}}$/%
三氯乙烯	16.3	3.6～11	12	3.61	6.53	81.3±20
	73.0	2.1～12	5.4	14.2	17.1	81.3±9
	140	3.5～10	5.8	26.7	33.3	77.9±9
顺式-1,3-二氯丙烯	15.9	4.6～11	9.7	3.49	5.35	79.4±15
	75.0	3.7～15	11	21.5	30.7	83.3±19
	148	3.8～15	14	43.4	69.4	82.1±23
反式-1,3-二氯丙烯	15.9	3.9～14	8.6	4.09	5.35	81.5±20
	75.5	4.8～14	9.0	19.4	26.0	83.7±15
	140	4.1～15	15	40.3	68.8	82.5±32
1,1,2-三氯乙烷	18.7	3.8～11	21	4.17	11.6	93.5±39
	82.0	3.1～13	18	17.2	44.1	91.0±33
	161	4.8～14	19	44.0	94.5	89.2±34
甲苯	17.9	4.5～11	12	3.59	6.73	89.6±21
	80.5	1.0～7.0	14	13.8	35.1	89.7±26
	157	4.6～13	18	39.0	84.8	86.9±31
1,3-二氯丙烷	16.1	6.4～9.0	8.3	3.59	4.95	80.3±13
	75.0	5.4～14	7.9	22.0	26.1	83.5±13
	150	3.4～19	7.5	45.2	51.9	83.3±12
二溴氯甲烷	17.2	4.5～11	14	4.24	7.87	85.8±24
	79.5	3.0～15	13	20.1	34.4	88.1±23
	154	3.9～12	18	40.5	84.7	85.2±30
1,2-二溴乙烷	17.5	4.3～10	16	3.51	8.39	87.1±28
	79.0	3.1～15	14	23.5	38.2	87.9±25
	157	3.0～12	13	38.9	67.3	87.1±23
四氯乙烯	15.5	3.9～6.0	11	2.41	5.31	77.2±17
	69.0	4.9～19	6.7	20.0	22.4	76.7±10
	140	4.1～10	15	27.2	62.9	77.4±23
1,1,1,2-四氯乙烷	14.3	4.7～11	16	3.43	6.99	71.5±22
	65.0	3.4～9.0	16	9.71	30.0	72.3±23
	134	2.0～14	13	29.5	56.8	74.4±20
氯苯	14.6	4.6～12	9.7	3.30	4.97	72.8±14
	69.0	1.7～16	13	19.1	30.3	76.8±20
	141	3.2～13	10	36.7	52.8	77.9±16
乙苯	16.1	3.3～9.0	19	2.87	8.95	80.6±31
	75.5	1.9～10	13	16.3	31.5	83.8±22
	159	3.7～14	19	41.0	94.5	88.3±34
间，对二甲苯	35.3	1.0～10	12	6.23	13.3	87.9±21
	162	2.1～11	14	37.1	72.3	85.0±23
	335	4.3～8.0	9.3	49.9	98.6	85.5±20
三溴甲烷	15.4	5.0～14	30	4.50	13.4	77.0±46
	69.5	4.5～10	30	15.6	59.5	77.5±46
	136	5.1～14	29	36.5	113	75.2±43

组分名称	浓度/（μg/kg）	实验室内相对标准偏差/%	实验室间相对标准偏差/%	重复性限 r/（μg/kg）	再现性限 R/（μg/kg）	$\overline{P}\pm2S_{\overline{P}}$ /%
苯乙烯	17.2	5.8～12	14	4.90	8.26	86.0±25
	78.5	1.9～14	13	21.7	33.9	87.4±22
	162	4.3～15	8.0	47.4	56.3	89.2±13
1,1,2,2-四氯乙烷	15.3	5.2～10	35	3.70	15.4	76.5±54
	66.0	4.4～15	29	20.8	56.0	73.1±42
	139	4.0～11	27	33.9	111	77.2±42
邻二甲苯	17.3	4.5～12	10	4.13	6.24	86.4±18
	81.0	2.8～10	14	13.8	33.2	89.7±24
	165	4.3～13	10	50.4	65.4	91.5±18
1,2,3-三氯丙烷	16.3	3.7～12	18	4.15	9.07	81.3±29
	70.0	3.3～9.0	18	11.2	36.7	78.0±28
	138	4.0～15	20	46.4	88.7	76.8±31
异丙苯	17.4	3.3～9.0	16	2.83	8.43	87.0±29
	78.5	3.8～16	4.3	19.2	20.0	87.3±8
	156	2.3～12	5.1	30.7	35.9	86.4±9
溴苯	15.9	4.8～14	17	4.16	8.56	83.0±33
	73.0	3.5～14	9.6	20.3	27.0	81.2±16
	149	4.7～15	17	43.6	81.2	82.7±28
1-氯-2-甲苯	19.4	5.5～13	33	5.48	18.6	96.7±64
	94.0	4.8～12	31	22.4	83.0	104±64
	184	5.5～10	30	43.6	157	102±60
1-氯-4-甲苯	17.7	4.9～9.0	14	3.60	7.46	88.3±24
	81.0	3.1～12	10	20.4	29.6	89.9±18
	164	3.9～10	8.3	32.5	48.1	90.8±15
丙基苯	15.1	4.5～13	15	4.31	7.41	75.5±22
	68.0	5.0～16	15	16.9	32.8	77.1±27
	142	5.7～11	13	30.9	58.6	79.0±20
1,3,5-三甲基苯	15.7	3.9～9.0	7.5	3.21	4.40	78.6±12
	72.5	4.7～9.0	4.8	14.1	16.2	80.6±8
	145	2.9～12	6.3	36.8	42.1	80.3±10
特丁基苯	18.2	4.9～11	22	3.63	11.6	87.5±31
	82.0	4.5～13	21	17.4	49.7	90.8±37
	169	3.2～11	19	37.5	94.6	93.6±35
1,2,4-三甲基苯	16.8	4.9～13	22	3.96	10.7	83.8±36
	78.0	3.6～11	27	14.8	60.4	86.6±47
	161	4.2～14	21	37.3	102	89.2±38
1,3-二氯苯	14.7	6.3～13	8.6	4.08	5.15	77.5±25
	67.0	3.3～8.0	11	12.5	23.7	74.6±16
	135	2.2～14	6.9	39.0	44.0	74.6±10
对二氯苯	14.4	5.6～12	15	3.41	6.80	71.9±22
	64.5	3.2～15	12	16.1	25.8	71.6±17
	122	4.0～12	15	27.6	58.4	67.7±21

组分名称	浓度/（μg/kg）	实验室内相对标准偏差/%	实验室间相对标准偏差/%	重复性限 r/（μg/kg）	再现性限 R/（μg/kg）	$\overline{P}\pm2S_{\overline{P}}$/%
仲丁基苯	16.8	6.1～10	18	3.49	9.03	83.9±30
	75.0	4.7～10	15	16.3	34.9	83.1±25
	150	5.1～12	9.4	36.4	51.4	84.1±19
4-异丙基苯	15.6	4.0～12	11	3.25	5.57	77.8±17
	68.0	3.0～15	7.2	19.3	22.3	75.3±11
	140	4.3～11	10	30.6	48.4	77.5±16
邻二氯苯	15.8	3.7～12	21	3.64	9.70	78.8±33
	76.0	1.9～9.0	15	13.1	33.8	84.2±25
	145	2.4～17	15	40.8	70.7	80.3±24
正丁基苯	18.1	5.1～12	22	4.60	12.0	90.6±40
	77.5	6.3～10	20	19.3	46.8	86.0±34
	162	7.1～14	19	47.6	97.7	89.8±35
1,2-二溴-3-氯丙烷	14.4	8.2～13	8.4	4.42	5.27	72.1±12
	66.0	3.1～14	6.1	14.6	17.4	73.2±9
	138	6.0～14	16	34.5	68.9	76.5±24
1,2,3-三氯苯	15.7	5.4～17	25	4.40	11.8	78.5±40
	75.0	2.7～11	19	19.0	44.0	83.3±32
	144	4.2～13	23	41.7	100	79.9±37
萘	15.8	4.6～16	29	4.80	13.8	78.9±47
	72.5	2.1～13	27	19.3	56.5	80.4±43
	142	5.3～17	25	48.4	110	79.0±40
1,2,4-三氯苯	14.6	4.4～14	10	3.39	5.26	73.0±15
	64.0	3.9～16	14	16.6	28.5	75.8±26
	127	3.3～11	11	32.2	48.3	70.3±15
六氯丁二烯	14.3	2.8～12	14	3.78	6.64	71.5±20
	64.5	4.9～11	16	14.3	31.0	71.6±22
	125	4.0～15	12	34.2	51.8	69.1±16

表 D.3 土壤 GBW07414a（ASA-3a）准确度汇总

组分名称	浓度/（μg/kg）	实验室内相对标准偏差/%	实验室间相对标准偏差/%	重复性限 r/（μg/kg）	再现性限 R/（μg/kg）	$\overline{P}\pm2S_{\overline{P}}$/%
氯乙烯	12.9	3.4～20	17	4.93	7.69	64.6±22
	59.0	6.2～19	10	22.9	26.3	65.5±13
	127	6.0～18	9.2	47.4	54.1	70.3±13
1,1-二氯乙烯	16.1	3.4～17	12	5.34	7.33	80.4±20
	73.0	4.1～14	13	20.3	33.2	81.4±22
	153	3.9～14	24	47.8	113	86.6±24
二氯甲烷	14.4	4.7～13	13	4.43	6.60	71.8±19
	67.0	6.9～12	5.6	17.8	19.4	74.6±8
	141	4.2～17	4.3	46.4	45.6	78.2±7

组分名称	浓度/（μg/kg）	实验室内相对标准偏差/%	实验室间相对标准偏差/%	重复性限 r/（μg/kg）	再现性限 R/（μg/kg）	$\overline{P}\pm 2S_{\overline{P}}$ /%
反-1,2-二氯乙烯	16.0	3.7～12	15	3.66	7.58	80.0±24
	69.5	4.4～13	17	20.6	37.3	77.1±26
	146	1.9～13	15	29.9	67.2	80.7±24
1,1-二氯乙烷	17.2	1.5～16	33	5.29	16.7	85.8±57
	77.0	5.2～10	33	17.3	71.8	85.3±56
	152	2.0～10	33	24.4	140	84.1±55
氯丁二烯	15.5	2.2～13	8.2	3.95	5.05	77.5±13
	68.5	3.0～13	13	17.2	29.4	76.0±20
	140	3.7～13	11	33.3	52.4	77.4±17
顺式-1,2-二氯乙烯	16.1	2.9～13	12	4.84	7.01	80.5±19
	74.5	6.4～15	14	21.1	34.5	82.6±23
	151	3.2～11	13	29.9	60.0	84.0±21
溴氯甲烷	17.1	3.8～16	19	5.17	10.4	85.2±33
	78.0	4.8～14	11	22.6	31.9	86.6±19
	152	3.5～12	22	40.0	99.9	84.1±37
氯仿	17.0	3.2～13	13	4.57	7.35	87.9±23
	74.0	2.6～13	6.9	18.0	21.8	82.4±11
	145	2.9～8.0	12	17.8	50.7	80.4±19
2,2-二氯丙烷	15.6	5.7～17	18	4.42	8.87	78.0±28
	69.0	3.0～17	19	23.1	42.4	76.6±29
	137	3.0～13	17	40.3	74.3	83.3±38
1,2-二氯乙烷	18.6	5.5～11	27	4.53	14.5	92.7±50
	80.0	5.9～13	20	22.3	49.3	89.0±36
	171	4.7～14	28	53.6	145	94.5±51
1,1,1-三氯乙烷	15.9	1.8～16	11	4.54	6.33	79.2±17
	69.5	3.5～16	18	23.7	40.5	77.0±27
	144	4.6～12	8.9	40.0	51.3	86.9±27
1,1-二氯丙烯	15.8	2.1～16	19	4.27	9.26	79.1±30
	69.0	4.1～15	15	20.7	35.3	76.6±24
	151	2.0～13	16	35.1	72.9	83.6±26
苯	18.6	2.8～11	23	4.19	12.4	93.1±42
	85.5	4.6~9.0	24	17.2	60.2	95.0±46
	175	1.8～13	25	37.5	127	97.3±48
四氯化碳	14.9	4.4～13	15	3.49	6.91	74.2±22
	69.0	4.2～18	13	21.3	32.2	76.5±20
	145	1.5～12	9.6	38.2	52.3	80.5±15
二溴甲烷	15.9	6.4～15	16	4.67	8.34	79.3±26
	70.0	4.7～10	8.8	15.3	22.3	77.7±14
	137	4.9～7.0	15	23.6	61.7	76.1±23
1,2-二氯丙烷	17.7	4.3～11	20	3.69	10.4	88.2±35
	76.5	3.7～15	16	20.4	38.3	84.9±27
	166	3.2～14	17	38.5	85.7	92.2±31

组分名称	浓度/（μg/kg）	实验室内相对标准偏差/%	实验室间相对标准偏差/%	重复性限 r/（μg/kg）	再现性限 R/（μg/kg）	$\bar{P}\pm 2S_{\bar{P}}$/%
一溴二氯甲烷	17.7	4.9～10	15	4.17	8.26	88.4±26
	75.0	5.5～13	12	18.3	30.4	83.6±20
	157	3.8～16	9.2	37.8	52.9	86.9±16
三氯乙烯	16.8	4.1～9.0	7.7	3.03	4.56	83.7±13
	72.5	3.5～13	7.8	19.4	23.8	80.6±13
	156	1.5～12	7.6	29.1	42.4	86.3±13
顺式-1,3-二氯丙烯	17.6	4.1～12	13	4.16	7.24	87.9±22
	73.5	3.3～14	13	18.6	31.9	81.4±21
	156	3.9～13	14	34.9	68.7	86.8±24
反式-1,3-二氯丙烯	16.5	2.8～13	11	3.84	6.13	84.7±21
	74.0	7.4～11	7.9	19.4	24.1	82.0±13
	154	3.3～10	13	32.7	63.5	95.0±25
1,1,2-三氯乙烷	17.4	6.0～14	19	4.79	10.0	87.0±32
	83.5	6.0～10	18	20.4	45.4	92.5±33
	168	4.6～10	23	34.9	112	93.0±43
甲苯	18.6	3.3～11	8.5	4.45	6.02	92.8±16
	87.0	2.0～12	15	18.4	40.3	96.5±29
	172	1.8～11	15	30.4	76.0	95.4±28
1,3-二氯丙烷	15.4	3.7～15	9.5	4.39	5.73	77.0±15
	76.5	5.2～17	5.1	19.9	21.3	85.1±9
	148	3.5～13	9.3	36.8	51.0	82.3±15
二溴氯甲烷	17.0	4.0～13	14	4.55	7.66	84.8±23
	79.0	5.9～15	10	23.1	31.0	87.8±18
	162	4.8～12	18	35.7	86.5	89.6±32
1,2-二溴乙烷	17.0	4.9～15	19	5.09	10.3	84.7±33
	76.5	4.8～13	12	22.0	31.9	85.3±20
	156	3.7～10	18	32.6	83.2	86.7±31
四氯乙烯	16.1	3.7～11	12	3.77	6.39	80.1±19
	71.0	4.3～13	13	20.1	31.4	78.9±20
	146	4.1～14	9.8	33.7	50.6	81.2±16
1,1,1,2-四氯乙烷	15.5	6.0～9.0	19	3.29	8.88	77.2±30
	64.0	4.8～14	15	17.8	30.7	71.0±21
	133	2.0～12	16	27.1	64.0	73.5±23
氯苯	14.7	5.1～13	6.5	3.71	4.31	73.6±9
	65.0	6.1～13	9.9	16.9	23.7	72.0±14
	144	1.8～13	12	28.5	55.9	79.6±20
乙苯	17.3	3.1～9.0	18	3.03	9.24	86.4±31
	75.5	4.9～13	20	17.3	45.3	83.8±34
	166	1.2～10	16	35.2	82.0	92.3±30
间，对二甲苯	36.4	2.5～7.0	9.2	5.95	10.9	86.1±22
	170	4.3～11	7.1	40.1	50.0	90.5±26
	345	4.4～7.0	14	55.1	142	90.2±30

组分名称	浓度/（μg/kg）	实验室内相对标准偏差/%	实验室间相对标准偏差/%	重复性限 r/（μg/kg）	再现性限 R/（μg/kg）	$\overline{P}\pm 2S_{\overline{P}}$/%
三溴甲烷	15.9	2.8～13	23	4.57	11.2	79.5±37
	68.5	4.5～13	30	20.1	59.7	76.3±45
	134	3.7～12	27	33.9	105	74.3±40
苯乙烯	17.5	2.9～15	13	4.14	7.47	87.5±23
	79.0	4.5～12	13	18.6	32.9	87.7±22
	168	4.6～12	13	39.6	72.6	91.5±23
1,1,2,2-四氯乙烷	16.2	8.5～14	27	5.09	13.1	80.8±44
	71.0	4.4～10	28	14.3	57.8	79.0±45
	146	3.4～11	29	33.4	122	80.8±47
邻二甲苯	18.1	3.1～7.0	9.3	3.10	5.51	90.6±17
	83.5	3.1～15	9.4	21.7	29.7	93.0±18
	169	3.0～14	18	37.6	92.4	94.0±34
1,2,3-三氯丙烷	16.4	4.9～13	13	4.81	7.49	82.1±22
	69.5	5.2～14	24	22.3	51.7	77.4±38
	151	4.8～12	19	36.8	85.8	83.8±31
异丙苯	17.3	4.2～11	11	3.70	6.25	86.5±19
	72.5	5.8～13	9.5	19.4	26.1	80.5±15
	162	1.6～12	9.6	31.0	51.7	89.8±17
溴苯	17.0	8.4～15	12	5.51	7.67	88.0±25
	71.5	6.0～13	13	17.1	31.0	79.5±21
	156	5.5～14	8.8	44.7	56.1	86.5±15
1-氯-2-甲苯	20.0	8.0～11	32	5.44	18.8	100±65
	91.5	5.8～10	42	24.1	109	101±85
	191	4.4～11	37	48.7	202	106±78
1-氯-4-甲苯	17.8	7.5～15	11	5.34	7.36	89.0±20
	80.5	3.5～16	13	23.3	36.7	89.3±24
	161	3.1～13	14	41.7	73.0	89.3±25
丙基苯	16.9	2.6～14	14	3.40	7.46	84.3±24
	78.0	3.7～17	13	23.8	35.5	86.2±17
	153	6.7～12	8.1	39.2	49.7	84.8±14
1,3,5-三甲基苯	17.6	5.6～11	6.2	4.14	4.87	87.7±11
	73.0	4.6～8.0	11	13.7	25.9	81.1±18
	139	3.6～10	13	28.4	56.7	77.2±20
特丁基苯	18.0	3.7～15	25	5.29	13.5	85.7±32
	80.5	3.9～10	25	17.1	58.2	89.7±44
	164	5.2～14	29	35.0	139	91.1±54
1,2,4-三甲基苯	17.4	2.8～8.0	29	3.16	14.3	86.8±50
	76.5	3.4～15	28	21.1	62.7	85.2±47
	160	5.9～15	24	44.6	114	88.7±42
1,3-二氯苯	15.0	3.9～9.0	11	3.04	5.41	78.4±26
	68.0	4.0～15	12	21.7	30.9	75.7±19
	141	5.2～14	9.0	43.9	53.5	78.5±14

组分名称	浓度/（μg/kg）	实验室内相对标准偏差/%	实验室间相对标准偏差/%	重复性限 r/（μg/kg）	再现性限 R/（μg/kg）	$\overline{P}\pm 2S_{\overline{P}}$/%
对二氯苯	14.0	4.8～17	16	4.01	7.28	69.7±22
	62.5	4.9～9.0	15	12.1	28.8	69.4±21
	133	3.5～11	13	25.4	54.1	73.6±19
仲丁基苯	16.9	3.5～11	13	3.50	7.07	84.6±23
	75.5	3.0～12	12	18.9	30.3	83.9±20
	165	2.7～14	19	31.9	90.6	92.4±33
4 -异丙基苯	16.1	3.7～13	5.7	3.78	4.29	80.5±9
	74.5	3.2～11	8.5	15.3	22.5	82.6±14
	149	3.5～8.0	8.5	21.4	40.6	82.8±14
邻二氯苯	17.2	3.1～13	11	4.47	6.51	85.9±18
	79.5	3.8～12	15	19.3	38.2	88.1±27
	155	3.0～15	12	36.4	62.8	85.9±21
正丁基苯	18.2	3.9～17	21	6.63	12.2	90.7±38
	79.5	5.2～11	26	20.3	61.4	88.6±46
	164	3.0～13	27	39.4	131	90.8±50
1,2-二溴-3-氯丙烷	15.9	5.5～14	8.8	4.31	5.56	79.6±14
	69.0	3.7～13	6.5	18.8	21.2	76.4±10
	133	7.0～14	7.8	38.6	45.7	73.9±12
1,2,3-三氯苯	15.5	3.3～16	24	4.07	11.2	77.3±38
	73.0	3.8～11	27	18.5	57.7	81.1±44
	147	4.6～10	30	34.4	128	81.8±49
萘	15.9	5.8～13	27	4.34	12.5	79.3±42
	71.5	6.3～12	26	20.1	54.6	79.4±41
	145	2.9～15	34	35.6	143	80.5±55
1,2,4-三氯苯	14.1	6.2～16	9.5	4.00	5.23	70.3±13
	65.0	3.6～8.0	10	12.4	22.2	76.0±23
	129	6.8～14	15	34.3	63.0	71.8±22
六氯丁二烯	13.7	6.3～15	7.6	4.41	4.96	68.5±10
	61.0	3.8～16	12	19.0	27.0	67.8±16
	135	5.0～15	18	34.6	76.4	74.7±28

表 D.4 沉积物 GBW07359（GSD-16）准确度汇总

组分名称	浓度/（μg/kg）	实验室内相对标准偏差/%	实验室间相对标准偏差/%	重复性限 r/（μg/kg）	再现性限 R/（μg/kg）	$\overline{P}\pm 2S_{\overline{P}}$/%
氯乙烯	12.5	5.7～20	16	5.22	7.27	62.4±20
	64.5	4.7～17	12	22.5	29.8	71.8±17
	130	5.1～20	16	49.2	73.3	72.2±23
1,1-二氯乙烯	17.1	4.5～15	10	4.64	6.39	85.3±17
	76.0	3.9～14	13	22.5	33.8	84.1±21
	158	5.7～14	18	50.3	90.1	87.7±31

组分名称	浓度/（μg/kg）	实验室内相对标准偏差/%	实验室间相对标准偏差/%	重复性限 r/（μg/kg）	再现性限 R/（μg/kg）	$\overline{P}\pm2S_{\overline{P}}$/%
二氯甲烷	15.9	4.9～12	11	3.65	5.80	79.6±17
	68.0	5.0～12	3.7	16.6	16.7	75.3±6
	141	2.7～16	8.5	42.5	51.1	78.0±13
反-1,2-二氯乙烯	16.4	1.8～15	13	4.19	6.96	81.7±21
	74.5	2.9～10	15	14.9	34.1	82.8±25
	159	4.5～18	9.3	47.9	60.1	88.4±16
1,1-二氯乙烷	17.7	3.7～10	33	4.32	16.6	88.4±58
	79.5	2.3～12	35	19.4	78.7	87.9±61
	164	4.6～17	29	36.3	137	91.1±53
氯丁二烯	15.8	3.0～13	7.8	3.06	4.44	78.7±12
	74.5	2.0～11	5.4	14.0	17.0	83.2±9
	142	2.6～14	13	29.3	59.6	78.8±21
顺式-1,2-二氯乙烯	17.2	3.0～16	13	4.00	7.16	85.7±22
	74.5	2.8～6.0	18	10.5	38.4	83.4±29
	158	1.5～10	15	33.4	73.3	87.9±26
溴氯甲烷	17.4	3.4～15	15	4.79	8.32	87.0±25
	83.0	2.9～13	14	23.8	38.3	92.3±25
	154	4.8～18	21	47.9	99.2	85.5±35
氯仿	16.7	3.1～15	5.5	3.31	3.96	83.2±9
	74.0	1.3～9.0	10	11.3	23.2	82.2±16
	146	4.1～13	16	36.5	73.9	81.1±26
2,2-二氯丙烷	15.4	5.9～19	17	5.37	8.69	76.6±26
	73.0	1.6～9.0	17	10.7	35.9	81.6±29
	147	3.7～15	20	35.2	89.3	81.5±33
1,2-二氯乙烷	18.7	2.6～16	29	4.28	15.7	93.4±54
	86.0	1.8～12	26	24.7	67.5	96.1±50
	174	0.6～12	30	47.6	152	96.5±58
1,1,1-三氯乙烷	15.4	2.6～12	15	3.44	7.13	77.0±23
	74.5	0.9～15	9.9	19.9	27.5	82.7±16
	148	3.7～8.0	18	25.2	78.5	82.2±30
1,1-二氯丙烯	16.0	2.1～11	14	2.90	6.82	79.6±22
	69.0	3.8～10	11	12.1	23.6	77.1±17
	139	5.3～14	13	35.5	61.2	77.1±21
苯	19.5	1.7～7.0	25	2.36	13.7	97.2±48
	88.0	1.4～5.0	25	8.94	61.4	98.0±48
	165	2.8～17	32	54.9	156	91.6±59
四氯化碳	15.0	3.7～13	14	4.12	6.93	74.8±21
	66.5	3.6～12	13	12.9	26.4	74.1±18
	143	2.1～14	16	28.9	69.1	79.2±25
二溴甲烷	15.9	3.8～9.0	13	3.01	6.58	79.2±21
	72.5	4.5～11	11	15.6	26.3	80.6±18
	147	3.8～11	14	34.3	66.1	81.5±23

组分名称	浓度/（μg/kg）	实验室内相对标准偏差/%	实验室间相对标准偏差/%	重复性限 r/（μg/kg）	再现性限 R/（μg/kg）	$\overline{P}\pm2S_{\overline{P}}$/%
1,2-二氯丙烷	18.1	3.3～15	16	3.77	8.76	90.5±29
	80.0	2.5～11	17	14.8	39.5	88.6±29
	161	1.9～9.0	21	26.9	96.0	89.2±37
一溴二氯甲烷	17.0	4.2～10	13	3.45	6.83	85.1±22
	77.0	3.3～10	14	15.1	32.5	85.7±24
	159	3.1～10	16	32.2	75.2	88.3±27
三氯乙烯	16.8	3.0～9.0	5.4	2.92	3.67	83.7±9
	73.5	2.2～8.0	6.6	9.82	16.3	82.0±10
	158	2.9～9.0	13	26.3	63.0	87.9±23
顺式-1,3-二氯丙烯	17.4	4.9～17	9.1	5.23	6.52	86.8±16
	77.5	3.6～14	13	21.1	33.5	86.0±22
	140	2.4～13	25	41.2	106	77.6±39
反式-1,3-二氯丙烯	17.0	4.7～16	5.8	4.85	5.21	85.1±10
	78.5	4.9～12	11	19.0	30.3	86.4±18
	164	4.0～17	14	53.2	80.5	91.0±25
1,1,2-三氯乙烷	18.7	4.3～14	20	4.71	11.4	93.5±38
	81.0	6.2～12	21	20.2	51.1	91.3±35
	155	4.1～9.0	30	34.6	136	86.2±52
甲苯	18.4	2.3～10	11	3.35	6.59	92.0±21
	81.5	0.5～9.0	13	11.8	32.1	90.7±24
	155	2.4～9.0	20	27.5	91.5	86.2±35
1,3-二氯丙烷	16.9	5.5～11	6.3	4.03	4.72	84.4±11
	74.5	5.2～13	8.2	17.4	23.4	84.1±10
	150	3.8～14	10	38.0	54.3	83.3±17
二溴氯甲烷	17.2	2.3～15	16	4.09	8.52	86.0±27
	80.0	4.6～14	12	22.3	33.6	88.4±21
	155	5.2～19	15	49.0	80.2	85.9±26
1,2-二溴乙烷	17.5	2.7～13	17	3.85	8.90	87.6±29
	77.5	5.1～11	16	19.0	38.6	86.0±27
	157	4.6～12	13	35.5	64.8	87.1±22
四氯乙烯	15.8	3.5～10	8.2	2.77	4.40	78.8±13
	69.5	2.4～14	13	13.8	28.5	77.3±19
	133	5.5～12	18	30.0	73.5	73.6±27
1,1,1,2-四氯乙烷	16.6	2.2～15	34	3.47	16.1	71.3±14
	65.0	1.9～5.0	11	6.28	20.6	72.1±16
	138	3.1～18	15	39.0	67.3	76.3±23
氯苯	15.1	4.0～14	7.5	4.00	4.84	75.3±11
	68.5	2.0～9.0	10	10.4	22.2	75.9±16
	150	2.0～10	18	31.4	79.4	83.4±29
乙苯	16.9	2.0～13	16	3.48	8.07	84.4±27
	81.5	2.5～4.0	15	6.90	35.6	90.6±28
	149	1.8～12	24	32.5	102	82.5±39

组分名称	浓度/（μg/kg）	实验室内相对标准偏差/%	实验室间相对标准偏差/%	重复性限 r/（μg/kg）	再现性限 R/（μg/kg）	$\overline{P}\pm2S_{\overline{P}}$/%
间，对二甲苯	37.0	2.1～9.0	12	5.78	14.0	91.9±22
	159	2.0～4.0	13	14.4	59.5	87.4±22
	326	3.3～18	14	76.8	147	83.0±47
三溴甲烷	16.3	4.4～11	33	4.31	15.7	81.1±54
	72.5	6.0～11	31	20.0	66.1	80.7±50
	142	4.3～16	31	39.4	127	78.6±48
苯乙烯	18.1	3.0～9.0	17	2.99	8.95	90.1±30
	84.0	2.8～16	14	22.5	38.1	92.9±26
	164	4.3～14	14	41.5	74.1	91.2±25
1,1,2,2-四氯乙烷	16.3	3.7～12	29	3.92	13.8	81.4±48
	77.0	5.2～16	27	26.1	63.9	85.2±46
	143	6.3～17	35	40.6	146	79.4±56
邻二甲苯	17.3	2.3～12	19	2.90	9.44	86.3±32
	83.0	2.9～10	13	14.4	32.5	91.8±24
	159	2.9～11	15	34.7	72.9	88.1±26
1,2,3-三氯丙烷	16.8	4.4～16	15	4.35	8.05	84.1±25
	76.0	4.5～14	16	20.7	38.8	85.6±29
	143	1.4～14	15	37.0	68.6	79.5±24
异丙苯	16.6	5.8～9.0	8.4	3.49	5.03	82.7±14
	78.5	2.0～13	13	14.3	31.6	86.4±22
	152	2.1～12	9.5	33.3	50.4	84.6±16
溴苯	17.5	4.2～8.0	11	2.96	6.04	87.2±19
	72.5	2.1～6.0	12	9.86	25.3	80.2±19
	152	3.1～12	18	31.4	82.5	84.1±31
1-氯-2-甲苯	20.6	4.5～13	36	4.37	21.2	103±74
	90.5	2.0～12	41	21.4	105	101±82
	198	4.6～12	28	50.7	163	110±62
1-氯-4-甲苯	18.1	2.7～10	12	3.36	6.60	90.6±21
	76.0	2.5～17	17	18.4	39.5	84.7±28
	179	2.1～9.0	5.8	30.4	40.2	99.1±12
丙基苯	16.7	1.8～16	5.7	4.24	4.69	83.2±9
	80.0	3.7～16	13	17.5	33.1	88.8±23
	150	6.5～10	10	37.5	55.3	83.2±17
1,3,5-三甲基苯	16.5	1.7～10	6.0	3.24	4.04	82.4±10
	73.5	1.9～5.0	7.2	8.30	16.8	81.8±12
	151	4.0～14	9.7	32.8	50.9	84.0±16
特丁基苯	18.5	1.1～11	25	3.03	13.4	92.4±47
	88.0	3.4～6.0	21	11.5	52.6	97.8±41
	177	3.0～11	19	33.3	100	98.2±38
1,2,4-三甲基苯	18.1	2.3～10	28	2.95	14.2	90.2±50
	80.5	3.1～11	29	15.0	67.5	90.4±53
	158	3.1～14	36	32.5	164	87.9±64

组分名称	浓度/（μg/kg）	实验室内相对标准偏差/%	实验室间相对标准偏差/%	重复性限 r/（μg/kg）	再现性限 R/（μg/kg）	$\bar{P}\pm 2S_{\bar{P}}$/%
1,3-二氯苯	15.4	2.7～14	12	2.98	6.02	77.0±19
	78.0	4.0～15	14	20.5	35.6	85.4±25
	154	3.8～11	6.0	36.9	42.4	85.2±10
对二氯苯	14.7	4.9～9.0	13	2.68	5.90	73.5±19
	67.5	1.9～13	10	15.8	23.7	76.2±21
	142	2.8～13	26	26.9	104	78.5±40
仲丁基苯	17.0	3.0～16	19	4.85	10.2	84.7±33
	82.0	2.7～15	14	17.7	35.6	91.1±25
	158	3.4～16	17	36.3	81.1	87.8±29
4 -异丙基苯	16.1	3.6～12	14	2.80	6.87	80.5±23
	70.5	1.9～16	11	19.8	28.8	77.9±18
	137	2.7～9.0	18	23.6	73.5	76.1±28
邻二氯苯	17.0	3.8～13	17	3.15	8.78	84.6±30
	81.0	1.8～13	24	20.3	57.3	89.6±44
	165	2.3～9.0	13	23.3	62.9	91.4±24
正丁基苯	18.1	2.2～10	24	3.35	12.5	90.3±43
	82.5	2.0～8.0	25	14.9	59.5	91.4±46
	167	2.4～10	22	37.0	110	92.5±42
1,2-二溴-3-氯丙烷	16.0	5.4～19	11	5.10	6.78	79.8±18
	68.5	3.3～12	8	15.2	20.7	76.4±10
	132	5.5～14	12	34.6	53.1	73.2±17
1,2,3-三氯苯	16.7	1.8～12	28	3.22	13.2	83.6±45
	76.5	1.9～9.0	25	13.0	55.2	84.7±43
	142	3.3～16	23	43.2	98.1	78.8±36
萘	16.5	6.0～13	31	4.22	14.8	82.5±51
	72.0	4.5～11	37	20.4	75.9	80.3±58
	146	3.0～16	32	55.0	140	80.9±52
1,2,4-三氯苯	14.6	1.8～11	17	3.51	7.68	72.8±25
	68.0	3.6～9.0	21	11.4	40.9	75.8±31
	127	2.7～15	12	32.3	52.8	70.4±17
六氯丁二烯	15.0	2.4～15	8.9	4.15	5.31	75.0±13
	67.0	4.0～11	11	14.0	24.5	74.4±16
	131	4.7～15	8.3	32.9	42.8	72.6±12